高等职业教育“十二五”规划教材
高职高专基础课程规划教材

高等数学基础

(修订版)

主　编　胡桂萍　白　健
副主编　赵彦艳　左静贤　温　静　倪　文

天津大学出版社
TIANJIN UNIVERSITY PRESS

内容提要

本书是贯彻教育部关于高职院校要以“培养高端应用型人才”为目标的精神，根据教育部新制定的《高职高专教育高等数学课程教学基本要求》规划的高职高专数学系列教材之一，是在第一版的基础上修订而成的.

全书共分8章，主要内容包括：预备知识、极限与连续、导数与微分、导数的应用、不定积分、定积分及其应用、线性代数等.本书特色是体现职业性，兼顾系统性；注重基础性，体现高等性；融入数学文化，提高教育性.对于例题和习题分梯度安排，适合不同层次学生使用.配套《高等数学基础解析与实训(修订版)》一书，供课内外实训使用；提供数字化网络教学资源，详情可访问高数网 http://www.gaoshoo.com.

本书可作为高职高专理工科专业大学一年级上学期高等数学课程的教材，也可作为专科接本科招生考试复习参考书.经管类和文科专业学生也可选用.

图书在版编目(CIP)数据

高等数学基础 / 胡桂萍，白健主编. — 修订本. — 天津：天津大学出版社，2015.9(2021.8 重印)

高等职业教育十二五规划教材　高职高专基础课程规划教材

ISBN 978-7-5618-5398-6

Ⅰ.①高… Ⅱ.①胡… ②白… Ⅲ.①高等数学—高等职业教育—教材 Ⅳ.①O13

中国版本图书馆 CIP 数据核字(2015)第 203062 号

出版发行 天津大学出版社
地　　址 天津市卫津路92号天津大学内(邮编:300072)
电　　话 发行部:022-27403647
网　　址 www.tjupress.com.cn
印　　刷 廊坊市海涛印刷有限公司
经　　销 全国各地新华书店
开　　本 210mm×260mm
印　　张 16.25
字　　数 452千
版　　次 2015年9月第1版
印　　次 2021年8月第5次
定　　价 37.00元

前　言

《高等数学基础(修订版)》是贯彻教育部关于高职院校要以“培养高端应用型人才”为目标的精神，根据教育部新制定的《高职高专教育高等数学课程教学基本要求》规划的高职高专数学系列教材之一，供高职高专理工科专业大学一年级学生上学期使用.

《高等数学基础(修订版)》在保留第一版特色的基础上，充分吸取了作者近几年来的教学心得和各用书单位的宝贵意见和建议，在内容编排、服务专业等方面做了进一步的把握，对课后习题做了较大幅度的调整.

《高等数学基础(修订版)》继续坚持从高职人才培养需求出发，以“培养高端应用型人才”为目标，充分考虑专业实际和高端人才成长需要，突出以下特色.

(1)突出职业性，兼顾系统性. 教材内容在充分考虑为专业课服务的同时，兼顾数学学科的系统性、逻辑性. 每章编排了应用举例一节，以使学生能把数学知识和专业课结合起来.

(2)注重基础性，体现高等性. 教材既注重基础性、应用性，也注重知识的深度与广度，为高端人才的成长提供必需的数学支撑. 同时考虑学生提升学历水平需要，紧扣专接本大纲编写.

(3)重组内容，优化结构. 大幅度调整教材内容，打破以往教材内容的编排体系，充分考虑专业课程的时间安排，以适应专业课教学需求. 融入数学文化，以提高可读性和教育性.

(4)低起点，多层次，合理衔接. 充分考虑目前高职院校生源复杂、层次多、基础差的现状，内容编排力求低起点、多层次，叙述力求通俗易懂. 编排了“预备知识”一章，对中学主要内容进行回顾；对大学必需的，而在部分中学教材中删减的内容进行补充.

(5)教材版面采用切口留白处理，以利于不同专业增删教学内容、学生记笔记使用. 同时，增加批注内容，对教材的难点进行注解和提示，以进一步阐明问题，供不同层次学生参考.

(6)分梯度安排例、习题. 例题分易、中、难三个梯度. 习题分 A、B 组. A 组习题为双基训练，以满足课程的基本功能. B 组习题为能力提高训练，注重专业应用和高端人才培养.

(7)为培养学生的自主学习能力，每章都明确学习目标. 本书配套了《高等数学基础解析与实训(修订版)》一书，包括知识点归纳与解析、典型方法分析与举例、基本知识实训、基本能力实训和能力提高(应用)实训.

(8)为适应数字化网络共享教育资源的发展，实现互联网＋教学新模式，教材配套了丰富的数字化网络共享教学资源，包括教材电子书、电子教案、网络多媒体课件、习题解答、学法指导、教学素材等，具体可访问高数网 http://www.gaoshoo.com.

本书内容主要包括一元函数微积分和线性代数初步两部分内容，建议学时数为 72 学时，不同专业可根据人才培养方案选择模块和教学内容. 对于课时较紧张的专业，可将线性代数作为选学内容. 预备知识为中学和大学的衔接，主要复习中学数学中的几个基础模块.

本书由河北建材职业技术学院胡桂萍、白健任主编，赵彦艳、左静贤、温静、倪文任副主编，写作分工如下：第1章由赵彦艳编写，第2、3章由胡桂萍编写，第4章由倪文编写，第5章由白健编写，第6章由白健、赵彦艳编写，第7章由左静贤编写，第8章和附录部分由温静编写.全书由白健、胡桂萍规划设计，白健统稿并定稿.

本书在编写过程中，得到了天津大学出版社和北京德鑫文化有限公司的热心帮助，专业课教学专家胡尚杰、郭志敏、王小薇、王宙、都小菊、张淑欣、宁秀君等对教材规划提出了宝贵的意见和建议，河北省教学名师朱玉春教授给予了热心的指导，在此一并表示衷心的感谢！在编写过程中，参考了一些相关书籍，详细书目列于书后，在此谨对这些书籍的作者表示诚挚的谢意！

限于作者水平有限，书中不足之处在所难免，敬请读者批评指正，以期在下次修订时更正.

编者

2015年5月

目　录

第1章　预备知识

问题引入

函数一词始于1692年，见于微积分创始人之一莱布尼茨的著作，而 $f(x)$ 则由欧拉于1724年首次使用. 我国于1859年引进函数的概念，首次在清代数学家李善兰与英国传教士伟烈・亚历山大合译的《代微积拾级》中出现，函数在初高等数学中，在物理、化学和其他自然学科中，在经济领域和自然学科中，均有广泛的应用，起着基础作用. 函数的实质是变量之间的对应关系. 本章在中学数学已有的函数知识基础上，进一步研究函数的概念与性质，为以后的学习奠定必要的基础.

学习目标

(1)理解集合的概念及运算，熟练掌握集合的表示方法.

(2)掌握函数的概念及其简单性质，熟练掌握函数定义域的求法.

(3)熟练掌握基本初等函数的形式及性质，了解初等函数的定义.

(4)熟练掌握复合函数的分解过程.

(5)了解简单平面曲线方程及图像.

(6)了解极坐标的定义，知道简单的直角坐标与极坐标的互化.

(7)了解简单函数模型的建立.

1.1　集　合

在自然科学中，除了研究处于孤立下的单个个体之外，经常将一些相关的个体联合在一起进行研究. 因此引出集合的概念. 集合论是研究集合的一般性质的数学分支，在现代数学中，每个对象本质都是集合，都可以用某种集合来定义. 数学的各个分支，本质上都是在研究这种或那种对象的集合的性质.

1.1.1　集合的概念

1. 集合的概念

定义1.1.1　具有某种特定性质的事物总体叫作**集合**. 集合通常用大写的英文字母表示，如集合 A,B,S,T.

定义1.1.2　组成集合的事物叫作**元素**，集合的元素通常用小写的英文字母表示，如集合 A 的元素 a,b,x,y.

注意　元素与集合之间的关系是“属于”或“不属于”的关系，属于用符号“$\in$”表示，不属于用符号“$\notin$”表示，如：$a\in A$ 表示元素 a 属于集合 A，$a\notin A$ 表示元素 a 不属于集合 A.

例 1 常见的集合：

(1)二进制的基数集合$\{0,1\}$；

(2)计算机主存的全部存储单元集合；

(3)全体实数的集合；

(4)宇宙中的全部星球是个集合.

说明 (1)集合中元素的三个特征：确定性、互异性、无序性.

(2)集合中的元素可以是具体的事物，而不仅限于“形、数、点、式、物”.

2. 集合的表示方法

列举法 把集合的元素一一列出放在大括号内的方法叫作**列举法**. 例如$\{a,b,c\}$.

描述法 用确定的条件表示某些对象是否属于这个集合，即把集合中的元素的公共属性描述出来，写在大括号内表示的方法叫作**描述法**.

描述法有以下两种描述方式：

(1)代号描述：例如，方程 $x^2-3x+2=0$ 的所有解组成的集合，可表示为$\{x|x=1,x=2\}$.

(2)文字描述：例如{大于 2 小于 5 的整数}.

(3)图示法：画一条封闭的曲线，用它的内部来表示一个集合(表示集合的图也叫**韦恩图**，它用图形表示了两个集合之间的所有关系，有时也用数轴表示).

注意 数形结合是解集合问题的常用方法，解题时要尽可能地借助数轴、直角坐标系或韦恩图等工具，将抽象的代数问题具体化、形象化、直观化，然后利用数形结合的思想方法解决.

3. 常见集合的表示符号

N：自然数集，非负整数集，$\mathbf{N}=\{0,1,2,3,\cdots\}$.

Z：整数集，$\mathbf{Z}=\{\cdots,-2,-1,0,1,2,\cdots\}$.

Q：有理数(整数商)集.

R：实数集.

C：复数集.

符号“$\in$”表示元素与集合间的隶属关系；

“$\subseteq$”是集合之间的包含关系，“$\subseteq$”两边均是集合，地位平等.

4. 集合间的关系

集合的包含和相等是集合间的两个基本关系，但两个集合之间可以没有任何关系.

定义 1.1.3 设 A 和 B 是两个集合，若 A 中的每一个元素都是 B 的元素，则称 A 是 B 的**子集**，也称 B 包含 A，记作 $A\subseteq B$($B\supseteq A$)，如图 1-1.

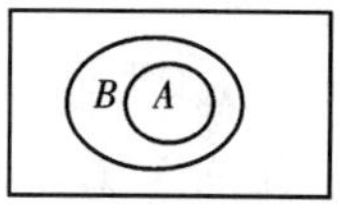

图 1-1

若 A 为 B 的子集，且 $A\neq B$，则称 A 为 B 的真子集. 记作 $A\subset B$.

例 2　$\mathbf{N}\subset\mathbf{Q}\subset\mathbf{R}\subset\mathbf{C}$

例 3　台湾人都是中国人，即{台湾人}⊂{中国人}.

定义 1.1.4　设 A 和 B 是两个集合，若 $A\subseteq B$，且 $B\subseteq A$，则称 A 和 B **相等**，记作 $A=B$.

设 A、B、C 是三个集合，由定义可知集合的包含关系有如下性质.

(1)**自反性**：$A\subseteq A$.

(2)**反对称性**：若 $A\subseteq B$，且 $B\subseteq A$，则 $A=B$.

(3)**传递性**：若 $A\subseteq B$，且 $B\subseteq C$，则 $A\subseteq C$.

1.1.2　集合的运算

1. 特殊的集合

定义 1.1.5　不包含任何元素的集合称为**空集**，记作 $\varnothing$.

定义 1.1.6　在一定范围内，如果所有集合均为某个集合的子集，则称该集合为**全集**，记作 U.

定义 1.1.7　设 δ 是某个正数，称开区间 $(x_0-\delta,x_0+\delta)$ 为以 x_0 为中心，以 δ 为半径的**邻域**，简称点 x_0 的**邻域**，记为 $U(x_0,\delta)$，称开区间 $(x_0-\delta,x_0)\cup(x_0,x_0+\delta)$ 为点 x_0 的去心(空心)**邻域**，记作 $U(\mathring{x}_0,\delta)$. 称开区间 $(x_0-\delta,x_0)$ 为点 x_0 的**左邻域**，开区间 $(x_0,x_0+\delta)$ 为点 x_0 的**右邻域**. 如图 1-2 所示 $(2-\delta,2+\delta)$ 为以 2 为中心，以 δ 为半径的邻域，即 $U(2,\delta)$.

邻域定义中的 δ 可以任意小.

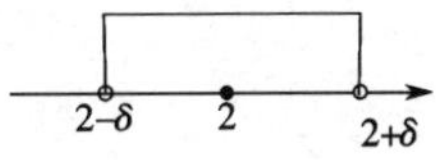

图 1-2

2. 集合的运算

交集　由所有属于集合 A 且属于集合 B 的元素所组成的集合，叫作 A 与 B 的**交集**，记作 $A\cap B$，如图 1-3 所示.

并集　由所有属于集合 A 或属于集合 B 的元素所组成的集合，叫作 A 与 B 的**并集**，记作 $A\cup B$，如图 1-4 所示.

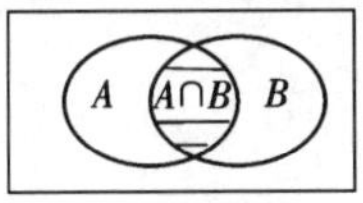

图 1-3

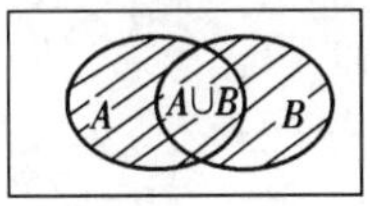

图 1-4

补集　设 U 是一个集合，A 是 U 的一个子集(即 $A\subseteq U$)，称 U 中所有不属于 A 的元素构成的集合为 U 中子集 A 的**补集**，记作 $\overline{A}$(或 $\complement_U A$)，如图 1-5 所示.

注意　补集是一个相对概念，一定要注明是哪个集合的补集.

差集　记 A、B 是两个集合，则所有属于 A 且不属于 B 的元素构成的集合叫作 A 与 B 的差集，记作 $A-B$，如图 1-6 所示.

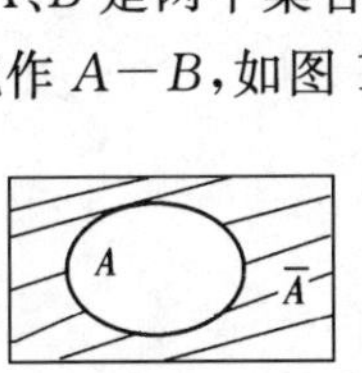

图 1-5

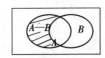

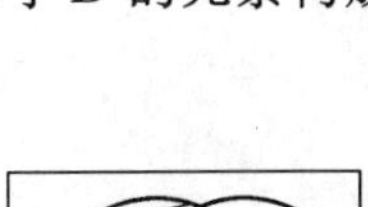

图 1-6

3. 集合的运算律

交换律:$A\cup B=B\cup A, A\cap B=B\cap A$.

结合律:$(A\cap B)\cap C=A\cap(B\cap C), (A\cup B)\cup C=A\cup(B\cup C)$.

分配律:$(A\cap B)\cup C=(A\cup C)\cap(B\cup C), (A\cup B)\cap C=(A\cap C)\cup(B\cap C)$.

反演律(德摩根律):$\overline{A\cup B}=\overline{A}\cap\overline{B}, \overline{A\cap B}=\overline{A}\cup\overline{B}$.

例 4 设 $A=\{4,5,6,8\}, B=\{3,5,7,8\}$,求 $A\cup B, A\cap B$.

解 $A\cup B=\{3,4,5,6,7,8\}, A\cap B=\{5,8\}$.

例 5 已知集合 $A=\{x|x-2>3\}, B=\{x|2x-3>3x-a\}$,求 $A\cup B$.

分析 这里 a 是个不确定的数值,要想求出 $A\cup B$,需要讨论 a 的范围.

解 $A=\{x|x-2>3\}=\{x|x>5\}$,

$B=\{x|2x-3>3x-a\}=\{x|x<a-3\}$.

若 $a-3>5$,即 $a>8, A\cup B=U$;

若 $a-3=5$,即 $a=8, A\cup B=\{x|x\neq 5\}$;

若 $a-3<5$,即 $a<8, A\cup B=\{x|x<a-3$ 或 $x>5\}$.

习 题 1.1

A 组

选择题.

1. 已知全集 $U=\{0,1,2,4,6,8,10\}, A=\{2,4,6\}, B=\{1\}$,则 $\overline{A}\cup B=$(　　).

A. $\{0,1,8,10\}$　　B. $\{1,2,4,6\}$　　C. $\{0,8,10\}$　　D. $\varnothing$

2. 设集合 $M=\{a,b\}$,则满足 $M\cup N=\{a,b,c\}$ 的集合 N 的个数为(　　).

A. 1　　B. 4　　C. 7　　D. 8

3. 设 S 为全集,$B\subset A\subset S$,则下列结论中不正确的是(　　).

A. $\overline{A}\subset\overline{B}$　　B. $A\cap B=B$　　C. $A\cap\overline{B}=\varnothing$　　D. $\overline{A}\cap B=\varnothing$

4. 若 $M=\{1,2,3,4,5\}, N=\{2,3,6\}$,则 $N-M$ 等于(　　).

A. M　　B. N　　C. $\{1,4,5\}$　　D. $\{6\}$

B 组

选择题.

1. 设全集 $U=\mathbf{R}$,集合 $E=\{x|x\leqslant -3$ 或 $x\geqslant 2\}, F=\{x|-1<x<5\}$,则集合 $\{x|-1<x<2\}$ 等于(　　).

A. $E\cap F$　　B. $\overline{E}\cap F$　　C. $\overline{E}\cup\overline{F}$　　D. $\overline{E\cup F}$

2. 已知集合 $A=\{x|x^2>9\}, B=\{x|\frac{x-7}{x+1}\leqslant 0\}, C=\{x||x-2|<4\}$.

(1)求 $A\cap B$、$A\cap C$;　(2)若全集 $U=\mathbf{R}$,求 $A\cap\overline{B\cap C}$.

1.2　函数的概念及简单性质

1.2.1　函数的概念

1. 函数的定义

例 1　某物体以 10 m/s 的速度做匀速直线运动，则该物体走过的路程 s 和时间 t 的关系为

$$S=10t \quad (t\geqslant 0).$$

对变量 t 和 s，当 t 在 $[0,+\infty)$ 内每取定一个数值 t_0，都有唯一确定的 s_0 与之对应，这种 t 与 s 的一对一的对应关系，就是函数概念的实质.

这里定义函数的实质就是一对一的对应关系，称之为单值函数，有时候可能是一对多的对应关系，称之为多值函数.

定义 1.2.1　设在同一变化过程中，有两个变量 x 和 y，如果在集合 D 内每取定一个数值 x，按照对应法则 f，都有唯一确定的数值 y 与之对应，则称 y 为定义在 D 上的 x 的**函数**，记作 $y=f(x)$. 其中 x 叫作**自变量**，y 叫作**因变量**，D 叫作函数的**定义域**.

当 x 取数值 $x_0\in D$ 时，与 x_0 对应的 y 的数值称为函数 $y=f(x)$ 在点 x_0 处的函数值，记作 $f(x_0)$. 当 x 遍取 D 的各个数值时，对应的函数值的全体组成的数集

$$W=\{y\mid y=f(x),x\in D\}$$

称为函数的**值域**.

注意　函数的对应法则 f 也可用 φ、h、g、F 等表示，相应的函数记为 $\varphi(x)$、$h(x)$、$g(x)$、$F(x)$等.

2. 函数的定义域

在实际问题中，函数的定义域是根据问题的实际意义确定的. 若不考虑函数的实际意义，而抽象地研究用解析式表达的函数，则规定函数的定义域是使解析式有意义的一切实数值的集合.

通常求函数的定义域应注意以下几点：

(1)当函数是多项式时，定义域为 $(-\infty,+\infty)$；

(2)分式函数的分母不能为零；

(3)偶次根式的被开方式必须大于或等于零；

(4)对数函数的真数必须大于零；

(5)反正弦函数与反余弦函数的定义域为 $[-1,1]$；

(6)如果函数表达式中含有上述几种函数，则应取各部分定义域的交集.

在求各部分定义域交集时用数轴方法. 熟练掌握用区间表示函数的定义域.

注意　定义域的表示方法为集合.

例 2　求下列函数的定义域.

(1) $y=x^2-2x+3$；　　(2) $y=\sqrt{x+3}-\dfrac{1}{x^2-1}$；

(3) $y=\dfrac{1}{\ln(1-x)}$；　　(4) $y=\sqrt{x^2-4}+\arcsin\dfrac{x}{2}$.

解　(1)函数 $y=x^2-2x+3$ 是多项式函数，当 x 取任何实数时，y 都有唯一确定的值与之对应，故所求函数的定义域为 $(-\infty,+\infty)$.

(2)若使$\sqrt{x+3}$有意义,需满足$x+3\geqslant 0$,即$x\geqslant -3$;若使$\frac{1}{x^2-1}$有意义,需$x^2-1\neq 0$,即$x\neq\pm 1$,所以函数的定义域为$[-3,-1)\cup(-1,1)\cup(1,+\infty)$.

(3)若使$\frac{1}{\ln(1-x)}$有意义,需满足$1-x>0$且$\ln(1-x)\neq 0$,即$x<1$且$x\neq 0$,所以函数的定义域为$(-\infty,0)\cup(0,1)$.

(4)若使$\sqrt{x^2-4}$有意义,需满足$x^2-4\geqslant 0$,即$x\geqslant 2$或$x\leqslant -2$;若使$\arcsin\frac{x}{2}$有意义,需$\left|\frac{x}{2}\right|\leqslant 1$,即$-2\leqslant x\leqslant 2$,所以函数的定义域为$\{x|x=\pm 2\}$.

3. 函数的两个要素

定义域D与对应法则f唯一确定函数$y=f(x)$,故定义域与对应法则称为**函数的两个要素**. 如果函数的两个要素相同,那么它们是相同的函数,否则,就是不同的函数.

例3 判断下列函数是否是相同的函数:

对数的性质:
$\ln ab=\ln a+\ln b$,
$\ln\frac{a}{b}=\ln a-\ln b$.

(1)$y=1$与$y=\frac{x}{x}$;

(2)$y=|x|$与$y=\sqrt{x^2}$;

(3)$y=\ln 2x$与$y=\ln 2\cdot\ln x$.

解 (1)函数$y=1$的定义域为$(-\infty,+\infty)$,函数$y=\frac{x}{x}$的定义域为$(-\infty,0)\cup(0,+\infty)$,故不是同一函数.

(2)两个函数的定义域与对应关系都相同,故是同一函数.

(3)函数$y=\ln 2x$与$y=\ln 2\cdot\ln x$的定义域都是$(0,+\infty)$,但对应法则不同,故不是同一函数.

4. 函数的表示法

函数的表示法有解析法、图示法以及表格法等.

例4 设有容积为$10\ \mathrm{m}^3$的无盖圆柱形桶,其底用铜制,侧壁用铁制. 已知铜价为铁价的5倍,试建立做此桶所需费用与桶的底面半径r之间的函数关系.

解 设铁价为k,铜价为$5k$,所需费用为y,桶的容积为V,侧壁高为h.

由容积与底面半径及高的关系,有$V=\pi r^2h$,则$h=\frac{V}{\pi r^2}$,侧面积为$2\pi rh=2\pi r\frac{V}{\pi r^2}=\frac{2V}{r}$,又知$V=10\ \mathrm{m}^3$,则侧面积为$\frac{20}{r}$,故所需费用与桶的底面半径$r$之间的函数关系为$y=\frac{20k}{r}+5\pi r^2k(0<r<10)$.

例5 火车站收取行李费的规定如下:当行李不超过50 kg时,按基本运费计算,如从上海到某地每千克收0.20元. 当超过50 kg时,超重部分按每千克0.30元收费. 试求上海到该地的行李费y(元)与重量x(kg)之间的函数关系式,并画出该函数的图像.

解 当$x\in[0,50]$时,$y=0.2x$;

当 $x\in(50,+\infty)$时，$y=0.2\times50+0.3(x-50)=0.3x-5$，

所求函数为
$$y=\begin{cases}0.2x, & 0\leqslant x\leqslant 50,\\ 0.3x-5, & 50<x<+\infty.\end{cases}$$

函数图像如图 1-7.

5. 分段函数

定义 1.2.2　在自变量的不同变化范围内，对应法则用不同式子表示的函数，称为**分段函数**.

例 6　设有分段函数

$$f(x)=\begin{cases}x-1, & -1<x\leqslant 0,\\ x^2, & 0<x\leqslant 1,\\ 3-x, & 1<x\leqslant 2.\end{cases}$$

(1)画出函数的图像；(2)求此函数的定义域；

(3)求 $f\left(-\dfrac{1}{2}\right),f\left(\dfrac{1}{2}\right),f\left(\dfrac{3}{2}\right)$的值.

解　(1)函数图像如图 1-8 所示.

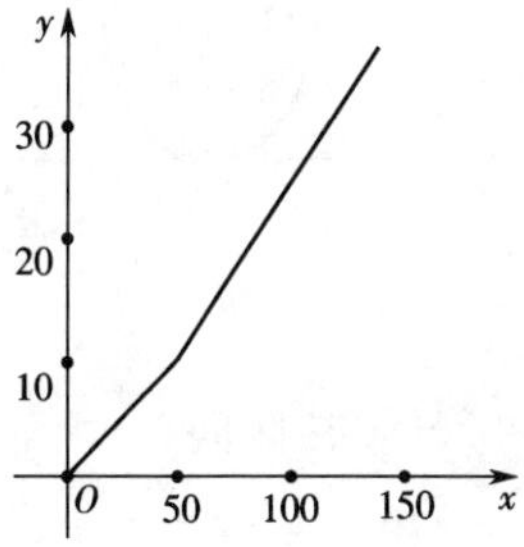

图 1-7

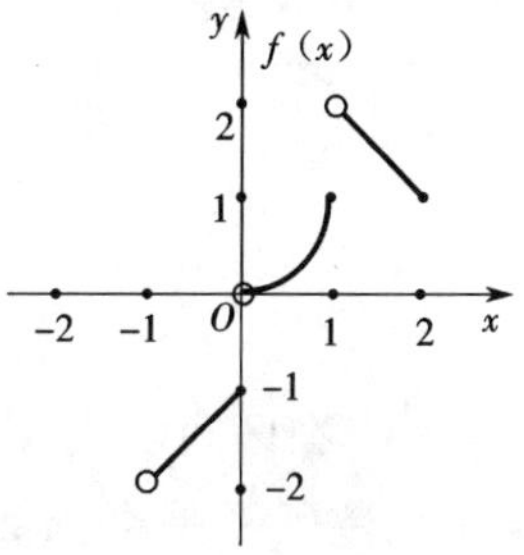

图 1-8

(2)函数的定义域为$(-1,2]$.

(3)$f\left(-\dfrac{1}{2}\right)=-\dfrac{3}{2},f\left(\dfrac{1}{2}\right)=\dfrac{1}{4},f\left(\dfrac{3}{2}\right)=\dfrac{3}{2}$.

注意　分段函数的定义域是各段定义域的并集.

1.2.2　反函数

定义 1.2.3　设函数 $y=f(x)$的定义域为 D，值域为 W. 如果对于任一数值 $y\in W$，在 D 中都有唯一确定的值 x，使 $f(x)=y$，则得到一个以 y 为自变量，x 为因变量的新的函数，这个新的函数称为函数 $y=f(x)$的**反函数**，记作 $x=f^{-1}(y)$，其定义域为 W，值域为 D.

说明　由于人们习惯于用 x 表示自变量，而用 y 表示因变量，因此我们将函数 $y=f(x)$的反函数 $x=f^{-1}(y)$用 $y=f^{-1}(x)$表示. $y=f(x)$与 $y=f^{-1}(x)$的图像关于直线 $y=x$ 对称，如图 1-9 所示.

常见互为反函数的函数有：

(1)$y=a^x$，$y=\log_a x$

(2)三角函数与反三角函数

$y=\sin x$，$y=\arcsin x$

$y=\cos x$，$y=\arccos x$

$y=\tan x$，$y=\arctan x$

$y=\cot x$，$y=\operatorname{arccot} x$

例 7　求下列函数的反函数：

(1)$y=\sqrt{2}x$；　(2)$y=2^x+1$.

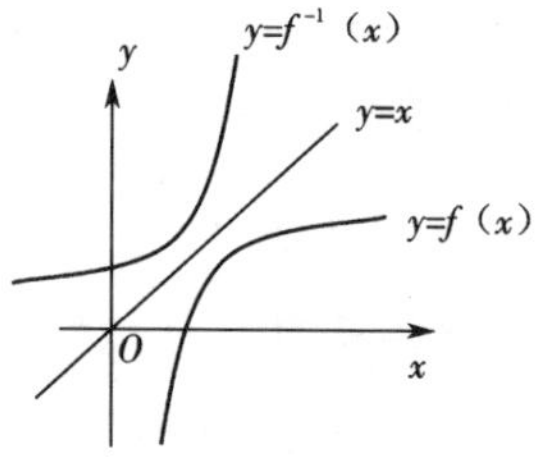

图 1-9

解 (1)由 $y=\sqrt{2}x$ 得 $x=\dfrac{y}{\sqrt{2}}$，因此函数 $y=\sqrt{2}x$ 的反函数为 $y=\dfrac{x}{\sqrt{2}}$.

(2)由 $y=2^x+1$ 得 $2^x=y-1$，即 $x=\log_2(y-1)$，因此函数 $y=2^x+1$ 的反函数为 $y=\log_2(x-1)$.

1.2.3 函数的简单性质

设函数 $f(x)$ 在某区间 I 内有定义.

1. 奇偶性

设 I 为关于原点对称的区间，若对于任意的 $x\in I$，都有 $f(-x)=f(x)$，则称 $f(x)$ 为**偶函数**；若 $f(-x)=-f(x)$，则称 $f(x)$ 为**奇函数**. 奇函数的图像关于原点对称，如图 1-10 所示；偶函数的图像关于 y 轴对称，如图 1-11 所示.

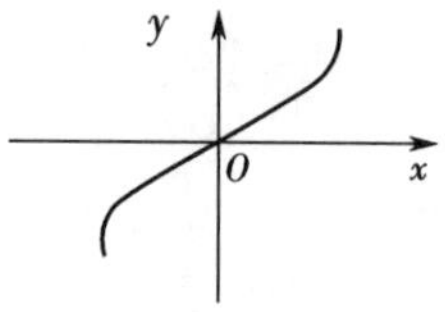

图 1-10

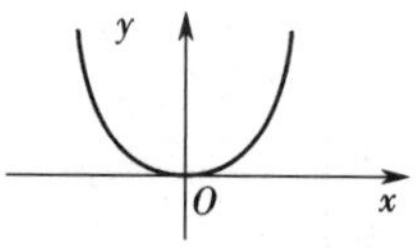

图 1-11

函数的四个性质的两个要点：

(1)定义；

(2)具有该性质的图像特点.

例如，$y=x^3$ 在区间 $(-\infty,+\infty)$ 内是奇函数，$y=x^2+1$ 在区间 $(-\infty,+\infty)$ 内是偶函数. 有的函数既不是奇函数也不是偶函数，如 $y=\sin x+\cos x$ 在区间 $(-\infty,+\infty)$ 内是非奇非偶函数.

2. 单调性

若对区间 I 内任意两点 x_1,x_2，当 $x_1<x_2$ 时，有 $f(x_1)<f(x_2)$，则称 $f(x)$ 在 I 上**单调增加**，区间 I 称为**单调增区间**；若 $f(x_1)>f(x_2)$，则称 $f(x)$ 在 I 上**单调减少**，区间 I 称为**单调减区间**. 单调增区间或单调减区间统称为**单调区间**. 在单调增区间内，函数图像随着 x 的增大而上升，如图 1-12；在单调减区间内，函数图像随着 x 的增大而下降，如图 1-13.

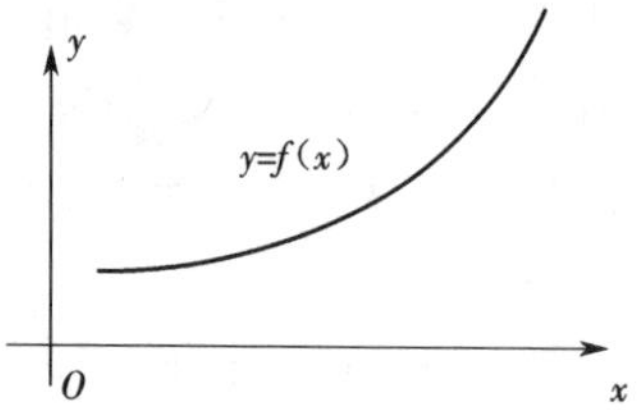

图 1-12

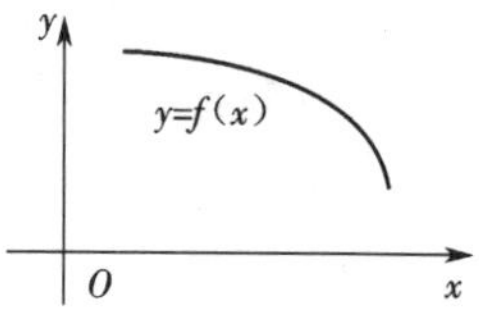

图 1-13

例如，$y=x^2$ 在区间 $[0,+\infty)$ 内是单调增加的，在区间 $(-\infty,0]$ 内是单调减少的，在区间 $(-\infty,+\infty)$ 内函数 $y=x^2$ 不是单调函数.

3. 周期性

若存在不为零的数 T，使得对于任意的 $x\in I$，都有 $x+T\in I$，且 $f(x+T)=f(x)$，则称 $f(x)$ 为**周期函数**，其中 T 称为**函数周期**，通常周期函数的周期是指它的**最小正周期**.

例如，$y=\sin x$，$y=\cos x$ 都是以 2π 为周期的周期函数；$y=\tan x$，$y=\cot x$ 都是以 π 为周期的周期函数.

注意 周期函数图像特征：在相邻的两个长度为 T 的区间内图像完全一样.

4. 有界性

若存在一个正数 M，使得在区间 I 上恒有 $|f(x)|\leqslant M$，则称 $f(x)$ 在 I 上是**有界的**；否则称 $f(x)$ 在 I 上是**无界的**.

例如，函数 $y=\dfrac{1}{x}$ 在区间 $(0,1)$ 内无界，但在区间 $(1,2)$ 内有界.

注意 (1)有界指的是既有上界又有下界.

(2)有界函数图像特点：曲线在两条平行于 x 轴的直线所夹的带形区域内.

习 题 1.2

A 组

1. 判断下列各组函数是否相同并说明理由.

(1) $f(x)=x$，$g(x)=\sqrt{x^2}$；　　(2) $f(x)=\lg x^2$，$g(x)=2\lg x$；

(3) $f(x)=\lg x^5$，$g(x)=5\lg x$；　　(4) $f(x)=\sin x$，$g(x)=\sqrt{1-\cos^2 x}$.

2. 求下列函数的定义域.

(1) $y=\arcsin(x-1)$；　　(2) $y=\sqrt{x+2}+\dfrac{1}{1-x^2}$；

(3) $y=\ln x^2$；　　(4) $y=x^5+3x^3+x+4$.

3. 设 $f(x)=\begin{cases}x-1, & x\leqslant -1,\\ 2x+1, & x>-1,\end{cases}$ 求：(1)定义域；(2) $f(-2)$，$f(-1)$，$f(0)$.

B 组

1. 求下列函数的定义域.

(1) $y=\lg\sin x$；　　(2) $y=\dfrac{\ln(2-x)}{\sqrt{1-x^2}}$；

(3) $y=\arccos(x-2)+\sqrt[3]{x-2}$；　　(4) $y=\sqrt{1-x}+\arccos\dfrac{x+1}{2}$.

2. 设 $f(t)=2t^2+\dfrac{2}{t^2}+\dfrac{5}{t}+5t$，证明 $f(t)=f\left(\dfrac{1}{t}\right)$.

3. 若函数 $f(x)$ 的定义域为 $[1,3]$，求函数 $f(1+x^2)$ 的定义域.

1.3 初等函数

1.3.1 基本初等函数

定义1.3.1 幂函数、指数函数、对数函数、三角函数、反三角函数统称为**基本初等函数**.

1. 幂函数 $y=x^{\mu}$（μ 为常数）

$\mu>0$ 时，函数在第一象限单调递增（如图 1-14）.

$\mu<0$ 时，函数在第一象限单调递减（如图 1-15）.

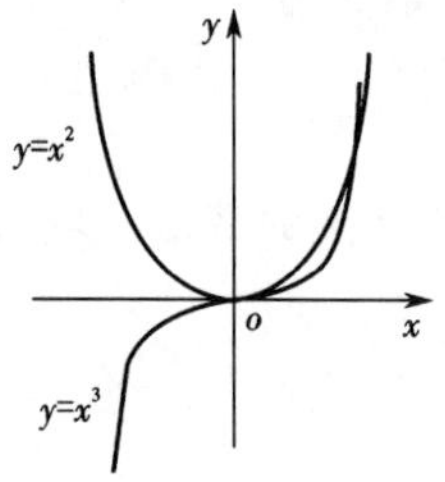

图 1-14

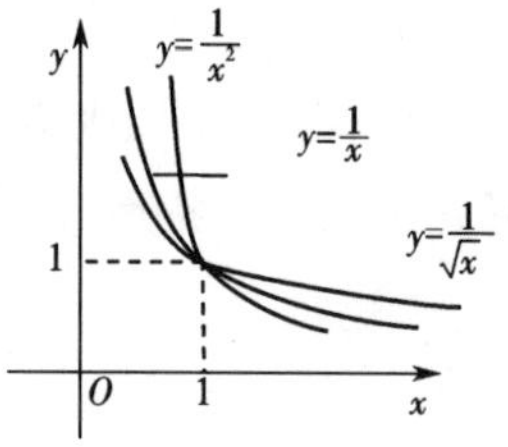

图 1-15

2. 指数函数 $y=a^{x}(a>0,a\neq1)$

$D:x\in(-\infty,+\infty)$. $W:y\in(0,+\infty)$.

函数图像恒过点(0,1).

当 $a>1$ 时，函数单调递增；

当 $0<a<1$ 时，函数单调递减（如图 1-16）.

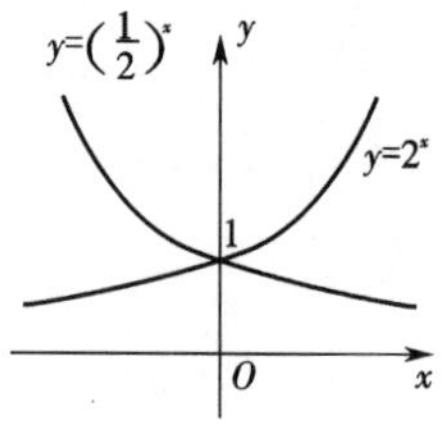

图 1-16

3. 对数函数 $y=\log_a x(a>0,a\neq1)$

$D:x\in(0,+\infty)$. $W:y\in(-\infty,+\infty)$.

函数图像恒过点(1,0)

当 $a>1$ 时，函数单调递增；

当 $0<a<1$ 时，函数单调递减（如图 1-17）.

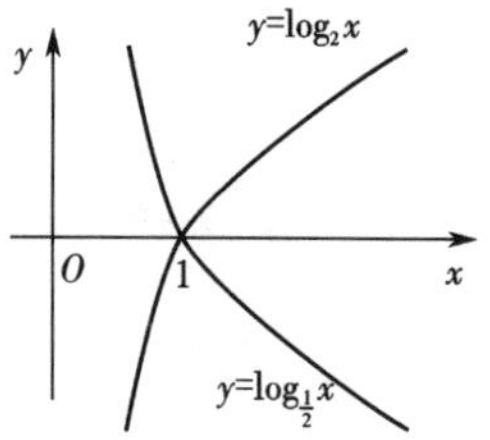

图 1-17

4. 三角函数

(1)正弦函数 $y=\sin x$.

$D:x\in(-\infty,+\infty)$. $W:[-1,+1]$.

奇函数，周期为 2π；有界.

在$\left[2k\pi-\dfrac{\pi}{2},2k\pi+\dfrac{\pi}{2}\right](k\in\mathbf{Z})$单调递增；

在$\left[2k\pi+\dfrac{\pi}{2},2k\pi+\dfrac{3\pi}{2}\right](k\in\mathbf{Z})$单调递减（如图 1-18）.

(2)余弦函数 $y=\cos x$.

$D:x\in(-\infty,+\infty)$. $W:[-1,+1]$.

偶函数，周期为 2π；有界.

在 $[2k\pi,2k\pi+\pi](k\in\mathbf{Z})$ 单调递减；

在 $[2k\pi-\pi,2k\pi](k\in\mathbf{Z})$ 单调递增(如图 1-19).

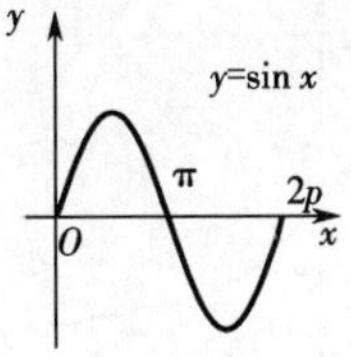

图 1-18

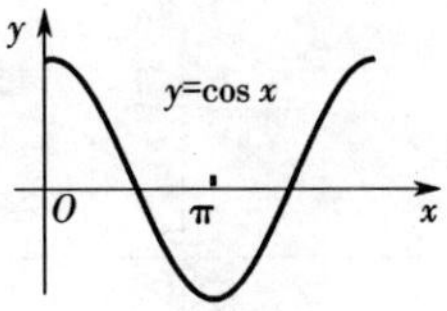

图 1-19

(3)正切函数 $y=\tan x$.

$D:\left\{x\,|\,x\neq k\pi+\dfrac{\pi}{2}\right\}$. $W:y\in(-\infty,+\infty)$.

奇函数,周期为 π.

在 $\left(k\pi-\dfrac{\pi}{2},k\pi+\dfrac{\pi}{2}\right)(k\in\mathbf{Z})$ 单调递增(如图 1-20).

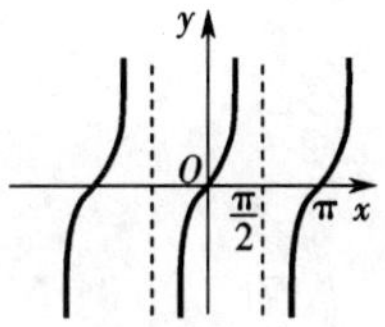

图 1-20

(4)余切函数 $y=\cot x$.

$D:\{x\,|\,x\neq k\pi\}$. $W:y\in(-\infty,+\infty)$.

奇函数,周期为 π.

在 $(k\pi,(k+1)\pi)(k\in\mathbf{Z})$ 单调递减(如图 1-21).

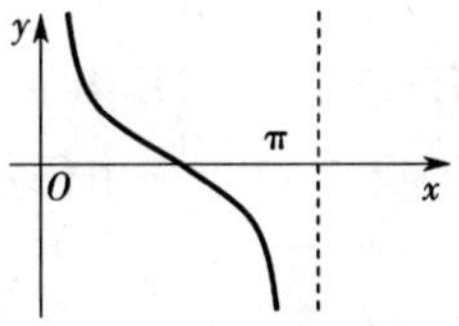

图 1-21

(5)正割函数 $y=\sec x=\dfrac{1}{\cos x}$.

$D:\left\{x\,|\,x\neq k\pi+\dfrac{\pi}{2}\right\}$. $W:\{y\,|\,|y|\geqslant 1\}$.

偶函数,周期为 2π.

(6)余割函数 $y=\csc x=\dfrac{1}{\sin x}$.

$D:\{x\,|\,x\neq k\pi\}$. $W:\{y\,|\,|y|\geqslant 1\}$.

奇函数,周期为 2π.

5.反三角函数

(1)反正弦函数 $y=\arcsin x$

$D:x\in[-1,1]$. $W:y\in\left[-\dfrac{\pi}{2},\dfrac{\pi}{2}\right]$.

奇函数;有界;单调递增(如图 1-22).

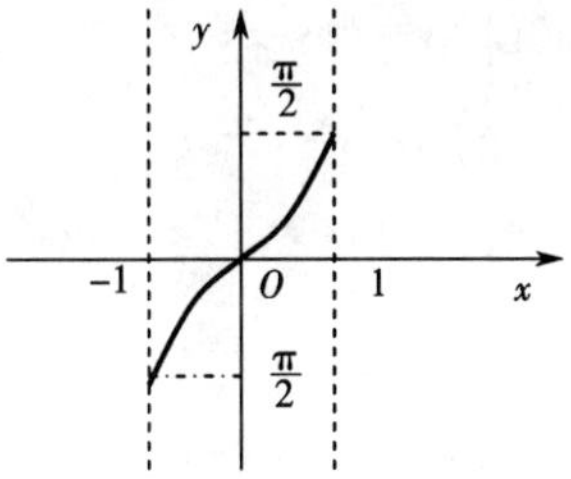

图 1-22

(2)反余弦函数 $y=\arccos x$

$D:x\in[-1,1]$. $W:y\in[0,\pi]$.

有界;单调递减(如图 1-23).

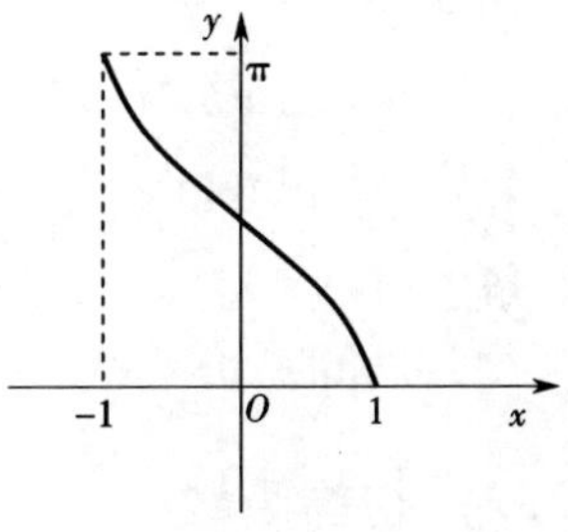

图 1-23

(3)反正切函数 $y=\arctan x$.

$D:x\in(-\infty,+\infty)$. $W:y\in\left(-\dfrac{\pi}{2},\dfrac{\pi}{2}\right)$.

奇函数;有界;单调递增(如图 1-24).

(4)反余切函数 $y=\operatorname{arccot} x$.

$D: x\in(-\infty,+\infty)$. $W: y\in(0,\pi)$.

有界;单调递减(如图 1-25).

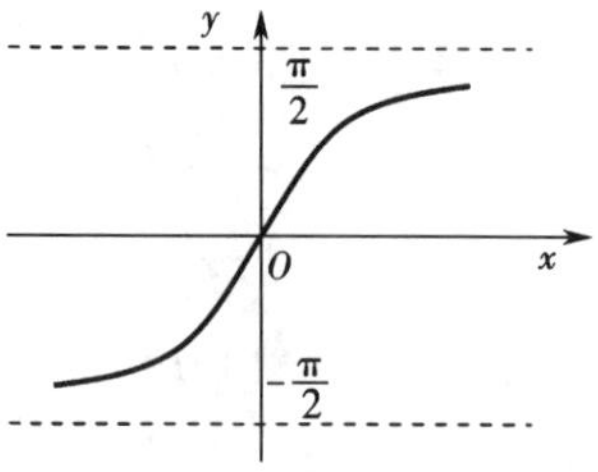

图 1-24

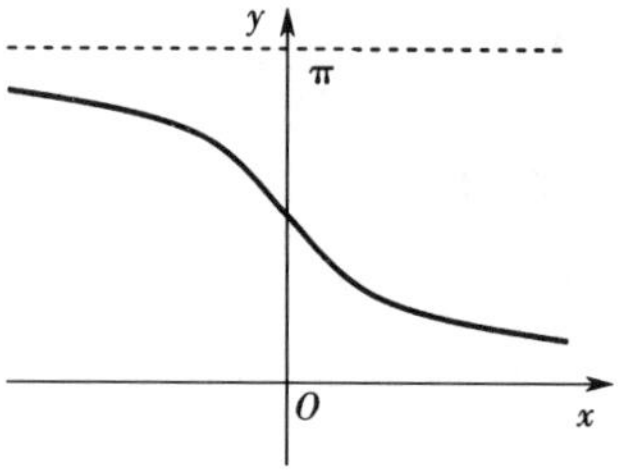

图 1-25

1.3.2 复合函数

先看一个例子,设 $y=\sqrt{u}$,而 $u=1+x^2$,以 $1+x^2$ 代替$\sqrt{u}$中的 u,得 $y=\sqrt{1+x^2}$,我们称它为由 $y=\sqrt{u}$,$u=1+x^2$ 复合而成的**复合函数**.

定义 1.3.2 设 $y=f(u)$而 $u=\varphi(x)$,且函数 $\varphi(x)$的值域全部或部分包含在函数 $f(u)$的定义域内,那么 y 通过 u 的关系成为 x 的函数,我们把 y 称为 x 的**复合函数**,记作 $f[\varphi(x)]$,其中 u 叫作**中间变量**.

例 1 (1)求由函数 $y=u^3$,$u=\tan x$ 复合而成的函数;

(2)由函数 $y=2^u$,$u=\sin v$ 和 $v=x^2+1$ 复合而成的函数.

解 (1)将 $u=\tan x$ 带入 $y=u^3$ 中,即得所求复合函数 $y=\tan^3 x$.

(2)该复合函数由三个函数复合而成,其中 u 和 v 都是中间变量,带入可得复合函数为 $y=2^{\sin(x^2+1)}$.

例 2 指出下列复合函数的结构:

(1)$y=\cos^2 x$; (2)$y=\sqrt{\cot\frac{x}{2}}$;

(3)$y=e^{\sin\sqrt{x-1}}$; (4)$y=\ln\tan(3x+1)$.

解 (1)$y=u^2$,$u=\cos x$;

(2)$y=\sqrt{u}$,$u=\cot v$,$v=\frac{x}{2}$;

(3)$y=e^u$,$u=\sin v$,$v=\sqrt{w}$,$w=x-1$;

(4)$y=\ln u$,$u=\tan v$,$v=3x+1$.

复合函数的分解关键是引入中间变量,每个函数要求都是基本初等函数的标准形式.

例 3 指出下列复合函数的结构:

(1)$y=(ax+b)^n$(a,b,n 都是常数); (2)$y=\tan\sqrt{1-x}$;

(3)$y=\ln[\ln(\ln x)]$.

解 (1)$y=u^n$,$u=ax+b$; (2)$y=\tan u$,$u=\sqrt{v}$,$v=1-x$;

(3)$y=\ln u$,$u=\ln v$,$v=\ln x$.

1.3.3 初等函数

定义 1.3.3 由基本初等函数及常数经过有限次四则运算和有限次复合构成的,

并且可用一个数学式子表示的函数，称为**初等函数**.

例如，$y=\sqrt{\ln 5x}-3^x$，$y=\dfrac{\sqrt[3]{3x}+\tan 5x}{x^3\sin x-2^{-x}}$都是初等函数.今后我们所讨论的函数，绝大多数都是初等函数.

习　题 1.3

A 组

1. 求所给函数复合而成的函数.

(1) $y=u^2, u=\sin x$；　(2) $y=\sin u, u=3x$；

(3) $y=e^u, u=\cos v, v=x^3-1$；　(4) $y=\lg u, u=3^v, v=\cos x$.

2. 指出下列复合函数的结构：

(1) $y=3^{\sin x}$；　(2) $y=\sqrt[3]{5x-1}$；　(3) $y=\sin^2 5x$；

(4) $y=\cos\sqrt{2x+1}$；　(5) $y=\ln(\sin e^{x+1})$；　(6) $y=e^{\sin\frac{1}{x}}$.

B 组

指出下列复合函数的结构：

(1) $y=(3-x)^{50}$；　(2) $y=a^{\sin(3x^2-1)}$；

(3) $y=\log_a\tan(x+1)$；　(4) $y=\arccos[\ln(x^2-1)]$.

1.4　函数模型的建立

用数学方法解决实际问题时，首先要建立函数关系，或称建立数学模型，为此需要明确实际变化过程中的变量及其关系，从而得出函数模型.

1.4.1　数学模型的概念

人类的生活是丰富多彩的，在千变万化的现实世界里，有些实际问题较为复杂，人们经常利用模型的思想来简化问题，以便更好地认识和利用客观世界的规律性.在社会实践活动中，人们所关心和研究的实际现象称为原型，在科技领域有些问题用系统来描述，如电力系统、生态系统，有些问题则用过程来描述，如导弹飞行过程、污染物的扩散过程等.

定义 1.4.1　针对现实世界的原型，根据一些特定的现象，为实现某个特定的目标，根据原型特有的内在规律，将原型的信息进行必要的假设、简化和提炼，运用适当的数学工具，采用形式化的语言，概括地描述原型的数学结构称为**数学模型**.

利用数学模型，可以解释原型的现实状态，或者预测未来的变化趋势及结果，或者提供处理对象的最优决策方案或控制方法.数学模型既源于现实又高于现实，是对现实变化规律的一种模拟，在数值上可以作为公式应用，并且可以推广到与原型相近的一类问题，可以作为描述某个状态或过程的数学语言，可以转化为算法语言，利用程序语言编写出计算机程序，并用计算机进行准确的计算和处理.

1.4.2 数学模型的建立

建立一个实际问题的数学模型，需要一定的观察力和想象力，要突出影响实际状态的主要因素，去掉无关因素或次要因素，做出适当的抽象和简化. 解题过程可以分为表述、求解、解释和验证几个阶段，并通过这些阶段实现从原型到数学模型，再从数学模型到原型的循环. 具体流程图如图 1-26 所示.

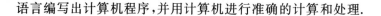

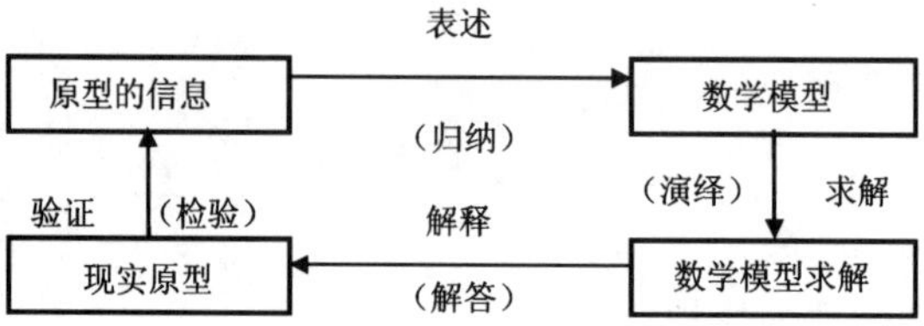

图 1-26

表述 由原型出发明确建立数学模型的目的，对原型表现出来的现象进行分析和比较，舍弃次要因素，抓住主要因素，明确各主要因素在问题中的作用，并以变量和参数的形式表示这些因素，运用有关的专业知识、数学概念、数学符号和表达式，将实际问题转化为数学问题，用数学语言明确地表述出来. 如力学中的自由落体运动，主要的因素是时间与下降的距离，而物体的形状和大小都可以忽略.

求解 选择适当的方法求解数学问题，如利用解方程或方程组、作图证明或逻辑运算、数值计算等方法，或者利用相应的数学软件 Matlab、Mathematica 等求解.

解释 将数学问题的解转译为更易理解的非数学语言，对实际问题进行解答.

验证 检验利用数学模型解决问题的正确性. 验证一个模型是否反映了客观实际，需要对模型的解进行误差分析、对数的稳定性和灵敏度进行分析，并与实际观测情况进行比较，如果模型的结果与实际状况相吻合或基本一致，这表明数学模型是符合现实原型的，可以将它应用于实际问题，或者根据需要再进行深入的分析与讨论. 如果模型的结果与实际问题不相符，表明这个模型不能用于所研究的实际问题，这时就需要检查关于问题的假设是否恰当，对假设给出必要的修正，再重复前面的建模过程，直到建立的数学模型符合现实原型为止.

1.4.3 函数模型的建立

用数学方法解决实际问题时，要先建立函数关系，或称函数模型，然后利用适当的数学工具加以解决. 建立函数模型的一般步骤为：

(1)分析问题中哪些是变量，哪些是常量，分别用不同的字母来表示，并确定哪个变量是自变量；

(2)根据问题所给的条件，运用数学知识并结合专业知识，确定变量之间的等量关系；

(3)写出函数的具体解析式，并指明函数的定义域.

例 1 将直径为 d 的圆形木料锯成截面为矩形的木材，求出矩形截面的面积 S 与其中一条边长的函数模型.

解　设矩形截面的一条边长为 x，由勾股定理得矩形的另一条边为 $\sqrt{d^2-x^2}$，则矩形的截面面积为 $S=x\sqrt{d^2-x^2}$，其定义域为 $(0,d)$.

例 2　要建造一个容积为 V 的无盖长方体水池，它的底为正方形，如池底的单位面积造价为侧面积造价的 3 倍，试求总造价与底面边长之间的函数关系.

解　设底面边长为 x，总造价为 y，侧面单位造价为 a，由已知可得水池的深度为 $h=\frac{V}{x^2}$，侧面面积为 $4xh=4x\frac{V}{x^2}=\frac{4V}{x}$，则总造价与底面边长的关系为

$$y=3ax^2+4a\frac{V}{x}\quad (x>0).$$

例 3　某厂生产 500 件产品，每件定价 30 元，销售量在 200 件以内时，按原价出售，超过 200 件时，超出部分按 9 折出售，试求销售总收入与销售量的函数关系.

解　设销售总收入为 y，销售量为 x，$x\in[0,500]$.

当 $0\leqslant x\leqslant 200$ 时，$y=30x$；

当 $200<x\leqslant 500$ 时，$y=200\times 30+(x-200)\times 30\times 0.9$.

综上所述，销售总收入与销售量的关系可表示为分段函数

$$y=\begin{cases}30x, & 0\leqslant x\leqslant 200,\\ 27x+600, & 200<x\leqslant 500.\end{cases}$$

例 4　单利模型

单利是金融业务中的一种利息，设初始本金为 P，年利率为 r，利息为 C，单利为 I，本利和为 A，存款 t 年，试建立 t 年后本利和函数.

解　年利率 $r=\frac{C}{P}$，利息为 $C=Pr$，第 t 年的单利为 $I_t=tC=tPr$.

因此 t 年后本利和函数为 $A_t=P+tPr=P(1+tr)$.

例 5　复利模型

所谓复利利息，就是将每期利息于每期之末加入该期本金，并以此作为新本金计算下期利息.

复利是金融业务中的一种利息，设初始本金为 P，年利率为 r，本利和为 A，按复利计算 t 年后本利和函数.

解　一年后的本利和 $A_1=P(1+r)$；二年后的本利和 $A_2=P(1+r)^2$；

t 年后的本利和 $A_t=P(1+r)^t$.

1.4.4　常见的经济函数模型

经济分析中，常常用数学方法来分析经济变量间的关系，即先建立变量间的函数关系，然后用微积分等知识分析这些经济函数的特性. 下面介绍常见的经济函数模型.

1. 需求函数与价格函数

(1)需求函数. 消费者对某种商品的需求量，与消费者的人数、消费者的观念、消费者的收入、季节以及该商品的价格等诸多因素有关. 为简化问题的分析，现在我们假定其他因素暂时保持某种状态不变，只考虑商品价格对需求量的影响. 为此，我们可建立

商品的需求量 Q 与该商品价格 p 的函数关系，称其为**需求函数**，记为 $Q=Q(p)$，这里 p 为自变量，取非负值.

一般地，需求量随价格上涨而减少，因此，通常需求函数是价格的单调减函数.

在企业管理和经济学中常见的需求函数有如下类型.

线性需求函数：$Q=a-bp$，其中 $b,a\geqslant 0$，均为常数.

二次曲线需求函数：$Q=a-bp-cp^2$，其中 $a,b,c\geqslant 0$，均为常数.

指数需求函数：$Q=ae^{-bp}$，其中 $b,a\geqslant 0$，均为常数.

(2)价格函数. 需求函数 $Q=Q(p)$ 的反函数就是**价格函数**，记作 $p=p(Q)$，价格函数也反映商品需求与价格的关系.

2. 供给函数

在市场经济规律作用下，市场上某种商品的供应量的大小依赖于该商品的价格高低. 影响商品供给量的重要因素是商品价格，记商品供给量为 S，p 为商品的价格，则商品供给量 S 是价格 p 的函数，称其为**供给函数**，记作 $S=S(p)$.

一般地，商品供应量随价格的上涨而增加. 因此，商品供给函数 S 是价格 p 的单调增函数. 常见的供给函数有线性函数、二次函数、幂函数以及指数函数等.

需求函数与供给函数可以帮助我们分析市场规律，二者密切相关，当需求等于供给时会有一价格 $\bar{p}$，这个价格 $\bar{p}$ 就是供需平衡的价格，叫作**均衡价格**. 在均衡价格水平下，相等的供求数量被称为市场**均衡数量**.

3. 总成本函数

从事产品的生产需要有场地、机器设备、劳动力、能源、原材料等投入，我们称之为**生产成本**. 在成本投入中大体可分为两大部分，固定成本和可变成本两部分. 所谓**固定成本**，是指在一定时期内不随产量变化的那部分成本，常用 C_1 表示；所谓**可变成本**，是指随产量变化而变化的那部分成本，常用 $C_2=C_2(q)$ 表示，q 为产品数量.

生产某种产品时的可变成本与固定成本的和称为**总成本函数**，记为

$$C=C(q)=C_1+C_2(q)\qquad (q\geqslant 0).$$

设 $C(q)$ 为成本函数，称 $\bar{C}=\dfrac{C(q)}{q}\ (q>0)$ 为**单位成本函数或平均成本函数**.

4. 收入函数与利润函数

总收入是生产者出售一定数量产品所得到的全部收入. 用 q 表示出售的产品数量，R 表示总收益，$\bar{R}$ 表示平均收益，则收入函数 $R=R(q)$，平均收入为 $\bar{R}=\dfrac{R(q)}{q}$.

如果产品价格 p 保持不变，则收入为 $R=R(q)=pq$，平均收入为 $\bar{R}=\dfrac{R(q)}{q}=p$.

利润是生产中获得的总收益与投入的总成本之差. 利润函数表示为

$$L(q)=R(q)-C(q),$$

当 $L=R-C>0$ 时，生产者盈利；当 $L=R-C<0$ 时，生产者亏损；当 $L=R-C=0$ 时，生产者盈亏平衡，使 $L(q)=0$ 的点 q_0 称为**盈亏平衡点**（又称为**保本点**）.

例 6 某工厂生产某种产品，固定成本为 10 000 元，每生产一件产品的费用为 50 元，预计售价 80 元，求总成本函数、平均成本函数、总收益函数、总利润函数和平均利

润函数.

解 设产量为 q,则总成本函数、平均成本函数、总收益函数分别为

$$C(q)=10\,000+50q,\ \bar{C}(q)=\frac{10\,000}{q}+50,\ R(q)=80q.$$

而总利润函数为

$$L(q)=80q-(10\,000+50q)=30q-10\,000.$$

平均利润函数为

$$\bar{L}(q)=\frac{L(q)}{q}=30-\frac{10\,000}{q}$$

习 题 1.4

1. 用铁皮做一个容积为 V 的圆柱形罐头筒,将它的全面积表示成底面半径的函数.

2. 某市出租汽车的起步价为 5 元,超过 3 km 时,超出部分每千米付费 2 元,试求付费金额与乘车距离的函数关系.

3. 某人将 200 元钱存入银行,单利年利率为 9%,那么 5 年后得到的本利和为多少?若按复利计算,200 元钱在 10 年后得到的本利和为 500 元,那么年利率为多少?

1.5 平面曲线方程

1.5.1 平面直角坐标系

平面直角坐标系的建立:在平面上,当取定两条互相垂直的直线的交点为原点,并确定了度量单位和这两条直线的方向,就建立了平面直角坐标系.

1.5.2 平面曲线方程

1. 曲线方程的定义

定义 1.5.1 当平面上取定了坐标系之后,如果一个方程与一条曲线之间有以下关系:(1)满足方程的 (x,y) 必是曲线上某一点;

(2)曲线上任何一点的坐标 (x,y) 满足这个方程.

那么这个方程就称为这条**曲线的方程**,这条曲线叫作这个**方程的图形**.

说明 曲线上的点与方程之间有着一一对应的关系.

2. 求曲线方程的一般步骤

(1)建立适当的坐标系,用 (x,y) 表示曲线上任意一点 M 的坐标.

(2)写出适合条件 P 的点 M 的集合 $P=\{M|P(M)\}$.

(3)用坐标表示条件 $P(M)$,列出方程 $f(x,y)=0$.

(4)化方程 $f(x,y)=0$ 为最简形式.

例 1 求圆心是 $C(a,b)$,半径是 r 的圆的方程.

解 设$M(x,y)$是圆上任意一点，根据定义，点M到圆心C的距离等于r，所以圆就是集合

$$P=\{M||MC|=r\}.$$

由两点间的距离公式，点M适合的条件可表示为：$\sqrt{(x-a)^2+(y-b)^2}=r$，把上式两边平方得$(x-a)^2+(y-b)^2=r^2$.

1.5.3 常见平面曲线方程

(1)垂直于坐标轴的直线$x=a$或$y=b$(如图 1-27).

(2)斜率$k(k\neq0)$的直线$y=kx+b$(如图 1-28).

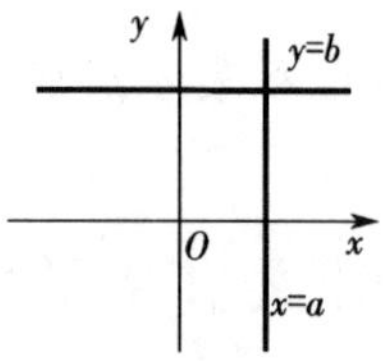

图 1-27

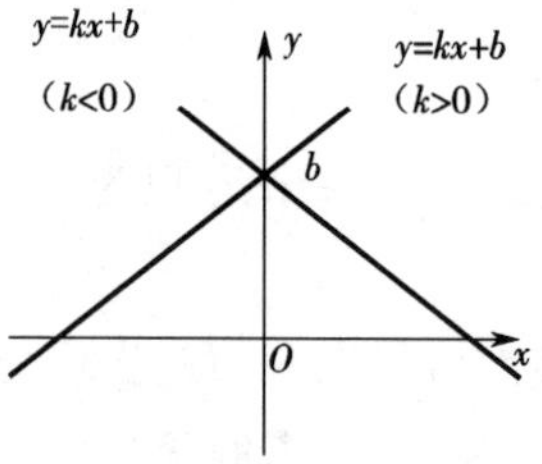

图 1-28

(3)双曲线 $y=\frac{1}{x}$(如图 1-29).

(4)椭圆$\frac{x^2}{a^2}+\frac{y^2}{b^2}=1$(如图 1-30).

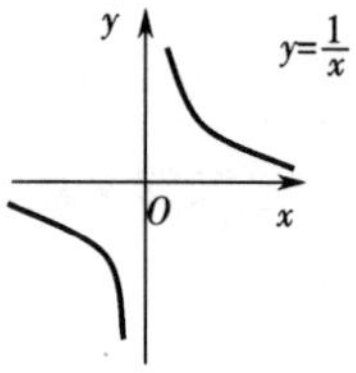

图 1-29

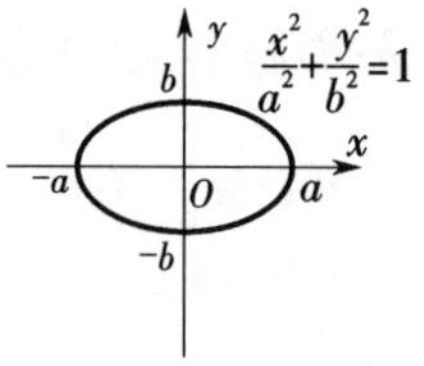

图 1-30

(5)以x轴为实轴的双曲线$\frac{x^2}{a^2}-\frac{y^2}{b^2}=1$(如图 1-31).

(6)以y轴为实轴的双曲线$\frac{y^2}{a^2}-\frac{x^2}{b^2}=1$(如图 1-32).

(7)抛物线 $y^2=2px(p>0)$(如图 1-33).

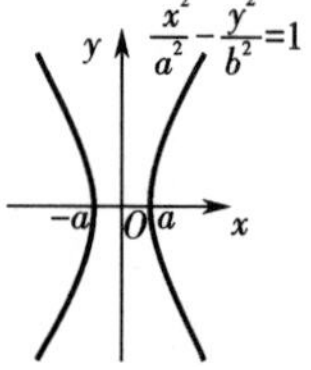

图 1-31

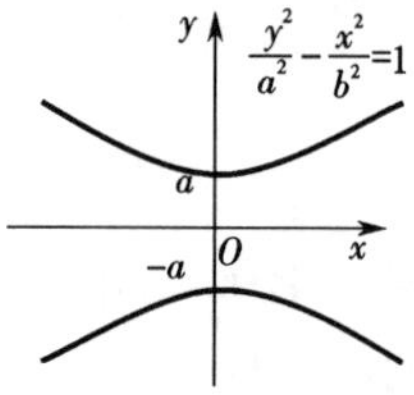

图 1-32

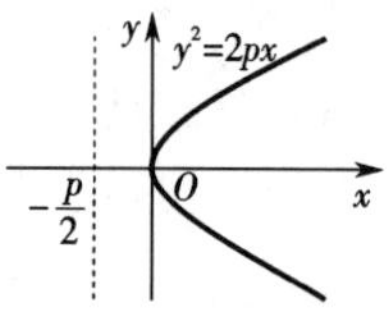

图 1-33

1.5.4　曲线的参数式方程

1. 曲线参数式方程的定义

定义 1.5.2　在平面直角坐标系中,若曲线 C 上的点 $P(x,y)$ 满足 $\begin{cases}x=f(t),\\ y=\varphi(t),\end{cases}$ 该方程叫作**曲线 C 的参数方程**,变量 t 是**参变数**,简称**参数**.

2. 参数方程与普通方程的互化

1)参数方程化为普通方程

参数方程通过代入消元或加减消元将参数方程化为普通方程,这里不要忘了参数的范围.

例 2　将下列参数方程化为普通方程,并说明它们各表示什么曲线:

(1) $\begin{cases}x=a\cos\varphi\\ y=b\sin\varphi\end{cases}$ (φ 为参数);　　(2) $\begin{cases}x=x_0+at\\ y=y_0+bt\end{cases}$ (t 为参数).

解　(1) $\begin{cases}\cos\varphi=\dfrac{x}{a},\\ \sin\varphi=\dfrac{y}{b},\end{cases}$ 由于 $\sin^2\varphi+\cos^2\varphi=1$,所以 $\dfrac{x^2}{a^2}+\dfrac{y^2}{b^2}=1$ 表示椭圆.

(2)由已知得 $\begin{cases}\dfrac{x-x_0}{a}=t,\\ \dfrac{y-y_0}{b}=t,\end{cases}$ 即 $\dfrac{x-x_0}{a}=\dfrac{y-y_0}{b}$, $y=\dfrac{b}{a}x+\dfrac{1}{a}(ay_0-bx_0)$ 即表示一条直线.

2)普通方程化为参数方程

普通方程化为参数方程需要引入参数,选择的参数不同,所得的参数方程也不一样.

例 3　将圆 $(x-a)^2+(y-b)^2=r^2$ 的普通方程化为参数方程.

解　根据 $\sin^2 t+\cos^2 t=1$,令 $x-a=r\cos t$, $y-b=r\sin t(0\leqslant t\leqslant 2\pi)$,即圆的参数方程为

$$\begin{cases}x=a+r\cos t,\\ y=b+r\sin t\end{cases}\quad(0\leqslant t\leqslant 2\pi).$$

习　题 1.5

A 组

1. 已知两定点 $A(-2,0)$, $B(1,0)$,如果动点 P 满足 $|PA|=2|PB|$,求点 P 的轨迹方程及轨迹所包围的图形的面积.

2. 求椭圆 $\dfrac{x^2}{a^2}+\dfrac{y^2}{b^2}=1(a>b>0)$ 的参数方程.

B 组

将下列平面曲线的参数方程化为一般方程.

(1) $\begin{cases} x=\sin\theta, \\ y=\cos^2\theta, \end{cases}$ $\theta\in[0,2\pi)$； (2) $\begin{cases} x=a+r\cos\varphi, \\ y=b+r\sin\varphi, \end{cases}$ φ 为参数.

1.6 极坐标系

1.6.1 极坐标系的概念

定义 1.6.1 在平面上取一个定点 O,自点 O 引一条射线 Ox,同时确定一个单位长度和计算角度的正方向(通常取逆时针方向为正方向),这样就建立了一个**极坐标系**,如图 1-34.

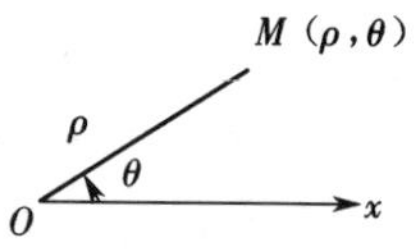

图 1-34

其中 O 称为**极点**,射线 Ox 称为**极轴**.那么对于平面内的任意一点 M,用 ρ 表示线段 OM 的长度,用 θ 表示 Ox 到 OM 的角,ρ 称为点 M 的**极径**,θ 称为点 M 的**极角**.则有序实数对 (ρ,θ) 称为点 M 的**极坐标**.

说明 (1)极坐标系的四个要素:极点、极轴、单位长度、角的单位及正方向.

(2)在平面内点的直角坐标与极坐标的共同点是:都用一对有序实数对表示一个点,不同的是点与点的直角坐标是一一对应的,而点的极坐标不是唯一的,一般情况下,点 $M(\rho,\theta)$(非极点)的全部极坐标为 $(\rho,\theta+2k\pi)$ 和 $(-\rho,\theta+\pi+2k\pi)$ $(k\in\mathbf{Z})$.当 $\rho=0$ 时,不论极角 θ 取什么值,都表示极点;当 $\theta=0$ 时,不论极径 ρ 取什么正值,点 $(\rho,0)$ 都在极轴上.

(3)在极坐标系中,极径和极角也可以取得负值,但点 (ρ,θ) 的位置须按下列规定确定:当 $\rho>0$ 时,在角 θ 的终边上取 M 点,使得 $|OM|=\rho$;当 $\rho<0$,在角 θ 的终边的反向延长线上取 M 点,使得 $|OM|=\rho$;当 $\theta>0$ 时,极轴按着逆时针方向旋转,当 $\theta<0$ 时,极轴按着顺时针方向旋转.

(4)求一个点的极坐标,一般只要求求出其中一个坐标即可,范围在

$$\rho\geqslant 0,0\leqslant\theta<2\pi.$$

1.6.2 极坐标与直角坐标的互化

1.极坐标化为直角坐标

已知点 M 的极坐标为 (ρ,θ),在极坐标系上建立直角坐标系,极点 O 为坐标原点,极轴为 x 轴,过极点作垂直于 x 轴的数轴为 y 轴,如图 1-35,根据三角函数定义可得

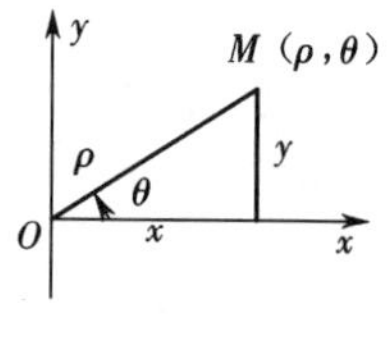

图 1-35

$\begin{cases} x=\rho\cos\theta, \\ y=\rho\sin\theta, \end{cases}$ 即 M 的直角坐标为 $(\rho\cos\theta,\rho\sin\theta)$.

2. 直角坐标化为极坐标

已知点 M 的直角坐标为 (x,y)，在直角坐标系上建立极坐标系，坐标原点为极点 O，x 轴为极轴，根据三角函数定义可得 $\begin{cases}\rho=\sqrt{x^2+y^2},\\ \tan\theta=\dfrac{y}{x}(x\neq 0).\end{cases}$

例 1　将点 $M(-\sqrt{3},-1)$ 的直角坐标化为极坐标.

解　$\rho=\sqrt{(-\sqrt{3})^2+(-1)^2}=2$，$\tan\theta=\dfrac{-1}{-\sqrt{3}}=\dfrac{\sqrt{3}}{3}$.

又因为点 $M(-\sqrt{3},-1)$ 在第三象限，所以 $\theta=\dfrac{7\pi}{6}$，因此点 M 的极坐标为 $\left(2,\dfrac{7\pi}{6}\right)$.

例 2　将点 $M\left(6,\dfrac{\pi}{3}\right)$ 的极坐标化为直角坐标.

解　$x=6\cos\dfrac{\pi}{3}=3$，$y=6\sin\dfrac{\pi}{3}=3\sqrt{3}$.

因此点 $M\left(6,\dfrac{\pi}{3}\right)$ 的直角坐标为 $(3,3\sqrt{3})$.

1.6.3　常见曲线的极坐标方程

1. 曲线极坐标方程的概念

定义 1.6.2　在直角坐标系中，曲线可以用含有 x 和 y 的方程来表示，这种方程称为**曲线的直角坐标方程**. 同样，在极坐标系中，曲线也可以用含有 ρ 和 θ 的方程来表示，这种方程称为**曲线的极坐标方程**.

同一条曲线的直角坐标方程与极坐标方程，可以根据点的直角坐标与极坐标间的关系进行互化.

2. 常见曲线的极坐标方程

(1) 圆 $x^2+y^2=a^2(a>0)$ 的极坐标方程为 $\rho=a(0\leqslant\theta<2\pi)$；

(2) 圆 $x^2+y^2-2ax=a^2(a>0)$ 的极坐标方程为 $\rho=2a\cos\theta$；

(3) 圆 $x^2+y^2-2ay=a^2(a>0)$ 的极坐标方程为 $\rho=2a\sin\theta$；

(4) 直线 $y=x$ 的极坐标方程为 $\theta=\dfrac{\pi}{4}$.

习　题 1.6

A 组

1. 已知点的极坐标分别为 $A\left(3,-\dfrac{\pi}{4}\right)$，$B\left(2,\dfrac{2\pi}{3}\right)$，$C\left(\dfrac{\sqrt{3}}{2},\pi\right)$，$D\left(-4,\dfrac{\pi}{2}\right)$，求它们的直角坐标.

2. 已知点的直角坐标分别为 $A(3,\sqrt{3})$，$B\left(0,-\dfrac{\sqrt{5}}{3}\right)$，$C(-2,-2\sqrt{3})$，求其极坐标.

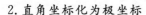

1.7 应用举例

通过前面几节内容的学习,我们知道了函数的相关概念以及建立函数模型的方法.下面通过一些实例简单介绍一下函数模型在生产实际中的应用.

例 1 已知生产某种商品 q 件时的总成本(单位:万元)为 $C(q)=10+6q+0.1q^2$,如果该商品的销售单价为 9 万元,试求:

(1)该商品的利润函数; (2)生产 10 件该商品时的总利润和平均利润;

(3)生产 30 件该商品时的总利润.

解 (1)该商品的收入函数为 $R(q)=9q$,

从而利润函数为 $L(q)=R(q)-C(q)=3q-10-0.1q^2$.

(2)生产 10 件该商品的总利润为 $L(10)=3\times 10-10-0.1\times 10^2=10$(万元).

此时的平均利润为 $\overline{L}=\frac{L(10)}{10}=1$(万元/件).

(3)生产 30 件该商品的总利润为 $L(30)=3\times 30-10-0.1\times 30^2=-10$(万元).

例 2 已知某商品的成本函数为 $C=12+3q+q^2$,若销售单价为 11 元/件,试求:

(1)该商品经营活动的盈亏平衡点;

(2)若每天销售 10 件该商品,为了不亏本,销售单价应定为多少才合适?

解 (1)利润函数为 $L(q)=R(q)-C(q)=11q-(12+3q+q^2)=8q-12-q^2$.

令 $L(q)=0$ 得两个盈亏平衡点为 $q_1=2,q_2=6$.

$L(q)=(q-2)(6-q)$ 可以看出,当 $q<2$ 或 $q>6$ 时,都有 $L(q)<0$,这时生产经营是亏本的;而当 $2<q<6$ 生产经营是盈利的.

(2)设定价为 p 元/件,则利润函数 $L(q)=R(q)-C(q)=pq-(12+3q+q^2)$,为使生产经营不亏本,须使得 $L(10)\geqslant 0$,即 $10p-142\geqslant 0$,$p\geqslant 14.2$.因此,为了不亏本销售单价应不低于 14.2 元.

例 3 已知某商品的供给函数为 $S=\frac{2}{3}p-4$,需求函数为 $Q=50-\frac{4}{3}p$,试求该商品处于市场平衡状态下的均衡价格和均衡数量.

解 令 $S=Q$,即 $\frac{2}{3}p-4=50-\frac{4}{3}p$,解得均衡价格为 $\bar{p}=27$,均衡数量 $\bar{Q}=14$.

例 4 今有一长 2 m,宽 1 m 的矩形铁皮,如图 1-36 所示,在四个角上分别截去一个边长为 x 的正方形后,沿虚线折起可做成一个无盖的长方体水箱(接口连接问题不考虑).求水箱容积的表达式 $f(x)$,并指出函数 $f(x)$的定义域.

解 如图 1-36,$f(x)=(2-2x)(1-2x)x=4x^3-6x^2+2x$,函数的定义域为 $D:\left(0,\frac{1}{2}\right)$.

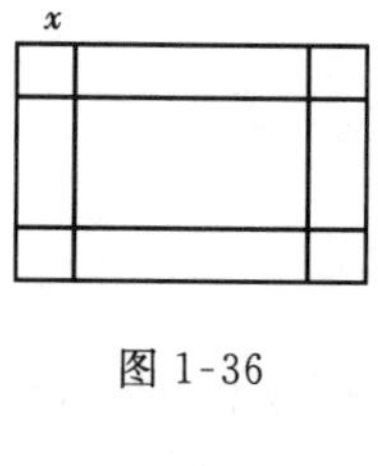

图 1-36

习 题1.7

1. 生产某种商品 x 件时的总成本为 $C(x)=100+3x+x^2$(万元),若每售出一件该商品的收入是43万元,求利润函数,并求生产30件时的总利润.

2. 某种商品的供给函数和需求函数分别为 $Q_p=25p-10$, $S_p=200-5p$. 求该商品的市场均衡价格和市场均衡数量.

数学文化

函数的起源

一、函数的起源(产生)

公元16、17世纪,欧洲资本主义国家先后兴起,为了争夺霸权,迫切需要发展航海和军火工业.为了发展航海事业,就需要确定船只在大海中的位置,在地球上的经纬度;要打仗,也需知道如何使炮弹打得准确无误等,这就促进了人们对各种"运动"的研究,对各种运动中的数量关系进行研究,这就为函数概念的产生提供了客观实际需要的基础.17世纪中叶,笛卡儿引入变数(变量)的概念,建立了解析几何学,从而打破了局限于方程的未知数的理解;后来,牛顿、莱布尼茨分别独立地建立了微分学说.这期间,随着数学内容的丰富,各种具体的函数已大量出现,但函数还未被给出一个一般的定义.牛顿于1665年开始研究微积分之后,一直用"流量"一词来表示变量间的关系.1673年,莱布尼茨在一篇手稿里第一次用"函数"这一名词,他用函数表示任何一个随着曲线上的点的变动而变动的量.(定义1),这可以说是函数的第一个"定义".例如,切线,弦,法线等长度和横、纵坐标,后来,又用这个名词表示幂,即表示 $x,x^2,x^3,\cdots$ 显然,"函数"这个词最初的含义是非常模糊和不准确的.人们不会满足于这样不准确的概念,数学家们纷纷对函数进行进一步讨论.

二、函数概念的发展与完善

以"变量"为基础的函数概念:1718年,瑞士科学家,莱布尼茨的学生约翰·贝努利给出了函数的明确定义:变量的函数是由这些变量与常量所组成的一个解析表达式(定义2),并在此给出了函数的记号 φx. 这一定义使得函数第一次有了解析意义.18世纪中叶,著名的数学家达朗贝尔和欧拉在研究弦振动时,感到有必要给出函数的一般定义.达朗贝尔认为函数是指任意的解析式.在1748年欧拉的定义是:函数是随意画出的一条曲线(定义3).在此之前的1734年,欧拉也给出了一种函数的符号 $f(x)$,这个符号我们一直沿用至今.实际上,这两种定义(定义1和定义2)就是现在通用的函数的两种表示方法:解析法和图像法.后来,由于傅里叶级数的出现,沟通了解析式与曲线间的联系,但是用解析式来定义函数,显然是片面的,因为有很多函数是没有解析式的,如狄利克雷函数.1775年,欧拉在《微分学原理》一书的前言中给出了更广泛的定义:如果某些变量,以这样一种方式依赖于另一些变量,即当后面这些变量变化时,前面这些变量也随之而变化,则将前面的变量称为后面变量的函数(定义4).这个定义朴素地反映了函数中的辩证因素,体现了"自变"到"因变"的生动过程,但未提到两个变量之间的对应关系,因此它并未反映出真正意义上的科学函数概念的特征，只是科学地定义函数概念的“雏形”．函数是从研究物体运动而引出的一个概念，因此前几种函数概念的定义只是认识到了变量“变化”的关系，如自由落体运动下降的路程，单摆运动的幅角等都可以看成时间的函数．很明显，只从运动中变量“变化”观点来理解函数，对函数概念的了解就有一定的局限性．如对常值函数，不好解释．19 世纪初，拉克若斯正式提出只要有一个变量依赖另一个变量，前者就是后者的函数．1834 年，俄国数学家罗巴契夫斯基进一步提出函数的定义：x 的函数是这样的一个数，它对于每一个 x 都有确定的值，并且随着 x 一起变化，函数值可以由解析式给出，这个条件提供了一种寻求全部对应值的方法，函数的这种依赖关系可以存在，但仍然是未知的(定义 5)．这实际是“列表定义”，好像有一个“表格”，其中一栏是 x 值，另一栏是与它相对应的 y 值．这个定义指出了对应关系(条件)的必要性，把函数的“对应”思想表现出来，而“对应”概念正是函数概念的本质与核心．19 世纪法国数学家柯西更明确地给出定义：有两个互相联系的变量，一个变量的数值可以在某一范围内任意变化，这样的变量称为自变量，另一个变量的数值随着自变量的数值而变化，这个变量称为因变量，并且称因变量为自变量的函数．

第2章 极限与连续

问题引入

函数是高等数学研究的主要对象，极限是高等数学的一个重要概念，是学习微积分的理论基础和工具，高等数学中的几个重要概念，如连续、导数、定积分等都是用极限来描述的. 连续则是与极限概念密切相关的另一个基本概念.

学习目标

(1)理解极限的概念，了解极限的性质.

(2)熟练掌握求极限的几种方法.

(3)理解极限的四则运算法则，掌握利用极限的四则运算法则求极限的方法.

(4)熟练掌握利用两个重要极限求极限的方法.

(5)理解无穷小与无穷大的概念，掌握无穷小的性质与比较，会利用等价无穷小的代换求极限.

(6)理解函数在一点连续的概念，会判断间断点的类型.

(7)了解闭区间连续函数的性质.

2.1 极限的概念

在客观世界中，要确定某些实际问题的精确解，仅仅通过有限次的算术运算有时是达不到目的的，而需要通过考察一个无限变化过程的变化趋势才能得到，例如手机电池充电后，在下一次充电之前，电池的电量会变得越来越小，这个问题说明在自变量的某一变化过程中，函数值趋向于某个确定的常数，由此产生了极限概念.

2.1.1 数列的极限

1. 数列的概念

定义 2.1.1 自变量为正整数的函数 $u_n=f(n)$，函数值按自变量 n 由小到大的顺序排成的一列数 $u_1,u_2,u_3,\cdots,u_n,\cdots$ 称为**数列**. 记为 $\{u_n\}$，其中 $u_n=f(n)$ 为数列 $\{u_n\}$ 的**通项或一般项**.

定义 2.1.2 如果对于数列 $\{u_n\}$，存在一个正的常数 M，使得 $|u_n|\leqslant M(n=1,2,3,\cdots)$ 恒成立，则称数列 $\{u_n\}$ **为有界数列**，或称**数列有界**.

定义 2.1.3 如果数列 $\{u_n\}$ 对于每一个正整数 n，都有 $u_{n+1}>u_n$，则称**数列 $\{u_n\}$ 为单调递增数列**. 类似地，如果数列 $\{u_n\}$ 对于每一个正整数 n，都有 $u_{n+1}<u_n$，则称**数列**

$\{u_n\}$为单调递减数列.

2.数列的极限

(1) $\{u_n\}=\left\{\frac{1}{n}\right\}$,即 $1,\frac{1}{2},\frac{1}{3},\frac{1}{4},\cdots,\frac{1}{n},\cdots$

这是单调递减数列,当 n 无限增大时,$\frac{1}{n}$无限趋近于常数 0.

(2) $\{u_n\}=\left\{\frac{n-1}{n}\right\}$,即 $0,\frac{1}{2},\frac{2}{3},\frac{3}{4},\cdots,\frac{n-1}{n},\cdots$

这是单调递增数列,当 n 无限增大时,$\frac{n-1}{n}$无限趋近于常数 1.

我们观察上面的两个数列,当项数 n 无限增大时,数列(1)无限接近于常数 0,而数列(2)则无限接近于常数 1,它们的共同特征是:当项数 n 无限变大时,数列的值都无限接近于一个确定的常数.

定义 2.1.4 对于数列$\{u_n\}$,如果 n 无限增大时,通项 u_n 无限接近于某个确定的常数 A,则称该**数列以 A 为极限**,或称**数列$\{u_n\}$收敛于 A**,记为

$$\lim_{n\to\infty} u_n=A \text{ 或 } u_n\to A(n\to\infty).$$

其中符号"→"读作"无限趋近于",可简读为"趋近于".

注意 并不是任何数列都有极限,有些数列就没有极限,这样的数列称为**发散数列**.例如,数列$\{u_n\}=\{(-1)^n\}$,当 $n\to\infty$时,u_n 的值在 -1 与 1 之间跳动,它不趋近于一个确定的常数,所有没有极限,是发散数列.

一般地,任何一个常数数列的极限就是这个常数本身,即

$$\lim_{n\to\infty} C=C \quad (C \text{ 为常数}).$$

定理 2.1.1 (单调有界定理)单调有界数列必有极限.

2.1.2 函数的极限

数列是一种特殊函数(整标函数),下面将这种特殊函数的极限概念推广到一般函数的极限概念.

对于函数 $y=f(x)$,函数 y 随着自变量 x 的变化而变化.为方便起见,我们规定以下符号:

$x\to+\infty$:表示 x 无限增大,也称 x 无限趋向正无穷大.

$x\to-\infty$:表示 x 无限减小,也称 x 无限趋向负无穷大.

$x\to\infty$:表示$|x|$无限增大,也称 x 无限趋向无穷大.

$x\to x_0^-$:表示 x 从左侧无限接近 x_0.

$x\to x_0^+$:表示 x 从右侧无限接近 x_0.

$x\to x_0$:表示 x 从左右两侧无限接近 x_0.

一般地,可根据自变量的不同变化趋势,分下列情况讨论函数的极限.

1.当 $x\to\infty$时,函数 $f(x)$的极限

例 1 考察当 $x\to\infty$时函数 $y=\frac{1}{x}$的变化趋势.

解　如图 2-1 所示：当 $x\to+\infty$ 时，$y=\dfrac{1}{x}$ 趋近于确定的常数 0；当 $x\to-\infty$ 时，$y=\dfrac{1}{x}$ 趋近于确定的常数 0.

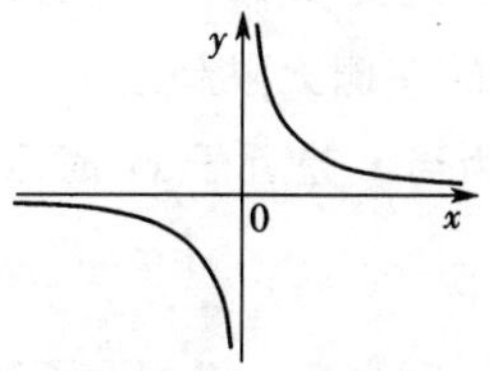

图 2-1

因此，当 $x\to\infty$ 时，$y=\dfrac{1}{x}$ 趋近于确定的常数 0.

定义 2.1.5　设函数 $f(x)$ 在 $|x|$ 大于某一正数时有定义，如果当 $x\to\infty$ 时，相应的函数值 $f(x)$ 无限趋近于某一个确定的常数 A，则称 A 为当 **$x\to\infty$ 时函数 $f(x)$ 的极限**，记作

$$\lim_{x\to\infty} f(x)=A \text{ 或 } f(x)\to A(x\to\infty).$$

由定义可知

$$\lim_{x\to\infty}\frac{1}{x}=0.$$

说明　若只当 $x\to+\infty$ 或 $(x\to-\infty)$ 时，函数趋近于确定的常数 A，记作

$$\lim_{x\to+\infty} f(x)=A(\text{或}\lim_{x\to-\infty} f(x)=A).$$

例如 $\lim\limits_{x\to+\infty}\left(\dfrac{1}{2}\right)^x=0$，$\lim\limits_{x\to-\infty} 2^x=0$.

定理 2.1.2　$\lim\limits_{x\to\infty} f(x)=A$ 的充要条件是 $\lim\limits_{x\to+\infty} f(x)=\lim\limits_{x\to-\infty} f(x)=A$.

因为 $\lim\limits_{x\to-\infty}\dfrac{1}{x}=\lim\limits_{x\to+\infty}\dfrac{1}{x}=0$，所以 $\lim\limits_{x\to\infty}\dfrac{1}{x}=0$.

因为 $\lim\limits_{x\to+\infty}\arctan x=\dfrac{\pi}{2}$，$\lim\limits_{x\to-\infty}\arctan x=-\dfrac{\pi}{2}$，所以 $\lim\limits_{x\to\infty}\arctan x$ 不存在.

2. 当 $x\to x_0$ 时，函数 $f(x)$ 的极限

例 2　考察当 $x\to1$ 时，$f(x)=\dfrac{x^2-1}{x-1}$ 的变化趋势.

解　如图 2-2 所示，虽然函数 $f(x)=\dfrac{x^2-1}{x-1}$ 在 $x=1$ 处无定义，但当 $x\to1$ 时，$f(x)\to2$.

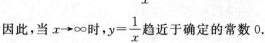

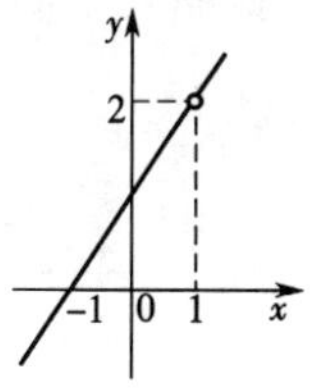

图 2-2

对于这种当 $x\to x_0$ 时 $f(x)$ 的变化趋势，给出下面的定义.

定义 2.1.6　设函数 $f(x)$ 在点 x_0 的某一去心邻域 $\cup(\hat{x}_0,\delta)$ 内有定义，当自变量 x 在 $\cup(\hat{x}_0,\delta)$ 内从左右两侧无限接近于 x_0 时，相应的函数值无限接近于确定的常数 A，则称 A 为 $x\to x_0$ 时**函数 $f(x)$ 的极限**，记作

$x\to x_0$ 可描述为 x 无限趋近于 x_0 或 x 无限接近于 x_0，但 x 永远不等于 x_0.

$$\lim_{x\to x_0} f(x)=A \text{ 或 } f(x)\to A(x\to x_0).$$

上面的例 2 可以表示为 $\lim\limits_{x\to1}\dfrac{x^2-1}{x-1}=2$.

注意　函数 $f(x)$ 在点 x_0 处极限是否存在与其在点 x_0 处是否有定义无关.

3. 左极限与右极限

上述定义中，讨论了 $x\to x_0$ 时函数 $f(x)$ 的极限，但在有些问题中，往往只需考虑 $x\to x_0^+$（x 从 x_0 的右侧无限趋向于 x_0）或 $x\to x_0^-$（x 从 x_0 的左侧无限趋向于 x_0）时，函数 $f(x)$ 的变化趋势. 为此，给出下面的定义.

定义 2.1.7 设函数 $f(x)$ 在点 x_0 的去心邻域左侧 $(x_0-\delta, x_0)$ 内有定义，当 x 从 x_0 的左侧无限趋近于 x_0 时，相应的函数值 $f(x)$ 无限趋近于一个确定的常数 A，则称 **A 为当 x 趋近于 x_0 时函数 $f(x)$ 的左极限**，记作

$$\lim_{x\to x_0^-} f(x)=A, \text{或 } f(x)\to A(x\to x_0^-), \text{或 } f(x_0-0)=A.$$

定义 2.1.8 设函数 $f(x)$ 在点 x_0 的去心邻域右侧 $(x_0, x_0+\delta)$ 内有定义，当 x 从 x_0 的右侧无限趋近于 x_0 时，相应的函数值 $f(x)$ 无限趋近于一个确定的常数 A，则称 **A 为当 x 趋近于 x_0 时函数 $f(x)$ 的右极限**，记作

$$\lim_{x\to x_0^+} f(x)=A, \text{或 } f(x)\to A(x\to x_0^+), \text{或 } f(x_0+0)=A.$$

例如 $\lim\limits_{x\to 1^-}\dfrac{x^2-1}{|x-1|}=\lim\limits_{x\to 1^-}\dfrac{x^2-1}{-(x-1)}=-2, \lim\limits_{x\to 1^+}\dfrac{x^2-1}{|x-1|}=\lim\limits_{x\to 1^+}\dfrac{x^2-1}{x-1}=2.$

定理 2.1.3 $\lim\limits_{x\to x_0} f(x)=A$ 的充要条件是 $\lim\limits_{x\to x_0^-} f(x)=\lim\limits_{x\to x_0^+} f(x)=A.$

例 3 设函数 $f(x)=\begin{cases}-x, & x<0,\\ 0, & x=0,\\ x & x>0,\end{cases}$ 讨论 $\lim\limits_{x\to 0^+} f(x)$，$\lim\limits_{x\to 0^-} f(x)$，$\lim\limits_{x\to 0} f(x)$ 是否存在.

解 由函数图形 2-3(a)可知，

$$\lim_{x\to 0^+} f(x)=\lim_{x\to 0^+} x=0, \lim_{x\to 0^-} f(x)=\lim_{x\to 0^-}(-x)=0,$$

所以
$$\lim_{x\to 0} f(x)=0.$$

例 4 证明函数 $f(x)=\begin{cases}x-1, & x<0,\\ 0, & x=0,\\ x+1, & x>0,\end{cases}$ 当 $x\to 0$ 时，函数 $f(x)$ 的极限不存在.

证明 由函数图形 2-3(b)可知

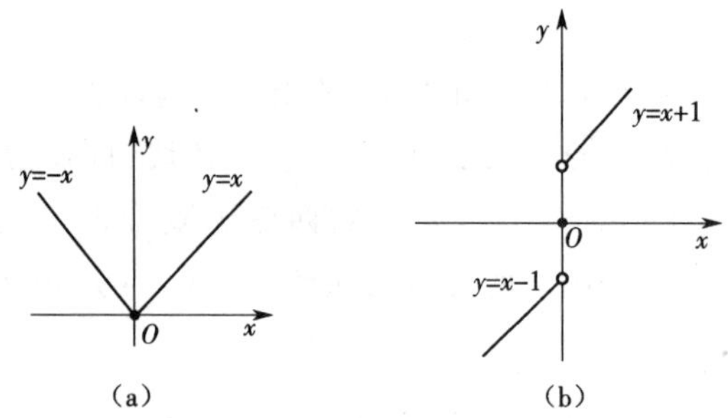

图 2-3

$$\lim_{x\to 0^-} f(x)=\lim_{x\to 0^-}(x-1)=-1, \lim_{x\to 0^+} f(x)=\lim_{x\to 0^+}(x+1)=1.$$

由于 $\lim\limits_{x\to 0^-} f(x)\neq\lim\limits_{x\to 0^+} f(x)$，所以 $\lim\limits_{x\to 0} f(x)$ 不存在.

2.1.3 极限的性质

定理 2.1.4 （唯一性）如果数列 $\{u_n\}$ 收敛，则它的极限是唯一的.

说明　函数极限也有同样的结论. 例如,如果$\lim\limits_{x\to x_0} f(x)=A$,则 A 唯一.

定理 2.1.5　(有界性)收敛数列必有界.

说明　有极限的函数也有类似结论. 比如,若$\lim\limits_{x\to x_0} f(x)$存在,则在点 x_0 的某一去心邻域 $\mathring{U}(x_0,\delta)$内,函数 $f(x)$必有界. 若$\lim\limits_{x\to\infty} f(x)$存在,则一定存在一个确定的正数 a,当$|x|>a$,函数 $f(x)$必有界.

定理 2.1.6　(夹逼准则):对于数列$\{u_n\}$、$\{v_n\}$及$\{w_n\}$,存在某个正整数 N,当 $n>N$ 时,若满足 $u_n\leqslant v_n\leqslant w_n$,且$\lim\limits_{n\to\infty} u_n=\lim\limits_{n\to\infty} w_n=A$,则$\lim\limits_{n\to\infty} v_n=A$.

说明　有极限的函数也有类似结论. 对于函数 $f(x)$、$g(x)$及 $h(x)$,在点 x_0 的去心邻域 $\mathring{U}(x_0,\delta)$内,若满足 $g(x)\leqslant f(x)\leqslant h(x)$,且$\lim\limits_{x\to x_0} g(x)=\lim\limits_{x\to x_0} h(x)=A$,则

$$\lim_{x\to x_0} f(x)=A.$$

习　题 2.1

A 组

1. 观察下列数列的变化趋势,判断哪些数列有极限,如有极限,写出它们的极限.

(1)$\{u_n\}=\left\{\dfrac{1+(-1)^n}{n}\right\}$;　　(2)$\{u_n\}=\left\{\dfrac{1}{2^n}\right\}$;

(3)$\{u_n\}=\left\{\dfrac{n-1}{n+1}\right\}$;　　(4)$\{u_n\}=\left\{1+\dfrac{1}{n}\right\}$.

2. 在给定自变量的变化趋势下,观察下列函数是否有极限,如有极限,写出它们的极限.

(1)$y=\sin x(x\to\infty)$;　　(2)$y=2^x(x\to-\infty)$;

(3)$y=\dfrac{1}{x-2}(x\to\infty)$;　　(4)$y=\ln x(x\to 1)$.

3. 设函数 $f(x)=\begin{cases}x^3, & x\leqslant 0,\\ x, & x>0,\end{cases}$ 求$\lim\limits_{x\to 0^-} f(x)$,$\lim\limits_{x\to 0^+} f(x)$,$\lim\limits_{x\to 0} f(x)$.

4. 设函数 $f(x)=\begin{cases}x^2+1, & x>0,\\ 2, & x=0,\\ 3x, & x<0,\end{cases}$ 求$\lim\limits_{x\to 0^-} f(x)$,$\lim\limits_{x\to 0^+} f(x)$,$\lim\limits_{x\to 0} f(x)$.

5. 设函数 $f(x)=\dfrac{x}{|x|}$,求$\lim\limits_{x\to 0^-} f(x)$,$\lim\limits_{x\to 0^+} f(x)$,$\lim\limits_{x\to 0} f(x)$.

B 组

1. 设函数 $f(x)=\begin{cases}2x, & 0\leqslant x<1,\\ a-x, & 1<x\leqslant 2,\end{cases}$ 且$\lim\limits_{x\to 1} f(x)$存在,求 a 的值.

2. 设函数 $f(x)=\begin{cases}x+1, & x<0,\\ x^2, & 0\leqslant x\leqslant 1,\\ 1, & x>1,\end{cases}$ 求$\lim\limits_{x\to 0} f(x)$,$\lim\limits_{x\to 1} f(x)$.

3. 设函数 $f(x)=\dfrac{2x}{|x|+3x}$，求 $\lim\limits_{x\to 0^-} f(x)$，$\lim\limits_{x\to 0^+} f(x)$，$\lim\limits_{x\to 0} f(x)$.

2.2 无穷小量与无穷大量

2.2.1 无穷小量

在实际问题中，我们经常会遇到极限为零的变量. 这种变量既有实际意义又有理论意义. 下面给出无穷小量的定义.

1. 无穷小量的定义

定义 2.2.1 如果 $x\to x_0$（或 $x\to\infty$）时，函数 $f(x)$ 的极限为零，则称 $f(x)$ 为当 $x\to x_0$（或 $x\to\infty$）时的**无穷小量**，简称**无穷小**，记作 $\lim\limits_{x\to x_0} f(x)=0$（或 $\lim\limits_{x\to\infty} f(x)=0$）.

例如 $\lim\limits_{x\to 1}\ln x=0$，则函数 $\ln x$ 为 $x\to 1$ 时的无穷小.

又如 $\lim\limits_{x\to 2}(x-2)=0$，则函数 $x-2$ 为 $x\to 2$ 时的无穷小.

注意 (1)不要把无穷小量和很小的数混为一谈. 一般来说，无穷小表达的是量的变化状态，而不是量的大小，一个量不管多小，都不是无穷小量，零是唯一可视为**无穷小的常数**. 无穷小指的是以零为极限的变量.

(2)当 $x\to x_0^+$，$x\to x_0^-$，$x\to+\infty$，$x\to-\infty$ 时可得到相应的无穷小的定义.

(3)在某个变化过程中的无穷小，在其他变化过程中不一定是无穷小.

例如，当 $x\to 2$ 时，函数 $x-2$ 是无穷小量；而当 $x\to 1$ 时，$x-2$ 就不是无穷小量.

例 1 自变量在怎样的变化过程中，下列函数为无穷小：

(1) $y=2x-6$；　(2) $y=3^x$；　(3) $y=\left(\dfrac{1}{3}\right)^x$.

解 (1)因为 $\lim\limits_{x\to 3}(2x-6)=0$，所以当 $x\to 3$ 时，$2x-6$ 为无穷小；

(2)因为 $\lim\limits_{x\to-\infty}3^x=0$，所以当 $x\to-\infty$ 时，3^x 为无穷小；

(3)因为 $\lim\limits_{x\to+\infty}\left(\dfrac{1}{3}\right)^x=0$，所以当 $x\to+\infty$ 时，$\left(\dfrac{1}{3}\right)^x$ 为无穷小.

2. 无穷小的性质

无限个无穷小量的代数和不一定是无穷小.
两个无穷小的商不一定是无穷小.

性质 1 有限个无穷小量的代数和仍是无穷小.

性质 2 有限个无穷小之积仍是无穷小.

性质 3 有界函数与无穷小的乘积仍是无穷小.

性质 4 常数与无穷小的乘积仍是无穷小.

经常用到的有界函数：$|\sin x|\leqslant 1$；$|\cos x|\leqslant 1$；$|\arctan x|\leqslant\dfrac{\pi}{2}$；$|\operatorname{arccot} x|\leqslant\pi$.

例 2 求 $\lim\limits_{x\to 0}x\sin\dfrac{1}{x}$.

解 当 $x\to 0$ 时，$\left|\sin\dfrac{1}{x}\right|\leqslant 1$，所以 $\sin\dfrac{1}{x}$ 是有界函数，又因为 $\lim\limits_{x\to 0}x=0$，故当 $x\to 0$ 时，$y=x\sin\dfrac{1}{x}$ 是有界量与无穷小的乘积，由性质 3 得 $\lim\limits_{x\to 0}x\sin\dfrac{1}{x}=0$.

3. 函数、极限与无穷小的关系

定理 2.2.1　在自变量的同一变化过程 $x\to x_0$（或 $x\to\infty$）中，具有极限的函数等于它的极限与一个无穷小之和；反之，如果函数可表示为常数与无穷小之和，那么该常数就是这个函数的极限.

说明　(1)定理 2.2.1 表明，函数 $f(x)$ 以 A 为极限的充分必要条件是：$f(x)$ 可以表示为 A 与一个无穷小量 α 之和. 即 $\lim\limits_{x\to\infty} f(x)=A \Leftrightarrow f(x)=A+\alpha(\lim\limits_{x\to\infty}\alpha=0)$.

(2)定理 2.2.1 在 $x\to x_0^+$，$x\to x_0^-$，$x\to+\infty$，$x\to-\infty$ 时仍然成立.

2.2.2　无穷小的比较

前面讨论了两个无穷小的和、差及乘积仍然是无穷小，但两个无穷小的商却会出现各种不同的情况，有的可能为无穷大，有的可能为无穷小，有的可能为常数.

例如，当 $x\to0$ 时，$3x$，x^2，$\sin x$ 都是无穷小，但是 $\lim\limits_{x\to0}\dfrac{x^2}{3x}=0$，$\lim\limits_{x\to0}\dfrac{3x}{x^2}=\infty$，$\lim\limits_{x\to0}\dfrac{\sin x}{x}=1$. 两个无穷小商的不同结果，反映了不同的无穷小趋于零的速度的快慢.

定义 2.2.2　设在自变量的同一变化过程中，α 和 β 都是无穷小：

(1) 若 $\lim\limits_{\substack{x\to x_0\\(x\to\infty)}}\dfrac{\beta}{\alpha}=0$，则称 β 是比 α **高阶的无穷小**，记为 $\beta=o(\alpha)$；

(2)若 $\lim\limits_{\substack{x\to x_0\\(x\to\infty)}}\dfrac{\beta}{\alpha}=\infty$，则称 β 是比 α **低阶的无穷小**；

(3) 若 $\lim\limits_{\substack{x\to x_0\\(x\to\infty)}}\dfrac{\beta}{\alpha}=c(c\neq0)$，则称 β 与 α 是**同阶无穷小**；当 $c=1$ 时，称 β 与 α 是**等价无穷小**，记作 $\alpha\sim\beta$.

说明　(1)等价无穷小是同阶无穷小的一个非常重要的特例.

(2)等价无穷小在求两个无穷小之比的极限时，有重要的作用.

定理 2.2.2　设 $\alpha(x)$、$\alpha_1(x)$、$\beta(x)$ 及 $\beta_1(x)$ 是自变量在同一变化趋势下的无穷小，且有 $\alpha(x)\sim\alpha_1(x)$，$\beta(x)\sim\beta_1(x)$，若 $\lim\dfrac{\alpha_1(x)}{\beta_1(x)}$ 存在（或为 ∞），则 $\lim\dfrac{\alpha(x)}{\beta(x)}$ 也存在，并且有

$$\lim\frac{\alpha(x)}{\beta(x)}=\lim\frac{\alpha_1(x)}{\beta_1(x)}.$$

在极限的乘除计算中，等价无穷小可以相互替换，这样可以简化极限的运算.

证明　由定理的条件可知 $\lim\dfrac{\alpha(x)}{\alpha_1(x)}=1$，$\lim\dfrac{\beta(x)}{\beta_1(x)}=1$，因此有

$$\lim\frac{\alpha(x)}{\beta(x)}=\lim\left[\frac{\alpha(x)}{\alpha_1(x)}\cdot\frac{\alpha_1(x)}{\beta_1(x)}\cdot\frac{\beta_1(x)}{\beta(x)}\right]=\lim\frac{\alpha(x)}{\alpha_1(x)}\cdot\lim\frac{\alpha_1(x)}{\beta_1(x)}\cdot\lim\frac{\beta_1(x)}{\beta(x)}$$

$$=1\cdot\lim\frac{\alpha_1(x)}{\beta_1(x)}\cdot1=\lim\frac{\alpha_1(x)}{\beta_1(x)}.$$

下面是当 $x\to0$ 时常用的几个等价无穷小代换：

(1) $\sin x\sim x$；　(2) $\tan x\sim x$；　(3) $\arcsin x\sim x$；

(4) $\arctan x\sim x$；　(5) $e^x-1\sim x$；　(6) $\ln(1+x)\sim x$；

(7) $1-\cos x\sim\dfrac{1}{2}x^2$；　(8) $\sqrt{1+x}-1\sim\dfrac{1}{2}x$.

例 3 求下列函数的极限.

(1)$\lim\limits_{x\to 0}\dfrac{\tan 2x}{\sin 5x}$； (2)$\lim\limits_{x\to 0}\dfrac{\sin x}{x^3+3x}$； (3)$\lim\limits_{x\to 0}\dfrac{\ln(1+x^2)}{1-\cos x}$； (4)$\lim\limits_{x\to 0}\dfrac{\tan x-\sin x}{x^3}$.

解 (1)当 $x\to 0$ 时，$\tan 2x\sim 2x$，$\sin 5x\sim 5x$，所以

$$\lim_{x\to 0}\frac{\tan 2x}{\sin 5x}=\lim_{x\to 0}\frac{2x}{5x}=\lim_{x\to 0}\frac{2}{5}=\frac{2}{5};$$

(2)当 $x\to 0$ 时，$\sin x\sim x$，$x^3+3x\sim x^3+3x$，所以

$$\lim_{x\to 0}\frac{\sin x}{x^3+3x}=\lim_{x\to 0}\frac{x}{x^3+3x}=\lim_{x\to 0}\frac{1}{x^2+3}=\frac{1}{3};$$

(3)当 $x\to 0$ 时，$\ln(1+x^2)\sim x^2$，$1-\cos x\sim\dfrac{1}{2}x^2$，所以

$$\lim_{x\to 0}\frac{\ln(1+x^2)}{1-\cos x}=\lim_{x\to 0}\frac{x^2}{\frac{1}{2}x^2}=\lim_{x\to 0}2=2;$$

(4)因为 $\tan x-\sin x=\dfrac{\sin x}{\cos x}-\sin x=\dfrac{\sin x(1-\cos x)}{\cos x}$，

当 $x\to 0$ 时，$1-\cos x\sim\dfrac{x^2}{2}$，$\sin x\sim x$，所以

$$\lim_{x\to 0}\frac{\tan x-\sin x}{x^3}=\lim_{x\to 0}\frac{\sin x(1-\cos x)}{x^3\cos x}=\lim_{x\to 0}\frac{x\,\frac{1}{2}x^2}{x^3\cos x}=\frac{1}{2}\lim_{x\to 0}\frac{1}{\cos x}=\frac{1}{2}.$$

注意 利用无穷小的等价代换求函数的极限，可以简化极限的运算. 但要注意，等价代换是对分子或分母的整体(或乘积因子)代换，而对分子或分母中用代数和表示的无穷小则不能进行替换. 如在上例中，若因 $\sin x\sim x$，$\tan x\sim x$ 有

$$\lim_{x\to 0}\frac{\tan x-\sin x}{x^3}=\lim_{x\to 0}\frac{x-x}{x^3}=0,$$

显然是错误的.

2.2.3 无穷大量

定义 2.2.3 如果 $x\to x_0$(或 $x\to\infty$)时，函数 $|f(x)|$ 无限增大，则称 $f(x)$ 为当 $x\to x_0$(或 $x\to\infty$)时的**无穷大量**，简称**无穷大**，记作 $\lim\limits_{x\to x_0}f(x)=\infty$(或 $\lim\limits_{x\to\infty}f(x)=\infty$).

若在无穷大的定义中把 $|f(x)|$ 无限增大换成 $f(x)$(或 $-f(x)$)无限增大，记作

$$\lim_{\substack{x\to x_0\\(x\to\infty)}}f(x)=+\infty\left(\text{或}\lim_{\substack{x\to x_0\\(x\to\infty)}}f(x)=-\infty\right).$$

例如，函数 $y=\tan x$ 是 $x\to\dfrac{\pi}{2}$ 时的无穷大，函数 $y=x^2+2$ 是 $x\to\infty$ 时的无穷大.

注意 (1)不要把无穷大量和很大的数混为一谈. 无穷大量是一个变化的量，一个确定的数，无论大到什么程度也不能成为无穷大.

(2)当 $x\to x_0^+$，$x\to x_0^-$，$x\to+\infty$，$x\to-\infty$ 时可得到相应的无穷大的定义.

(3)在某个变化过程中的无穷大，在其他变化过程中不一定是无穷大.

(4)函数为无穷大是函数极限不存在的一种特殊情况. 但为了叙述方便，我们仍然叙述成函数的极限是无穷大.

2.2.4 无穷小与无穷大的关系

由无穷小和无穷大的定义，它们的关系可用下面的定理来描述.

定理 2.2.3 在自变量的同一变化过程 $x\to x_0$（或 $x\to\infty$）中，如果 $f(x)$ 为无穷大，则 $\dfrac{1}{f(x)}$ 为无穷小；反之，如果 $f(x)$ 为无穷小，且 $f(x)\neq 0$，则 $\dfrac{1}{f(x)}$ 为无穷大.

利用无穷小与无穷大的关系定理可以方便地讨论极限结果是无穷大的情况.

例 4 求极限 $\lim\limits_{x\to 2}\dfrac{1}{x-2}$.

解 当 $x\to 2$ 时，$x-2\to 0$，即 $x-2$ 是当 $x\to 2$ 时的无穷小，所以 $x-2$ 的倒数 $\dfrac{1}{x-2}$ 当 $x\to 2$ 时是无穷大，即 $\lim\limits_{x\to 2}\dfrac{1}{x-2}=\infty$.

习 题 2.2

A 组

1. 观察下列函数，哪些是无穷大，哪些是无穷小？

(1) $y=x^2-1\,(x\to 1)$；　(2) $y=\tan x\,(x\to 0)$；　(3) $y=\mathrm{e}^x\,(x\to+\infty)$；

(4) $y=\dfrac{1}{x}\,(x\to 0)$；　(5) $y=1-2^x\,(x\to 0)$；　(6) $y=2x-1\,(x\to\infty)$.

2. 下列说法是否正确，为什么？

(1) 无穷小就是绝对值很小的常数.

(2) 无穷大就是绝对值很大的常数.

(3) 无穷大的倒数是无穷小，则无穷小的倒数是无穷大.

(4) 无穷小的代数和仍是无穷小.

3. 求下列函数的极限.

(1) $\lim\limits_{x\to\infty}\dfrac{\sin x}{x}$；　(2) $\lim\limits_{x\to\infty}\dfrac{\cos x}{x^2}$；　(3) $\lim\limits_{x\to 0}\dfrac{\mathrm{e}^x-1}{2x}$；

(4) $\lim\limits_{x\to 0}\dfrac{1-\cos x}{x\sin x}$；　(5) $\lim\limits_{x\to 0}\dfrac{\tan 3x}{5x}$；　(6) $\lim\limits_{x\to 1}\dfrac{x+1}{x-1}$.

B 组

1. 下列函数在什么情况下是无穷大？在什么情况下是无穷小？

(1) $f(x)=\dfrac{x+1}{x-2}$；　(2) $y=\ln x$.

2. 求下列函数的极限.

(1) $\lim\limits_{x\to 0}\dfrac{(\sin x)^3}{\sin x^2}$；　(2) $\lim\limits_{x\to 0^+}\dfrac{\sin 5x}{\sqrt{1-\cos x}}$；　(3) $\lim\limits_{x\to 1}\dfrac{\tan(x-1)}{x-1}$；

(4) $\lim\limits_{x\to\infty}\dfrac{\cos x}{\sqrt{1+x^2}}$；　(5) $\lim\limits_{x\to 0}\dfrac{\ln(1+2x^2)}{x^2}$；　(6) $\lim\limits_{x\to 0}\dfrac{\sqrt[5]{1+x}-1}{3x}$.

2.3 极限的运算法则

利用极限的定义只能计算一些简单函数的极限，而在实际问题中经常会遇到很多复杂函数的极限问题. 本节将学习极限的四则运算法则，运用这些法则可以解决一些比较复杂的函数的极限问题.

2.3.1 极限的四则运算法则

在下面的讨论中，我们用记号 $\lim f(x)$ 和 $\lim g(x)$ 表示自变量 x 取下列情况之一时的极限：$x\to x_0$，$x\to x_0^-$，$x\to x_0^+$，$x\to\infty$，$x\to-\infty$，$x\to+\infty$. 在同一命题中，考虑的是自变量 x 的同一变化趋势过程.

设函数 $f(x)$ 和 $g(x)$ 的极限都存在，分别用 $\lim f(x)$ 和 $\lim g(x)$ 表示.

法则 1 $\lim[f(x)\pm g(x)]=\lim f(x)\pm\lim g(x)$.

法则 2 $\lim[f(x)\cdot g(x)]=\lim f(x)\cdot\lim g(x)$.

推论 1 $\lim[cf(x)]=c\cdot\lim f(x)$ （c 为常数）.

推论 2 $\lim[f(x)]^n=[\lim f(x)]^n$.

法则 3 $\lim\dfrac{f(x)}{g(x)}=\dfrac{\lim f(x)}{\lim g(x)}$ （$\lim g(x)\neq 0$）.

上述法则表明：若函数 $f(x)$ 和 $g(x)$ 的极限都存在，则它们的和、差、积的极限分别等于其极限的和、差、积；如果分母的极限不为零，商的极限等于极限的商.

说明 （1）法则对数列极限也成立.

（2）法则 1 和法则 2 均可推广至有限个函数的情形.

2.3.2 极限的四则运算法则举例

1. 直接法

例 1 求 $\lim\limits_{x\to 2}(x^2-3x+5)$.

解 $\lim\limits_{x\to 2}(x^2-3x+5)=\lim\limits_{x\to 2}x^2-\lim\limits_{x\to 2}3x+\lim\limits_{x\to 2}5=2^2-3\times 2+5=3$.

利用极限运算法则，不难得出如下结论.

设多项式 $P(x)=a_nx^n+a_{n-1}x^{n-1}+\cdots+a_1x+a_0$，则有

$$\lim_{x\to x_0}P(x)=a_nx_0^n+a_{n-1}x_0^{n-1}+\cdots+a_1x_0+a_0=P(x_0),$$

即多项式的极限可以直接代入求解.

一般地，设多项式 $P(x)=a_nx^n+a_{n-1}x^{n-1}+\cdots+a_1x+a_0$，

$$Q(x)=b_mx^m+b_{m-1}x^{m-1}+\cdots+b_1x+b_0,$$

则有

$$\lim_{x\to x_0}\frac{P(x)}{Q(x)}=\frac{P(x_0)}{Q(x_0)}(Q(x_0)\neq 0).$$

例 2 求 $\lim\limits_{x\to 1}\dfrac{2x^2+3x-1}{3x^2+4x+1}$.

解 由于分母的极限不为零，因此

$$\lim_{x\to 1}\frac{2x^2+3x-1}{3x^2+4x+1}=\frac{\lim\limits_{x\to 1}(2x^2+3x-1)}{\lim\limits_{x\to 1}(3x^2+4x+1)}=\frac{4}{8}=\frac{1}{2}.$$

2. 约分法

例 3 求$\lim\limits_{x\to 2}\frac{x^2-3x+2}{x^2-x-2}$.

分析 当 $x\to 2$ 时，分子与分母的极限均为零，此时不能直接利用商的极限运算法则，但由于分子分母都有公因子$(x-2)$，当 $x\to 2$ 时，$x-2\neq 0$，这时，可以约去这个非零公因子，再求极限.

解 $\lim\limits_{x\to 2}\frac{x^2-3x+2}{x^2-x-2}=\lim\limits_{x\to 2}\frac{(x-1)(x-2)}{(x+1)(x-2)}=\lim\limits_{x\to 2}\frac{x-1}{x+1}=\frac{2-1}{2+1}=\frac{1}{3}.$

3. $x\to\infty$时多项式函数之比

例 4 求$\lim\limits_{x\to\infty}\frac{3x^3+4x-1}{4x^3-x^2+3}$.

分析 当 $x\to\infty$时，分子与分母的极限都不存在，无法直接用商的极限运算法则. 此时可将分子与分母同时除以 x 的最高次幂，即采用**“抓大头”**的方法，然后再用相应的法则求解，这是求$\frac{\infty}{\infty}$型极限的一个基本思想方法之一.

解 分子、分母同时除以 x^3，得

$$\lim_{x\to\infty}\frac{3x^3+4x-1}{4x^3-x^2+3}=\lim_{x\to\infty}\frac{3+\frac{4}{x^2}-\frac{1}{x^3}}{4-\frac{1}{x}+\frac{3}{x^3}}=\frac{3}{4}.$$

用同样的方法，可得如下结果：

$$\lim_{x\to\infty}\frac{a_0x^n+a_1x^{n-1}+\cdots+a_n}{b_0x^m+b_1x^{m-1}+\cdots+b_m}=\begin{cases}\infty, & m<n,\\ \frac{a_0}{b_0}, & m=n,\\ 0 & m>n,\end{cases}\quad (a_0\neq 0,b_0\neq 0).$$

4. 通分法

例 5 求$\lim\limits_{x\to 1}\left(\frac{3}{1-x^3}-\frac{1}{1-x}\right)$.

分析 当 $x\to 1$ 时，上式两项极限均不存在，不能直接运用差的极限运算法则. 此时可以先通分，然后化成极限存在的形式，再用相应的运算法则求极限.

解
$$\lim_{x\to 1}\left(\frac{3}{1-x^3}-\frac{1}{1-x}\right)=\lim_{x\to 1}\frac{3-(1+x+x^2)}{(1-x)(1+x+x^2)}=\lim_{x\to 1}\frac{(2+x)(1-x)}{(1-x)(1+x+x^2)}$$
$$=\lim_{x\to 1}\frac{2+x}{1+x+x^2}=1.$$

5. 有理化法

例 6 求$\lim\limits_{x\to 1}\frac{x-1}{\sqrt{x}-1}$.

分析 $x\to 1$ 时分子与分母的极限均为零，此时不能直接利用商的运算法则，由于分母中带有根号，可以先将分母有理化，然后再运用相应的运算法则求极限.

解 $\lim\limits_{x\to1}\dfrac{x-1}{\sqrt{x}-1}=\lim\limits_{x\to1}\dfrac{(x-1)(\sqrt{x}+1)}{(\sqrt{x}-1)(\sqrt{x}+1)}=\lim\limits_{x\to1}(\sqrt{x}+1)=2.$

习　题 2.3

A 组

求下列函数的极限.

(1) $\lim\limits_{x\to1}\dfrac{x^2-x+3}{x+2}$；　(2) $\lim\limits_{x\to-2}\dfrac{x^2-4}{x+2}$；　(3) $\lim\limits_{x\to\infty}\dfrac{x^2-3x+4}{x^3+x^2-2x+1}$；

(4) $\lim\limits_{x\to\infty}\dfrac{4x^3-3x^2+5x-1}{x^3+2x^2+3}$；　(5) $\lim\limits_{x\to0}\dfrac{\sqrt{1-x}-1}{5x}$；　(6) $\lim\limits_{t\to0}\dfrac{(2+t)^2-2^2}{t}$；

(7) $\lim\limits_{x\to5}\left(\dfrac{1}{5}x+1\right)$；　(8) $\lim\limits_{x\to2}\dfrac{x^2-4}{x^2+1}$；　(9) $\lim\limits_{x\to\infty}\left(1+\dfrac{1}{x}\right)\left(2-\dfrac{1}{x^2}\right)$.

B 组

求下列函数的极限.

(1) $\lim\limits_{x\to0}\dfrac{x}{1-\sqrt{1+x}}$；　(2) $\lim\limits_{x\to1}\dfrac{\sqrt{2+x}-\sqrt{3}}{x-1}$；　(3) $\lim\limits_{x\to\infty}\dfrac{x^2-3x+4}{2x+1}$；

(4) $\lim\limits_{n\to\infty}\left(1+\dfrac{1}{2}+\dfrac{1}{4}+\cdots+\dfrac{1}{2^n}\right)$；(5) $\lim\limits_{x\to\infty}\dfrac{x^2+1}{x^3+2}\cdot\sin x$；(6) $\lim\limits_{x\to1}\left(\dfrac{2}{x^2-1}-\dfrac{1}{x-1}\right)$；

(7) $\lim\limits_{x\to\infty}\dfrac{(x-1)^{20}(3x+2)^{10}}{(2x+1)^{30}}$；　(8) $\lim\limits_{x\to2}\dfrac{x^3-2x^2}{x-2}$；　(9) $\lim\limits_{h\to0}\dfrac{(1+h)^3-1}{h}$.

2.4　两个重要极限

2.4.1　第一个重要极限

函数$\dfrac{\sin x}{x}$的定义域为 $x\neq0$ 的全体实数，当 $x\to0$ 时有下面的结论：

$$\lim_{x\to0}\frac{\sin x}{x}=1.$$

公式的理论推导从略. 我们只用数表的形式列出当 x 的绝对值越来越小时，$\dfrac{\sin x}{x}$取值的变化趋势，见表 2-1.

表 2-1

x	±1	±0.7	±0.4	±0.1	±0.01	±0.001
$\dfrac{\sin x}{x}$	0.841 5	0.920 3	0.973 5	0.998 3	0.999 983	0.9 999 998

从表 2-1 看出，$x\to 0$ 时，$\frac{\sin x}{x}\to 1$. 理论上可以证明：

$$\lim_{x\to 0}\frac{\sin x}{x}=1. \tag{1}$$

在上面的公式中，如果令 $x=f(u)$，则公式可以推广为

$$\lim_{f(u)\to 0}\frac{\sin f(u)}{f(u)}=1. \tag{2}$$

公式(2)可以形象地写成 $\lim_{\square\to 0}\frac{\sin\square}{\square}=1.$ (3)

例 1　求下列函数的极限.

(1) $\lim_{x\to 0}\frac{\sin 5x}{x}$；　(2) $\lim_{x\to\infty}x\sin\frac{3}{x}$；　(3) $\lim_{x\to 0}\frac{1-\cos x}{x^2}$.

解　(1) $\lim_{x\to 0}\frac{\sin 5x}{x}=5\cdot\lim_{x\to 0}\frac{\sin 5x}{5x}=5\cdot 1=5$；

(2) $\lim_{x\to\infty}x\sin\frac{3}{x}=\lim_{x\to\infty}\frac{\sin\frac{3}{x}}{\frac{1}{x}}=3\lim_{\frac{3}{x}\to 0}\frac{\sin\frac{3}{x}}{\frac{3}{x}}=3$；

(3) $\lim_{x\to 0}\frac{1-\cos x}{x^2}=\lim_{x\to 0}\frac{2\sin^2\frac{x}{2}}{x^2}=2\cdot\lim_{x\to 0}\left[\frac{\sin\frac{x}{2}}{\frac{x}{2}}\right]^2\cdot\frac{1}{4}$

$$=\frac{1}{2}\cdot\left[\lim_{x\to 0}\frac{\sin\frac{x}{2}}{\frac{x}{2}}\right]^2=\frac{1}{2}.$$

例 2　求下列函数的极限.

(1) $\lim_{x\to 0}\frac{\sin ax}{\sin bx}$；　(2) $\lim_{x\to 0}\frac{\tan x}{x}$；　(3) $\lim_{x\to 0}\frac{x}{\arcsin x}$.

解　(1) $\lim_{x\to 0}\frac{\sin ax}{\sin bx}=\frac{a}{b}\cdot\lim_{x\to 0}\left(\frac{bx}{ax}\cdot\frac{\sin ax}{\sin bx}\right)=\frac{a}{b}\cdot\lim_{x\to 0}\left(\frac{\sin ax}{ax}\cdot\frac{bx}{\sin bx}\right)$

$$=\frac{a}{b}\cdot\lim_{x\to 0}\frac{\sin ax}{ax}\cdot\lim_{x\to 0}\frac{bx}{\sin bx}=\frac{a}{b}\cdot 1\cdot 1=\frac{a}{b};$$

(2) $\lim_{x\to 0}\frac{\tan x}{x}=\lim_{x\to 0}\frac{\sin x}{x\cos x}=\lim_{x\to 0}\frac{\sin x}{x}\cdot\lim_{x\to 0}\frac{1}{\cos x}=1\times 1=1$；

(3) 令 $\arcsin x=t$，则 $x=\sin t$，当 $x\to 0$ 时，$t\to 0$，所以

$$\lim_{x\to 0}\frac{x}{\arcsin x}=\lim_{t\to 0}\frac{\sin t}{t}=1.$$

试一试，例 1 和例 2 如果用等价无穷小的代换求解，方法会更简单. 这说明利用无穷小的等价代换，可以简化极限的运算.

2.4.2　第二个重要极限

对于函数 $\left(1+\frac{1}{x}\right)^x$，当 $x\to\infty$ 时，有下面的结论：

$$\lim_{x\to\infty}\left(1+\frac{1}{x}\right)^x=\mathrm{e}.$$

其中，e 是一个无理数，其值为 2.718 281 828 459 045…

公式的理论证明从略. 为了帮助大家理解，我们通过两个数值表，观察当 $x\to+\infty$ 和 $x\to-\infty$ 时，函数 $\left(1+\frac{1}{x}\right)^x$ 取值的变化趋势，见表 2-2.

表 2-2

x	10	100	1 000	10 000	100 000	1 000 000	$\to+\infty$
$\left(1+\frac{1}{x}\right)^x$	2.593 74	2.704 81	2.716 92	2.718 15	2.718 27	2.718 28	$\to$e
x	-10	-100	$-1\ 000$	$-10\ 000$	$-100\ 000$	$-10\ 00\ 000$	$\to-\infty$
$\left(1+\frac{1}{x}\right)^x$	2.867 97	2.732 00	2.719 64	2.718 42	2.718 30	2.718 28	$\to$e

可以证明：当 $x\to+\infty$ 时，有 $\lim\limits_{x\to+\infty}\left(1+\frac{1}{x}\right)^x=\mathrm{e}$，当 $x\to-\infty$ 时，有 $\lim\limits_{x\to-\infty}\left(1+\frac{1}{x}\right)^x=\mathrm{e}$，因此

$$\lim_{x\to\infty}\left(1+\frac{1}{x}\right)^x=\mathrm{e}. \tag{4}$$

在上面的公式中，如果令 $x=f(u)$，则公式可以推广为

$$\lim_{f(u)\to\infty}\left(1+\frac{1}{f(u)}\right)^{f(u)}=\mathrm{e}. \tag{5}$$

公式(4)可以形象地写成

$$\lim_{\square\to\infty}\left(1+\frac{1}{\square}\right)^{\square}=\mathrm{e}. \tag{6}$$

在公式(3)中，如果令 $x=\frac{1}{u}$，则 $x\to\infty$ 时，$u\to0$，于是又得

$$\lim_{u\to0}(1+u)^{\frac{1}{u}}=\mathrm{e}. \tag{7}$$

注意 第二个重要极限具备 3 个特点：

(1) 函数 $\left(1+\frac{1}{x}\right)^x$ 为幂指函数，形如 $y=f(x)^{g(x)}$ 的函数叫作**幂指函数**；

(2) 1 后面是"+"号，并且"+"号后面的变量和指数部分的变量互为倒数关系；

(3) 在极限过程下，"+"号后面的变量的极限必须为零，即该极限是 1^∞ 型.

例 3 求下列函数的极限.

(1) $\lim\limits_{x\to\infty}\left(1+\frac{1}{x}\right)^{3x}$； (2) $\lim\limits_{x\to0}\left(1+\frac{x}{3}\right)^{\frac{1}{x}}$； (3) $\lim\limits_{x\to0}(1-x)^{\frac{2}{x}}$.

解 (1) $\lim\limits_{x\to\infty}\left(1+\frac{1}{x}\right)^{3x}=\lim\limits_{x\to\infty}\left[\left(1+\frac{1}{x}\right)^x\right]^3=\left[\lim\limits_{x\to\infty}\left(1+\frac{1}{x}\right)^x\right]^3=\mathrm{e}^3$；

(2) $\lim\limits_{x\to0}\left(1+\frac{x}{3}\right)^{\frac{1}{x}}=\lim\limits_{x\to0}\left[\left(1+\frac{x}{3}\right)^{\frac{3}{x}}\right]^{\frac{1}{3}}=\left[\lim\limits_{x\to0}\left(1+\frac{x}{3}\right)^{\frac{3}{x}}\right]^{\frac{1}{3}}=\mathrm{e}^{\frac{1}{3}}$；

(3) $\lim\limits_{x\to0}(1-x)^{\frac{2}{x}}=\lim\limits_{x\to0}[1+(-x)]^{\left(-\frac{1}{x}\right)\cdot(-2)}=\{\lim\limits_{x\to0}[1+(-x)]^{\frac{1}{(-x)}}\}^{-2}=\mathrm{e}^{-2}$.

例 4 求下列函数的极限.

(1) $\lim\limits_{x\to\infty}\left(1-\frac{1}{2x}\right)^{x+3}$； (2) $\lim\limits_{x\to0}\left(\frac{1-x}{1+x}\right)^{\frac{1}{x}}$； (3) $\lim\limits_{x\to\infty}\left(\frac{x+2}{x+1}\right)^{2x}$.

解　(1) $\lim\limits_{x\to\infty}\left(1-\frac{1}{2x}\right)^{x+3}=\lim\limits_{x\to\infty}\left(1-\frac{1}{2x}\right)^{x}\cdot\lim\limits_{x\to\infty}\left(1-\frac{1}{2x}\right)^{3}$

$$=\lim_{x\to\infty}\left[\left(1+\frac{1}{(-2x)}\right)^{-2x}\right]^{-\frac{1}{2}}\cdot 1^{3}$$

$$=\left[\lim_{x\to\infty}\left(1+\frac{1}{(-2x)}\right)^{-2x}\right]^{-\frac{1}{2}}=\mathrm{e}^{-\frac{1}{2}}.$$

(2) $\lim\limits_{x\to 0}\left(\frac{1-x}{1+x}\right)^{\frac{1}{x}}=\lim\limits_{x\to 0}\frac{(1-x)^{\frac{1}{x}}}{(1+x)^{\frac{1}{x}}}=\frac{\lim\limits_{x\to 0}\{[1+(-x)]^{-\frac{1}{x}}\}^{-1}}{\lim\limits_{x\to 0}(1+x)^{\frac{1}{x}}}$

$$=\frac{\{\lim\limits_{x\to 0}[1+(-x)]^{-\frac{1}{x}}\}^{-1}}{\lim\limits_{x\to 0}(1+x)^{\frac{1}{x}}}=\frac{\mathrm{e}^{-1}}{\mathrm{e}}=\mathrm{e}^{-2}.$$

(3) $\lim\limits_{x\to\infty}\left(\frac{x+2}{x+1}\right)^{2x}=\lim\limits_{x\to\infty}\left[\frac{(x+1)+1}{x+1}\right]^{2x}=\lim\limits_{x\to\infty}\left(1+\frac{1}{x+1}\right)^{2x}$

$$=\lim_{x\to\infty}\left(1+\frac{1}{x+1}\right)^{2(x+1)-2}$$

$$=\lim_{x\to\infty}\left[\left(1+\frac{1}{x+1}\right)^{x+1}\right]^{2}\cdot\lim_{x\to\infty}\left(1+\frac{1}{x+1}\right)^{-2}$$

$$=\left[\lim_{x\to\infty}\left(1+\frac{1}{x+1}\right)^{x+1}\right]^{2}\cdot 1^{-2}=\mathrm{e}^{2}.$$

习　题 2.4

A 组

求下列函数的极限.

(1) $\lim\limits_{x\to 0}\frac{\sin 3x}{5x}$;　(2) $\lim\limits_{x\to 0}\frac{\sin 2x}{\sin 3x}$;　(3) $\lim\limits_{x\to 0}\frac{\tan 2x}{x}$;

(4) $\lim\limits_{x\to 0}\frac{3x}{\arcsin x}$;　(5) $\lim\limits_{x\to\infty}x\sin\frac{2}{x}$;　(6) $\lim\limits_{x\to 0}x\cot x$;

(7) $\lim\limits_{x\to\infty}\left(1-\frac{1}{x}\right)^{3x}$;　(8) $\lim\limits_{x\to\infty}\left(1+\frac{1}{2x}\right)^{x}$;　(9) $\lim\limits_{x\to\infty}\left(1+\frac{2}{x}\right)^{x}$;

(10) $\lim\limits_{x\to\infty}\left(\frac{x+1}{x}\right)^{5x}$;　(11) $\lim\limits_{x\to 0}(1+2x)^{\frac{1}{x}}$;　(12) $\lim\limits_{x\to\infty}\left(1+\frac{4}{x}\right)^{2x}$.

B 组

求下列函数的极限.

(1) $\lim\limits_{x\to 0}\frac{x(2+x)}{\sin x}$;　(2) $\lim\limits_{x\to 0}\frac{\sin(\sin x)}{\sin x}$;　(3) $\lim\limits_{x\to\frac{\pi}{2}}\frac{\cos x}{\frac{\pi}{2}-x}$;

(4) $\lim\limits_{x\to 0}\frac{x-\sin x}{x+\sin x}$;　(5) $\lim\limits_{x\to 0}\frac{\sin 3x-\sin x}{x}$;　(6) $\lim\limits_{x\to\infty}\left(1-\frac{2}{x}\right)^{\frac{x}{2}}$;

(7) $\lim\limits_{x\to 0}(1-3x)^{\frac{1}{x}}$;　(8) $\lim\limits_{x\to 0}\left(1+\frac{x}{2}\right)^{2-\frac{1}{x}}$;　(9) $\lim\limits_{x\to\infty}\left(\frac{2x-1}{2x+1}\right)^{x+3}$.

2.5 函数的连续性

2.5.1 函数连续的概念

函数的连续性是高等数学的基本概念之一，也是客观存在的自然现象，例如气温的变化、植物的生长、飘移的浮云等，这些现象反映在数学上就是函数的连续性. 为了方便描述函数的连续性，我们先引进函数增量的概念.

1. 函数的增量

定义 2.5.1 设函数 $y=f(x)$ 在点 x_0 的某邻域内有定义，当自变量 x 在该邻域内由 x_0 变到 $x_0+\Delta x$ 时，函数 y 相应地由 $f(x_0)$ 变到 $f(x_0+\Delta x)$，则记

$$\Delta x=x-x_0,\Delta y=f(x_0+\Delta x)-f(x_0).$$

称 Δx 为**自变量 x 在点 x_0 处的增量(或改变量)**，称 Δy 为**函数的增量(或函数的改变量)**. 如图 2-4 所示.

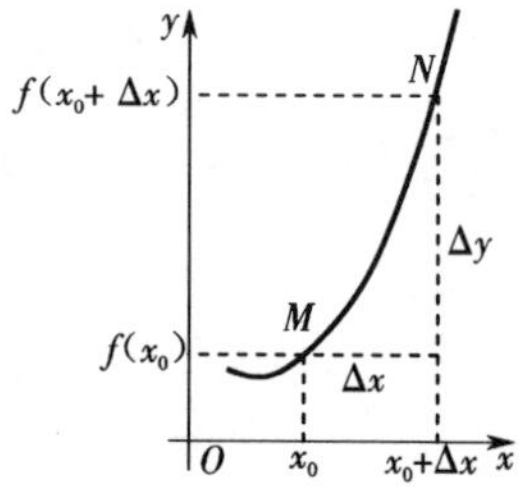

图 2-4

2. 函数在点 x_0 处的连续性

定义 2.5.2 设函数 $y=f(x)$ 在点 x_0 的某一邻域内有定义，如果当自变量的改变量 $\Delta x=x-x_0$ 趋于零时，相应函数的增量 $f(x_0+\Delta x)-f(x_0)$ 也趋于零，则称函数 $y=f(x)$ 在点 x_0 **连续**，或称 x_0 为函数 $y=f(x)$ 的**连续点**. 可用极限表示为

$$\lim_{\Delta x\to 0}\Delta y=\lim_{\Delta x\to 0}[f(x_0+\Delta x)-f(x_0)]=0.$$

说明 函数 $f(x)$ 在点 x_0 连续，其直观的几何意义是曲线在对应点 $(x_0,f(x_0))$ 处是不间断的，如图 2-4 所示.

在定义 2.5.2 中，令 $x_0+\Delta x=x$，则当 $\Delta x\to 0$ 时，$x\to x_0$，定义 2.5.2 中的表达式可写为

$$\lim_{\Delta x\to 0}[f(x_0+\Delta x)-f(x_0)]=\lim_{x\to x_0}[f(x)-f(x_0)]=0,$$

即

$$\lim_{x\to x_0}f(x)=f(x_0).$$

因此，函数 $y=f(x)$ 在点 x_0 处连续又可有如下定义.

定义 2.5.3 设 $y=f(x)$ 在点 x_0 的某个邻域内有定义，若 $\lim\limits_{x\to x_0}f(x)=f(x_0)$，则称**函数 $f(x)$ 在点 x_0 处连续.**

由定义 2.5.3 可知，函数在某点连续要同时满足以下三个条件：

(1) 函数 $f(x)$ 在点 x_0 有定义；

(2) 函数 $f(x)$ 的极限 $\lim\limits_{x\to x_0}f(x)$ 存在；

(3) $\lim\limits_{x\to x_0}f(x)=f(x_0)$.

例 1 试确定函数 $f(x)=\begin{cases}x\sin\dfrac{1}{x}, & x\neq 0,\\ 0, & x=0\end{cases}$ 在 $x=0$ 处的连续性.

解 因为函数 $f(x)$ 在点 $x=0$ 处有定义，且

$$\lim_{x\to 0} f(x)=\lim_{x\to 0} x\sin\frac{1}{x}=0\text{(此处用无穷小性质 3 求极限)},$$

又 $f(0)=0$,因此$\lim\limits_{x\to 0} f(x)=f(0)$,所以由连续的定义可知,

函数 $f(x)=\begin{cases} x\sin\dfrac{1}{x}, & x\neq 0, \\ 0, & x=0 \end{cases}$在点 $x=0$ 处连续.

例 2　试证明函数 $f(x)=\begin{cases} 3x+1, & x>0, \\ \cos x, & x\leqslant 0 \end{cases}$在点 $x=0$ 处连续.

证明　因为函数 $f(x)=\begin{cases} 3x+1, & x>0, \\ \cos x, & x\leqslant 0 \end{cases}$在点 $x=0$ 处有定义,由于函数 $f(x)$在 $x=0$ 的左右两侧有不同的表达式,因此需要利用左右极限的关系,确定函数 $f(x)$在 $x\to 0$ 的极限情况.

$$\lim_{x\to 0^+} f(x)=\lim_{x\to 0^+}(3x+1)=1,\ \lim_{x\to 0^-} f(x)=\lim_{x\to 0^-}\cos x=1,$$

左右极限均存在且相等,故$\lim\limits_{x\to 0} f(x)=1$;而 $f(0)=1$,所以$\lim\limits_{x\to 0} f(x)=f(0)$.

由连续的定义 2 可知,函数 $f(x)=\begin{cases} 3x+1, & x>0, \\ \cos x, & x\leqslant 0 \end{cases}$在点 $x=0$ 处连续.

说明　(1)若函数 $f(x)$在点 x_0 处连续,则 $f(x)$在点 x_0 处的极限值一定存在,且极限值等于函数值;反之,若 $f(x)$在点 x_0 处的极限存在,函数 $f(x)$在点 x_0 处不一定连续.

(2)当函数 $f(x)$在点 x_0 处连续时,有$\lim\limits_{x\to x_0} f(x)=f(x_0)$.

3. 左连续和右连续

由于连续是用极限来定义的,而函数在点 x_0 处的极限又分左极限和右极限,因此函数在点 x_0 处的连续也可分为左连续和右连续.

定义 2.5.4　设函数 $f(x)$在 x_0 的邻域左侧$(x_0-\delta,x_0]$内有定义,如果当 x 从 x_0 的左侧无限趋近于 x_0 时,函数 $f(x)$在 x_0 的左极限存在且等于 x_0 处的函数值,即有$\lim\limits_{x\to x_0^-} f(x)=f(x_0)$,则称**函数 $f(x)$在点 x_0 处左连续.**

定义 2.5.5　设函数 $f(x)$在 x_0 的邻域右侧$[x_0,x_0+\delta)$内有定义,如果当 x 从 x_0 的右侧无限趋近于 x_0 时,函数 $f(x)$在 x_0 的右极限存在且等于 x_0 处的函数值,即有$\lim\limits_{x\to x_0^+} f(x)=f(x_0)$,则称**函数 $f(x)$在点 x_0 处右连续.**

由此可知,$y=f(x)$在点 x_0 处连续的充要条件是函数在点 x_0 处左、右连续,即

$$\lim_{x\to x_0} f(x)=f(x_0)\Leftrightarrow\lim_{x\to x_0^-} f(x)=\lim_{x\to x_0^+} f(x)=f(x_0).$$

4. 函数在区间的连续性

若函数 $y=f(x)$在开区间(a,b)内的各点处均连续,则称**函数 $f(x)$在开区间(a,b)内连续**;若函数 $y=f(x)$在开区间(a,b)内连续,且在左端点 $x=a$ 处右连续,即$\lim\limits_{x\to a^+} f(x)=f(a)$,在右端点 $x=b$ 处左连续,即$\lim\limits_{x\to b^-} f(x)=f(b)$,则称**函数 $f(x)$在闭区间$[a,b]$上连续.**

说明　函数 $y=f(x)$ 在区间 (a,b) 内连续的几何意义是函数 $y=f(x)$ 的图形在 (a,b) 内连续不断.

例 3　证明函数 $y=x^2$ 在其定义域内连续.

证明　从函数 $y=x^2$ 的定义域 $(-\infty,+\infty)$ 内任取一点 x_0，则 $y=x^2$ 在 x_0 的邻域内有定义，又因为

$$\Delta y=(x_0+\Delta x)^2-x_0^2=2x_0\Delta x+(\Delta x)^2,$$

$$\lim_{\Delta x\to 0}\Delta y=\lim_{\Delta x\to 0}2x_0\Delta x+(\Delta x)^2=0,$$

由连续的定义可知，函数 $y=x^2$ 在点 x_0 处连续.

由 x_0 的任意性可知，函数 $y=x^2$ 在其定义域 $(-\infty,+\infty)$ 内连续.

2.5.2　函数的间断

定义 2.5.6　如果函数 $y=f(x)$ 在点 x_0 处不连续，则称点 x_0 为函数 $f(x)$ 的一个**间断点**，也称**函数 $f(x)$ 在该点间断**.

由函数在点 x_0 连续的定义可知，如果函数 $y=f(x)$ 在点 x_0 有下列三种情况之一，则点 x_0 是 $f(x)$ 的一个不连续点或间断点：

(1)在 $x=x_0$ 处没有定义；

(2)在 $x=x_0$ 处有定义，但 $\lim\limits_{x\to x_0}f(x)$ 不存在；

(3)在 $x=x_0$ 处有定义，且 $\lim\limits_{x\to x_0}f(x)$ 存在，但 $\lim\limits_{x\to x_0}f(x)\neq f(x_0)$.

通常，把间断点分成两类：

如果 x_0 为函数 $y=f(x)$ 的间断点，且左极限 $\lim\limits_{x\to x_0^-}f(x)$ 和右极限 $\lim\limits_{x\to x_0^+}f(x)$ 都存在，则称 x_0 为**函数 $f(x)$ 的第一类间断点**，即左、右极限都存在的间断点为第一类间断点.

如果 x_0 为函数 $y=f(x)$ 的间断点，且左极限 $\lim\limits_{x\to x_0^-}f(x)$ 和右极限 $\lim\limits_{x\to x_0^+}f(x)$ 中至少有一个不存在，则称 x_0 为**函数 $f(x)$ 的第二类间断点**，即不属于第一类间断点的任何间断点都属于第二类间断点.

例 4　正切函数 $y=\tan x$ 在 $x=\dfrac{\pi}{2}$ 处无定义，且 $\lim\limits_{x\to\frac{\pi}{2}}\tan x=\infty$，所以 $x=\dfrac{\pi}{2}$ 是函数 $y=\tan x$ 的第二类间断点.

例 5　证明 $x=1$ 是函数 $f(x)=\begin{cases}x+1, & x\leqslant 1,\\ 2-x, & x>1\end{cases}$ 的第一类间断点.

证明　因为 $\lim\limits_{x\to 1^-}f(x)=\lim\limits_{x\to 1^-}(x+1)=2$，$\lim\limits_{x\to 1^+}f(x)=\lim\limits_{x\to 1^+}(2-x)=1$，

即在点 $x=1$ 处函数 $f(x)$ 左、右极限存在但不相等，即 $\lim\limits_{x\to 1}f(x)$ 不存在，所以 $x=1$ 是函数 $f(x)=\begin{cases}x+1, & x\leqslant 1,\\ 2-x, & x>1\end{cases}$ 的第一类间断点.

例 6　求函数 $f(x)=\dfrac{1}{x-2}$ 的间断点，并判断间断点的类型.

解　当 $x=2$ 时，函数 $f(x)=\frac{1}{x-2}$ 没意义，所以 $x=2$ 是函数 $f(x)=\frac{1}{x-2}$ 的间断点. 又因为 $\lim\limits_{x\to2}f(x)=\lim\limits_{x\to2}\frac{1}{x-2}=\infty$，所以 $x=2$ 是函数 $f(x)=\frac{1}{x-2}$ 的第二类间断点.

习　题 2.5

A 组

1. 求下列函数的极限.

(1) $\lim\limits_{x\to1}\frac{\ln x+1}{2x}$；　(2) $\lim\limits_{x\to0}\sqrt{x^2-3x+5}$；　(3) $\lim\limits_{x\to0}\frac{\tan x}{1+\cos x}$；

(4) $\lim\limits_{x\to\frac{\pi}{4}}(\sin 2x)^3$；　(5) $\lim\limits_{x\to\frac{\pi}{4}}\ln(3\tan x)$；　(6) $\lim\limits_{x\to2}\frac{\sqrt{x^3-3}}{x}$.

2. 试确定函数 $f(x)=\begin{cases}x^2, & x<1,\\ 2-x, & x\geqslant1\end{cases}$ 在 $x=1$ 处的连续性.

3. 证明函数 $f(x)=\begin{cases}x, & x<0,\\ \sin x, & x\geqslant0\end{cases}$ 在点 $x=0$ 处连续.

4. 设函数 $f(x)=\begin{cases}e^x, & x\leqslant0,\\ a-x, & x>0\end{cases}$ 在点 $x=0$ 处连续，求 a.

5. 讨论下列函数的连续性，如果有间断点，指出其类型.

(1) $f(x)=\begin{cases}x^2+1, & x\leqslant1,\\ x+3, & x>1;\end{cases}$　(2) $f(x)=\begin{cases}\frac{1-\cos x}{x^2}, & x\neq0,\\ 0, & x=0;\end{cases}$

(3) $f(x)=\begin{cases}x+1, & x\leqslant0,\\ \frac{1}{x}, & x>0;\end{cases}$　(4) $f(x)=\frac{x^2-1}{x-1}$.

B 组

1. 设函数 $f(x)=\begin{cases}\cos x, & x>0,\\ x+2a, & x\leqslant0\end{cases}$ 在 $x=0$ 处连续，求 a.

2. 设函数 $f(x)=\begin{cases}x\sin\frac{1}{x}, & x>0,\\ a+x^2, & x\leqslant0,\end{cases}$ 当 a 为何值时，函数 $f(x)$ 在 $(-\infty,+\infty)$ 内连续.

3. 证明函数 $f(x)=\begin{cases}(1+x)^{\frac{1}{x}}, & x\neq0,\\ e, & x=0\end{cases}$ 在点 $x=0$ 处连续.

4. 讨论下列函数的连续性，如果有间断点，指出其类型.

(1) $f(x)=\begin{cases}e^{\frac{1}{x}}, & x<0,\\ 0, & x=0,\\ \ln\frac{1}{x}, & x>0;\end{cases}$　(2) $f(x)=\begin{cases}x-2, & x\leqslant3,\\ \frac{1}{10}x^2, & x>3;\end{cases}$

(3) $f(x)=\begin{cases}\dfrac{x^2}{x}, & x\neq 0,\\ 1, & x=0;\end{cases}$　　(4) $f(x)=x\sin\dfrac{1}{x}$.

2.6　连续函数的性质

2.6.1　初等函数的连续性

1. 连续函数四则运算的连续性

定理 2.6.1　若函数 $f(x)$ 与 $g(x)$ 在点 x_0 处均连续，则 $f(x)+g(x)$，$f(x)-g(x)$，$f(x)\cdot g(x)$ 在该点也连续，又若 $g(x_0)\neq 0$，则 $\dfrac{f(x)}{g(x)}$ 在 x_0 处也连续.

证明　我们仅证明 $f(x)+g(x)$ 的情形.

因为 $f(x)$，$g(x)$ 在点 x_0 处连续，所以有 $\lim\limits_{x\to x_0} f(x)=f(x_0)$，$\lim\limits_{x\to x_0} g(x)=g(x_0)$，由极限运算法则可得

$$\lim_{x\to x_0}[f(x)+g(x)]=\lim_{x\to x_0} f(x)+\lim_{x\to x_0} g(x)=f(x_0)+g(x_0),$$

因此，$f(x)+g(x)$ 在点 x_0 处连续. 其他情况请同学们自己证明.

2. 复合函数的连续性

定理 2.6.2　设函数 $y=f(u)$ 在 u_0 处连续，函数 $u=\varphi(x)$ 在点 x_0 处连续，且 $u_0=\varphi(x_0)$，则复合函数 $y=f[\varphi(x)]$ 在点 x_0 处连续.

这个定理说明了连续函数的复合函数仍为连续函数，并可得到如下结论：

$$\lim_{x\to x_0} f[\varphi(x)]=f[\varphi(x_0)]=f[\lim_{x\to x_0}\varphi(x)].$$

这表明在求连续函数的复合函数的极限时，极限符号与函数符号可以交换次序.

若函数 $u=\varphi(x)$ 在 $x\to x_0$ 时的极限存在，而函数 $y=f(u)$ 在此极限值处连续，则定理 2.6.2 的结论仍然成立，由此我们得到以下定理.

定理 2.6.3　设函数 $u=\varphi(x)$ 在点 x_0 处极限存在，即 $\lim\limits_{x\to x_0}\varphi(x)=u_0$，且函数 $y=f(u)$ 在对应的 u_0 处连续，则 $\lim\limits_{x\to x_0} f[\varphi(x)]$ 存在，并且

$$\lim_{x\to x_0} f[\varphi(x)]=f[\lim_{x\to x_0}\varphi(x)]=f(u_0).$$

例 1　求 $\lim\limits_{x\to 2}\sqrt{\dfrac{x-2}{x^2-4}}$.

解　函数 $\lim\limits_{x\to 2}\sqrt{\dfrac{x-2}{x^2-4}}$ 可视为由 $y=\sqrt{u}$ 与 $u=\dfrac{x-2}{x^2-4}$ 复合而成，又因为 $\lim\limits_{x\to 2}\dfrac{x-2}{x^2-4}=\dfrac{1}{4}$，而 $y=\sqrt{u}$ 在点 $u=\dfrac{1}{4}$ 连续，所以

$$\lim_{x\to 2}\sqrt{\frac{x-2}{x^2-4}}=\sqrt{\lim_{x\to 4}\frac{x-2}{x^2-4}}=\sqrt{\frac{1}{4}}=\frac{1}{2}.$$

3. 初等函数的连续性

由于连续函数经过四则运算及复合运算后仍然是连续函数，再根据初等函数的定

义可得如下结论.

定理 2.6.4　初等函数在其定义区间内都是连续的.

定理说明,今后在求初等函数在其定义区间内某点的极限时,只需求初等函数在该点的函数值即可.

例 2　求$\lim\limits_{x\to\frac{\pi}{4}}\sqrt{4-\cos 2x}$.

解　因为$\sqrt{4-\cos 2x}$是初等函数,且$x=\frac{\pi}{4}$是它定义域内的一点,所以有

$$\lim_{x\to\frac{\pi}{4}}\sqrt{4-\cos 2x}=\sqrt{4-\cos\left(2\cdot\frac{\pi}{4}\right)}=\sqrt{4-0}=2.$$

例 3　求$\lim\limits_{x\to 1}\frac{x^2-9}{x^3}$.

解　因为$\frac{x^2-9}{x^3}$是初等函数,且$x=1$是它定义域内的一点,所以有

$$\lim_{x\to 1}\frac{x^2-9}{x^3}=\frac{1^2-9}{1^3}=-8.$$

2.6.2　闭区间上连续函数的性质

闭区间上的连续函数具有一些重要的性质,这些性质在理论和实践上都有广泛的应用.下面仅给出结论而不予严格证明,它们的几何意义都非常直观,容易理解.

定理 2.6.5　**(最值定理)**若函数$f(x)$在闭区间$[a,b]$上连续,则它在这个区间上一定有**最大值和最小值**.如图 2-5 所示.

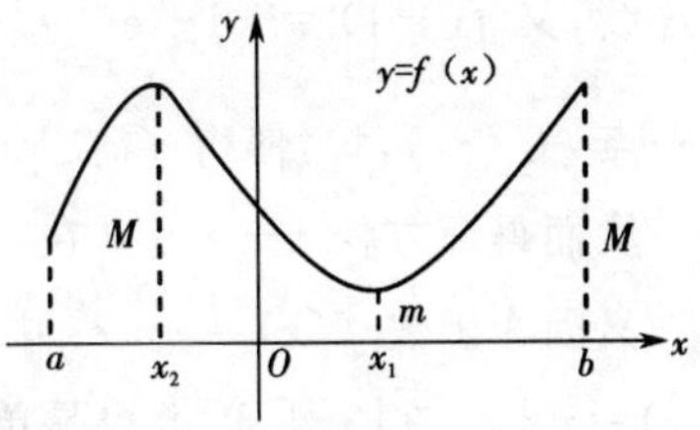

图 2-5

说明　定理中的闭区间和连续这两个条件缺一不可.

(1)若函数在开区间内连续,则它在该区间内未必能取得最大值和最小值.如函数$y=x$在开区间(0,1)内是连续的,但在开区间(0,1)内既无最大值又无最小值.

(2)若函数在闭区间不连续,也未必能取得最大值和最小值.

例如,函数$y=f(x)=\begin{cases}-x+1, & 0\leqslant x<1,\\ 1, & x=1,\\ -x+3 & 1<x\leqslant 2,\end{cases}$在闭区间$[0,2]$上有间断点$x=1$,此函数$f(x)$在闭区间$[0,2]$上既无最大值也无最小值.如图 2-6 所示.

定理 2.6.6　(零点定理)若函数$f(x)$在$[a,b]$上连续,且$f(a)$与$f(b)$异号,则至少存在一点$\xi\in(a,b)$,使得$f(\xi)=0$.

由图 2-7 可明显看出定理 2.6.6 的几何意义.

一条连续不断的曲线弧,如果其一头位于x轴上方,而另一头位于x轴下方,那么它至少穿过x轴一次.

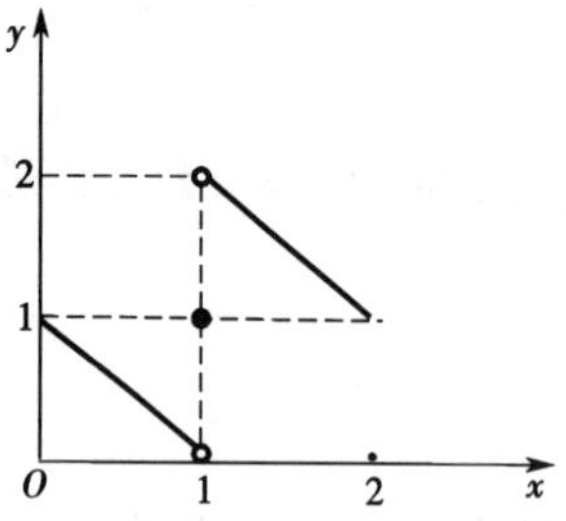

图 2-6

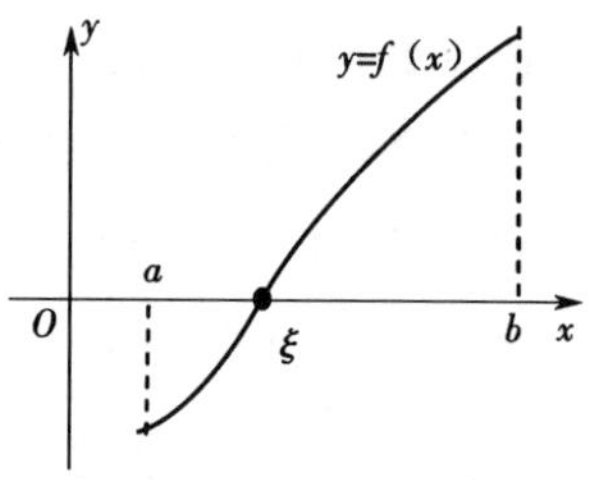

图 2-7

方程 $f(x)=0$ 的根称作函数 $f(x)$ 的零点. 因此零点定理又称为**根的存在定理**，用它来证明方程根的存在性是非常有效的，结合函数的单调性也可以确定方程根的分布情况.

例 4 证明方程 $x^5-3x-1=0$ 在(1,2)内至少有一实根.

证明 设 $f(x)=x^5-3x-1$，因为 $f(x)$ 在 $(-\infty,+\infty)$ 内连续，所以 $f(x)$ 在 $[1,2]$ 上也连续，而 $f(1)=-3<0$，$f(2)=25>0$，由零点定理可知，至少存在一点 $\xi\in(1,2)$，使得 $f(\xi)=0$，即

$$\xi^5-3\xi-1=0.$$

从而得证方程 $x^5-3x-1=0$ 在(1,2)内至少有一个实根.

例 5 证明方程 $x+e^x=0$ 在 $(-1,1)$ 内有唯一的实根.

证明 设 $f(x)=x+e^x$，因为 $f(x)$ 在 $(-\infty,+\infty)$ 内连续，所以 $f(x)$ 在 $[-1,1]$ 上连续，又 $f(-1)=-1+e^{-1}=\frac{1}{e}-1<0$，$f(1)=1+e>0$，由零点定理可知，至少存在一点 $\xi\in(-1,1)$，使得 $f(\xi)=0$，即 $\xi+e^{\xi}=0$.

从而得证方程 $x+e^x=0$ 在 $(-1,1)$ 内至少存在一个实根.

又因为函数 $f(x)=x+e^x$ 中的 x 和 e^x 在 $[-1,1]$ 上均是单调增加的，所以函数 $f(x)=x+e^x$ 在 $[-1,1]$ 上也是单调增加的，从而得证方程 $f(x)=0$ 在 $(-1,1)$ 内最多存在一个实根.

综上所述，方程 $x+e^x=0$ 在 $(-1,1)$ 内有唯一实根.

定理 2.6.7 （介值定理）若函数 $f(x)$ 在闭区间 $[a,b]$ 上连续，且 $f(a)\neq f(b)$，μ 为介于 $f(a)$ 和 $f(b)$ 之间的任意一个实数，则至少存在一点 $\xi\in(a,b)$，使得 $f(\xi)=\mu$.

由图 2-8 可明显看出定理 2.6.7 的几何意义：在闭区间 $[a,b]$ 上，一条连续不断的曲线弧 $y=f(x)$ 与直线 $y=\mu$ 至少相交一点.

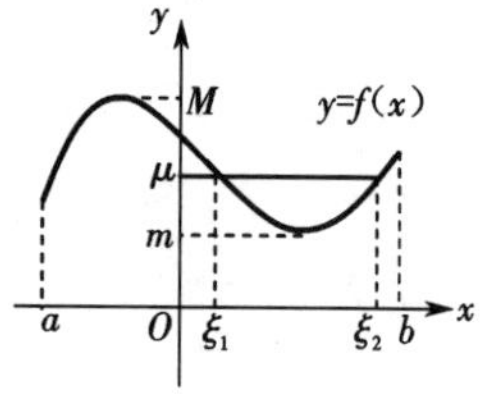

图 2-8

习　题 2.6

A 组

1. 求下列函数的极限.

(1) $\lim\limits_{x\to 0}\ln\dfrac{\sin x}{x}$；　(2) $\lim\limits_{x\to\infty}e^{\frac{1}{x}}$；　(3) $\lim\limits_{x\to 0}\ln(1+x)^{\frac{1}{x}}$；

(4) $\lim\limits_{x\to 0}\sin(\ln\cos x)$；　(5) $\lim\limits_{x\to\frac{\pi}{2}}3^{\sin x}$；　(6) $\lim\limits_{x\to\frac{\pi}{2}}\sqrt{\tan\dfrac{x}{2}}$.

2. 证明方程 $\sin x-x+1=0$ 在 $(0,\pi)$ 内至少有一个实根.

3. 证明方程 $x^3-4x^2+1=0$ 在 $(0,1)$ 内至少有一个实根.

B 组

1. 求下列函数的极限.

(1) $\lim\limits_{x\to 0^+}(\ln\sin x-\ln x)$；　(2) $\lim\limits_{x\to 0}\left[\sin\ln(1+x)^{\frac{1}{x}}\right]$；

(3) $\lim\limits_{x\to+\infty}\sin(\sqrt{x+3}-\sqrt{x})$；　(4) $\lim\limits_{x\to+\infty}\arcsin(\sqrt{x^2+1}-x)$.

2. 证明方程 $x-2\sin x=1$ 至少有一个正根小于 3.

2.7　应用举例

例 1　连续复利的计算问题.

设某人以本金 p 元进行一项投资，投资的年利率为 r，如果用连续复利计算（所谓连续复利计息，就是将第一期的利息与本金之和作为第二期的本金，然后反复计息），问 t 年后本利和为多少.

解　如果以一年为一期，则 t 年末的本利和为

$$s_n=p(1+r)^t.$$

这就是以年为期的复利公式.

若每年计息 x 次，则每次利率为 $\dfrac{r}{x}$，t 年共计息 xt 次，则第 t 年末的本利和为

$$s_n=p\left(1+\frac{r}{x}\right)^{xt}.$$

因为资金周转过程是不断进行的，计算利息分期越细越合理，亦即结算次数越多越合理，也就是让计息的"次"的时间间隔无限缩短，从而计息次数 $x\to\infty$，t 年后可得本利和为

$$s_n=\lim_{x\to\infty}p\left(1+\frac{r}{x}\right)^{xt}=p\left[\lim_{x\to\infty}\left(1+\frac{r}{x}\right)^{\frac{x}{r}}\right]^{rt}=pe^{rt},$$

这就是连续复利的计算公式

例 2　谣言传播的速率.

在传播学中有这样一个规律：在一定条件下，谣言的传播符合下面函数关系：

$$p(t)=\frac{1}{1+ae^{-kt}},$$

其中，a，k 为正常数，$p(t)$ 是 t 小时后人群中知道此谣言的人数比例.

求：(1) $\lim\limits_{t\to+\infty}p(t)$，并对结果作出解释；

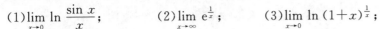

(2)若 $a=10,k=\frac{1}{2}$,几个小时后人群中有 80%的人知道此谣言.

解 (1) $\lim\limits_{t\to+\infty} p(t)=\lim\limits_{t\to+\infty} \frac{1}{1+ae^{-kt}}=1$,这意味着最终所有的人都将知道此谣言.

(2)把 $p=0.8,a=10,k=\frac{1}{2}$代入 $p(t)=\frac{1}{1+ae^{-kt}}$,有 $0.8=\frac{1}{1+10e^{-\frac{1}{2}t}}$,即

$$1+10e^{-\frac{1}{2}t}=\frac{5}{4},-\frac{1}{2}t=\ln\frac{1}{40},$$

解得

$$t=\ln 1\,600\approx 7.4(\text{h}).$$

即大约 7.4 h 后人群中有 80%的人知道此谣言.

例 3 曲线的切线.

求曲线 $y=x^3$ 在点 $M_0(1,1)$处的切线方程.

分析 一般曲线 C 在点 M_0 处的切线这样定义:在曲线 C 上取一动点 M,作割线 M_0M,当点 M 沿着曲线 C 趋向于点 M_0 时,割线 M_0M 的极限位置 M_0T 就称为曲线 C 在点 M_0 处的切线.

解 在曲线 C 上取一动点 $M(1+\Delta x,(1+\Delta x)^3)$,则割线 M_0M 的斜率为

$$k_{M_0M}=\frac{\Delta y}{\Delta x}=\frac{(1+\Delta x)^3-1}{1+\Delta x-1}=\frac{3\Delta x+3(\Delta x)^2+(\Delta x)^3}{\Delta x}=3+3\Delta x+(\Delta x)^2.$$

当点 M 沿着曲线 C 趋向于点 M_0 时,即 $\Delta x\to 0$,得到曲线 $y=x^3$ 在点 $M_0(1,1)$处的切线的斜率

$$k=\lim_{\Delta x\to 0} k_{M_0M}=\lim_{\Delta x\to 0}[3+3\Delta x+(\Delta x)^2]=3.$$

因此曲线 $y=x^3$ 在点 $M_0(1,1)$处的切线方程为

$$y-1=3(x-1),$$

即

$$3x-y-2=0.$$

习　题 2.7

1. 若某人以本金 1 000 元进行一项投资,投资的年利率为 6%,分别按复利、连续复利计算 20 年后的本利和.

2. 当某商品调价的通知下达后,有 10%的市民听到了这个消息,经这些人的传播,2 小时后,25%的市民知道了这个消息.假定消息按规律 $y(t)=\frac{1}{1+ce^{-kt}}$传播,其中 c,k 为正常数,$y(t)$是 t 小时后知道这一消息的市民比例.求

(1) $\lim\limits_{t\to+\infty} y(t)$,并对结果作出解释;

(2)若 $c=9,k=\frac{1}{2}\ln 3$,几个小时后人群中有 75%的市民知道这一消息.

3. 求曲线 $y=x^2$ 在点 $M_0(1,1)$处的切线方程.

数学文化

极限概念的产生与发展

极限概念的形成经历了漫长的岁月. 早在两千多年前，我国古代哲学家庄周在《庄子·天下篇》中引述惠施的话："一尺之棰，日取其半，万世不竭"，这是我国古代极限思想的萌芽.

三国时期的刘徽在他的割圆术中提到"割之弥细，所失弥小，割之又割，以至于不可割，则与圆合体而无所失矣". 这可视为中国古代极限观念的佳作.

16 世纪前后，欧洲资本主义的萌芽和文艺复兴运动促进了生产力和自然科学的发展. 17 世纪，牛顿和莱布尼茨在总结前人经验的基础上，创立了微积分. 但他们当时也还没有完全弄清楚极限的概念，没能把他们的工作建立在严密的理论基础上，他们更多的是凭借几何和物理直观去开展研究工作.

到了 18 世纪，数学家们基本上弄清了极限的描述性定义. 例如牛顿用$\dfrac{\Delta s}{\Delta t}$表示物体的平均速度，让 Δt 无限趋近于零，得到物体的瞬时速度，那时所运用的极限只是接近于直观性的语言描述："如果当自变量 x 无限地趋近于 x_0 时，函数 $f(x)$ 无限地趋近于 A，那么就说 $f(x)$ 以 A 为极限". 这种描述性语言虽然人们易于接受，但是这种定义没有定量地给出两个"无限过程"之间的联系，不能作为科学论证的逻辑基础. 正因为当时缺少严格的极限定义，微积分理论受到人们的怀疑和攻击. 起初微积分主要应用于力学、天文学和光学，而且出现的数量关系比较简单，因此在那个时候，极限理论方面的缺陷还没有构成严重障碍.

随着微积分应用的更加广泛和深入，遇到的数量关系也日益复杂，例如研究天体运行的轨道等问题已超出直观范围. 在这种情况下，微积分的薄弱之处也越来越暴露出来，严格的极限定义就显得十分迫切. 经过 100 多年的争论，直到 19 世纪上半叶由于对无穷级数的研究，人们对极限概念才有了较明确的认识. 1821 年法国数学家柯西在他的《分析教程》中进一步提出了极限定义的 ε 方法，把极限过程用不等式来刻画，后经德国数学家维尔斯特拉斯进一步加工，成为现在所说的柯西极限定义或叫"$\varepsilon-\delta$"定义. 极限理论的建立，在思想方法上深刻影响了近代数学的发展. 一个数学概念的形成经历了这样漫长的岁月，大家仅从这一点就可以想象出极限概念在微积分这门学科中是多么重要了.

第3章　导数与微分

问题引入

当我们研究变量时，不仅需要研究变量与变量之间的对应关系（即函数关系）、变量的变化趋势（即极限），还要研究变量变化的快慢程度．例如物体运动的瞬时速度、劳动生产率、国民经济增长的速度等，所有这些问题反映到数学上就是函数的变化率（即导数）．导数与微分是微分学的两个基本概念，导数反映函数相对自变量的变化快慢程度，即函数的变化率问题，而微分反映当自变量有微小变化时，函数的变化幅度大小，即函数相对于自变量的改变量很小时，其改变量的近似值．

学习目标

（1）理解导数和微分的概念，理解导数、微分的几何意义，知道函数可导、可微、连续之间的关系．

（2）熟练掌握导数和微分的运算法则和导数基本公式，了解高阶导数的概念．

（3）熟练掌握复合函数的求导方法．

（4）掌握隐函数及参数方程确定的函数的一阶导数的求导方法．

（5）会用导数与微分解决一些简单的实际问题．

3.1　导数的概念

3.1.1　两个实例

1．变速直线运动的瞬时速度

设一质点做变速直线运动，若质点的运行路程 s 与运行时间 t 的关系为 $s=s(t)$，求质点在 t_0 时刻的瞬时速度．

设在 t_0 时刻质点的位置为 $s(t_0)$，在 $t_0+\Delta t$ 时刻质点的位置为 $s(t_0+\Delta t)$，则

$$\Delta s=s(t_0+\Delta t)-s(t_0),$$

平均速度
$$\bar{v}=\frac{\Delta s}{\Delta t}=\frac{s(t_0+\Delta t)-s(t_0)}{\Delta t}.$$

如果质点做匀速直线运动，给时间一个增量 Δt，那么质点在时刻 t_0 与时刻 $t_0+\Delta t$ 间隔内的平均速度也就是质点在时刻 t_0 的瞬时速度，即

$$v_0=\bar{v}=\frac{s(t_0+\Delta t)-s(t_0)}{\Delta t}.$$

但对于变速直线运动，它的运行速度时刻都在发生变化，它只能近似地反映 t_0 时

刻的瞬时速度. 显然对于确定的 t_0，$|\Delta t|$ 越小，$\bar{v}$ 越接近 t_0 时刻的瞬时速度 $v(t_0)$.

令 $\Delta t \to 0$，$\dfrac{\Delta s}{\Delta t}$ 的极限若存在，则此极限值称为质点在 t_0 时刻的瞬时速度，即

$$v(t_0)=\lim_{\Delta t\to 0}\frac{\Delta s}{\Delta t}=\lim_{\Delta t\to 0}\frac{s(t_0+\Delta t)-s(t_0)}{\Delta t}.$$

变速直线运动在 t_0 时刻的瞬时速度反映了路程 s 对时刻 t 变化快慢的程度，因此，速度 $v(t_0)$ 又称路程 $s(t)$ 在 t_0 时刻的变化率.

2. 平面曲线的切线斜率

我们知道，圆的切线定义是与圆只有一个交点的直线，对于一般曲线，这样定义是不合适的，例如直线 $x=2$ 与 $y=x^2$ 只有一个交点，但它并不是 $y=x^2$ 的切线，下面给出一般曲线切线的定义.

切线定义　设点 M 是曲线 C 上的一个定点，在曲线 C 上另取一动点 N，作割线 MN，当动点 N 沿曲线 C 向定点 M 移动时，割线 MN 绕点 M 旋转，其极限位置为 MT，则直线 MT 称为曲线 C **在点 M 的切线**. 如图 3-1 所示.

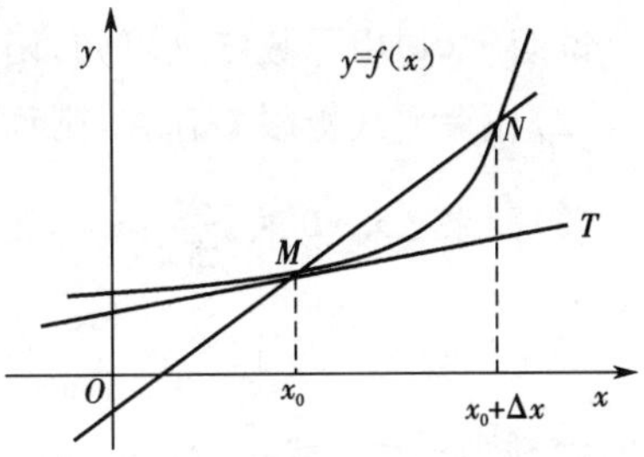

图 3-1

设曲线 C 的方程为 $y=f(x)$，下面求曲线 C 在点 $M(x_0, y_0)$ 处切线的斜率.

首先求割线 MN 的斜率，设割线 MN 的斜率为 k_{MN}，则

$$k_{MN}=\tan\beta=\frac{\Delta y}{\Delta x}=\frac{f(x_0+\Delta x)-f(x_0)}{\Delta x},$$

其中 β 为割线 MN 的倾斜角.

当点 N 沿曲线 C 无限趋向点 M 时，$x\to x_0(\Delta x\to 0)$. 若 $\Delta x\to 0$ 时，上式极限存在，$k=\lim\limits_{\Delta x\to 0}\dfrac{f(x_0+\Delta x)-f(x_0)}{\Delta x}$，这时 $k=\tan\alpha\left(\alpha\neq\dfrac{\pi}{2}\right)$（$\alpha$ 是切线 MT 的倾斜角）. 曲线 C 在点 M 的切线斜率反映了曲线 $y=f(x)$ 在点 M 升降的快慢程度. 因此，切线斜率 k 又称为曲线 $y=f(x)$ 在点 $x=x_0$ 处的变化率.

在实际生活中还有很多不同类型的变化率问题，例如细杆的线密度、电流强度、人口增长率、边际成本、边际利润等，其实际意义不同，但是从数学的角度来看，解决问题的方法一样，都是求函数值的改变量与自变量的改变量之比，当自变量的改变量趋于零时的极限，因此，我们不考虑这些问题的实际意义，抓住它们在数量关系上的共性，给出函数导数的概念.

3.1.2 导数的概念

函数的导数是一种特殊形式的函数极限，它反映的是函数的变化率.

一般地，我们称$\frac{\Delta y}{\Delta x}$为函数关于自变量的平均变化率（又称差商），导数$f'(x_0)$为$f(x)$在点$x_0$处关于$x$的变化率.

1. 导数定义

定义 3.1.1 设函数$y=f(x)$在点x_0的某邻域内有定义，当自变量x在点x_0有改变量Δx时，相应的函数有增量$\Delta y=f(x_0+\Delta x)-f(x_0)$，如果当$\Delta x\to 0$时，极限$\lim\limits_{\Delta x\to 0}\frac{\Delta y}{\Delta x}=\lim\limits_{\Delta x\to 0}\frac{f(x_0+\Delta x)-f(x_0)}{\Delta x}$存在，则称**函数$y=f(x)$在点$x_0$处可导**，并称**此极限值为函数$y=f(x)$在点$x_0$处的导数**，记作$y'|_{x=x_0}$，即

$$y'|_{x=x_0}=\lim_{\Delta x\to 0}\frac{f(x_0+\Delta x)-f(x_0)}{\Delta x}.$$

也可记作$f'(x_0)$，$\frac{\mathrm{d}y}{\mathrm{d}x}|_{x=x_0}$或$\frac{\mathrm{d}f}{\mathrm{d}x}|_{x=x_0}$.

说明 (1)由导数定义可知，函数在某一定点的导数是一个数值.

(2)如果上式极限不存在，则称函数$y=f(x)$在点x_0处不可导.

(3)如果$\Delta x\to 0$时，$\frac{\Delta y}{\Delta x}\to\infty$，则函数$y=f(x)$在点$x_0$处的导数是无穷大.

根据导数定义$y'|_{x=x_0}=\lim\limits_{\Delta x\to 0}\frac{f(x_0+\Delta x)-f(x_0)}{\Delta x}$，我们还可以得到导数的其他等价形式. 例如，在上式中，令$x=x_0+\Delta x$，当$\Delta x\to 0$时，$x\to x_0$，则

$$f'(x_0)=\lim_{x\to x_0}\frac{f(x)-f(x_0)}{x-x_0};$$

若令$x=x_0+h$，当$x\to x_0$，$h\to 0$，则

$$f'(x_0)=\lim_{h\to 0}\frac{f(x_0+h)-f(x_0)}{h}.$$

由导数定义可知，变速直线运动的瞬时速度$v(t_0)$，就是路程函数$s=s(t)$在t_0处对时间t的导数，即$v(t_0)=\frac{\mathrm{d}s}{\mathrm{d}t}|_{t=t_0}$.

曲线在点$M(x_0,f(x_0))$处的切线斜率k，就是曲线方程$y=f(x)$在点x_0对横坐标x的导数，即$k=\frac{\mathrm{d}y}{\mathrm{d}x}|_{x=x_0}$.

2. 单侧导数

在极限概念中，曾定义过左极限和右极限，同样可以定义左导数和右导数.

定义 3.1.2 设函数$y=f(x)$在点x_0的某左邻域$(x_0-\delta,x_0)$内有定义，若

$$\lim_{\Delta x\to 0^-}\frac{\Delta y}{\Delta x}=\lim_{\Delta x\to 0^-}\frac{f(x_0+\Delta x)-f(x_0)}{\Delta x}$$

存在，则称$f(x)$在点x_0处左可导，称该极限值为**$f(x)$在x_0处的左导数**，记为$f'_-(x_0)$，即

$$f'_-(x_0)=\lim_{\Delta x\to 0^-}\frac{f(x_0+\Delta x)-f(x_0)}{\Delta x}.$$

类似地，我们可定义右导数

$$f'_+(x_0)=\lim_{\Delta x\to 0^+}\frac{f(x_0+\Delta x)-f(x_0)}{\Delta x}.$$

左导数和右导数统称为**单侧导数**. 导数与左、右导数具有如下关系.

定理 3.1.1　若函数 $y=f(x)$ 在点 x_0 的某邻域内有定义，则 $f'(x_0)$ 存在的充要条件是左、右导数存在并且相等，即

$$f'(x_0)=A \Leftrightarrow f'_-(x_0)=f'_+(x_0)=A.$$

例 1　证明函数 $f(x)=|x|$ 在点 $x=0$ 处不可导.

证明　由绝对值的定义，原函数可以写为 $f(x)=\begin{cases} x, & x\geqslant 0, \\ -x, & x<0, \end{cases}$ 这是分段函数，在分段点 $x=0$ 处有

$$f'_-(0)=\lim_{x\to 0^-}\frac{f(x)-f(0)}{x-0}=\lim_{x\to 0^-}\frac{-x-0}{x}=-1,$$

$$f'_+(0)=\lim_{x\to 0^+}\frac{f(x)-f(0)}{x-0}=\lim_{x\to 0^+}\frac{x-0}{x}=1.$$

虽然函数在 $x=0$ 处的左右导数都存在，但是它们不相等，所以函数 $f(x)$ 在点 $x=0$ 处不可导.

3. 导函数

定义 3.1.3　如果函数 $y=f(x)$ 在区间 I 内每一点都可导，这样对于区间 I 内的每一个 x 值，都有唯一确定的导数值 $f'(x)$ 与之对应，则这一对应关系所确定的函数称为**函数 $y=f(x)$ 的导函数**，简称**导数**，记作 $f'(x)$，y'，$\frac{\mathrm{d}y}{\mathrm{d}x}$ 或 $\frac{\mathrm{d}f}{\mathrm{d}x}$. 即

$$f'(x)=\lim_{\Delta x\to 0}\frac{f(x+\Delta x)-f(x)}{\Delta x}.$$

同学们想一想，$f'(x_0)$ 与 $[f(x_0)]'$ 有何区别

注意　(1) 函数 $y=f(x)$ 在点 x_0 处的导数 $f'(x_0)$，就是导函数 $f'(x)$ 在点 x_0 处的函数值，即 $f'(x_0)=f'(x)|_{x=x_0}$.

(2) $f'(x_0)\neq[f(x_0)]'$.

(3) 今后在不会发生混淆的情况下，导函数也简称**导数**.

如果函数 $f(x)$ 在 (a,b) 内每一点都可导，则称**函数 $f(x)$ 在开区间 (a,b) 内可导**；如果函数 $f(x)$ 在开区间 (a,b) 内可导，并且在左端点 a 处右可导，在右端点 b 处左可导，则称**函数 $f(x)$ 在闭区间 $[a,b]$ 上可导**.

3.1.3　用定义求函数的导数

下面我们根据导数的定义，采用"三步法"计算一些基本初等函数的导数.

第一步，求增量：　$\Delta y=f(x+\Delta x)-f(x)$.

第二步，算比值：　$\frac{\Delta y}{\Delta x}=\frac{f(x+\Delta x)-f(x)}{\Delta x}$.

第三步，取极限：　$y'=\lim\limits_{\Delta x\to 0}\frac{\Delta y}{\Delta x}$.

例 2　求函数 $y=C$（C 是常数）的导数.

解　(1) 求增量：　$\Delta y=f(x+\Delta x)-f(x)=C-C=0$.

(2) 算比值：　$\frac{\Delta y}{\Delta x}=0$.

(3) 取极限：　$y'=\lim\limits_{\Delta x\to 0}\frac{\Delta y}{\Delta x}=\lim\limits_{\Delta x\to 0}0=0$.

即 $$C'=0.$$

例 3 求函数 $y=x^2,y=\frac{1}{x},y=\sqrt{x},y=x^n$（$n$ 为正整数），$y=x^a$（a 为实数）的导数.

解 对于函数 $y=x^2$ 的导数，采用“三步法”求之.

(1)求增量：
$$\begin{aligned}\Delta y&=f(x+\Delta x)-f(x)=(x+\Delta x)^2-x^2\\&=x^2+2x\Delta x+(\Delta x)^2-x^2=2x\Delta x+(\Delta x)^2.\end{aligned}$$

(2)算比值：
$$\frac{\Delta y}{\Delta x}=2x+\Delta x.$$

(3)取极限：
$$y'=\lim_{\Delta x\to 0}\frac{\Delta y}{\Delta x}=\lim_{\Delta x\to 0}(2x+\Delta x)=2x.$$

即
$$(x^2)'=2x.$$

类似可推导
$$\left(\frac{1}{x}\right)'=-x^{-2}=-\frac{1}{x^2};$$
$$(\sqrt{x})'=(x^{\frac{1}{2}})'=\frac{1}{2}x^{-\frac{1}{2}}=\frac{1}{2\sqrt{x}}.$$

同样，对于幂函数 $y=x^n$，采用“三步法”求之.

(1)求增量：
$$\begin{aligned}\Delta y&=f(x+\Delta x)-f(x)=(x+\Delta x)^n-x^n\\&=nx^{n-1}\Delta x+C_n^2x^{n-2}(\Delta x)^2+\cdots+(\Delta x)^n.\end{aligned}$$

(2)算比值：
$$\begin{aligned}\frac{f(x+\Delta x)-f(x)}{\Delta x}&=\frac{(x+\Delta x)^n-x^n}{\Delta x}\\&=\frac{nx^{n-1}\Delta x+C_n^2x^{n-2}(\Delta x)^2+\cdots+(\Delta x)^n}{\Delta x}\\&=nx^{n-1}+C_n^2\cdot x^{n-2}\cdot\Delta x+\cdots+(\Delta x)^{n-1}.\end{aligned}$$

(3)取极限：
$$\begin{aligned}y'&=\lim_{\Delta x\to 0}\frac{f(x+\Delta x)-f(x)}{\Delta x}\\&=\lim_{\Delta x\to 0}[nx^{n-1}+C_n^2\cdot x^{n-2}\cdot\Delta x+\cdots+(\Delta x)^{n-1}]=nx^{n-1}.\end{aligned}$$

即
$$(x^n)'=nx^{n-1}.$$

类似可推导
$$(x^a)'=ax^{a-1}.$$

例 4 求函数 $y=\sin x,y=\cos x$ 的导数.

解 对于函数 $y=\sin x$ 采用“三步法”求其导数.

(1)求增量：
$$\begin{aligned}\Delta y&=f(x+\Delta x)-f(x)=\sin(x+\Delta x)-\sin x\\&=2\cos\left(x+\frac{\Delta x}{2}\right)\cdot\sin\frac{\Delta x}{2}.\end{aligned}$$

(2)算比值：
$$\frac{\Delta y}{\Delta x}=\frac{2\cos\left(x+\frac{\Delta x}{2}\right)\sin\frac{\Delta x}{2}}{\Delta x}=\cos\left(x+\frac{\Delta x}{2}\right)\cdot\frac{\sin\frac{\Delta x}{2}}{\frac{\Delta x}{2}}.$$

(3)取极限：　$y'=\lim\limits_{\Delta x\to 0}\dfrac{\Delta y}{\Delta x}=\lim\limits_{\Delta x\to 0}\cos\left(x+\dfrac{\Delta x}{2}\right)\cdot\dfrac{\sin\dfrac{\Delta x}{2}}{\dfrac{\Delta x}{2}}$

$$=\lim_{\Delta x\to 0}\cos\left(x+\frac{\Delta x}{2}\right)\cdot\lim_{\Delta x\to 0}\frac{\sin\frac{\Delta x}{2}}{\frac{\Delta x}{2}}=\cos x\cdot 1=\cos x.$$

请同学们自己推导完成$(\cos x)'=-\sin x$.

例 5　求函数 $y=\log_a x(a>0,a\neq 1)$的导数.

解　(1)求增量:$\Delta y=\log_a(x+\Delta x)-\log_a x=\log_a\left(1+\dfrac{\Delta x}{x}\right)$.

(2)算比值:$\dfrac{\Delta y}{\Delta x}=\dfrac{\log_a\left(1+\dfrac{\Delta x}{x}\right)}{\Delta x}=\dfrac{1}{\Delta x}\cdot\log_a\left(1+\dfrac{\Delta x}{x}\right)=\log_a\left(1+\dfrac{\Delta x}{x}\right)^{\frac{1}{\Delta x}}$.

(3)取极限:$y'=\lim\limits_{\Delta x\to 0}\dfrac{\Delta y}{\Delta x}=\lim\limits_{\Delta x\to 0}\log_a\left(1+\dfrac{\Delta x}{x}\right)^{\frac{1}{\Delta x}}=\lim\limits_{\Delta x\to 0}\log_a\left[\left(1+\dfrac{\Delta x}{x}\right)^{\frac{x}{\Delta x}}\right]^{\frac{1}{x}}$

$$=\lim_{\Delta x\to 0}\frac{1}{x}\cdot\log_a\left(1+\frac{\Delta x}{x}\right)^{\frac{x}{\Delta x}}=\frac{1}{x}\lim_{\Delta x\to 0}\log_a\left(1+\frac{\Delta x}{x}\right)^{\frac{x}{\Delta x}}$$

$$=\frac{1}{x}\log_a\lim_{\Delta x\to 0}\left(1+\frac{\Delta x}{x}\right)^{\frac{x}{\Delta x}}=\frac{1}{x}\log_a e=\frac{1}{x\ln a}.$$

即

$$(\log_a x)'=\frac{1}{x\ln a}.$$

特别地，当 $a=e$ 时，$(\ln x)'=\dfrac{1}{x}$.

例 6　求函数 $y=a^x(a>0)$的导数.

解　(1)求增量:$\Delta y=f(x+\Delta x)-f(x)=a^{x+\Delta x}-a^x=a^x\cdot(a^{\Delta x}-1)$.

(2)算比值：

$$\frac{\Delta y}{\Delta x}=a^x\,\frac{a^{\Delta x}-1}{\Delta x}.$$

(3)取极限:令 $a^{\Delta x}-1=b$，则 $\Delta x=\log_a(1+b)$，当 $\Delta x\to 0$ 时，$b\to 0$

$$y'=\lim_{\Delta x\to 0}\frac{\Delta y}{\Delta x}=\lim_{\Delta x\to 0}a^x\cdot\frac{a^{\Delta x}-1}{\Delta x}=\lim_{b\to 0}a^x\cdot\frac{b}{\log_a(1+b)}$$

$$=\lim_{b\to 0}\frac{a^x}{\frac{1}{b}\log_a(1+b)}=\lim_{b\to 0}\frac{a^x}{\log_a(1+b)^{\frac{1}{b}}}=\frac{a^x}{\log_a e}=a^x\ln a.$$

即

$$(a^x)'=a^x\ln a.$$

特别地，当 $a=e$ 时，$(e^x)'=e^x$.

3.1.4　导数的几何意义

从前面讨论可以看出函数 $y=f(x)$在点 x_0 处的导数 $f'(x_0)$，就是曲线 $y=f(x)$在点 $M(x_0,y_0)$处切线的斜率，这就是导数的几何意义.

由导数的几何意义，可以得到曲线 $y=f(x)$在点 $M(x_0,y_0)$的切线与法线方程.

曲线在 $M(x_0,y_0)$的切线方程为

$$y-y_0=f'(x_0)(x-x_0).$$

我们知道，曲线 $y=f(x)$ 在点 $M(x_0,y_0)$ 处的法线是过此点且与切线垂直的直线，那么它的斜率为 $-\frac{1}{f'(x_0)}(f'(x_0)\neq 0)$，所以法线方程为

$$y-y_0=-\frac{1}{f'(x_0)}(x-x_0).$$

例 7 求曲线 $y=x^2$ 在点 $M(1,1)$ 处的切线方程及法线方程.

解 因为 $y'=2x, y'|_{x=1}=2$.

所求切线方程为 $y-1=2(x-1)$，即 $2x-y-1=0$.

所求法线方程为 $y-1=-\frac{1}{2}(x-1)$，即 $x+2y-3=0$.

3.1.5 可导与连续的关系

定理 3.1.2 若函数 $f(x)$ 在点 x_0 处可导，则它在点 x_0 处必连续.

证明 因为函数 $f(x)$ 在点 x_0 处可导，设自变量 x 在 x_0 处有一改变量 Δx，相应函数有一改变量 Δy，由导数的定义可得

$$\lim_{\Delta x\to 0}\frac{\Delta y}{\Delta x}=\lim_{\Delta x\to 0}\frac{f(x_0+\Delta x)-f(x_0)}{\Delta x}=f'(x_0),$$

所以
$$\lim_{\Delta x\to 0}\Delta y=\lim_{\Delta x\to 0}\left(\frac{\Delta y}{\Delta x}\cdot\Delta x\right)=\lim_{\Delta x\to 0}\frac{\Delta y}{\Delta x}\cdot\lim_{\Delta x\to 0}\Delta x=f'(x_0)\cdot 0=0.$$

即 $f(x)$ 在点 x_0 处连续.

注意 (1)连续是可导的必要条件，但不是充分条件. 即可导一定连续，而连续不一定可导.

(2)定理的逆否命题为真，即不连续一定不可导.

例 8 讨论函数 $f(x)=\begin{cases}1+x, & x<0,\\ 1-x, & x\geqslant 0\end{cases}$ 在 $x=0$ 的连续性与可导性.

解 (1)连续性.

因为函数 $f(x)$ 在 $x=0$ 处的左、右极限分别为

$$\lim_{x\to 0^-}f(x)=\lim_{x\to 0^-}(1+x)=1, \lim_{x\to 0^+}f(x)=\lim_{x\to 0^+}(1-x)=1.$$

从而
$$\lim_{x\to 0}f(x)=1,$$

并且
$$\lim_{x\to 0}f(x)=f(0)=1.$$

所以函数在点 $x=0$ 处连续.

(2)可导性.

函数 $f(x)$ 在 $x=0$ 处的左、右导数分别为

$$f'_-(0)=\lim_{x\to 0^-}\frac{f(x)-f(0)}{x}=\lim_{x\to 0^-}\frac{x}{x}=1,$$

$$f'_+(0)=\lim_{x\to 0^+}\frac{f(x)-f(0)}{x}=\lim_{x\to 0^+}\frac{-x}{x}=-1,$$

因为 $f'_-(0)\neq f'_+(0)$，所以函数在 $x=0$ 处不可导.

习　题3.1

A组

1.用导数定义求下列函数在指定点的导数.

(1)$y=\frac{1}{x}$　$(x_0=1)$；　　　(2)$y=x^2+2x+3$　$(x_0=2)$.

2.求下列函数的导数.

(1)$y=x^{-5}$；　　(2)$y=x^2\cdot x^3$；　　(3)$y=x^3\cdot\sqrt[3]{x}$；　　(4)$y=\frac{x^2\cdot\sqrt{x}}{\sqrt[3]{x}}$.

3.设$f(x)=\sin x$,求$f'\left(\frac{\pi}{2}\right)$,$f'\left(\frac{\pi}{3}\right)$.

4.求曲线$f(x)=x^3$在点(1,1)处的切线方程及法线方程.

B组

1.填空题.

(1) 设$f'(x_0)=2$,则$\lim\limits_{\Delta x\to 0}\frac{f(x_0-\Delta x)-f(x_0)}{\Delta x}=($　　$)$.

(2)设$f'(0)=3$且$f(0)=0$,则$\lim\limits_{x\to 0}\frac{f(x)}{x}=($　　$)$.

(3)设$f'(x_0)=1$,则$\lim\limits_{h\to 0}\frac{f(x_0+h)-f(x_0-h)}{h}=($　　$)$.

2.求曲线$y=\frac{1}{x}$在点$\left(\frac{1}{2},2\right)$处的切线方程及法线方程.

3.在曲线$y=x^3$上求一点,使得在该点处的切线与直线$y=3x$平行.

4.设函数$g(x)$在点$x=a$处连续,证明函数$f(x)=(x-a)g(x)$在点$x=a$处可导,并求$f'(a)$.

3.2　初等函数求导法则

上节中,我们根据导数的定义推导出几个基本初等函数的导数公式,其他基本初等函数用定义求导数,理论上说是可行的,往往很困难,有时甚至不可能.为此需要讨论求函数导数的其他方法.

3.2.1　函数和、差、积、商的求导法则

设函数$u=u(x)$、$v=v(x)$在区间I上是可导函数,则$u(x)\pm v(x)$,$u(x)v(x)$,$\frac{u(x)}{v(x)}(v(x)\neq 0)$在区间$I$上也是可导函数.以下用$u$,$v$代表$u(x)$,$v(x)$并且满足如下法则.

法则1　　$(u\pm v)'=u'\pm v'$.

法则 2 $$(uv)'=u'v+uv'.$$

推论 $$(cu)'=cu'\ (c\text{ 为常数}).$$

法则 3 $$\left(\frac{u}{v}\right)'=\frac{u'v-uv'}{v^2}\quad(v\neq0).$$

推论 $$\left(\frac{1}{v}\right)'=-\frac{v'}{v^2}(v\neq0).$$

说明 法则 1 和 2 可以推广到有限多个函数的情形：

$$(u+v+w)'=u'+v'+w';$$

$$(uvw)'=u'vw+uv'w+uvw'.$$

法则的证明思路类似，我们这里仅给出法则 2 的证明.

证明 我们根据导数的定义来证明.

设 $y=u(x)v(x)$，给 x 以增量 Δx，则函数 $u=u(x)$，$v=v(x)$ 和 $y=u(x)v(x)$ 相应的增量分别为 Δu，Δv 和 Δy，则

$$\Delta u=u(x+\Delta x)-u(x)\text{ 或 }u(x+\Delta x)=u(x)+\Delta u,$$

$$\Delta v=v(x+\Delta x)-v(x)\text{ 或 }v(x+\Delta x)=v(x)+\Delta v,$$

所以

$$\begin{aligned}\Delta y&=u(x+\Delta x)v(x+\Delta x)-u(x)v(x)\\&=(u(x)+\Delta u)(v(x)+\Delta v)-u(x)v(x)\\&=(u+\Delta u)(v+\Delta v)-uv=v\Delta u+u\Delta v+\Delta u\Delta v,\end{aligned}$$

于是

$$\frac{\Delta y}{\Delta x}=\frac{\Delta u}{\Delta x}v+u\frac{\Delta v}{\Delta x}+\Delta u\frac{\Delta v}{\Delta x}.$$

从而

$$\lim_{\Delta x\to0}\frac{\Delta y}{\Delta x}=\lim_{\Delta x\to0}\left(\frac{\Delta u}{\Delta x}v+u\frac{\Delta v}{\Delta x}+\Delta u\frac{\Delta v}{\Delta x}\right),$$

由已知

$$\lim_{\Delta x\to0}\frac{\Delta u}{\Delta x}=u',\ \lim_{\Delta x\to0}\frac{\Delta v}{\Delta x}=v',$$

由定理 3.1.2 可导必连续可知 $\lim\limits_{\Delta x\to0}\Delta u=0$，因此

$$\lim_{\Delta x\to0}\frac{\Delta y}{\Delta x}=\left(\lim_{\Delta x\to0}\frac{\Delta u}{\Delta x}\right)v+u\left(\lim_{\Delta x\to0}\frac{\Delta v}{\Delta x}\right)+\lim_{\Delta x\to0}\Delta u\lim_{\Delta x\to0}\frac{\Delta v}{\Delta x}=u'v+vu'.$$

故有 $y'=u'v+uv'$，即 $(uv)'=u'v+uv'$.

3.2.2 函数和、差、积、商求导法则应用举例

例 1 $y=x^4+2x^2+6x+10$，求 y'.

解 $y'=(x^4)'+2(x^2)'+6x'+10'=4x^3+4x+6.$

$(\ln 5)'=\frac{1}{5}$ 吗？

例 2 已知 $f(x)=\cos x-\frac{1}{\sqrt[3]{x}}+\frac{1}{x}+\ln 5$，求 $f'(x)$.

解
$$\begin{aligned}f'(x)&=(\cos x)'-\left(\frac{1}{\sqrt[3]{x}}\right)'+\left(\frac{1}{x}\right)'+(\ln 5)'\\&=-\sin x+\frac{1}{3}x^{-\frac{4}{3}}-\frac{1}{x^2}+0=\frac{1}{3x\sqrt[3]{x}}-\frac{1}{x^2}-\sin x.\end{aligned}$$

例 3 已知 $y=x^2\sin x+2\cos x+\sin\frac{\pi}{3}$，求 y'.

解　$y'=(x^2)'\sin x+x^2(\sin x)'+2(\cos x)'+\left(\sin\frac{\pi}{3}\right)'$

$=2x\sin x+x^2\cos x-2\sin x.$

$\left(\sin\frac{\pi}{3}\right)'=\cos\frac{\pi}{3}$ 吗?

例 4　已知 $y=x\sin x\ln x$,求 y'.

解　$y'=x'\sin x\ln x+x(\sin x)'\ln x+x\sin x(\ln x)'$

$=\sin x\ln x+x\cos x\ln x+\sin x.$

求导数时,要先观察函数能否化简,若能,应将函数先化简再求导,这样可以简化计算过程.

例 5　设函数 $y=(\sqrt{x}-1)\left(\frac{1}{\sqrt{x}}+1\right)$,求 y'.

解　因为

$$y=(\sqrt{x}-1)\left(\frac{1}{\sqrt{x}}+1\right)=\sqrt{x}-\frac{1}{\sqrt{x}},$$

所以

$$y'=\left(\sqrt{x}-\frac{1}{\sqrt{x}}\right)'=\frac{1}{2\sqrt{x}}+\frac{1}{2x\sqrt{x}}=\frac{1}{2\sqrt{x}}\left(1+\frac{1}{x}\right).$$

例 6　求函数 $y=\tan$,$y=\cot x$ 的导数.

解　$y'=(\tan)'=\left(\frac{\sin x}{\cos x}\right)'=\frac{(\sin x)'\cos x-\sin x(\cos x)'}{\cos^2 x}$

$=\frac{\sin^2 x+\cos^2 x}{\cos^2 x}=\frac{1}{\cos^2 x}=\sec^2 x.$

请同学们自己完成 $(\cot x)'=-\csc^2 x$.

例 7　求函数 $y=\sec x$,$y=\csc x$ 的导数.

解　$y'=(\sec x)'=\left(\frac{1}{\cos x}\right)'=-\frac{(\cos x)'}{\cos^2 x}=-\frac{-\sin x}{\cos^2 x}=\sec x\cdot\tan x.$

请同学们自己完成 $(\csc x)'=-\csc x\cdot\cot x$.

3.2.3　反函数的求导法则

定理 3.2.1　设函数 $x=\varphi(y)$ 在某区间 I_y 内严格单调可导,且 $\varphi'(y)\neq 0$,那么它的反函数 $y=f(x)$ 在对应区间 I_x 内也严格单调可导,且 $f'(x)=\frac{1}{\varphi'(y)}$.

证明　由于函数 $x=\varphi(y)$ 在开区间 I_y 内单调,所以变量 x,y 是一一对应的,由于函数 $x=\varphi(y)$ 在开区间 I_y 内可导,所以 $x=\varphi(y)$ 在开区间 I_y 内连续.所以 $x=\varphi(y)$ 的反函数 $y=f(x)$ 在对应的区间也是单调、连续的.于是当 x 有增量 Δx 时,变量 y 的增量 $\Delta y\neq 0$,且当 $\Delta x\to 0$ 时,有 $\Delta y\to 0$,所以导数

$$f'(x)=\lim_{\Delta x\to o}\frac{\Delta y}{\Delta x}=\lim_{\Delta y\to 0}\frac{1}{\frac{\Delta x}{\Delta y}}=\frac{1}{\varphi'(y)}.$$

例 8　证明 $(\arcsin x)'=\frac{1}{\sqrt{1-x^2}}$ 和 $(\arccos x)'=-\frac{1}{\sqrt{1-x^2}}$.

证明　由于 $y=\arcsin x$,$x\in(-1,1)$ 是 $x=\sin y$,$y\in\left(-\frac{\pi}{2},\frac{\pi}{2}\right)$ 的反函数,且 $x=\sin y$ 满足定理 3.2.1 的条件,所以由定理 3.2.1 可知

$$(\arcsin x)'=\frac{1}{\sin' y}=\frac{1}{\cos y}=\frac{1}{\sqrt{1-\sin^2 y}}=\frac{1}{\sqrt{1-x^2}},\quad x\in(-1,1).$$

同理可证 $(\arccos x)'=\frac{1}{\cos' y}=-\frac{1}{\sin y}=-\frac{1}{\sqrt{1-x^2}}$, $x\in(-1,1)$.

例 9 证明$(\arctan x)'=\frac{1}{1+x^2}$和 $(\operatorname{arccot} x)'=-\frac{1}{1+x^2}$.

证明 由于 $y=\arctan x, x\in\mathbf{R}$ 是 $x=\tan y, y\in\left(-\frac{\pi}{2},\frac{\pi}{2}\right)$的反函数，且 $x=\tan y$ 满足定理 3.2.1 的条件，所以由定理 3.2.1 可知

$$(\arctan x)'=\frac{1}{(\tan y)'}=\frac{1}{\sec^2 y}=\frac{1}{1+\tan^2 y}=\frac{1}{1+x^2},\ x\in\mathbf{R}.$$

同理可证 $$(\operatorname{arccot} x)'=-\frac{1}{1+x^2},\ x\in\mathbf{R}.$$

例 10 利用反函数求导法则求 $y=a^x(a>0,a\neq1)$的导数.

解 因为 $y=a^x(a>0,a\neq1)$是函数 $x=\log_a y(a>0,a\neq1)$的反函数，而在上节根据定义已求出$(\log_a y)'=\frac{1}{y\ln a}$,所以

$$y'=(a^x)'=\frac{1}{(\log_a y)'}=y\ln a=a^x\ln a.$$

习 题 3.2

A 组

求下列函数的导数.

(1)$y=x^3-3x^2+4x-\ln 2$； (2)$y=\frac{x^3}{3}-\frac{1}{x^2}-\frac{2}{x}+\mathrm{e}$； (3)$y=5x^3-2^x+3\mathrm{e}^x$；

(4)$y=2\tan x+\sec x-1$； (5)$y=x^2\cdot\sqrt{x}+\sin\frac{\pi}{2}$； (6)$y=(2+3x)(1-5x)$；

(7)$y=\frac{\ln x}{x}$； (8)$y=x^2\cdot\mathrm{e}^x\cdot\tan x$； (9)$y=\frac{2x^3+3x-1}{\sqrt{x}}$.

B 组

求下列函数的导数.

(1)$y=\frac{1-\ln x}{1+\ln x}$； (2)$y=x^2\cdot\sqrt{x\sqrt{x}}+\cos 1$；

(3)$y=(x+3)(x+2)(1-x)$； (4)$y=(1+x^2)\left(3-\frac{1}{x^3}\right)$；

(5)$y=\left(\sin x-\frac{\cos x}{x}\right)\tan x$； (6)$y=\frac{x\sin x}{1+\tan x}$.

3.3 复合函数的求导法则及高阶导数

3.3.1 复合函数的求导法则

利用已有的基本公式与导数的四则运算法则，可以解决一部分初等函数的直接求

导问题，但我们所遇到的初等函数往往是较为复杂的复合函数，为此我们还需要学习复合函数求导法则和技巧.

为了说明复合函数求导的特点，我们先看这样一个例子.

$y=\sin 2x$ 是一个复合函数，它可以看作是由 $y=\sin u, u=2x$ 复合而成的. 那么如何求 $(\sin 2x)'$ 呢？它与 $(\sin x)'$ 很相似，是否 $(\sin 2x)'=\cos 2x$ 呢？利用函数乘积的求导法则，$(\sin 2x)'=(2\sin x\cos x)'=2\cos^2 x-2\sin^2 x=2\cos 2x$. $(\sin 2x)'=\cos 2x$ 是错误的.

同学们想一想，如果求 $(\sin 20x)'$，我们仍然采用上述方法就不行了. 为此我们需要学习复合函数的求导法则.

定理 3.3.1　设函数 $u=\varphi(x)$ 在点 x 处可导，函数 $y=f(u)$ 在对应点 $u=\varphi(x)$ 处也可导，则复合函数 $y=f[\varphi(x)]$ 在点 x 处也可导，且

$$\frac{\mathrm{d}y}{\mathrm{d}x}=\frac{\mathrm{d}y}{\mathrm{d}u}\frac{\mathrm{d}u}{\mathrm{d}x} \text{或} y'_x=y'_u u'_x.$$

复合函数对自变量的导数，等于复合函数对中间变量的导数乘以中间变量对自变量的导数. 应用复合函数求导法则时，应该注意因子的个数比中间变量的个数多一个，不要遗漏任何一层，并且最后一个因子一定是某个中间变量对自变量的导数.

说明　定理 3.3.1 可以推广到多个中间变量的情形：

设函数 $y=f(u), u=\varphi(v), v=\psi(x)$，则复合函数 $y=f\{\varphi[\psi(x)]\}$ 的导数为

$$\frac{\mathrm{d}y}{\mathrm{d}x}=\frac{\mathrm{d}y}{\mathrm{d}u}\cdot\frac{\mathrm{d}u}{\mathrm{d}v}\cdot\frac{\mathrm{d}v}{\mathrm{d}x}=y'_u\cdot u'_v\cdot v'_x.$$

复合函数的求导公式，好像链条一样，一环扣一环，所以上述法则一般称为**链式法则**.

例 1　设 $y=(2x+3)^5$，求 y'.

解　设 $y=u^5, u=2x+3$，根据复合函数求导法则

$$y'_x=y'_u u'_x=5u^4\cdot 2=10(2x+3)^4.$$

例 2　求函数 $y=\ln\tan x$ 的导数.

解　设 $y=\ln u, u=\tan x$，根据复合函数求导法则 $\frac{\mathrm{d}y}{\mathrm{d}x}=\frac{\mathrm{d}y}{\mathrm{d}u}\frac{\mathrm{d}u}{\mathrm{d}x}$.

$$\frac{\mathrm{d}y}{\mathrm{d}x}=\frac{1}{u}\sec^2 x=\frac{1}{\tan x}\sec^2 x=\frac{1}{\sin x\cos x}=2\csc 2x.$$

复合函数求导法则熟练之后，求导时可以不写出中间过程和中间变量.

例 3　求函数 $y=\sin^2 x+\tan x^2$ 的导数.

解　$y'=(\sin^2 x+\tan x^2)'=(\sin^2 x)'+(\tan x^2)'$

$=2\sin x(\sin x)'+\sec^2 x^2\,(x^2)'$

$=2\sin x\cos x+2x\sec^2 x^2=\sin 2x+2x\sec^2 x^2.$

例 4　设 $y=\sqrt{x\sqrt{x\sqrt{x}}}$，求 $\frac{\mathrm{d}y}{\mathrm{d}x}$.

分析　该题如果用复合函数的求导法则求解，会很复杂. 在求导数的运算中，适当地对函数进行变形、化简，然后再求导，会起到事半功倍的效果.

解　因为　$y=\sqrt{x\sqrt{x\sqrt{x}}}=x^{\frac{7}{8}}$,

所以　$y'=(x^{\frac{7}{8}})'=\frac{7}{8}x^{-\frac{1}{8}}$.

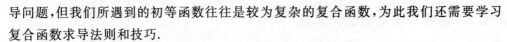

3.3.2 高阶导数的概念及求法

1. 高阶导数的概念

定义 3.3.1 一般地，函数 $y=f(x)$ 的导数 $f'(x)$ 仍是 x 的函数，若导函数 $f'(x)$ 仍然可导，则称 **$f'(x)$ 的导数为 $f(x)$ 的二阶导数**，通常记作：y''；$f''(x)$；$y^{(2)}$；$f^{(2)}(x)$；$\frac{\mathrm{d}^2 y}{\mathrm{d}x^2}$ 或 $\frac{\mathrm{d}^2 f}{\mathrm{d}x^2}$.

如果 $f''(x)$ 关于 x 还可导，那么 $f''(x)$ 的导数称为 $f(x)$ 的三阶导数，通常记为：y'''；$f'''(x)$；$y^{(3)}$；$f^{(3)}(x)$；$\frac{\mathrm{d}^3 y}{\mathrm{d}x^3}$ 或 $\frac{\mathrm{d}^3 f}{\mathrm{d}x^3}$.

$f(x)$ 的 n 阶导数可以记为 $f^n(x)$ 吗？

依上述进行下去，如果 $f(x)$ 的 $n-1$ 阶导数 $f^{(n-1)}(x)$ 存在，并且 $f^{(n-1)}(x)$ 仍然可导，那么，$f^{(n-1)}(x)$ 的导数称为 **$f(x)$ 的 n 阶导数**，一般记为

$$y^{(n)};f^{(n)}(x);\quad \frac{\mathrm{d}^n y}{\mathrm{d}x^n} \quad 或 \quad \frac{\mathrm{d}^n f}{\mathrm{d}x^n}.$$

二阶及二阶以上各阶导数统称为**高阶导数**. 一般地，$y^{(n)}$ 或 $f^{(n)}(x)$ 形式的符号用于表示四阶或四阶以上的导数，如 $f^{(4)}(x)$，$y^{(114)}$ 等.

函数 $y=f(x)$ 在点 x_0 处的各阶导数就是其各阶导函数在点 x_0 处的函数值，即

$$f''(x_0),f'''(x_0),f^{(4)}(x_0),\cdots,f^{(n)}(x_0).$$

2. 求导法则

由定义可知，函数 $f(x)$ 的 n 阶导数是由 $f(x)$ 连续依次地求 n 次导数得到.

例 5 设 $f(x)=2x^3-3x^2+1$，求 $f''(1)$.

解 因为 $$f'(x)=6x^2-6x,f''(x)=12x-6,$$

所以 $$f''(1)=12\times1-6=6.$$

例 6 设 $y=\sin x$，求 $y^{(n)}$.

解 $y'=\cos x=\sin\left(x+\frac{\pi}{2}\right)$,

$$y''=\left[\sin\left(x+\frac{\pi}{2}\right)\right]'=\cos\left(x+\frac{\pi}{2}\right)=\sin\left(x+\frac{\pi}{2}+\frac{\pi}{2}\right)=\sin\left(x+\frac{\pi}{2}\cdot 2\right),$$

$$y'''=\left[\sin\left(x+\frac{2\pi}{2}\right)\right]'=\cos\left(x+\frac{2\pi}{2}\right)=\sin\left(x+\frac{2\pi}{2}+\frac{\pi}{2}\right)=\sin\left(x+\frac{\pi}{2}\cdot 3\right),$$

$$y^{(4)}=\left[\sin\left(x+\frac{3\pi}{2}\right)\right]'=\cos\left(x+\frac{3\pi}{2}\right)=\sin\left(x+\frac{3\pi}{2}+\frac{\pi}{2}\right)=\sin\left(x+\frac{\pi}{2}\cdot 4\right),$$

……

用数学归纳法可得 $$y^{(n)}=\sin\left(x+\frac{\pi}{2}\cdot n\right).$$

同理可得 $$\cos^{(n)}x=\cos\left(x+\frac{\pi}{2}\cdot n\right).$$

例 7 设函数 $y=3^x$，求 $y^{(n)}$.

解 $y'=(3^x)'=3^x\ln 3$,

$y''=(3^x\ln 3)'=3^x(\ln 3)^2$,

$y'''=[3^x(\ln 3)^2]'=3^x(\ln 3)^3$,

……

用数学归纳法可得 $y^{(n)}=3^x(\ln 3)^n$.

习 题 3.3

A 组

1. 求下列函数的导数.

(1) $y=\sin^5 x$； (2) $y=\sin x^5$； (3) $y=\ln(e^x+1)$；

(4) $y=(3x+2)^3$； (5) $y=x^2\sin\frac{1}{x}$； (6) $y=\sin^2(2-3x)$；

(7) $y=\sqrt{1+\ln^2 x}$； (8) $y=\frac{x}{2}\sqrt{1-x^2}$； (9) $y=\frac{1}{\tan^2 2x}$；

(10) $y=\ln\cos\frac{x}{2}$； (11) $y=\sec(\ln x)$； (12) $y=\sin 5x\cdot\cos 3x$.

2. 求下列函数的二阶导数.

(1) $y=x^3+\sin x$； (2) $y=\ln(1+x^2)$.

3. 设函数 $f(x)=x^2\ln x$，求 $f''(2)$.

4. 设函数 $f(x)=e^{2x}$，求 $f^{(n)}(x)$.

B 组

1. 求下列函数的导数.

(1) $y=\frac{\sin^2 x}{1+\cos x}$； (2) $y=\sin^n x\cdot\cos nx$； (3) $y=\ln\sqrt{1+x^2}$；

(4) $y=e^{\arctan\sqrt{x}}$； (5) $y=\ln[\ln(\ln x)]$； (6) $y=2^{\tan\frac{1}{x}}$；

(7) $y=\frac{1}{x-\sqrt{x^2-1}}$； (8) $y=\sqrt[3]{1+\sin 5x}$； (9) $y=5^{x\ln x}$.

2. 设函数 $f(x)=e^{-x}\sin x$，求 $f''(0)$.

3. 设函数 $f(x)=x\ln x$，求 $f^{(n)}(x)$.

3.4 隐函数及参数方程确定的函数求导法则

3.4.1 隐函数求导法则

前面我们遇到的形如 $y=f(x)$ 形式的函数称为**显函数**.

实际问题中经常会遇到用方程 $F(x,y)=0$ 的形式表示的函数，我们把这种形式的函数称为**隐函数**.

例如方程 $x^2-y=1$ 确定了 y 是 x 的隐函数，如果把 y 从方程中解出来，就成了显函数 $y=x^2-1$. 但要注意，并不是所有的隐函数都能很容易地转化成显函数的形式，例如方程 $e^x+\ln y+\sin y+5=0$ 就很难转化成显函数的形式.

隐函数如何求导数呢？理论上我们可以先把隐函数化为显函数，然后利用显函数的求导法则求导.

例 1 求由方程 $x^2-y=1$ 确定的隐函数的导数.

解 首先把隐函数显化为 $y=x^2-1$，然后利用显函数的求导法则得

$$y'=(x^2-1)'=2x.$$

但在实际中，有些隐函数不能显化，或者说没有必要显化. 因此我们有必要掌握隐函数的求导法则. 隐函数的求导需要利用复合函数求导的法则，具体方法如下：

(1)方程 $F(x,y)=0$ 的两端同时对 x 求导，注意在求导过程中把 y 看成 x 的函数，也就是把 y 作为中间变量来看待；

(2)求导后得到一个含有 y' 的方程，解出 y' 即为所求隐函数的导数.

这样例 1 可以利用隐函数求导法则求导：方程两边同时对 x 求导有

$$(x^2-y)'=1',$$

即 $2x-y'=0$. 解得 $y'=2x$.

例 2 求由方程 $\mathrm{e}^x+\ln y+\sin y+5=0$ 确定的隐函数的导数 y'.

解 方程两边同时对 x 求导得

$$(\mathrm{e}^x+\ln y+\sin y+5)'=0',$$

即

$$\mathrm{e}^x+\frac{1}{y}\cdot y'+\cos y\cdot y'=0,$$

解得

$$y'=-\frac{\mathrm{e}^x}{\frac{1}{y}+\cos y}.$$

隐函数求导结果 y' 可以含有 y.

例 3 求由方程 $y\cos x+\ln y=1$ 所确定的隐函数的导数 y'.

解 方程两边同时对 x 求导得

$$y'\cos x+y(-\sin x)+\frac{1}{y}y'=0,$$

解得

$$y'=\frac{y^2\sin x}{1+y\cos x}.$$

例 4 求由方程 $y=\sin(x+y)$ 所确定的隐函数的导数.

解 方程两边同时对 x 求导得

$$y'=\cos(x+y)\cdot(x+y)',$$

即

$$y'=\cos(x+y)\cdot(1+y'),$$

解得

$$y'=\frac{\cos(x+y)}{1-\cos(x+y)}.$$

3.4.2 参数方程确定的函数的求导法则

在实际问题中，有许多函数是以参数方程形式给出的，即变量 x,y 之间的函数关系由参数方程 $\begin{cases}x=\varphi(t),\\ y=f(t)\end{cases}$ 所确定(t 为参数). 如何求参数方程确定的函数的导数呢？下面给出求导法则.

定理 3.4.1　对参数方程$\begin{cases}x=\varphi(t),\\ y=f(t)\end{cases}$$(\alpha\leqslant t\leqslant\beta)$，如果 $y=f(t)$，$x=\varphi(t)$在$[\alpha,\beta]$内可导，并且 $x=\varphi(t)$严格单调，$\varphi'(t)\neq 0$，则 y 关于 x 可导，并且

$$\frac{\mathrm{d}y}{\mathrm{d}x}=\frac{\frac{\mathrm{d}y}{\mathrm{d}t}}{\frac{\mathrm{d}x}{\mathrm{d}t}}\quad 或\quad \frac{\mathrm{d}y}{\mathrm{d}x}=\frac{f'(t)}{\varphi'(t)}.$$

证明　因为 $x=\varphi(t)$在$[\alpha,\beta]$内严格单调、可导，所以 $x=\varphi(t)$有连续的反函数 $t=\varphi^{-1}(x)$，所以，$y=f(t)=f(\varphi^{-1}(x))$，由反函数和复合函数的求导法则可知

$$\frac{\mathrm{d}y}{\mathrm{d}x}=\frac{\mathrm{d}y}{\mathrm{d}t}\cdot\frac{\mathrm{d}t}{\mathrm{d}x}=f'(t)\frac{1}{\varphi'(t)}=\frac{f'(t)}{\varphi'(t)}.$$

例 5　求由参数方程$\begin{cases}x=2\mathrm{e}^{t},\\ y=\mathrm{e}^{-t}\end{cases}$确定的函数的导数.

解　因为$\frac{\mathrm{d}y}{\mathrm{d}t}=\mathrm{e}^{-t}(-1)=-\mathrm{e}^{-t}$，$\frac{\mathrm{d}x}{\mathrm{d}t}=2\mathrm{e}^{t}$，所以

$$\frac{\mathrm{d}y}{\mathrm{d}x}=\frac{\frac{\mathrm{d}y}{\mathrm{d}t}}{\frac{\mathrm{d}x}{\mathrm{d}t}}=\frac{-\mathrm{e}^{-t}}{2\mathrm{e}^{t}}=-\frac{1}{2}\mathrm{e}^{-2t}.$$

例 6　求椭圆$\begin{cases}x=a\cos t,\\ y=b\sin t\end{cases}$$(0<t<2\pi)$ 在 $t=\frac{\pi}{4}$处的切线方程.

解　参数 $t=\frac{\pi}{4}$对应的切点坐标为$\left(\frac{a}{\sqrt{2}},\frac{b}{\sqrt{2}}\right)$，由参数方程确定的函数的导数公式得

$$\frac{\mathrm{d}y}{\mathrm{d}x}=\frac{y'(t)}{x'(t)}=\frac{b\cos t}{-a\sin t}=-\frac{b}{a}\cot t,$$

所以切线斜率

$$k=-\frac{b}{a}\cot t\Big|_{t=\frac{\pi}{4}}=-\frac{b}{a},$$

故切线方程为

$$y-\frac{b}{\sqrt{2}}=-\frac{b}{a}\left(x-\frac{a}{\sqrt{2}}\right),$$

即

$$bx+ay-\sqrt{2}ab=0.$$

3.4.3　对数求导法

当函数表达式由多项式的乘积、商、幂组成，或者函数为幂指函数时，通常我们采用对数法，先把显函数变成隐函数，即方程两边同时取自然对数，再利用隐函数求导法则求出函数的导数，我们把这种方法称为**对数求导法**.

例 7　设 $y=x^{x}(x>0)$，求 y'.

解　方程两边同时取自然对数得

$$\ln y=x\ln x,$$

方程两边同时分别对 x 求导数得

$$\frac{1}{y}y'=\ln x+1,$$

$$y'=y(\ln x+1).$$

将 $y=x^x$ 代入得

$$y'=x^x(\ln x+1).$$

这里用到了对数运算公式：$\log_a MN=\log_a M+\log_a N$，$\log_a \frac{M}{N}=\log_a M-\log_a N$

例 8 求 $y=\sqrt[5]{\frac{(x-1)(3-x)^2}{(x-2)^3(x-4)}}$ 的导数.

解 方程两边同时取自然对数得

$$\ln y=\frac{1}{5}[\ln(x-1)+2\ln(3-x)-3\ln(x-2)-\ln(x-4)].$$

方程两边同时分别对 x 求导数得

$$\frac{1}{y}\cdot y'=\frac{1}{5}\left[\frac{1}{x-1}+\frac{2}{3-x}(-1)-\frac{3}{x-2}-\frac{1}{x-4}\right],$$

$$y'=\frac{1}{5}\cdot\sqrt[5]{\frac{(x-1)(3-x)^2}{(x-2)^3(x-4)}}\cdot\left(\frac{1}{x-1}+\frac{2}{x-3}-\frac{3}{x-2}-\frac{1}{x-4}\right).$$

3.4.4 初等函数的导数

前面我们已经介绍了所有的基本初等函数的导数公式，函数的和、差、积、商的求导法则，复合函数、隐函数、参数方程确定的函数及反函数的求导法则，从而解决了初等函数的求导问题，为了方便查阅，现归纳如下.

1. 常用公式

(1) $C'=0$ （C 为常数）；

(2) $(x^\alpha)'=\alpha x^{\alpha-1}$（$\alpha$ 为实数）；

(3) $(\sin x)'=\cos x$；

(4) $(\cos x)'=-\sin x$；

(5) $(\tan x)'=\sec^2 x$；

(6) $(\cot x)'=-\csc^2 x$；

(7) $(\sec x)'=\sec x\cdot\tan x$；

(8) $(\csc x)'=-\csc x\cdot\cot x$；

(9) $(a^x)'=a^x\ln a$ （$a>0,a\neq1$）；

(10) $(\mathrm{e}^x)'=\mathrm{e}^x$；

(11) $(\log_a x)'=\frac{1}{x\ln a}$ （$a>0,a\neq1$）；

(12) $(\ln x)'=\frac{1}{x}$；

(13) $(\arcsin x)'=\frac{1}{\sqrt{1-x^2}}$；

(14) $(\arccos x)'=-\frac{1}{\sqrt{1-x^2}}$；

(15) $(\arctan x)'=\frac{1}{1+x^2}$；

(16) $(\operatorname{arccot} x)'=-\frac{1}{1+x^2}$.

2. 函数的和、差、积、商的求导法则

设函数 $u=u(x)$，$v=v(x)$，则

(1) $(u\pm v)'=u'\pm v'$；

(2) $(uv)'=u'v+uv'$；

(3) $(Cu)'=Cu'$（C 为常数）

(4) $\left(\frac{u}{v}\right)'=\frac{u'v-uv'}{v^2}$（$v\neq0$）.

3. 复合函数的求导法则

设函数 $u=\varphi(x)$ 在点 x 处可导，函数 $y=f(u)$ 在对应点 $u=\varphi(x)$ 处也可导，则复合函数 $y=f[\varphi(x)]$ 在点 x 处也可导，且

$$\frac{\mathrm{d}y}{\mathrm{d}x}=\frac{\mathrm{d}y}{\mathrm{d}u}\frac{\mathrm{d}u}{\mathrm{d}x} \quad 或 \quad y'_x=y'_u u'_x.$$

4. 隐函数的求导法则

(1)方程 $F(x,y)=0$ 的两端同时对 x 求导，注意在求导过程中把 y 看成 x 的函数，也就是把 y 作为中间变量来看待；

(2)求导后得到一个含有 y' 的方程，解出 y' 即为所求隐函数的导数.

5. 反函数的求导法则

设函数 $x=\varphi(y)$ 在某区间 I_y 内严格单调可导，且 $\varphi'(y)\neq 0$，那么它的反函数 $y=f(x)$ 在对应区间 I_x 内也严格单调可导，且 $f'(x)=\dfrac{1}{\varphi'(y)}$.

6. 参数方程确定的函数的求导法则

对参数方程 $\begin{cases}x=\varphi(t),\\ y=f(t)\end{cases}(\alpha\leqslant t\leqslant\beta)$，如果 $y=f(t)$，$x=\varphi(t)$ 在 $[\alpha,\beta]$ 内可导，并且 $x=\varphi(t)$ 严格单调、$\varphi'(t)\neq 0$，则 y 关于 x 可导，并且

$$\frac{\mathrm{d}y}{\mathrm{d}x}=\frac{\frac{\mathrm{d}y}{\mathrm{d}t}}{\frac{\mathrm{d}x}{\mathrm{d}t}} \quad \text{或} \quad \frac{\mathrm{d}y}{\mathrm{d}x}=\frac{f'(t)}{\varphi'(t)}.$$

习 题 3.4

A 组

1. 求下列函数的导数.

(1) $x^3+y^3-3xy=0$；　(2) $y=1-xe^y$；　(3) $x^3+xy-3y+1=0$；

(4) $\sqrt{x}-\sqrt{y}=\sqrt{7}$；　(5) $y=\sqrt[5]{\dfrac{x-1}{\sqrt{x^2+2}}}$；　(6) $y=x^{\sin x}$.

2. 求由参数方程 $\begin{cases}x=\sin t,\\ y=\cos 2t\end{cases}$ 所确定的曲线在 $t=\dfrac{\pi}{4}$ 处的切线方程.

B 组

1. 求下列函数的导数.

(1) $xy=e^{x+y}$；　(2) $e^y+xy-\ln 3=0$；　(3) $y=\sqrt{xy}-\cos y$；

(4) $\arctan\dfrac{y}{x}=\ln\sqrt{x^2+y^2}$；　(5) $y=\dfrac{\sqrt{x+2}(3-x)^3}{(x+1)^2}$；　(6) $y=(\tan x)^{\sin x}$.

2. 求由参数方程 $\begin{cases}x=2t^2,\\ y=3t^3\end{cases}$ 所确定的曲线在 $t=1$ 处的切线方程.

3.5 函数的微分

我们知道，导数表示函数在点 x 处的变化率，它描述函数在点 x 处变化的快慢程度. 在实际中还会遇到与此相关的另一类问题，当自变量有微小的改变量时，要求计算相应的函数改变量 Δy，可是，由于 Δy 的表达式往往很复杂，计算比较困难，而实际中

往往只需要计算它的近似值就可以了. 这样我们需要寻求当$|\Delta x|$很小时,能近似代替Δy的量. 由此引出微分学中的另一个基本概念——函数的微分.

3.5.1 微分的概念

引例 一边长为x_0的正方形金属薄片,受热后边长增加Δx,问面积增加多少?

分析 由已知可得受热前的面积$y=x_0^2$,那么,受热后面积的增量是

$$\Delta y=(x_0+\Delta x)^2-x_0^2=2x_0\Delta x+(\Delta x)^2.$$

从几何图形 3-2 可以看到,面积的增量可分为两个部分,一是图中带有斜线的两个矩形面积之和$2x_0\Delta x$,它是Δx的线性函数;二是右上角带有交叉斜线的小正方形的面积$(\Delta x)^2$,它是比Δx高阶的无穷小.

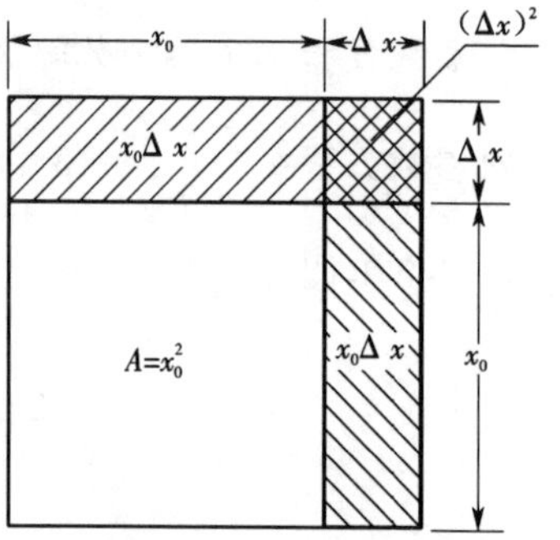

图 3-2

这样,当Δx很小的情况下,面积增量的主要部分就是$2x_0\Delta x$,而$(\Delta x)^2$可以忽略不计,也就是说,可以用$2x_0\Delta x$来近似代替面积的增量,即

$$\Delta y\approx 2x_0\Delta x.$$

我们抛开上例的实际意义,从函数的角度来说,函数$y=x^2$具有这样的特征:任给自变量一个增量Δx,相应函数值的增量Δy可表示成关于Δx的线性部分(即$2x_0\Delta x$)与Δx的高阶无穷小部分(即$(\Delta x)^2$)的和. 即

$$\Delta y=2x_0\Delta x+(\Delta x)^2.$$

由于$f'(x_0)=2x_0$,所以上式可写成

$$\Delta y=f'(x_0)\Delta x+(\Delta x)^2.$$

对于一般函数$y=f(x)$,上述结论是否成立呢? 答案是肯定的(证明略),即函数增量Δy等于函数在点x_0处的导数$f'(x_0)$与自变量增量Δx的乘积加上一个Δx的高阶无穷小之和,即

$$\Delta y=f'(x_0)\Delta x+o(\Delta x),$$

并且,在$|\Delta x|$很小的情况下,函数的增量可以近似表示为

$$\Delta y\approx f'(x_0)\Delta x.$$

定义 3.5.1 设函数$y=f(x)$在点x_0的某邻域$U(x_0,\delta)$内有定义,并且在x_0处具有导数$f'(x_0)$,在该邻域内任给x_0一个增量Δx,相应的函数增量为Δy,若$\Delta y=f'(x_0)\Delta x+o(\Delta x)$,则称**函数$y=f(x)$在点$x_0$处是可微的**,并且称$f'(x_0)\Delta x$为**函数$y=f(x)$在点$x_0$处的微分**,记作$\mathrm{d}y|_{x=x_0}$或$\mathrm{d}f(x)|_{x=x_0}$,即

$$\mathrm{d}y|_{x=x_0}=f'(x_0)\Delta x.$$

可以证明:函数$y=f(x)$在点x_0可微的充要条件是函数在点x_0可导,并且

$$\Delta y\approx \mathrm{d}y(|\Delta x|\text{很小}).$$

这样,我们就把一个计算起来比较复杂的量Δy近似地表达为一个比较简单的量$\mathrm{d}y$,$\mathrm{d}y$是Δx的线性函数$f'(x_0)\Delta x$,并且近似的精度也比较高.

函数$y=f(x)$在任意点x处的微分称为**函数的微分**,记为$\mathrm{d}y$或$\mathrm{d}f(x)$,即

$$\mathrm{d}y=f'(x)\Delta x.$$

通常把自变量的增量定义为自变量的微分，即

$$\Delta x=\mathrm{d}x,$$

于是函数 $y=f(x)$ 的微分可记为

$$\mathrm{d}y=f'(x)\mathrm{d}x.$$

从而有
$$\frac{\mathrm{d}y}{\mathrm{d}x}=f'(x)$$

这样函数的导数可以赋予一种新的解释：导数就是函数的微分 $\mathrm{d}y$ 与自变量的微分 $\mathrm{d}x$ 的商，因此，导数又称为**微商**.

例 1　求函数 $y=x^3$ 在 $x=2,\Delta x=0.02$ 时的增量与微分.

解　$\Delta y=(x+\Delta x)^3-x^3=2.02^3-2^3=0.242\ 408.$

$\mathrm{d}y=f'(x)\Delta x=3x^2\Delta x=3\times 2^2\times 0.02=0.24.$

比较 Δy 与 $\mathrm{d}y$，$\Delta y-\mathrm{d}y=0.002\ 408$，误差较小.

例 2　已知函数 $y=x^2-3x$，在 $x=1$ 处分别计算(1)$\Delta x=1$；(2)$\Delta x=0.1$；(3)$\Delta x=0.01$ 时的增量与微分.

解　$\Delta y=[(x+\Delta x)^2-3(x+\Delta x)]-(x^2-3x)=(2x-3)\Delta x+(\Delta x)^2$；

$$\mathrm{d}y=y'\Delta x=(2x-3)\Delta x.$$

(1)当 $x=1,\Delta x=1$ 时，

$$\Delta y=(2\times 1-3)\times 1+1^2=0,\mathrm{d}y=(2\times 1-3)\times 1=-1,\Delta y-\mathrm{d}y=1.$$

(2)当 $x=1,\Delta x=0.1$ 时，

$$\Delta y=(2\times 1-3)\times 0.1+0.1^2=-0.09,\mathrm{d}y=(2\times 1-3)\times 0.1=-0.1,$$

$$\Delta y-\mathrm{d}y=0.01.$$

(3)当 $x=1,\Delta x=0.01$ 时，

$$\Delta y=(2\times 1-3)\times 0.01+0.01^2=-0.0\ 099,\ \mathrm{d}y=(2\times 1-3)\times 0.01=-0.01,$$

$$\Delta y-\mathrm{d}y=0.0\ 001$$

由本例可以看出，当 $|\Delta x|$ 越小时，Δy 与 $\mathrm{d}y$ 的差越小.

例 3　求函数 $f(x)=x^3+1$ 在点 $x=1$ 处的微分.

解　因为 $f'(x)=3x^2$，所以有 $f'(1)=3\times 1^2=3$.

根据微分定义 $\mathrm{d}y|_{x=x_0}=f'(x_0)\mathrm{d}x$，得 $\mathrm{d}f(x)|_{x=1}=3\mathrm{d}x$.

例 4　求下列函数的微分.

(1)$y=\mathrm{e}^x\sin x$；　　(2)$y=5^{\sin x}$.

解　(1)因为 $y'=(\mathrm{e}^x\sin x)'=\mathrm{e}^x\sin x+\mathrm{e}^x\cos x$，

所以 $\mathrm{d}y=y'\mathrm{d}x=\mathrm{e}^x(\sin x+\cos x)\mathrm{d}x$.

(2)因为 $y'=(5^{\sin x})'=5^{\sin x}\cdot\ln 5\cdot\cos x$，

所以 $\mathrm{d}y=y'\mathrm{d}x=\ln 5\cdot 5^{\sin x}\cdot\cos x\mathrm{d}x$.

例 5　求由方程 $y=x^2+x\mathrm{e}^y$ 所确定的函数的微分.

解　将方程两边对 x 求导得　$y'=2x+\mathrm{e}^y+x\mathrm{e}^y y'$，即 $y'=\dfrac{2x+\mathrm{e}^y}{1-x\mathrm{e}^y}$，所以

$$\mathrm{d}y=\frac{2x+\mathrm{e}^y}{1-x\mathrm{e}^y}\mathrm{d}x.$$

3.5.2 微分的几何意义

如图 3-3 所示，设曲线方程为 $y=f(x)$，PT 是曲线上点 $P(x,y)$处的切线，且设 PT 的倾斜角为 α. 在曲线上取一点 $Q(x+\Delta x,f(x+\Delta x))$，则

$$PM=\Delta x,MQ=\Delta y,MN=PM\cdot\tan\alpha,$$

所以 $MN=\Delta x\cdot f'(x)=\mathrm{d}y$，因此函数的微分 $\mathrm{d}y=f'(x)\Delta x$ 是当 x 改变了 Δx 时曲线过点 P 的切线纵坐标的改变量，这就是微分的几何意义.

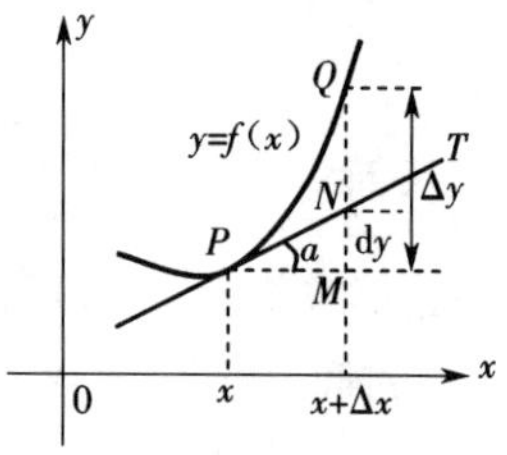

图 3-3

3.5.3 微分的基本公式与运算法则

由 $\mathrm{d}y=f'(x)\mathrm{d}x$ 可知，要计算函数的微分，只要求出函数的导数，再乘以自变量的微分就可以了. 而由导数的基本公式与运算法则就可以直接推导出微分的基本公式与运算法则.

1. 微分的基本公式

(1) $\mathrm{d}C=0$ （C 为常数）； (2) $\mathrm{d}(x^\alpha)=\alpha x^{\alpha-1}\mathrm{d}x$（$\alpha$ 为任意常数）；

(3) $\mathrm{d}(\sin x)=\cos x\mathrm{d}x$； (4) $\mathrm{d}(\cos x)=-\sin x\mathrm{d}x$；

(5) $\mathrm{d}(\tan x)=\sec^2 x\mathrm{d}x$； (6) $\mathrm{d}(\cot x)=-\csc^2 x\mathrm{d}x$；

(7) $\mathrm{d}(\sec x)=\sec x\cdot\tan \mathrm{d}x$； (8) $\mathrm{d}(\csc x)=-\csc x\cdot\cot x\mathrm{d}x$；

(9) $\mathrm{d}(a^x)=a^x\ln a\mathrm{d}x$； (10) $\mathrm{d}(\mathrm{e}^x)=\mathrm{e}^x\mathrm{d}x$；

(11) $\mathrm{d}(\log_a x)=\dfrac{1}{x\ln a}\mathrm{d}x$； (12) $\mathrm{d}(\ln x)=\dfrac{1}{x}\mathrm{d}x$；

(13) $\mathrm{d}(\arcsin x)=\dfrac{1}{\sqrt{1-x^2}}\mathrm{d}x$； (14) $\mathrm{d}(\arccos x)=-\dfrac{1}{\sqrt{1-x^2}}\mathrm{d}x$；

(15) $\mathrm{d}(\arctan x)=\dfrac{1}{1+x^2}\mathrm{d}x$； (16) $\mathrm{d}(\mathrm{arccot}\, x)=-\dfrac{1}{1+x^2}\mathrm{d}x$.

2. 函数和、差、积、商的微分法则

假设 u 和 v 都是 x 的可微函数.

(1) $\mathrm{d}(u\pm v)=\mathrm{d}u\pm\mathrm{d}v$； (2) $\mathrm{d}(uv)=v\mathrm{d}u+u\mathrm{d}v$；

(3) $\mathrm{d}(Cu)=C\mathrm{d}u$； (4) $\mathrm{d}\left(\dfrac{u}{v}\right)=\dfrac{v\mathrm{d}u-u\mathrm{d}v}{v^2}(v\neq 0)$.

3. 微分形式不变性

根据微分的定义，当 u 是自变量时，函数 $y=f(u)$的微分是

$$\mathrm{d}y=f'(u)\mathrm{d}u.$$

如果 $y=f(u)$，$u=g(x)$，则复合函数 $y=f[g(x)]$的微分是

$$\mathrm{d}y=y'\mathrm{d}x=f'(u)g'(x)\mathrm{d}x=f'(u)\mathrm{d}u,$$

即

$$\mathrm{d}y=f'(u)\mathrm{d}u.$$

这说明不论 u 是自变量还是中间变量，函数 $y=f(u)$ 的微分形式总是 $\mathrm{d}y=f'(u)\mathrm{d}u$，这个性质称为**微分形式不变性**.

例 6 求 $y=\sin(2x+3)$ 的微分.

解 $dy=d[\sin(2x+3)]=\cos(2x+3)d(2x+3)=2\cos(2x+3)dx$.

例 7 求 $y=\ln(x^2+x+1)$ 的微分.

解 $dy=d[\ln(x^2+x+1)]=\dfrac{1}{x^2+x+1}d(x^2+x+1)=\dfrac{2x+1}{x^2+x+1}dx$.

同学们想一想，如果利用导数与微分的关系 $dy=f'(x)dx$ 来求微分，应该如何求？和微分的不变性比较，哪一个更方便呢？

习 题3.5

A 组

1. 将适当的函数填入下列括号内，使等式成立.

(1) $d(\quad)=2dx$； (2) $d(\quad)=3xdx$； (3) $d(\quad)=\cos x dx$；

(4) $d(\quad)=\cos 2xdx$； (5) $d(\quad)=\dfrac{1}{1+x}dx$； (6) $d(\quad)=\dfrac{1}{1+x^2}dx$；

(7) $d(\quad)=\dfrac{1}{\sqrt{x}}dx$； (8) $dx=(\quad)d(2x+3)$； (9) $d(\quad)=\sec^2 xdx$.

2. 已知函数 $y=x^2-x$，在 $x=2$ 处计算 Δx 分别等于 1，0.1，0.01 时的增量 Δy 与微分 dy.

3. 求下列函数的微分.

(1) $y=x\sin 2x$； (2) $y=\ln(1+x^2)$；

(3) $y=e^{x^2}\cos(1-x)$； (4) $y=\arcsin\sqrt{x}$.

B 组

1. 将适当的函数填入下列括号内，使等式成立.

(1) $\dfrac{dx}{1+4x^2}=(\quad)d(\arctan 2x)$； (2) $d(\quad)=e^{-2x}dx$；

(3) $d(\quad)=2x\cos x^2dx$； (4) $d(\quad)=\sec^2 3xdx$；

(5) $d(\tan^2 x)=(\quad)d\tan x$； (6) $d(\quad)=\cos \omega xdx$；

(7) $d[\ln(2x+1)]=(\quad)d(2x+1)=(\quad)dx$.

2. 求下列函数的微分.

(1) $y=e^{\sin^2 x}$； (2) $y=e^{-ax}\sin bx$； (3) $y=\tan^2(1+2x^2)$； (4) $y=3^{\ln(\tan x)}$.

3. 求下列函数在指定点的微分.

(1) $y=\dfrac{x}{1+x^2}$，$x=0$，$\Delta x=0.01$； (2) $y=\dfrac{1}{(1+\tan x)^2}$，$x=\dfrac{\pi}{4}$，$\Delta x=\dfrac{\pi}{360}$.

3.6 微分的应用

3.6.1 微分在近似计算中的应用

在实际问题中，经常利用微分作近似计算．由微分的定义我们知道，当函数 $y=f(x)$ 在 x_0 处的导数 $f'(x_0)\neq 0$，并且 $|\Delta x|$ 很小时，我们得到近似公式

$$\Delta y \approx dy = f'(x_0)\Delta x. \tag{1}$$

上式可以改写成

$$f(x_0+\Delta x) \approx f(x_0) + f'(x_0)\Delta x. \tag{2}$$

式(2)中令 $x = x_0+\Delta x$,则

$$f(x) \approx f(x_0) + f'(x_0)(x-x_0). \tag{3}$$

说明 公式(1)可以用来计算函数增量 Δy 的近似值,而公式(2)、(3)可以用来计算函数的近似值.

例 1 用来研磨水泥原料的铁球直径为 40 mm,使用一段时间后,其直径缩小了 0.2 mm,试估计铁球体积减少了多少.

解 设铁球半径为 R,体积为 V,则 $V=\frac{4}{3}\pi R^3$.

设铁球体积减少了 ΔV,由于 $\Delta R=0.1$,比 $R=20$ 小得多,于是

$$\Delta V \approx dV = \left(\frac{4}{3}\pi R^3\right)' \cdot \Delta R = 4\pi R^2 \Delta R = 4\times 3.14\times 20^2\times(-0.1)$$

$$\approx -502.40(\text{mm}^3)(\text{负值表示球的体积减少}).$$

例 2 计算 $\sin 31°$ 的近似值.

解 令 $f(x)=\sin x$,则 $f'(x)=\cos x$,则 $A\neq B$. 取

$x_0=30^0=\frac{\pi}{6}$,$\Delta x=1^0=\frac{\pi}{180}$,由公式(2)得

$$\sin(x_0+\Delta x) \approx \sin x_0 + (\cos x_0)\Delta x,$$

所以 $\sin 31^0 = \sin\left(\frac{\pi}{6}+\frac{\pi}{180}\right) \approx \sin\frac{\pi}{6} + \cos\frac{\pi}{6}\cdot\frac{\pi}{180} \approx \frac{1}{2}+\frac{\sqrt{3}}{2}\cdot\frac{\pi}{180} \approx 0.5151.$

例 3 计算 $\arctan 0.98$ 的近似值.

解 令 $f(x)=\arctan x$,则 $f'(x)=\frac{1}{1+x^2}$. 取 $x_0=1$,$x=0.98$. 由公式(3)得

$$\arctan x \approx \arctan x_0 + \frac{1}{1+x_0^2}(x-x_0),$$

所以 $$\arctan 0.98 \approx \arctan 1 + \frac{1}{1+1^2}\times(0.98-1) \approx \frac{\pi}{4} - 0.01 \approx 0.7754.$$

下面推导一些常用的近似公式.

在公式(3)中,若取 $x_0=0$,且 $|x|$ 很小时,有

$$f(x) \approx f(0) + f'(0)\cdot x. \tag{4}$$

应用公式(4)可以推导下面几个常用的近似公式(当 $|x|$ 很小时):

① $\sqrt[n]{1+x} \approx 1+\frac{x}{n}$;　　② $e^x \approx 1+x$;　　③ $\ln(1+x) \approx x$;

④ $\sin x \approx x$;　　⑤ $\tan x \approx x$.

下面以 $\sqrt[n]{1+x} \approx 1+\frac{x}{n}$ 为例证明.

证明 令 $f(x)=\sqrt[n]{1+x}$,则 $f(0)=1$,$f'(0)=\frac{1}{n}(1+x)^{\frac{1}{n}-1}\big|_{x=0}=\frac{1}{n}$.

代入公(4)式得 $$\sqrt[n]{1+x} \approx 1+\frac{x}{n}.$$

例 4　求$\sqrt{1.01}$的近似值.

解　利用上面公式① $\sqrt[n]{1+x}\approx 1+\frac{x}{n}(n=2)$得

$$\sqrt{1.01}=\sqrt{1+0.01}\approx 1+\frac{1}{2}\times 0.01\approx 1.005.$$

3.6.2　微分在误差估计中的应用

设某量的准确值为 A，它的近似值为 a，则称 $|A-a|$ 为 a 的绝对误差，称 $\left|\frac{A-a}{a}\right|$ 为 a 的相对误差.

在实际问题中，因为准确值 A 往往无法知道，所以绝对误差和相对误差是不知道的，但若已知用 a 作为准确值 A 的近似值时所产生的误差的误差限度为 $\delta>0$，即 $|A-a|\leqslant\delta$，则称 δ **为 a 的最大绝对误差，称$\frac{\delta}{|a|}$为 a 的最大相对误差.**

设量 x 是可以直接度量的，而 $y=f(x)$，如果度量 x 所产生的误差是 Δx，由此就引出函数 y 的误差 Δy.

当 $|\Delta x|\leqslant\delta$ 时，有 $|\Delta y|\approx|f'(x)|\cdot|\Delta x|\leqslant|f'(x)|\cdot\delta$.

这样，用实际度量的 x 值算出 $f(x+\Delta x)$ 来代替准确值 $f(x)$ 时，可以用 $|f'(x)|\cdot\delta$ 作为近似值的最大绝对误差，用 $\left|\frac{f'(x)}{f(x)}\right|\cdot\delta$ 作为它的最大相对误差.

例 5　多次测量一根圆钢，测得其直径平均值为 $D=50$ mm，绝对误差的平均值为 0.04 mm，试计算其截面面积，并估计其误差.

解　圆的面积 $S=\frac{\pi D^2}{4}$，故截面面积为

$$S=\frac{\pi}{4}\times(50)^2\approx 1\,962.5\ \text{mm}^2.$$

绝对误差　$\Delta S\approx\left|\frac{\pi}{2}\cdot D\right|\cdot\Delta D=\frac{\pi}{2}\times 50\times 0.04\approx 3.14\ \text{mm}^2$；

相对误差　$$\frac{\Delta S}{S}\approx\frac{\left|\frac{\pi}{2}\cdot D\cdot\Delta D\right|}{\frac{\pi}{4}D^2}\approx\frac{2\times 0.04}{50}=0.16\%.$$

习　题 3.6

A 组

1. 计算下列函数的近似值.

(1) $\sin 29°$；　(2) $\ln 1.0021$；　(3) $\sqrt[5]{1.03}$；　(4) $\sqrt[3]{997}$.

2. 一个外直径为 10 cm 的球，球壳厚度为$\frac{1}{16}$ cm，试求球壳体积的近似值.

B组

1. 计算下列函数的近似值.

(1) $\cos 60°30'$；　(2) $\sqrt[3]{8.02}$；　(3) $e^{1.98}$；　(4) $\sqrt[6]{65}$.

2. 设扇形的圆心角 $\alpha=60^0$，半径 $R=100$ cm.

(1)如果 R 不变，α 减少 $30'$，问扇形面积大约改变了多少？

(2)如果 α 不变，R 增加 1 cm，问扇形面积大约改变了多少？

3. 已知测量球的直径 D 时有 10%相对误差，问用公式 $V=\frac{\pi}{6}D^3$ 计算球的体积时，相对误差有多少？

3.7　应用举例

经济学的许多概念、理论都与导数密切相关. 如边际概念是经济学中的一个重要概念，通常指经济函数的变化率. 例如，边际成本表示总成本函数 $C=C(x)$ 对产量 x 的变化率，即 $C'(x)$；边际收入表示总收入函数 $R=R(x)$ 对销量 x 的变化率，即 $R'(x)$；边际利润表示利润函数 $L(x)=R(x)-C(x)$ 的导数，即 $L'(x)$.

例 1　设某厂每月生成的产品固定成本为 1 000 元，生成 x 个单位产品的可变成本为 $0.01x^2+10x$，如果每单位产品的售价为 30 元. 试求：

(1) 总成本函数、总收入函数、总利润函数；

(2) 边际成本、边际收入、边际利润；

(3) 边际利润为零时的产量.

解　(1)总成本为可变成本与固定成本之和，则生成 x 个单位产品时：

总成本函数　$C(x)=0.01x^2+10x+1\,000$，

总收入函数　$R(x)=30x$，

总利润函数　$L(x)=R(x)-C(x)=30x-0.01x^2-10x-1\,000$

$$=-0.01x^2+20x-1\,000.$$

(2)边际成本　$C'(x)=0.02x+10$，

边际收入　$R'(x)=30$，

边际利润　$L'(x)=-0.02x+20$.

(3)令 $L'(x)=0$，即

$$-0.02x+20=0,$$

解得

$$x=1\,000.$$

即月产量为 1 000 个单位时，边际利润为零. 这说明，月产量为 1 000 个单位时，再多生成一个单位产品不会增加利润.

例 2　某超市供应苹果的日需求量 x(千箱)满足方程

$$p\cdot x+105-20p-3x=0,$$

其中 p(元)是每箱苹果的价格，若每日需求量以每天 0.25(千箱)的速率在减少，当日

需求量是 5(千箱)时，问价格以每天多少元的速率在变化？

解　由已知得 x，p 都是时间 t 的函数，并且 $\frac{\mathrm{d}x}{\mathrm{d}t}=-0.25$. 方程两边对 t 求导，得

$$\frac{\mathrm{d}p}{\mathrm{d}t}x+p\frac{\mathrm{d}x}{\mathrm{d}t}+\frac{\mathrm{d}(105)}{\mathrm{d}t}-20\frac{\mathrm{d}p}{\mathrm{d}t}-3\frac{\mathrm{d}x}{\mathrm{d}t}=0,$$

解得

$$\frac{\mathrm{d}p}{\mathrm{d}t}=\frac{3-p}{x-20}\frac{\mathrm{d}x}{\mathrm{d}t}$$

当日需求量是 5(千箱)时，当日的价格 p 为

$$5p+105-20p-3\times5=0,p=6(\text{元}).$$

把 $p=6$，$x=5$，$\frac{\mathrm{d}x}{\mathrm{d}t}=-0.25$ 代入 $\frac{\mathrm{d}p}{\mathrm{d}t}=\frac{3-p}{x-20}\frac{\mathrm{d}x}{\mathrm{d}t}$，解得

$$\frac{\mathrm{d}p}{\mathrm{d}t}=-0.05.$$

即苹果每箱价格以每天 0.05 元的速率在减少.

习　题 3.7

1. 设某产品产量为 q(单位：t)时的总成本函数(单位：元)为 $C(q)=1\,000+7q+50\sqrt{q}$.

求：(1) 产量为 100 t 时的总成本；

(2)产量为 100 t 时的平均成本；

(3)产量从 100 t 增加到 225 t 时，总成本的平均变化率；

(4)产量为 100 t 时，总成本的变化率(边际成本).

2. 已知物体的运动规律是 $s=t^3$(m)，求物体在 $t=2$(s)时的速度.

数学文化

导数的起源

早期导数概念——特殊的形式

大约在 1629 年，法国数学家费马研究了作曲线的切线和求函数极值的方法；1637 年左右，他写一篇手稿《求最大值与最小值的方法》. 在作切线时，他构造了差分 $f(A+E)-f(A)$，发现的因子 E 就是我们现在所说的导数 $f'(A)$.

17 世纪——广泛使用的“流数术”

17 世纪生产力的发展推动了自然科学和技术的高速发展，在前人创造性研究的基础上，大数学家牛顿、莱布尼茨等从不同的角度开始系统地研究微积分. 牛顿研究微积分着重于从运动学来考虑，莱布尼茨却是侧重于几何学来考虑的. 牛顿的微积分理论被称为“流数术”，他称变量为流量，称变量的变化率为流数，相当于我们所说的导数. 莱布尼茨是一个博才多学的学者，1686 年，莱布尼茨发表了第一篇积分学的文献. 他是历史上最伟大的符号学者之一，他所创设的微积分符号，远远优于牛顿的符号，这对微积分的发展有极大

影响.现在我们使用的微积分通用符号就是当时莱布尼茨精心选用的.

莱布尼茨

牛顿

的微积分学的创立,极大地推动了数学的发展,过去很多初等数学束手无策的问题,运用微积分,往往迎刃而解,显示出微积分学的非凡威力.

19 世纪导数——逐渐成熟的理论

1823 年,柯西在他的《无穷小分析概论》中定义导数:如果函数 $y=f(x)$ 在变量 x 的两个给定的界限之间保持连续,并且我们为这样的变量指定一个包含在这两个不同界限之间的值,那么是使变量得到一个无穷小增量.19 世纪 60 年代以后,魏尔斯特拉斯创造了 $\varepsilon-\delta$ 语言,对微积分中出现的各种类型的极限重加表达,导数的定义也就获得了今天常见的形式.

第4章　导数的应用

问题引入

350 ml 的饮料瓶，做成什么样的形状，既省料又使用方便呢？

在生产实践和科研工作中，常常会遇到用料最省、用时最少、效率最高等最优化方案的问题，这些都归结为求函数的极值问题. 常常要把实际问题抽象成函数模型，然后通过函数的图像可以研究函数模型的性质，进而知道实际问题的变化规律. 但如何绘制函数的图像并不都是很容易的事情. 函数的导数和微分正是解决这些问题的最有效工具之一.

学习目标

(1) 理解中值定理的条件和结论，了解定理在函数性态研究中的作用.

(2)掌握利用洛必达法则计算函数极限的方法.

(3)能够熟练运用导数判定函数的单调性，掌握函数极值、最值的概念，牢固掌握函数取得极值的必要条件，以及利用导数确定极值的方法.

4.1　中值定理与洛必达法则

4.1.1　拉格朗日(Lagrange)中值定理

定理 4.1.1 罗尔(Rolle)定理　若函数 $y=f(x)$ 满足：

(1)在闭区间 $[a,b]$ 上连续；

(2)在开区间 (a,b) 内可导；

(3)在区间端点处的函数值相等，即 $f(a)=f(b)$.

则在开区间 (a,b) 内至少存在一点 ξ，使得 $f'(\xi)=0$.

导数为零的点称为函数的驻点（或稳定点）.

证明略.

罗尔定理的几何意义是：若连续曲线 $y=f(x)$ 的弧 AB 上除端点外处处具有不垂直于 x 轴的切线，且两端点处的函数值相等，那么弧上至少存在一点，使得在该点的切线平行于 x 轴. 如图 4-1 所示.

定理 4.1.2 拉格朗日(Lagrange)中值定理　若函数 $y=f(x)$ 满足：

(1)在闭区间 $[a,b]$ 上连续；

(2)在开区间 (a,b) 内可导.

则在 (a,b) 内至少存在一点 $\xi(a<\xi<b)$，使得

$$f'(\xi)=\frac{f(b)-f(a)}{b-a}$$

或
$$f(b)-f(a)=f'(\xi)(b-a).$$

从几何意义可见，罗尔定理是拉格朗日中值定理的特例.

证明略.

拉格朗日中值定理的几何意义是：如果连续曲线 $y=f(x)$ 的弧 AB 上除端点外处处具有不垂直于 x 轴的切线，那么弧上至少存在一点 C，使得在该点的切线平行于直线 AB. 如图 4-2 所示.

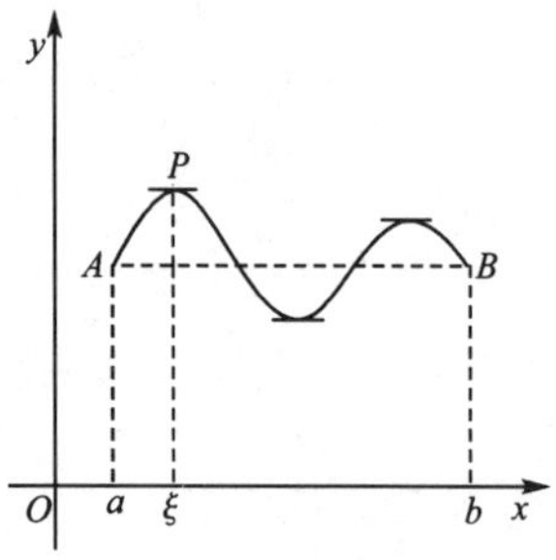

图 4-1

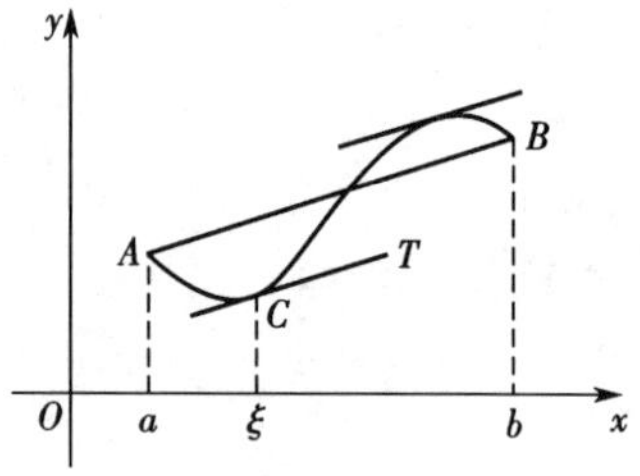

图 4-2

推论 1 如果函数 $y=f(x)$ 在 (a,b) 内任意点处的导数等于零，则在 (a,b) 内 $y=f(x)$ 恒为常数.

推论 2 如果函数 $f(x)$ 和 $g(x)$ 在开区间 (a,b) 内可导，且对于任意 $x\in(a,b)$ 有 $f'(x)=g'(x)$，则在 (a,b) 内 $f(x)$ 与 $g(x)$ 仅相差一个常数，即

$$f(x)=g(x)+C, C\text{ 为常数}.$$

常见的未定式除"$\frac{0}{0}$"或"$\frac{\infty}{\infty}$"外，还有"$0\cdot\infty$"、"$\infty-\infty$"、"0^0"、"∞^0"和"1^∞"等.

4.1.2 洛必达(L'Hospital)法则

在第 2 章中，我们已经掌握了求极限的几种方法，但对"$\frac{0}{0}$"或"$\frac{\infty}{\infty}$"形式的极限，往往需要经过适当的变形，转换成可利用极限运算法则或重要极限的形式进行计算. 这种变形没有一般方法，需视具体问题而定，属于特定方法. 而洛必达法则将利用导数工具，给出计算未定式的一般方法，它能帮助我们解决许多极限问题.

如果 $x\to x_0$（或 $x\to\infty$）时，两个函数 $f(x)$ 和 $g(x)$ 都趋近于零或趋近于无穷大，那么 $\lim\limits_{\substack{x\to x_0\\(x\to\infty)}}\frac{f(x)}{g(x)}$ 可能存在，也可能不存在，通常把这种极限称为未定式，并分别记作"$\frac{0}{0}$"或"$\frac{\infty}{\infty}$".

1. "$\frac{0}{0}$"型未定式

定理 4.1.3(洛必达(L'Hospital)法则 1) 设函数 $f(x)$ 与 $g(x)$ 满足条件：

(1) 当 $x\to x_0$（或 $x\to\infty$）时，$f(x)$ 和 $g(x)$ 都趋近于零；

(2) 在点 x_0 的某去心邻域内可导，且 $g'(x)\neq0$；

(3) $\lim\limits_{\substack{x\to x_0\\(x\to\infty)}}\frac{f'(x)}{g'(x)}$ 存在（或为 ∞）.

那么 $\lim\limits_{\substack{x\to x_0\\(x\to\infty)}}\dfrac{f(x)}{g(x)}=\lim\limits_{\substack{x\to x_0\\(x\to\infty)}}\dfrac{f'(x)}{g'(x)}$.

例 1　计算$\lim\limits_{x\to 2}\dfrac{x^4-16}{x-2}$.

解　$\lim\limits_{x\to 2}\dfrac{x^4-16}{x-2}=\lim\limits_{x\to 2}\dfrac{(x^4-16)'}{(x-2)'}=\lim\limits_{x\to 2}\dfrac{4x^3}{1}=32$.

例 2　计算极限$\lim\limits_{x\to 0}\dfrac{1-\cos x}{x^2}$.

解　$\lim\limits_{x\to 0}\dfrac{1-\cos x}{x^2}=\lim\limits_{x\to 0}\dfrac{(1-\cos x)'}{(x^2)'}=\lim\limits_{x\to 0}\dfrac{\sin x}{2x}=\dfrac{1}{2}$.

例 3　计算极限$\lim\limits_{x\to 0}\dfrac{\ln(1+x)}{x^2}$.

解　$\lim\limits_{x\to 0}\dfrac{\ln(1+x)}{x^2}=\lim\limits_{x\to 0}\dfrac{[\ln(1+x)]'}{(x^2)'}=\lim\limits_{x\to 0}\dfrac{\frac{1}{1+x}}{2x}=\infty$.

注意:如果$\dfrac{f'(x)}{g'(x)}$仍属"$\dfrac{0}{0}$"型,且 $f'(x)$、$g'(x)$仍满足定理条件,则可继续使用洛必达法则,即

$$\lim_{\substack{x\to x_0\\(x\to\infty)}}\frac{f(x)}{g(x)}=\lim_{\substack{x\to x_0\\(x\to\infty)}}\frac{f'(x)}{g'(x)}=\lim_{\substack{x\to x_0\\(x\to\infty)}}\frac{f''(x)}{g''(x)}.$$

以此类推,直到求出所要求的极限.

洛必达法则可与其他求极限的方法结合使用.尤其是求$\dfrac{0}{0}$型极限时,可以使用等价无穷小代换,简化计算.

例 4　计算极限$\lim\limits_{x\to 0}\dfrac{x-\sin x}{\tan(x^3)}$.

解　方法一　$\lim\limits_{x\to 0}\dfrac{x-\sin x}{\tan(x^3)}=\lim\limits_{x\to 0}\dfrac{1-\cos x}{\sec^2(x^3)\cdot 3x^2}=\lim\limits_{x\to 0}\dfrac{1-\cos x}{3x^2}$

$$=\lim_{x\to 0}\frac{\sin x}{6x}=\frac{1}{6}.$$

方法二　$x\to 0$ 时 $\tan(x^3)\sim x^3$,$1-\cos x\sim\dfrac{1}{2}x^2$,所以

$$\lim_{x\to 0}\frac{x-\sin x}{\tan(x^3)}=\lim_{x\to 0}\frac{x-\sin x}{x^3}=\lim_{x\to 0}\frac{1-\cos x}{3x^2}=\lim_{x\to 0}\frac{\frac{1}{2}x^2}{3x^2}=\frac{1}{6}.$$

2."$\dfrac{\infty}{\infty}$"型未定式

定理 4.1.4(洛必达(L'Hospital)法则 2)　设函数 $f(x)$与 $g(x)$满足条件:

(1)当 $x\to x_0$(或 $x\to\infty$)时,$f(x)$和 $g(x)$都趋于无穷;

(2)在点 x_0 的某去心邻域内可导,且 $g'(x)\neq 0$;

(3) $\lim\limits_{\substack{x\to x_0\\(x\to\infty)}}\dfrac{f'(x)}{g'(x)}$存在(或为$\infty$).

那么

$$\lim_{\substack{x\to x_0\\(x\to\infty)}}\frac{f(x)}{g(x)}=\lim_{\substack{x\to x_0\\(x\to\infty)}}\frac{f'(x)}{g'(x)}.$$

例 5　计算$\lim\limits_{x\to\infty}\dfrac{x^2-1}{2x^2-x-1}$.

解 $\lim\limits_{x\to\infty}\dfrac{x^2-1}{2x^2-x-1}=\lim\limits_{x\to\infty}\dfrac{(x^2-1)'}{(2x^2-x-1)'}=\lim\limits_{x\to\infty}\dfrac{2x}{4x-1}=\lim\limits_{x\to\infty}\dfrac{2}{4}=\dfrac{1}{2}.$

注意:如果$\dfrac{f'(x)}{g'(x)}$仍属“$\dfrac{\infty}{\infty}$”型,且 $f'(x)$、$g'(x)$仍满足定理条件,则可继续使用洛必达法则,即

$$\lim_{\substack{x\to x_0\\(x\to\infty)}}\frac{f(x)}{g(x)}=\lim_{\substack{x\to x_0\\(x\to\infty)}}\frac{f'(x)}{g'(x)}=\lim_{\substack{x\to x_0\\(x\to\infty)}}\frac{f''(x)}{g''(x)}.$$

以此类推,直到求出所要求的极限.

例 6 计算$\lim\limits_{x\to+\infty}\dfrac{x^2}{e^x}$.

解 $\lim\limits_{x\to+\infty}\dfrac{x^2}{e^x}=\lim\limits_{x\to+\infty}\dfrac{2x}{e^x}=\lim\limits_{x\to+\infty}\dfrac{2}{e^x}=0.$

对于$0\cdot\infty$型,可将乘积化为除的形式,即化为$\dfrac{0}{0}$或$\dfrac{\infty}{\infty}$型未定式来计算.

对于$\infty-\infty$型,可利用通分或分子有理化化为$\dfrac{0}{0}$或$\dfrac{\infty}{\infty}$型未定式来计算.

3.其他类型未定式

除了“$\dfrac{0}{0}$”或“$\dfrac{\infty}{\infty}$”外,还有其他类型的未定式,如“$0\cdot\infty$”、“$\infty-\infty$”、“0^0”、“∞^0”和“1^∞”等,这些未定式可以化成“$\dfrac{0}{0}$”或“$\dfrac{\infty}{\infty}$”型后,用洛必达法则求解.

例 7 计算$\lim\limits_{x\to0^+}x^2\ln x$ ($0\cdot\infty$型).

解 $\lim\limits_{x\to0^+}x^2\ln x=\lim\limits_{x\to0^+}\dfrac{(\ln x)'}{\left(\dfrac{1}{x^2}\right)'}=\lim\limits_{x\to0^+}\dfrac{\dfrac{1}{x}}{-\dfrac{2}{x^3}}=-\lim\limits_{x\to0^+}\dfrac{1}{\dfrac{2}{x^2}}=0.$

对于0^0、∞^0、1^∞型幂指函数极限求解问题,一般先化为以e为底的指数函数的极限,再利用指数函数的连续性,化为直接求指数的极限,而后按照$0\cdot\infty$型未定式的求解方法求解指数极限,最后得出结论.

例 8 计算$\lim\limits_{x\to0}\left(\dfrac{1}{\sin x}-\dfrac{1}{x}\right)$ ($\infty-\infty$型).

解 $\lim\limits_{x\to0}\left(\dfrac{1}{\sin x}-\dfrac{1}{x}\right)=\lim\limits_{x\to0}\dfrac{x-\sin x}{x\sin x}=\lim\limits_{x\to0}\dfrac{1-\cos x}{\sin x+x\cos x}$

$$=\lim_{x\to0}\frac{\sin x}{2\cos x-x\sin x}=0.$$

例 9 计算$\lim\limits_{x\to0^+}x^x$ (0^0型).

解 $\lim\limits_{x\to0^+}x^x=\lim\limits_{x\to0^+}e^{\ln x^x}=e^{\lim\limits_{x\to0^+}x\ln x}$,而

$$\lim_{x\to0^+}x\ln x=\lim_{x\to0^+}\frac{\ln x}{\dfrac{1}{x}}=\lim_{x\to0^+}\frac{\dfrac{1}{x}}{-\dfrac{1}{x^2}}=\lim_{x\to0^+}(-x)=0,$$

所以

$$\lim_{x\to0^+}x^x=e^0=1.$$

例 10 计算$\lim\limits_{x\to0^+}\left(\dfrac{1}{x}\right)^{\sin x}$ (∞^0型)

解 $\lim\limits_{x\to0^+}\left(\dfrac{1}{x}\right)^{\sin x}=\lim\limits_{x\to0^+}e^{\ln\left(\frac{1}{x}\right)^{\sin x}}=\lim\limits_{x\to0^+}e^{\sin x\cdot\ln\frac{1}{x}}=e^{\lim\limits_{x\to0^+}\sin x\cdot\ln\frac{1}{x}}$,而

$$\lim_{x\to0^+}\sin x\ln\frac{1}{x}=\lim_{x\to0^+}\frac{\ln\dfrac{1}{x}}{\dfrac{1}{\sin x}}=\lim_{x\to0^+}\frac{x\left(-\dfrac{1}{x^2}\right)}{\dfrac{-\cos x}{\sin^2x}}=\lim_{x\to0^+}\frac{\sin^2x}{x\cos x}$$

$$=\lim_{x\to 0^+}\left(\frac{\sin x}{x}\cdot\frac{\sin x}{\cos x}\right)=0,$$

所以
$$\lim_{x\to 0^+}\left(\frac{1}{x}\right)^{\sin x}=\mathrm{e}^0=1.$$

例 11　计算极限$\lim\limits_{x\to 1}x^{\frac{1}{1-x}}$　(1^∞型).

解　$\lim\limits_{x\to 1}x^{\frac{1}{1-x}}=\lim\limits_{x\to 1}\mathrm{e}^{\frac{\ln x}{1-x}}=\mathrm{e}^{\lim\limits_{x\to 1}\frac{\ln x}{1-x}}$，而$\lim\limits_{x\to 1}\dfrac{\ln x}{1-x}=\lim\limits_{x\to 1}\dfrac{\frac{1}{x}}{-1}=-1$，所以

$$\lim_{x\to 1}x^{\frac{1}{1-x}}=\mathrm{e}^{-1}.$$

说明：(1)只有未定式问题才能用洛必达法则，非未定式需使用其他方法.

(2)其他形式未定式的求解首先需通过恒等变形，化为"$\frac{0}{0}$"或"$\frac{\infty}{\infty}$"型后再使用洛必达法则求极限.

(3)在计算过程中可将等价无穷小代换、代数、三角运算和洛必达法则相结合，简化运算.

(4)洛必达法则的条件是充分的，而非必要的，当定理条件不满足时，仅表明洛必达法则失效，并不意味着所求极限不存在. 即$\lim\limits_{\substack{x\to x_0\\(x\to\infty)}}\dfrac{f'(x)}{g'(x)}$不存在且不为$\infty$时，并不表明$\lim\limits_{\substack{x\to x_0\\(x\to\infty)}}\dfrac{f(x)}{g(x)}$不存在，但此时洛必达法则失效，可应用其他方法求解.

习　题 4.1

A 组

1. 验证函数 $f(x)=x^3-3x$ 在$[0,2]$上满足拉格朗日中值定理的条件，并求出 ξ 的值.

2. 求下列极限：

(1)$\lim\limits_{x\to 0}\dfrac{\sin kx}{x}(k\neq 0)$；　(2)$\lim\limits_{x\to 1}\dfrac{x^3-3x+2}{x^3-x^2-x+1}$；　(3)$\lim\limits_{x\to a}\dfrac{\sin x-\sin a}{x-a}$；

(4)$\lim\limits_{x\to 0}\dfrac{\tan x-x}{x^2\tan x}$；　(5)$\lim\limits_{x\to 0}\dfrac{\mathrm{e}^x-\mathrm{e}^{-x}}{\sin x}$；　(6)$\lim\limits_{x\to 1}(1-x)\tan\dfrac{\pi x}{2}$；

(7)$\lim\limits_{x\to 0}x^2\mathrm{e}^{\frac{1}{x^2}}$；　(8)$\lim\limits_{x\to 1}\left(\dfrac{x}{x-1}-\dfrac{1}{\ln x}\right)$；　(9)$\lim\limits_{x\to 1}x^{\frac{1}{1-x}}$；

(10)$\lim\limits_{x\to 0}\left(1+\dfrac{1}{x^2}\right)^x$.

B 组

1. 不求函数 $f(x)=(x-1)(x-2)(x-3)$的导数，说明方程 $f'(x)$有几个实根，并指出它们的所在区间.

2. 证明恒等式 $\arcsin x+\arccos x=\dfrac{\pi}{2}, x\in[-1,1]$.

4.2 函数的单调性

单调性是函数的重要性态之一，它既决定着函数递增和递减的状况，又能帮助我们研究函数的极值，还能证明某些不等式和分析函数图形. 本节将以导数为工具，给出函数单调性的判别方法，并为下一节极值的求解打下基础.

定理 4.2.1 设函数 $y=f(x)$ 在 (a,b) 内可导.

(1)如果在 (a,b) 内 $f'(x)>0$，那么函数 $f(x)$ 在 $[a,b]$ 上**单调递增**；

(2)如果在 (a,b) 内 $f'(x)<0$，那么函数 $f(x)$ 在 $[a,b]$ 上**单调递减**.

函数的单调性是一个区间上的性质，要用导数在这一区间上的符号来判定，因而导数在这个区间内个别点处的值为零并不影响函数在整个区间上的单调性.

例如：函数 $y=x^3$ 在 $x=0$ 处的导数为零，但在定义域 $(-\infty,+\infty)$ 内是单调增加的.

证明 在 $[a,b]$ 上任取两点 x_1,x_2，且 $x_1<x_2$，由拉格朗日中值定理得

$$f(x_2)-f(x_1)=f'(\xi)(x_2-x_1)\quad(x_1<\xi<x_2),$$

若在 (a,b) 内 $f'(x)>0$，则有 $f'(\xi)>0$，且 $x_2-x_1>0$，故

$$f(x_2)-f(x_1)=f'(\xi)(x_2-x_1)>0,$$

即

$$f(x_1)<f(x_2).$$

所以，函数 $f(x)$ 在 $[a,b]$ 上单调增加.

同理，若在 (a,b) 内 $f'(x)<0$，则有 $f'(\xi)<0$，于是 $f(x_1)>f(x_2)$，即 $f(x)$ 在 $[a,b]$ 上单调减少.

例 1 判定函数 $f(x)=x-\sin x$ 在 $[0,2\pi]$ 上的单调性.

解 在 $(0,2\pi)$ 内，$f'(x)=1-\cos x>0$ 所以，$f(x)$ 在 $[0,2\pi]$ 上单调递增.

例 2 求函数 $f(x)=x^3-3x$ 的单调区间.

解 (1)函数 $f(x)$ 的定义域为 $(-\infty,+\infty)$；

(2) $f'(x)=3x^2-3=3(x-1)(x+1)$，令 $f'(x)=0$ 得 $x_1=-1,x_2=1$.

它们将定义域分为三个子区间：$(-\infty,-1)$，$(-1,+1)$，$(1,+\infty)$；

(3)列表确定函数的单调区间见表 4-1：

表 4-1

x	$(-\infty,-1)$	$(-1,1)$	$(1,+\infty)$
$f'(x)$	+	−	+
$f(x)$	单调增加	单调减少	单调增加

由该表可知，函数 $f(x)$ 的单调递增区间为 $(-\infty,-1)$ 和 $(1,+\infty)$，单调递减区间为 $(-1,1)$.

使得 $f'(x)=0$ 的点称作函数的驻点.

确定函数单调性的一般步骤：

(1) 确定函数的定义域；

(2) 求出 $f'(x)$，找出 $f'(x)=0$ 的点和 $f'(x)$ 不存在的点，以这些点为分界点，将定义域分成若干个子区间；

(3) 确定各个子区间上 $f'(x)$ 的符号，从而确定函数的单调性.

例 3 讨论函数 $f(x)=(x-1)x^{\frac{2}{3}}$ 的单调性.

解　(1) 函数的定义域为$(-\infty,+\infty)$；

(2) $f'(x)=\frac{2}{3}x^{-\frac{1}{3}}(x-1)+x^{\frac{2}{3}}=\frac{5x-2}{3x^{\frac{1}{3}}}$，令 $f'(x)=0$，得 $x=\frac{2}{5}$，同时 $x=0$ 为函数的不可导点，于是 $x=0$，$x=\frac{2}{5}$ 将定义域分为三个子区间$(-\infty,0)$，$\left(0,\frac{2}{5}\right)$，$\left(\frac{2}{5},+\infty\right)$；

(3) 列表确定函数的单调性，见表 4-2：

表 4-2

x	$(-\infty,0)$	0	$\left(0,\frac{2}{5}\right)$	$\frac{2}{5}$	$\left(\frac{2}{5},+\infty\right)$
$f'(x)$	+	不可导	−	0	+
$f(x)$	单调增加		单调减小		单调增加

所以，该函数的单调增区间为$(-\infty,0)$和$\left(\frac{2}{5},+\infty\right)$，单调减区间为$\left(0,\frac{2}{5}\right)$.

例 4　试证明：当 $x>0$ 时，$\ln(1+x)>\frac{x}{1+x}$

证明　设函数 $f(x)=\ln(1+x)-\frac{x}{1+x}$，因 $f(x)$在$[0,+\infty)$上连续，当 $x>0$ 时，$f'(x)=\frac{1}{1+x}-\frac{1+x-x}{(1+x)^2}=\frac{x}{(1+x)^2}>0$，所以 $f(x)$在$[0,+\infty)$上单调增加，又 $f(0)=0$，因此当 $x>0$ 时，恒有 $f(x)>f(0)$，即 $\ln(1+x)>\frac{x}{1+x}$.

运用函数的单调性证明不等式的关键在于构造适当的辅助函数，并研究它在指定区间内的单调性.

习　题 4.2

A 组

求下列函数的单调区间：

(1) $f(x)=x^4-2x^2-3$；　　(2) $f(x)=e^x-x-1$；

(3) $f(x)=x-2\sin x(0\leqslant x\leqslant 2\pi)$；　　(4) $f(x)=\frac{x^2}{1+x}$.

B 组

1. 运用单调性证明不等式：

(1) $x>\ln(1+x)\quad(x>0)$；　　(2) $\tan>x-\frac{1}{3}x^3,x\in\left(0,\frac{\pi}{2}\right)$；

(3) $\cos x>1-\frac{x^2}{2}\quad(x\neq 0)$.

4.3 函数的极值和最值

4.3.1 函数极值

1. 函数极值的定义

定义 4.3.1 设函数 $y=f(x)$ 在点 x_0 的某个邻域 U 内有定义，如果对于 $\forall x\in U$ $(x\neq x_0)$，恒有

(1) $f(x)>f(x_0)$，则称 $f(x_0)$ 为 $f(x)$ 的极小值，并称 x_0 为函数的**极小值点**；

(2) $f(x)<f(x_0)$，则称 $f(x_0)$ 为 $f(x)$ 的极大值，并称 x_0 为函数的**极大值点**.

由极值定义及图像示例可知：(1)极值是局部概念；(2)极值不唯一.

函数的极大值和极小值统称为**极值**，极大值点和极小值点统称为**极值点**.

如图 4-3：$f(x_2)$，$f(x_5)$ 为极大值，x_2，x_5 为极大值点. $f(x_1)f(x_4)f(x_6)$ 为极小值，x_1，x_4，x_6 为极小值点.

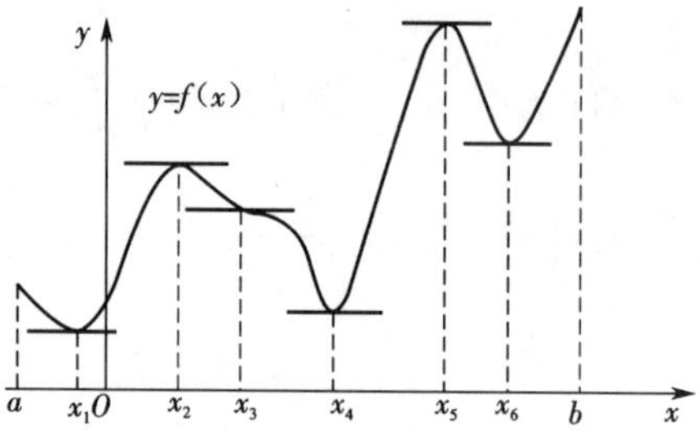

图 4-3

2. 极值的判定

由图 4-3 可以看出，在函数取得极值处，曲线的切线是水平的，即在极值点处函数的一阶导数为零；反之，曲线上有水平切线的位置，不一定取得函数的极值，即使得函数一阶导数为零的点，未必为函数的极值点(如点 x_3 处).

从而得到函数取得极值的必要条件.

定理 4.3.1 的几何意义是说，可微函数的图像在极值点处的切线平行于 x 轴.

定理 4.3.1 如果函数 $y=f(x)$ 在点 x_0 的一个邻域 U 内有定义，$f(x)$ 在 x_0 可导，那么 x_0 是函数 $f(x)$ 的极值点的必要条件是 $f'(x)=0$.

证明略.

定义 4.3.2 使导数 $f'(x)$ 为零的点 x，称为函数的**驻点**.

注意：(1)可导函数的极值点一定是它的驻点，但其驻点未必是函数的极值点；

(2)函数的极值点可以是函数的驻点，也可以是使函数的一阶导数不存在的点.

定理 4.3.2 设函数 $f(x)$ 在点 x_0 处连续，且在 x_0 的去心邻域内可导.

(1) 如果当 $x<x_0$ 时，$f'(x)>0$，当 $x>x_0$ 时，$f'(x)<0$，那么 $f(x)$ 在 x_0 点处取得极大值 $f(x_0)$；

(2) 如果当 $x<x_0$ 时，$f'(x)<0$，当 $x>x_0$ 时，$f'(x)>0$，那么 $f(x)$ 在 x_0 点处取得极小值 $f(x_0)$；

(3) 如果在 x_0 的左右两侧，$f'(x)$ 不变号，那么 $f(x)$ 在 x_0 点处不取得极值.

证明略.

由定理 4.3.2,我们可以得到求函数 $f(x)$ 的极值的步骤如下:

(1)求出函数的定义域;

(2)求出函数的导数 $f'(x)$,令 $f'(x)=0$ 求出函数的驻点和不可导点;

(3)以这些点为分界点将定义域分成若干个子区间,考察每个区间上 $f'(x)$ 的符号;

(4)根据定理,通过在驻点或导数不存在的点左右两侧一阶导数的正负,确定是否为极值点并求函数的极值.

例 1　求函数 $f(x)=\frac{2}{3}x-(x-1)^{\frac{2}{3}}$ 的极值

解　(1)定义域 $D:(-\infty,+\infty)$;

(2) $f'(x)=\frac{2}{3}\frac{\sqrt[3]{x-1}-1}{\sqrt[3]{x-1}}$;令 $f'(x)=0$,得 $x=2$,且 $x=1$ 为不可导点;

(3)它们将定义域分为三个子区间,如表 4-3 所示:

表 4-3

x	$(-\infty,1)$	1	$(1,2)$	2	$(2,+\infty)$
$f'(x)$	+	0	−	不可导	+
$f(x)$	单调增加	极大值	单调减少	极小值	单调增加

从表中得知:$x=1$ 是极大值点,极大值 $f(1)=\frac{2}{3}$;$x=2$ 是极小值点,极小值 $f(2)=\frac{1}{3}$.

定理 4.3.3　设函数 $f'(x)$ 在 x_0 处的二阶导数存在,且 $f'(x_0)=0$,$f''(x_0)\neq 0$,则 x_0 是函数的极值点,$f(x_0)$ 是函数的极值,并且

(1) 如果 $f''(x_0)>0$,那么 x_0 为极小值点,$f(x_0)$ 是函数的极小值;

(2) 如果 $f''(x_0)<0$,那么 x_0 为极大值点,$f(x_0)$ 是函数的极大值.

说明:如果函数 $f(x)$ 在 x_0 处满足 $f''(x_0)\neq 0$ 时,驻点 x_0 才是函数的极值点,如果 $f''(x_0)=0$,则该定理失效,改用其他方法判定.

例 2　求函数 $f(x)=(x^2-1)^3+1$ 的极值.

解　函数定义域 $D:(-\infty,+\infty)$;

$f'(x)=6x(x^2-1)^2$,驻点为 $x=-1$,$x=0$,$x=1$,无不可导点;

$f''(x)=6(x^2-1)(5x^2-1)$,因为 $f''(0)=6>0$,所以 $f(0)=0$ 为极小值;

因为 $f''(-1)=f''(1)=0$,所以对于点 $x=-1$,$x=1$ 的判断定理 3 失效,需应用定理 2,又因为 $f'(x)$ 在 $x=-1$ 两侧符号都为负,在 $x=1$ 两侧符号都为正,所以 $f(-1)$,$f(1)$ 都不是极值.

4.3.2　函数最大值、最小值

在工农业生产、经济管理等活动中常常会遇到这样一类问题:在一定条件下,怎样

才能使得投入最少，利润最大，成本最低等.这类问题在数学上往往可归结为求某一函数(通常称为目标函数)的最大值或最小值问题.

1. 闭区间上连续函数的最大值、最小值

假设函数 $f(x)$ 在闭区间 $[a,b]$ 上连续，则函数在该区间必有最大值和最小值.函数的最值与极值是有区别的，前者是指在整个闭区间 $[a,b]$ 上所有函数值中最大或最小，因而，最值是全局性的概念.但如果函数的最值在区间内取得，则最值同时也是极值，此外，函数的最值也可能在区间端点处取得.

一般情况下，函数的最大值、最小值为函数的极大值、极小值或定义区间端点处的函数值.

综上，函数 $f(x)$ 在 $[a,b]$ 上的最大值、最小值，可按如下步骤求得：

(1)求出函数 $f(x)$ 在 (a,b) 内的全部驻点和不可导点(即求出所以可能的极值点)；

(2)计算步骤(1)中各点对应的函数值及两端点处的函数值 $f(a)$，$f(b)$；

(3)比较步骤(2)中诸函数值的大小，其中最大的就是最大值，最小的就是最小值.

例 3 求函数 $f(x)=x^3-3x^2-9x+5$ 在 $[-2,6]$ 上的最大值和最小值.

解 (1) $f'(x)=3x^2-6x-9=3(x+1)(x-3)$，
驻点为 $x=-1$，$x=3$，得 $f(-1)=10$，$f(3)=-22$；

(2) 端点处的函数值 $f(-2)=3$，$f(6)=59$；

(3) 比较大小得最大值为 $f(6)=59$，最小值为 $f(3)=-22$.

2. 实际应用中的最值问题

例 4 用边长为 48 cm 的正方形铁皮做一个无盖的铁盒时，在铁皮的四角各截去一个面积相等的小正方形，然后把四边折起，就能焊成铁盒，问在四角截去多大的正方形，方能使所做的铁盒容积最大.

解 设截去的小正方形边长为 x cm，铁盒的容积为 V cm^3，则根据题意，有

$$V=x(48-2x)^2 \quad (0<x<24).$$

问题为当 x 为何值时，函数 V 在 $(0,24)$ 内取得最大值.

求导得 $V'=(48-2x)^2+x\cdot 2(48-2x)(-2)=12(24-x)(8-x)$.

在 $(0,24)$ 内仅有一个驻点 $x=8$，而铁盒一定存在最大容积，所以当 $x=8$ 时，V 取得最大值，即当所截去的小正方形的边长为 8 cm 时，铁盒的容积最大.

在实际问题中，如果函数在某个开区间内只有一个驻点，而从实际问题本身又可以知道该函数在该区间内一定存在最小值或最大值，那么该驻点处的函数值一定是所求的最小值或最大值.

习 题 4.3

A 组

1. 下列说法是否正确，为什么？

(1)若 $f'(x)=0$，则 x_0 为 $f(x)$ 的极值点.

(2)若 $f'(x_0-0)>0$，$f'(x_0+0)<0$，则 $f(x)$ 在 x_0 点处取得极大值；

(3) $f(x)$ 的极值点一定是驻点或不可导点，反之则不成立.

(4)若函数 $f(x)$ 在区间 (a,b) 内仅有一个驻点，则该点一定是函数的极值点.

(5)设 x_1，x_2 分别是函数 $f(x)$ 的极大值点和极小值点，则必有 $f(x_1)>f(x_2)$.

(6)设函数 $f(x)$ 在 x_0 处取得极值，则曲线 $y=f(x)$ 在点 $(x_0,f(x_0))$ 处必有平行

于 x 轴的切线.

2. 求下列函数的极值：

(1) $f(x)=x^2-2x+3$；　　(2) $f(x)=x+\frac{1}{x}$；

(3) $f(x)=x+\sqrt{1-x}$；　　(4) $f(x)=3-2(x-1)^{\frac{1}{3}}$.

3. 求下列函数的最大值和最小值：

(1) $y=2x^3-6x^2-18x-7, x\in[1,4]$；　　(2) $y=\sin 2x-2, x\in\left[-\frac{\pi}{2},\frac{\pi}{2}\right]$；

(3) $y=x+\frac{1}{x}, x\in[0.01,100]$；　　(4) $y=x^{\frac{2}{3}}(x^2-1)^{\frac{1}{3}}, x\in[0,2]$.

4. 要造一个容积为 V 的圆柱形容器（无盖），问底面半径和高分别为多少时所用材料最省.

B 组

1. 下列说法是否正确，为什么？

(1)若函数 $f(x)$ 在 x_0 的某邻域内处处可微，且 $f'(x_0)=0$，则函数 $f(x)$ 必在 x_0 处取得极值.

(2)函数 $f(x)=x+\sin x$ 在 $(-\infty,+\infty)$ 内无极值.

2. 铁路线上 AB 段的距离为 100 km（如图 4-4），铁路边一工厂 C 距 A 处的垂直距离为 20 km，为了运输需要，要在 AB 线上选定一处 D 建车站并向工厂 C 修筑一条公路. 已知铁路与公路每 km 货运费用之比为 3∶5，为了使货物从供应站 B 运抵工厂 C 的运费最省，问点 D 应该选在何处？

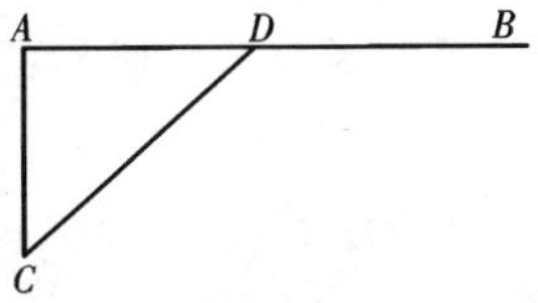

图 4-4

3. 某种型号的收音机，当单价为 350 元时，某商店可销售 1 080 台，当价格每降低 5 元，商店可多销售 20 台，试求使商店获得最大收入的价格、销售量及最大收入.

4.4　函数图形的凹凸性与拐点

由本章第 2 节可知，$f(x)$ 的一阶导数 $f'(x)$ 的正负反映了函数 $f(x)$ 的单调性，以此类推，$f'(x)$ 的导数 $f''(x)$ 的正负应该反映导函数 $f'(x)$ 的单调性. 而 $f'(x)$ 的单调性与函数 $y=f(x)$ 图形的弯曲方向有着紧密的联系. 本节将利用二阶导数来研究函数图形的弯曲方向和分界点.

4.4.1　曲线的凹凸性

定义 4.4.1　设函数 $f(x)$ 在 (a,b) 内连续，对于 (a,b) 内任意两点 x_1, x_2，

(1)如果恒有 $f\left(\frac{x_1+x_2}{2}\right)<\frac{f(x_1)+f(x_2)}{2}$，那么称 $f(x)$ 在 (a,b) 内的图形是凹的，如图 4-5(1)所示；

(2)如果恒有 $f\left(\frac{x_1+x_2}{2}\right)>\frac{f(x_1)+f(x_2)}{2}$,那么称 $f(x)$ 在 (a,b) 内的图形是凸的,如图 4-5(2)所示.

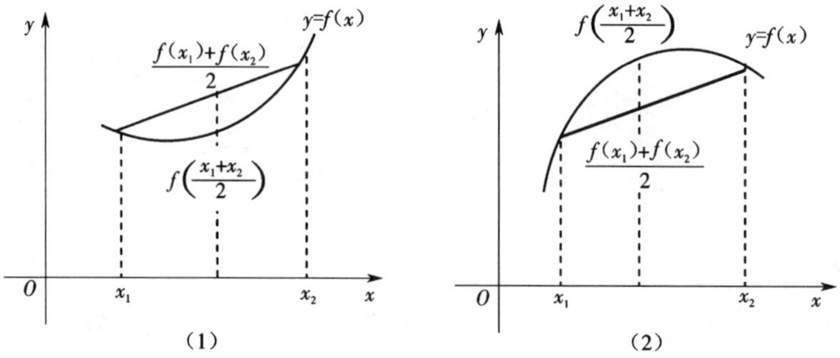

图 4-5

定理 4.4.1(曲线凹凸性判别定理) 设函数 $f(x)$ 在区间 (a,b) 内具有二阶导数,则

(1)若 $x\in(a,b)$ 时,恒有 $f''(x)>0$,那么曲线 $y=f(x)$ 在 (a,b) 内是凹的;

(2)若 $x\in(a,b)$ 时,恒有 $f''(x)<0$,那么曲线 $y=f(x)$ 在 (a,b) 内是凸的.

例 1 判断曲线 $y=x^3$ 的凹凸性.

解 函数定义域 $D:(-\infty,+\infty)$,$y'=3x^2$,$y''=6x$.

当 $x<0$,$y''<0$,故 $y=x^3$ 在 $(-\infty,0)$ 上是凸的;

当 $x>0$,$y''>0$,故 $y=x^3$ 在 $(0,+\infty)$ 上是凹的.

注意:拐点是曲线上的点,拐点的坐标需用横坐标与纵坐标同时表示,即 $M(x_0,f(x_0))$

4.4.2 曲线的拐点

定义 4.4.2 曲线的凹与凸的分界点称为曲线的拐点.

说明:求函数拐点的步骤:

(1)求 $f''(x)$;

(2)令 $f''(x)=0$,解出这方程在区间 (a,b) 内的实根 x_0 及使得 $f''(x)$ 不存在的点 x_0(即二阶不可导点);

在 x_0 的左右近旁,$f''(x)$ 是否变号的检查过程,常常通过列表讨论.

(3)检查在 x_0 的左右近旁 $f''(x)$ 的符号:如果在 x_0 的左右近旁,$f''(x)$ 的符号相反,则点 $(x_0,f(x_0))$ 是函数的拐点;如果在 x_0 的左右近旁,$f''(x)$ 的符号相同,则点 $(x_0,f(x_0))$ 不是拐点.

例 2 讨论曲线 $f(x)=x^4-2x^3+1$ 的凹凸区间和拐点.

解 函数定义域 $D:(-\infty,+\infty)$. $f'(x)=4x^3-6x^2$,$f''(x)=12x(x-1)$.

令 $f''(x)=0$ 得 $x_1=0$,$x_2=1$.

列表讨论,见表 4-4:

表 4-4

x	$(-\infty,0)$	0	$(0,1)$	1	$(1,+\infty)$
$f''(x)$	+	0	−	0	+
$f(x)$	凹	拐点$(0,1)$	凸	拐点$(1,0)$	凹

因此，曲线在$(-\infty,0)$和$(1,+\infty)$两个区间上是凹的，在区间$(0,1)$上是凸的，$(0,1)(1,0)$为曲线的拐点.

例 3　确定下列曲线的凹凸区间和拐点：

(1) $y=xe^x$；　　(2) $y=\dfrac{x^2}{x-1}$；　　(3) $y=(x+1)^4$.

解　(1)函数定义域 D：$(-\infty,+\infty)$，$y'=e^x+xe^x$，$y''=2e^x+xe^x$.

令 $y''=0$ 解得 $x=-2$.

当 $x<-2$，$y''<0$，故曲线 $y=xe^x$ 在$(-\infty,-2)$曲线是凸的；

当 $x>-2$，$y''>0$，故曲线 $y=xe^x$ 在$(-2,+\infty)$曲线是凸的.

拐点为$\left(-2,\dfrac{2}{e^2}\right)$.

(2)函数定义域 D：$(-\infty,1)\cup(1,+\infty)$.

$$y'=\frac{2x(x-1)-x^2}{(x-1)^2}=\frac{x^2-2x}{(x-1)^2},\ y''=\frac{2(x-1)^3-2(x-1)(x^2-2x)}{(x-1)^4},$$

$y''=0$ 无解，当 $x=1$ 时，y''不存在.

当 $x<1$，$y''<0$，在$(-\infty,1)$曲线是凸的；

当 $x>1$，$y''>0$，在$(1,+\infty)$曲线是凹的. 无拐点.

(3)函数定义域 D：$(-\infty,+\infty)$. $y'=4(x+1)^3$，$y''=12(x+1)^2$.

令 $y''=0$ 解得 $x=-1$，无论当 $x>-1$ 还是 $x<-1$ 均有 $y''>0$，因此点$(-1,0)$不是曲线的拐点，即曲线 $y=(x+1)^4$ 无拐点，它在$(-\infty,+\infty)$内是凹的.

习　题 4.4

A 组

1. 判断曲线 $y=x^4$ 的凹凸性.

2. 确定下列曲线的凹凸区间和拐点：

(1) $y=x^2-x^3$；　　(2) $y=3x^4-4x^3+1$；　　(3) $y=\dfrac{1}{4-2x+x^2}$；

(4) $y=x+\dfrac{1}{x}$；　　(5) $f(x)=(x-2)^{\frac{5}{3}}$.

3. a,b 为何值时，点$(1,3)$是曲线 $y=ax^3+bx^2$ 的拐点.

B 组

1. 设函数 $y=ax^3+bx+c$ 在点 $x=1$ 取得极小值 -1，且点$(0,1)$是它所表示的曲线的拐点，求 a,b,c.

4.5 函数图形的描绘

在初等数学中我们一般用描点法来作出函数的图像，但这种方法不仅计算量大，还常常会遗漏曲线的一些关键点，如极值点、拐点等，使得函数的一些重要性态难以准确地显示出来．在本节中，我们借助前面有关函数的单调性和其图形的凹凸性，以及极值和拐点的概念，来辅助进行函数图像的描绘．

4.5.1 渐近线

1．渐近线的定义

定义 4.5.1 如果曲线上的一点沿着曲线趋于无穷远时，该点与某条直线的距离趋于零，则称该直线为曲线的渐近线．

2．渐近线的分类

渐近线可分为水平渐近线、铅直渐近线和斜渐近线，下面我们对水平渐近线和铅直渐近线进行讨论．

定义 4.5.2 如果函数 $y=f(x)$ 的定义域是无限区间，且有 $\lim\limits_{x\to\infty} f(x)=A$（$\lim\limits_{x\to+\infty} f(x)=A$ 或 $\lim\limits_{x\to-\infty} f(x)=A$），其中 A 是常数，则称 $y=A$ 是曲线 $y=f(x)$ 的一条**水平渐近线**．

定义 4.5.3 如果有常数 x_0，使得 $\lim\limits_{x\to x_0} f(x)=\infty$（$\lim\limits_{x\to x_0^+} f(x)=\infty$ 或 $\lim\limits_{x\to x_0^-} f(x)=\infty$），则称 $x=x_0$ 是曲线 $y=f(x)$ 的一条**铅直渐近线**．

例如，$y=\frac{\pi}{2}$ 和 $y=-\frac{\pi}{2}$ 是曲线 $y=\arctan x$ 的两条水平渐近线，$x=1$ 是曲线 $y=\ln(x-1)$ 的铅直渐近线．

例 1 求曲线 $f(x)=\dfrac{1}{x-1}$ 的渐近线．

解 $\lim\limits_{x\to\infty}\dfrac{1}{x-1}=0$，因此，直线 $y=0$ 为曲线 $y=f(x)$ 的水平渐近线，

$\lim\limits_{x\to1}\dfrac{1}{x-1}=\infty$，因此，直线 $x=1$ 为曲线 $y=f(x)$ 的铅直渐近线．

例 2 求曲线 $y=\dfrac{3x^2+2}{1-x^2}$ 的水平渐近线和铅直渐近线．

解 $\lim\limits_{x\to\infty}\dfrac{3x^2+2}{1-x^2}=-3$，因此，直线 $y=-3$ 为曲线 $y=f(x)$ 的水平渐近线，

$\lim\limits_{x\to1}\dfrac{3x^2+2}{1-x^2}=\infty$，$\lim\limits_{x\to-1}\dfrac{3x^2+2}{1-x^2}=\infty$，因此，直线 $x=-1$，$x=1$ 为曲线 $y=f(x)$ 的铅直渐近线．

4.5.2 函数图形的描绘

利用导数描绘函数 $y=f(x)$ 图形的一般步骤：

(1)确定函数 $y=f(x)$ 的定义域(确定图像范围),讨论函数的某些特性(如奇偶性、周期性等);

(2)讨论函数的单调性、极值点与极值;

(3)讨论函数曲线的凹凸性和拐点;

(4)考察曲线的渐近线;

(5)根据需要补充图上的一些关键点(如曲线与坐标轴的交点等);

(6)根据以上特性描绘函数图像.

例 1　作出函数 $f(x)=x^3-x^2-x+1$ 的图形.

解　定义域 $D:(-\infty,+\infty)$,无对称性和周期性.

$$f'(x)=3x^2-2x-1=(3x+1)(x-1),f''(x)=6x-2.$$

令 $f'(x)=0$,得驻点 $x=1$ 和 $x=-\dfrac{1}{3}$;令 $f''(x)=0$,得 $x=\dfrac{1}{3}$.

列表讨论函数图形的单调区间、凹凸区间以及极值和拐点情况如表 4-5 所示:

表 4-5

x	$\left(-\infty,-\frac{1}{3}\right)$	$-\frac{1}{3}$	$\left(-\frac{1}{3},\frac{1}{3}\right)$	$\frac{1}{3}$	$\left(\frac{1}{3},1\right)$	1	$(1,+\infty)$
$f'(x)$	+	0	−	−	−	0	+
$f''(x)$	−	−	−	0	+	4	+
$f(x)$	↗	极大值 $f\left(-\frac{1}{3}\right)=\frac{32}{27}$	↘	拐点 $\left(\frac{1}{3},\frac{16}{27}\right)$	↘	极小值 $f(1)=0$	↗

曲线无渐近线.根据以上讨论,即可描绘所给函数的图像(如图 4-6 所示).

例 2　描绘函数 $f(x)=e^{-x^2}$ 的图形.

解　该函数的定义域为$(-\infty,+\infty)$,并且函数为偶函数,因此只要作出其在$(0,+\infty)$内的图像,即可根据对称性得到它的全部图像.

$$f'(x)=-2xe^{-x^2},f''(x)=2e^{-x^2}(2x^2-1).$$

令 $f'(x)=0$,得驻点 $x=0$,令 $f''(x)=0$,得 $x=\pm\dfrac{\sqrt{2}}{2}$.

列表讨论函数图形的单调区间、凹凸区间以及极值和拐点情况如表 4-6 所示:

表 4-6

x	0	$\left(0,\frac{\sqrt{2}}{2}\right)$	$\frac{\sqrt{2}}{2}$	$\left(\frac{\sqrt{2}}{2},+\infty\right)$
$f'(x)$	0	−	−	−
$f''(x)$	−	−	0	+
$f(x)$	极大值 $f(0)=1$	↘	拐点 $\left(\frac{\sqrt{2}}{2},e^{-\frac{1}{2}}\right)$	↘

因$\lim\limits_{x\to\infty} e^{-x^2}=0$,故 $y=0$ 是曲线的一条水平渐近线.

根据以上讨论,即可描绘所给函数的图像(如图 4-7 所示).

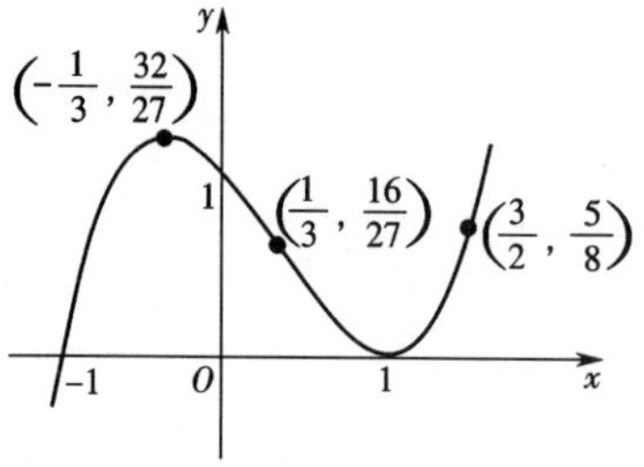

图 4-6

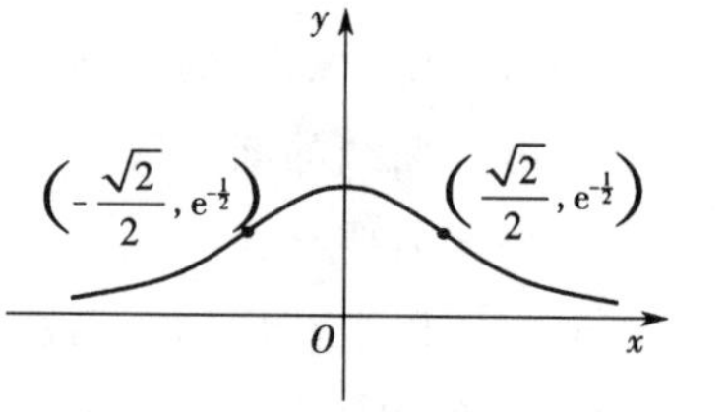

图 4-7

习　题 4.5

1. 求下列函数的渐近线:

(1) $y=e^{\frac{1}{x}}-1$;　　(2) $y=\dfrac{x-1}{x-2}$.

2. 研究下列函数的性态并作出其图形:

(1) $f(x)=\dfrac{4(x+1)}{x^2}-2$;　　(2) $y=\ln(x^2-1)$.

4.6　曲率

4.6.1　弧微分

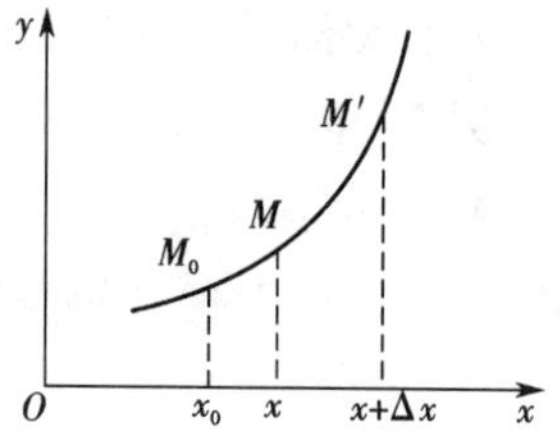

图 4-8

设函数 $y=f(x)$ 在区间 (a,b) 内具有连续导数. 在曲线 $y=f(x)$(图 4-8)上取固定点 $M_0(x_0,y_0)$ 作为度量弧长的起点,并规定 x 增大的方向为弧的正向,$M(x,y)$ 为曲线上任意点. s 表示曲线弧 M_0M 的长度. 显然,弧长 s 是随着 $M(x,y)$ 的确定而确定. 也就是说,s 是 x 的函数,记为 $s=s(x)$. 为讨论方便,我们假定 s 是 x 的单调增函数.

下面求 $s=s(x)$ 的导数及微分 ds.

设 $x,x+\Delta x$ 为 (a,b) 内两个邻近点,在曲线 $y=f(x)$ 上对应点为 M,M',并设对应于 x 的增量 Δx,弧 s 的增量为 Δs,那么 $\Delta s=\overset{\frown}{M_0M'}-\overset{\frown}{M_0M}=\overset{\frown}{MM'}$. 于是

$$\left(\frac{\Delta s}{\Delta x}\right)^2=\left(\frac{\overset{\frown}{MM'}}{\Delta x}\right)^2=\left(\frac{\overset{\frown}{MM'}}{|MM'|}\right)^2\cdot\frac{|MM'|^2}{(\Delta x)^2}$$

$$=\left(\frac{\overset{\frown}{MM'}}{|MM'|}\right)^2\cdot\frac{(\Delta x)^2+(\Delta y)^2}{(\Delta x)^2}=\left(\frac{\overset{\frown}{MM'}}{|MM'|}\right)^2\cdot\left[1+\left(\frac{\Delta y}{\Delta x}\right)^2\right],$$

$$\frac{\Delta s}{\Delta x}=\pm\sqrt{\left(\frac{\widehat{MM'}}{|MM'|}\right)^2\cdot\left[1+\left(\frac{\Delta y}{\Delta x}\right)^2\right]}.$$

令 $\Delta x\to 0$ 取极限，由于 $\Delta x\to 0$ 时，$M'\to M$，这时弧的长度与弦的长度之比的极限等于 1，即 $\lim\limits_{M'\to M}\dfrac{\widehat{MM'}}{|MM'|}=1$，又 $\lim\limits_{\Delta x\to 0}\dfrac{\Delta y}{\Delta x}=y'$，因此得 $\dfrac{\Delta s}{\Delta x}=\pm\sqrt{1+y'^2}$.

由于 $s=s(x)$ 是单调增函数，从而根号前应取正号，于是有

$$\mathrm{d}s=\sqrt{1+y'^2}\,\mathrm{d}x,$$

这就是弧微分公式.

例 1　求抛物线 $y=2x^2-3x+1$ 的弧微分.

解　由弧微分公式得

$$\mathrm{d}s=\sqrt{1+y'^2}\,\mathrm{d}x=\sqrt{1+(4x-3)^2}\,\mathrm{d}x=\sqrt{16x^2-24x+10}\,\mathrm{d}x.$$

4.6.2　曲率

在实际问题中，有时需要考虑曲线的弯曲程度. 例如，机械和建筑中的钢梁，车床的轴等，在外力作用下，会发生弯曲，弯曲到一定程度就会断裂. 又如，设计铁路时，如果弯曲程度不合适，便容易造成火车出轨. 因此在计算梁的强度时，需要考虑它们的弯曲程度，铺设铁路时，必须考虑铁路弯道处的弯曲程度. 在数学上，我们用曲率来表示曲线的弯曲程度.

具体来说，设曲线 $y=f(x)$ 是一条光滑曲线，其上一点 $M(x,y)$ 处切线倾角 α（如图 4-9），邻近点 $M'(x+\Delta x,y+\Delta y)$ 处切线倾角 $\alpha+\Delta\alpha$，$\Delta\alpha$ 称为曲线弧的切线转角，曲线段 $\widehat{MM'}$ 的弧长为 Δs，则 $\bar{k}=\left|\dfrac{\Delta\alpha}{\Delta s}\right|$ 表示弧段 $\widehat{MM'}$ 的平均曲率. 当 $M'\to M$ 即 $\Delta s\to 0$ 时，其极限就是曲线在点 M 的曲率.

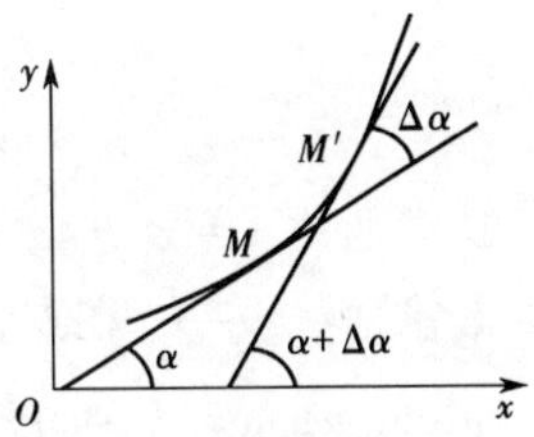

图 4-9

定义 4.6.1　当点 M' 沿曲线趋近于点 M 时，弧 MM' 的平均曲率的极限，称为曲线在点 M 的曲率，记为 k，即

$$k=\lim_{\Delta s\to 0}\bar{k}=\lim_{\Delta s\to 0}\left|\frac{\Delta\alpha}{\Delta s}\right|.$$

例 2　已知圆的半径为 R，求圆上任一点的曲率（图 4-10）.

解　在半径为在 R 的圆 O_1 上任取两点 M 和 M_1 过这两点的切线分别为 MT 和 M_1T_1，切线的转角为 $\Delta\alpha$，则有

$$|\Delta s|=|MM'|=R|\Delta\alpha|,$$

圆弧 MM' 的平均曲率为

$$\bar{k}=\left|\frac{\Delta\alpha}{\Delta s}\right|=\frac{|\Delta\alpha|}{R|\Delta\alpha|}=\frac{1}{R}.$$

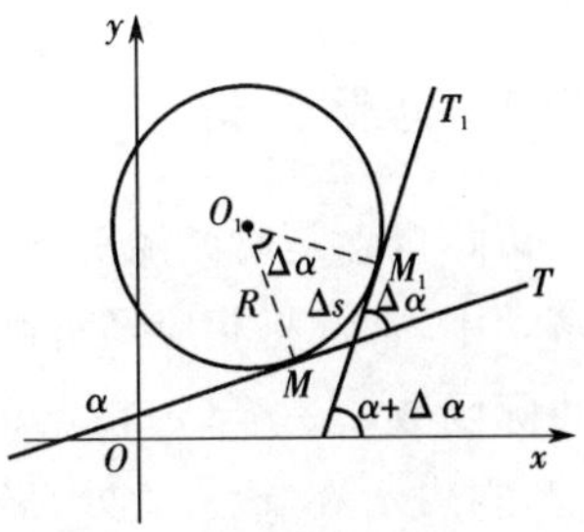

图 4-10

于是圆弧在点 M 处的曲率为 $k=\lim\limits_{\Delta s\to 0}\bar{k}=\dfrac{1}{R}$.

由此题可得出结论:圆上任一段弧的平均曲率和任一点的曲率都相等,而且等于半径 R 的倒数.也就是说,圆的弯曲程度处处一样,且半径越小,弯曲程度越大,这些与我们的直观感觉是一致的.

4.6.3 曲率的计算

设函数 $y=f(x)$ 具有二阶导数,则可以证明曲线 $y=f(x)$ 在任意点 $M(x,y)$ 处切线倾角为 α,则切线斜率 $\tan\alpha=y'$,$\alpha=\arctan y'$,所以 $\mathrm{d}\alpha=\dfrac{y''}{1+y'^2}\mathrm{d}x$.

又弧微分 $\mathrm{d}s=\sqrt{1+y'^2}\,\mathrm{d}x$,则 $k=\dfrac{|y''|}{(1+y'^2)^{\frac{3}{2}}}$.

即是曲率的计算公式.

例 3 求抛物线 $y=x^2$ 的曲率 k 及 $k|_{x=0}$.

解 $y'=2x$,$y''=2$,把 y',y'' 代入曲率的计算公式得

$$k=\frac{|y''|}{(1+y'^2)^{\frac{3}{2}}}=\frac{2}{(1+4x^2)^{\frac{3}{2}}},$$

$$k|_{x=0}=\frac{2}{(1+0)^{\frac{3}{2}}}=2.$$

习 题 4.6

1. 求曲线 $y=x^2-4x+1$ 在点 $(2,-3)$ 点的曲率.
2. 求曲线 $y=\mathrm{e}^x$ 在点 $(0,1)$ 点的曲率.
3. 求曲线 $y=\dfrac{1}{x}$ 在点 $(1,1)$ 的曲率.

4.7 导数在经济学中的应用

在本章有关函数极值和最值的计算部分,我们已经研究了利用函数的导数求得最优量的方法.下面将继续利用导数来研究某些特定经济量的特征.

4.7.1 边际分析

边际概念是研究经济学核心命题的基本概念,通常指经济变量的变化率,所以在经济学中,常常将相应经济函数的导数称为**边际函数**.一般地,如经济函数 $y=f(x)$,其边际函数 $y'=f'(x)$ 在点 x_0 处的函数值 $f'(x_0)$ 称为这个函数在 $x=x_0$ 处的**边际函数值**,它表示在 $x=x_0$ 处,若 x 产生一个单位的改变时,y 相应地变化了 $f'(x_0)$ 个单位.

1. 边际成本

定义 4.7.1 设某企业生产某种产品的总成本函数为 $C(q)=C_0+C_1(q)$,其中 q

是单位时间内的产量，则其导数 $C'(q)$ 称为**边际成本函数**. 其经济意义为：当产量为 q 时，再生产一个单位产品所增加的总成本.

例 1　某厂生产某种商品，总成本函数为 $C(q)=200+4q+0.05q^2$(元).

(1)指出固定成本、可变成本；

(2)求边际成本函数及产量 $q=200$ 时的边际成本；

(3)说明其经济意义.

解　(1)固定成本 $C_0=200$，可变成本 $C_1(q)=4q+0.05q^2$.

(2)边际成本函数　　　$C'(q)=4+0.1q$，

产量 $q=200$ 时的边际成本　　$C'(200)=24$.

(3)经济意义：在产量为 200 时，再多生产一个单位产品，总成本要增加 24 元.

2. 边际收入

定义 4.7.2　设某厂的总收入函数 $R(q)=qp(q)$，其中 q 是单位时间内的产量，$p(q)$ 为商品的价格函数，则其导数 $R'(q)$ 称为**边际收入函数**. 其经济意义为：在销量为 q 时，再多销售一个单位产品所增加的总收入.

例 2　通过调查得知某种家具的需求函数为 $q=1\,200-3p$，其中 p(单位：元)为家具的销售价格，q(单位：件)为需求量. 求销售该家具的边际收入函数，以及当销售量 $q=450$、600、750 件时的边际收入.

解　由需求函数得价格　　$p=\frac{1}{3}(1\,200-q)$.

总收入函数为 $R(q)=qp(q)=\frac{1}{3}q(1\,200-q)=400q-\frac{1}{3}q^2$.

则边际收入函数　　$R'(q)=\left(400q-\frac{1}{3}q^2\right)'=400-\frac{2}{3}q$.

当销售量 $q=450$、600、750 件时的边际收入：

$$R'(450)=400-\frac{2}{3}\times 450=100;R'(600)=400-\frac{2}{3}\times 600=0;$$

$$R'(450)=400-\frac{2}{3}\times 750=-100.$$

3. 边际利润

定义 4.7.3　总利润函数 $L(q)$ 的导数 $L'(q)$ 称为**边际利润函数**. 其经济意义为：在销量为 q 时，再多销售一个单位产品所增加的总利润.

因为总利润函数等于总收入函数减去总成本函数，即 $L(q)=R(q)-C(q)$.

由导数的运算法则可知 $L'(q)=R'(q)-C'(q)$，即边际利润等于边际收入减去边际成本.

例 3　某厂每月生产某产品 q(单位：百件)单位时的总成本为 $C(q)=q^2+2q+100$(单位：万元). 若每百件的销售价格为 4 万元，试写出总利润函数，并求边际利润.

解　由题意得总收入函数　　　$R(q)=4q$；

总利润函数　$L(q)=R(q)-C(q)=4q-q^2-2q-100=-q^2+2q-100$；

边际利润　　　　　$L'(q)=R'(q)-C'(q)=-2q+2$.

4. 最大利润

在经济活动中，常常追求最大收益，按照函数极值、最值得概念，经济函数的最大利润可按照如下讨论.

总利润函数 $L(q)=R(q)-C(q)$取得最大值的必要条件是 $L'(q)=R'(q)-C'(q)=0$，即 $R'(q)=C'(q)$

总利润函数 $L(q)$取得最大值的充分条件是 $L''(q)=0$，即 $R''(q)<C''(q)$即边际收入的导数小于边际成本的导数.

所以我们得到这样的结论：当 $R'(q)=C'(q)$，且 $R''(q)<C''(q)$时，利润达到最大，这就是最大利润原则.

例 4 已知某产品的需求函数 $p=10-\frac{q}{5}$，总成本函数为 $C(q)=50+2q$，求产量为多少时总利润最大并验证是否符合最大利润原则.

解 由需求函数 $p=10-\frac{q}{5}$，得总收入函数为 $R(q)=q\left(10-\frac{q}{5}\right)=10q-\frac{q^2}{5}$，总利润函数为 $L(q)=R(q)-C(q)=8q-\frac{q^2}{5}-50$，则 $L'(q)=8-\frac{2q}{5}$.

令 $L'(q)=0$，得 $q=20$，$L''(q)=-\frac{2}{5}<0$，所以当 $q=20$ 时，总利润最大.

此时 $R'(20)=2$，$C'(20)=2$，有 $R'(20)=C'(20)$.

$R''(20)=-\frac{2}{5}$，$C'(20)=0$，有 $R'(20)<C'(20)$，符合最大利润原则.

4.7.2 弹性分析

弹性的概念是用来定量地描述一个经济变量对另一个经济变量的反应速度.

1. 函数的弹性

定义 4.7.4 对于函数 $y=f(x)$，如果极限 $\lim\limits_{\Delta x\to 0}\dfrac{\frac{\Delta y}{y_0}}{\frac{\Delta x}{x_0}}$存在，那么称此极限为函数 $y=f(x)$在点 $x=x_0$ 处的弹性，记作 $E(x_0)$，即

$$E(x_0)=\lim_{\Delta x\to 0}\frac{\frac{\Delta y}{y_0}}{\frac{\Delta x}{x_0}}=\lim_{\Delta x\to 0}\frac{\Delta y}{\Delta x}\cdot\frac{x_0}{y_0}=f'(x_0)\frac{x_0}{f(x_0)}.$$

定义 4.7.5 对于函数 $y=f(x)$，如果极限 $\lim\limits_{\Delta x\to 0}\dfrac{\frac{\Delta y}{y}}{\frac{\Delta x}{x}}$存在，那么称此极限为函数 $y=f(x)$在点 x 处的弹性，记作 $E(x)$，即

$$E(x)=\lim_{\Delta x\to 0}\frac{\frac{\Delta y}{y}}{\frac{\Delta x}{x}}=\lim_{\Delta x\to 0}\frac{\Delta y}{\Delta x}\cdot\frac{x}{y}=y'\frac{x}{y}.$$

$E(x)$也称为函数 $y=f(x)$的**弹性函数**.

例 5　求函数 $y=\left(\frac{1}{3}\right)^x$ 的弹性函数及在 $x=1$ 处的弹性.

解　弹性函数

$$E(x)=\left(\frac{1}{3}\right)^x\ln\frac{1}{3}\cdot\frac{x}{\left(\frac{1}{3}\right)^x}=-x\ln 3,$$

$$E(1)=-\ln 3.$$

2. 需求弹性

定义 4.7.6　设某商品的需求函数为 $Q=Q(p)$,则需求弹性为

$$E(p)=Q'(p)\frac{p}{Q(p)}.$$

需求弹性 $E(p)$表示某种商品需求量 Q 对价格 p 的变化的敏感程度.

当 $E(p)=-1$ 时,称为**单位弹性**,即商品需求量的相对变化与价格的相对变化基本相等,此价格是最优价格;

当 $E(p)<-1$ 时,称为**富有弹性**,此时商品需求量的相对变化大于价格的相对变化,此时价格的变动对需求量的影响较大.换句话说,适当降价会使需求量较大幅度上升,从而增加收入;

当 $-1<E(p)<0$ 时,称为**缺乏弹性**,即商品需求量的相对变化小于价格的相对变化,此时价格的变动对需求量的影响较小.在适当提价后不会使需求量有较大的下降,从而增加收入.

例 6　设某商品的需求函数为 $Q=e^{-\frac{p}{5}}$(其中,p 是商品价格,Q 是需求量),求:(1)需求弹性函数;(2)$p=3,5,6$ 时的需求弹性,并说明经济意义.

解　(1)$Q'(p)=-\frac{1}{5}e^{-\frac{p}{5}}$,所求弹性函数为

$$E(p)=Q'(p)\frac{p}{Q(p)}=-\frac{1}{5}e^{-\frac{p}{5}}\frac{p}{e^{-\frac{p}{5}}}=-\frac{p}{5}.$$

(2)$E(3)=-\frac{3}{5}=-0.6$,$E(5)=-\frac{5}{5}=-1$,$E(6)=-\frac{6}{5}=-1.2$.

经济意义:当 $p=3$ 时,$E(3)=-0.6>-1$,此时价格上涨 1%时,需求只减少 0.6%,需求量的变化幅度小于价格变化的幅度,适当提高价格,需求量不会有太大的变化,对销售量影响很小;当 $p=5$ 时,$E(5)=-1$,此时价格上涨 1%时,需求将减少 1%,需求量的变化幅度等于价格变化的幅度,是最优价格;当 $p=6$ 时,$E(3)=-1.2$,此时价格上涨 1%时,需求将减少 1.2%,需求量的变化幅度大于价格变化的幅度,适当降低价格会使需求量较大幅度上升,从而增加总收入.

习　题4.7

A组

1. 某工厂生产某商品的总成本函数为$C(q)=9\,000+40q+0.001q^2$(元)问该厂生产多少件产品时平均成本最低.

2. 设某产品的总成本函数和总收入函数分别为

$$C(q)=200+5q, R(q)=10q-0.01q^2.$$

求该产品的边际成本,边际收入和边际利润.

3. 设某日用消费品的需求函数$Q(p)=a\left(\frac{1}{2}\right)^{\frac{p}{3}}$($a$为常数).求:

(1)需求弹性函数;

(2)当单价分别为4元、4.35元、5元时的需求价格弹性,并说明其经济意义.

数学文化

数学家拉格朗日

拉格朗日(Joseph-Louis Lagrange 1736—1813),全名为约瑟夫·路易斯·拉格朗日,法国著名数学家、物理学家.

拉格朗日1736年1月25日生于意大利西北部的都灵,父亲是法国陆军骑兵里的一名军官,后由于经商破产,家道中落.据拉格朗日本人回忆,如果幼年时家境富裕,他也就不会作数学研究了,因为父亲一心想把他培养成为一名律师.拉格朗日个人却对法律毫无兴趣.

拉格朗日科学研究所涉及的领域极其广泛.他在数学上最突出的贡献是使数学分析与几何、与力学脱离开来,使数学的独立性更为清楚,从此数学不再仅仅是其他学科的工具.

拉格朗日总结了18世纪的数学成果,同时又为19世纪的数学研究开辟了道路,堪称法国最杰出的数学大师.同时,他的关于月球运动(三体问题)、行星运动、轨道计算、两个不动中心问题、流体力学等方面的成果,在使天文学力学化、力学分析化上,也起到了历史性的作用,促进了力学和天体力学的进一步发展,成为这些领域的开创性或奠基性研究基础.

在柏林工作的前十年,拉格朗日把大量时间花在代数方程和超越方程的解法上,作出了有价值的贡献,推动一代数学的发展.他提交给柏林科学院两篇著名的论文:《关于解数值方程》和《关于方程的代数解法的研究》.把前人解三、四次代数方程的各种解法,总结为一套标准方法,即把方程化为低一次的方程(称辅助方程或预解式)以求解.

拉格朗日也是分析力学的创立者. 拉格朗日在其名著《分析力学》中，在总结历史上各种力学基本原理的基础上，发展达朗贝尔、欧拉等人研究成果，引入了势和等势面的概念，进一步把数学分析应用于质点和刚体力学，提出了运用于静力学和动力学的普遍方程，引进广义坐标的概念，建立了拉格朗日方程，把力学体系的运动方程从以力为基本概念的牛顿形式，改变为以能量为基本概念的分析力学形式，奠定了分析力学的基础，为把力学理论推广应用到物理学其他领域开辟了道路.

他还给出刚体在重力作用下，绕旋转对称轴上的定点转动(拉格朗日陀螺)的欧拉动力学方程的解，对三体问题的求解方法有重要贡献，解决了限制性三体运动的定型问题. 拉格朗日对流体运动的理论也有重要贡献，提出了描述流体运动的拉格朗日方法.

拉格朗日的研究工作中，约有一半同天体力学有关. 他用自己在分析力学研究中的原理和公式，建立起各类天体的运动方程. 在天体运动方程的解法中，拉格朗日发现了三体问题运动方程的 5 个特解，即拉格朗日平动解. 此外，他还研究了彗星和小行星的摄动问题，提出了彗星起源假说等.

近百余年来，数学领域的许多新成就都可以直接或间接地溯源于拉格朗日的工作. 所以他在数学史上被认为是对分析数学的发展产生全面影响的数学家之一.

第5章　不定积分

问题引入

在前面学习过的微分学中，讨论了求已知函数的导数或微分问题．在生产实践和科学研究中往往还会遇到与此相反的问题：即已知一个函数的导数或微分，求出此函数．例如，已知曲线任意一点的切线方程，求该曲线方程．这种由函数的导数或微分求出原函数的问题就是求不定积分问题．不定积分是积分学的一个基本内容，是积分学的基本问题之一．积分学分为不定积分和定积分两部分．这一章我们从导数的逆运算入手，介绍不定积分的概念、性质和计算方法．

学习目标

1．理解原函数与不定积分的概念和性质，了解不定积分的几何意义．
2．熟练掌握基本积分公式，学会使用积分的性质和基本积分公式直接求不定积分．
3．掌握第一类换元积分法（凑微分法）、第二类换元积分法（去根式法）中根号下为一次式的根式代换．
4．了解第二类换元积分法中的三角代换法．
5．掌握不定积分的分部积分法，学会用分部积分法求简单的不定积分．
6．了解不定积分在实践中的应用．

5.1　不定积分的概念和性质

5.1.1　原函数与不定积分的概念

一个函数的原函数和该函数是导数关系，即原函数的导数等于该函数．因为常数的导数为零，所以在一个原函数的后面加上任意常数，其导数都是相等的．

1．原函数的概念

微分学中讨论的基本问题是求一个已知函数的导函数或微分．在实际工作中常常会遇到相反的问题，即已知函数的导函数或微分，求原来的函数．如下面的例子．

已知路程 $s(t)=t^2$，则速度 $s'(t)=v(t)=2t$；若已知速度 $v(t)=2t$，如何求路程 $s(t)$呢？根据第 2 章导数的知识，我们容易知道，$(t^2)'=2t$，即 $s(t)=t^2$，t^2 就是速度函数 $v(t)=2t$ 的一个原函数，这就形成了原函数的概念．

定义 5.1.1　设函数 $f(x)$，$x\in(a,b)$，如果存在函数 $F(x)$，使得对 $\forall x\in(a,b)$ 都有

$$F'(x)=f(x) \text{ 或 } \mathrm{d}F(x)=f(x)\mathrm{d}x,$$

则称函数 $F(x)$是 $f(x)$在区间(a,b)上的一个**原函数**．

例如,因为$(x^4)'=4x^3$,所以x^4是$4x^3$的一个原函数.因为$(\sin x)'=\cos x$,所以$\sin x$是$\cos x$的一个原函数.

定理 5.1.1　(原函数存在定理)如果函数$f(x)$在区间I上连续,则$f(x)$在区间I上一定有原函数,即存在区间I上的可导函数$F(x)$,使得对$\forall x\in I$,有

$$F'(x)=f(x).$$

由于初等函数在其定义域内都是连续的,所以,初等函数必有原函数.

如果一个函数的原函数存在,那么必有无穷多个原函数.

因为$(\sin x)'=\cos x$,所以$\sin x$是$\cos x$的一个原函数.且$\sin x+1,\sin x+2$,$\sin x+C$(其中C为任意常数)的导数也都是$\cos x$,因此它们都是$\cos x$的原函数.

那么,一个函数的无穷多个原函数之间具有什么关系呢?

定理 5.1.2　如果函数$f(x)$在区间I上有原函数$F(x)$,则$F(x)+C$(C为任意常数)也是$f(x)$在区间I上的原函数,且$f(x)$的任一原函数均可表示为$F(x)+C$的形式.

这里的"C"是任意常数,即可以任意取值,但所取的值只能是常数,而不能是变量.不能把"C"理解成一个常数.

证明　因为函数$F(x)$是$f(x)$在区间I上的原函数,所以有$(F(x))'=f(x)$.而

$$(F(x)+C)'=(F(x))'+(C)'=F'(x)+0=f(x).$$

设$G(x)$是区间I上$f(x)$的任一个原函数,则有$(G(x))'=f(x)$,从而有

$$(G(x)-F(x))'=G'(x)-f'(x)=f(x)-f(x)=0,$$

得$G(x)-F(x)=C$,即$G(x)=F(x)+C$.

2.不定积分的概念

定义 5.1.2　若$F(x)$是$f(x)$在区间I上的一个原函数,那么$F(x)+C$称为函数$f(x)$在区间I上的不定积分,记为$\int f(x)\mathrm{d}x$.即

$$\int f(x)\mathrm{d}x=F(x)+C.$$

不定积分的实质是一族(无数个)函数,这族函数就是被积函数的所有原函数.

其中"$\int$"称为**积分号**,x称为**积分变量**,$f(x)$称为**被积函数**,$f(x)\mathrm{d}x$称为**被积表达式**,C称为**积分常数**.

由不定积分的定义可知,要求一个函数的不定积分,只要求出它的一个原函数,再加上任意常数C即可.

在求不定积分时,结果一定要$+C$,否则,求出的只是一个原函数,而不是所有的原函数,也就不是不定积分了.

例 1　求下列不定积分:(1)$\int\cos x\mathrm{d}x$;　(2)$\int x^2\mathrm{d}x$;　(3)$\int\frac{1}{x}\mathrm{d}x$.

解　(1)因为$(\sin x)'=\cos x$,所以$\sin x$是$\cos x$的一个原函数,因此

$$\int\cos x\mathrm{d}x=\sin x+C.$$

(2)因为$\left(\frac{1}{3}x^3\right)'=x^2$,所以$\frac{1}{3}x^3$是$x^2$的一个原函数,因此

$$\int x^2\mathrm{d}x=\frac{1}{3}x^3+C.$$

(3)因为,$x>0$时,　　$(\ln x)'=\frac{1}{x}$;

$x<0$ 时，$$[\ln(-x)]'=\frac{1}{-x}(-x)'=\frac{1}{x},$$

所以$(\ln|x|)'=\frac{1}{x}$,因此有 $$\int\frac{1}{x}\mathrm{d}x=\ln|x|+C.$$

3. 不定积分的几何意义

如果 $F(x)$是 $f(x)$的一个原函数，则 $f(x)$的不定积分为$\int f(x)\mathrm{d}x=F(x)+C$. 不定积分表示一族函数.

对于每一给定的常数 C,$F(x)+C$ 表示坐标平面上的一条确定的曲线，这条曲线称为 $f(x)$的一条**积分曲线**.

由于 C 可取任意值，因此不定积分$\int f(x)\mathrm{d}x$ 表示 $f(x)$的一族积分曲线，称为函数 $f(x)$的**积分曲线族**. 而其中任意一条积分曲线都可以由曲线 $y=F(x)$沿 y 轴方向上、下平移得到. 在积分曲线族上横坐标相同的点处作切线，这些切线是彼此平行的，其斜率都是 $f(x)$. 如图 5-1 所示.

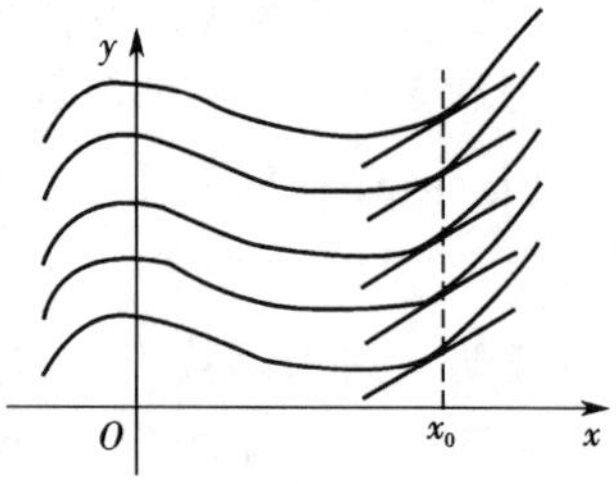

图 5-1

例 2 设曲线过点(1,2)，且其上任一点的斜率为 $2x$,求曲线的方程.

解 设曲线方程为 $y=f(x)$，由题意知曲线上任一点(x,y)处切线的斜率为 $\frac{\mathrm{d}y}{\mathrm{d}x}=2x$,两边取积分得

$$y=\int 2x\mathrm{d}x=x^2+C.$$

由 $y(1)=2$,得 $C=1$,代入上式得所求曲线方程为 $y=x^2+1$.

5.1.2 不定积分的性质

性质 求不定积分与求导数(或微分)互为逆运算，即

(1) $\left(\int f(x)\mathrm{d}x\right)'=f(x)$ 或 $\mathrm{d}\left(\int f(x)\mathrm{d}x\right)=f(x)\mathrm{d}x$.

(2) $\int f'(x)\mathrm{d}x=f(x)+C$ 或 $\int \mathrm{d}f(x)=f(x)+C$.

性质(1)是说，不定积分的导数(或微分)等于被积函数(或被积表达式). 例如，

$$\left(\int\cos x\mathrm{d}x\right)'=(\sin x+C)'=\cos x.$$

性质(2)是说，对一个函数的导数(或微分)求不定积分，其结果与此函数仅相差一个任意常数. 例如，$\int\mathrm{d}(\sin x)=\int\cos x\mathrm{d}x=\sin x+C$.

5.1.3 不定积分的运算法则

法则 1 被积函数中不为零的常数因子可以提到积分号之前，即

$$\int kf(x)\mathrm{d}x=k\int f(x)\mathrm{d}x \quad (\text{常数 } k\neq 0).$$

法则 2　两个函数的代数的和或差的不定积分等于它们的不定积分的和或差，即

$$\int [f(x)\pm g(x)]\mathrm{d}x=\int f(x)\mathrm{d}x\pm\int g(x)\mathrm{d}x.$$

法则 2 可推广至有限多个函数的情形，即

$$\int [f_1(x)\pm f_2(x)\pm\cdots\pm f_n(x)]\mathrm{d}x=\int f_1(x)\mathrm{d}x\pm\int f_2(x)\mathrm{d}x\pm\cdots\pm\int f_n(x)\mathrm{d}x.$$

习　题 5.1

A 组

1. 填空：

(1)因为(　　　　　)$'=1$，所以$\int \mathrm{d}x=$(　　　　　)；

(2)因为(　　　　　)$'=\cos x$，所以$\int \cos x\mathrm{d}x=$(　　　　　)；

(3)$\left(\int \sin^2 x\mathrm{d}x\right)'=$(　　　　　)；

(4)$\mathrm{d}\left(\int \cos x\mathrm{d}x\right)=$(　　　　　)；

(5)设$\int f(x)\mathrm{d}x=\mathrm{e}^x+\sin x+C$，则 $f(x)=$(　　　　　).

2. 判断下列式子是否正确，错误的说明理由：

(1)$\dfrac{\mathrm{d}}{\mathrm{d}x}\left(\int f(x)\mathrm{d}x\right)=f(x)$.　　(　　)　　(2)$\int g'(x)\mathrm{d}x=g(x)$.　　(　　)

(3)$\mathrm{d}\left(\int g(x)\mathrm{d}x\right)=g(x)$.　　(　　)　　(4)$\int \cos x\mathrm{d}x=\sin x$.　　(　　)

3. 已知曲线上任一点处的切线斜率为 $3x^2$，并且曲线经过点(1,2)，求该曲线的方程.

B 组

1. 填空：

(1)因为(　　　　　)$'=3x^2$，所以$\int 3x^2\mathrm{d}x=$(　　　　　)；

(2)因为(　　　　　)$'=\mathrm{e}^x$，所以$\int \mathrm{e}^x\mathrm{d}x=$(　　　　　)；

(3)因为 d(　　　　　)$=\dfrac{1}{x}\mathrm{d}x$，故$\int \dfrac{1}{x}\mathrm{d}x=$(　　　　　)；

(4)因为 d(　　　　　)$=\sec^2 x\mathrm{d}x$，故$\int \sec^2 x\mathrm{d}x=$(　　　　　).

2. 验证下列等式是否成立：

(1)$\int (x^4-x^2+4)\mathrm{d}x=\dfrac{1}{5}x^5-\dfrac{1}{3}x^2+C$；

(2) $\int \cos(2x+4)\mathrm{d}x=\frac{1}{2}\sin(2x+4)+C$；

(3) $\int \frac{x}{\sqrt{4+x^2}}\mathrm{d}x=\sqrt{4+x^2}+C$；

(4) $\int (2x^2-3\sin x+5\sqrt{x})\mathrm{d}x=\frac{1}{2}x^4+3\cos x+10\sqrt{x}+C$.

3. 已知曲线在任意一点处的切线斜率等于该点横坐标的倒数，且曲线过点 $A(\mathrm{e}^2, 3)$，求该曲线的方程.

5.2 不定积分的基本公式和直接积分法

5.2.1 不定积分的基本公式

由于不定积分是求导数(或微分)的逆运算，所以根据导数基本公式就得到对应的积分公式. 例如，因为 $\left(\frac{1}{\ln a}a^x\right)'=\frac{1}{\ln a}\cdot a^x\cdot\ln a=a^x(a>0,a\neq1)$，所以

$$\int a^x\mathrm{d}x=\frac{1}{\ln a}a^x+C(a>0,a\neq1).$$

类似可以得到其他基本积分公式. 下面列出的基本积分公式，通常称之为基本积分表. 为了便于对照，同时列出了相应函数的求导公式.

不定积分的基本公式是计算不定积分的基础，必须熟记.

基本积分公式	导数公式
(1) $\int 0\mathrm{d}x=C$	$(C)'=0$
(2) $\int \mathrm{d}x=x+C$	$x'=1$
(3) $\int k\mathrm{d}x=kx+C$	$(kx)'=k$
(4) $\int x^\alpha\mathrm{d}x=\frac{1}{\alpha+1}x^{\alpha+1}+C(\alpha\neq-1)$	$(x^\alpha)'=\alpha x^{\alpha-1}$
(5) $\int \frac{1}{x}\mathrm{d}x=\ln\|x\|+C(x\neq0)$	$(\ln\|x\|)'=\frac{1}{x}(x\neq0)$
(6) $\int a^x\mathrm{d}x=\frac{1}{\ln a}a^x+C(a>0$ 且 $a\neq1)$	$(a^x)'=a^x\ln a(a>0$ 且 $a\neq1)$
(7) $\int \mathrm{e}^x\mathrm{d}x=\mathrm{e}^x+C$	$(\mathrm{e}^x)'=\mathrm{e}^x$
(8) $\int \sin x\mathrm{d}x=-\cos x+C$	$(\cos x)'=-\sin x$
(9) $\int \cos x\mathrm{d}x=\sin x+C$	$(\sin x)'=\cos x$
(10) $\int \sec^2 x\mathrm{d}x=\tan x+C$	$(\tan x)'=\sec^2 x$
(11) $\int \csc^2 x\mathrm{d}x=-\cot x+C$	$(\cot x)'=-\csc^2 x$

(12) $\int \sec x\tan x\mathrm{d}x=\sec x+C$　　　$(\sec x)'=\sec x\tan x$

(13) $\int \csc x\cot x\mathrm{d}x=-\csc x+C$　　　$(\csc x)'=-\csc x\cot x$

(14) $\int \frac{1}{\sqrt{1-x^2}}\mathrm{d}x=\arcsin x+C$　　　$(\arcsin x)'=\frac{1}{\sqrt{1-x^2}}$

(15) $\int \frac{1}{\sqrt{1-x^2}}\mathrm{d}x=-\arccos x+C$　　　$(\arccos x)'=-\frac{1}{\sqrt{1-x^2}}$

(16) $\int \frac{1}{1+x^2}\mathrm{d}x=\arctan x+C$　　　$(\arctan x)'=\frac{1}{1+x^2}$

(17) $\int \frac{1}{1+x^2}\mathrm{d}x=-\mathrm{arccot}\, x+C$　　　$(\mathrm{arccot}\, x)'=-\frac{1}{1+x^2}$

(18) $\int \frac{1}{x\ln a}\mathrm{d}x=\log_a|x|+C(a>0$ 且 $a\neq 1)$　　　$(\log_a x)'=\frac{1}{x\ln a}(a>0$ 且 $a\neq 1)$

(19) $\int \tan x\mathrm{d}x=-\ln|\cos x|+C$　　　(20) $\int \cot x\mathrm{d}x=\ln|\sin x|+C.$

(21) $\int \sec x\mathrm{d}x=\ln|\sec x+\tan x|+C$　　　(22) $\int \csc x\mathrm{d}x=\ln|\csc x-\cot x|+C$

(23) $\int \frac{1}{a^2+x^2}\mathrm{d}x=\frac{1}{a}\arctan\frac{x}{a}+C(a>0)$　　　(24) $\int \frac{1}{\sqrt{a^2-x^2}}\mathrm{d}x=\arcsin\frac{x}{a}+C(a>0)$

5.2.2　直接积分法

利用不定积分的基本公式和不定积分的性质，可以直接计算一些简单函数的不定积分，或将被积函数经过适当的恒等变形，再利用积分的性质和积分公式求出结果，这种求不定积分的方法称为**直接积分法**.

例 1　求下列不定积分：

(1) $\int \frac{1}{1+x^2}\mathrm{d}x$；　　(2) $\int 4x^3\mathrm{d}x$；　　(3) $\int 2^x\mathrm{e}^x\mathrm{d}x$；　　(4) $\int \sqrt{x\sqrt{x}}\,\mathrm{d}x$.

分析　(1)可以直接利用积分公式(16)；(2)可先根据不定积分运算法则 1，将常数 4 提到积分号前面，然后再用积分公式；(3)可把被积函数 $2^x\mathrm{e}^x$ 变形为 $(2\mathrm{e})^x$，再利用积分公式(6)；(4)可把被积函数变形为幂函数的形式.

解　(1)由积分公式得 $\int \frac{1}{1+x^2}\mathrm{d}x=\arctan x+C.$

(2) $\int 4x^3\mathrm{d}x=4\int x^3\mathrm{d}x=4\times\frac{x^{3+1}}{3+1}+C=x^4+C.$

(3) $\int 2^x\mathrm{e}^x\mathrm{d}x=\int (2\mathrm{e})^x\mathrm{d}x=\frac{(2\mathrm{e})^x}{\ln 2\mathrm{e}}+C=\frac{2^x\mathrm{e}^x}{1+\ln 2}+C.$

(4) $\int \sqrt{x\sqrt{x}}\,\mathrm{d}x=\int \sqrt{x\cdot x^{\frac{1}{2}}}\,\mathrm{d}x=\int (x^{\frac{3}{2}})^{\frac{1}{2}}\mathrm{d}x=\int x^{\frac{3}{4}}\mathrm{d}x=\frac{1}{\frac{3}{4}+1}x^{\frac{3}{4}+1}+C=\frac{4}{7}x^{\frac{7}{4}}+C.$

例 2　求 $\int (2\mathrm{e}^x-3\sin x)\mathrm{d}x$.

分析　这是求两个函数差的积分，可利用不定积分的性质变为两个积分的差，然后利用公式分别求积分,再合并化简求出最后结果.

逐项积分后,每个不定积分都含有任意常数,但由于任意常数之和仍为任意常数,所以只需写一个任意常数即可.

解 $\int(2e^x-3\sin x)dx=2\int e^x dx-3\int \sin x dx=2e^x+3\cos x+C.$

计算的结果是否正确,只需对结果求导,看其导数是否等于被积函数即可.例如,要检查例2的结果是否正确,只需计算

$$(2e^x+3\cos x+C)'=(2e^x)'+(3\cos x)'+(C)'=2e^x-3\sin x,$$

就可以肯定计算结果一定正确.

当不定积分不能直接应用基本积分公式和不定积分的性质进行计算时,需先将被积函数化简或变形再进行计算.

例3 求$\int\frac{(x-1)^3}{x^2}dx.$

分析 可以把被积函数中$(x-1)^3$因子按公式$(a-b)^3=a^3-3a^2b+3ab^2-b^3$展开为多项式,然后按分式运算拆分成多个函数的和的积分.

解 原式$=\int\frac{x^3-3x^2+3x-1}{x^2}dx=\int xdx-3\int dx+3\int\frac{1}{x}dx-\int\frac{1}{x^2}dx$

$$=\frac{1}{2}x^2-3x+3\ln|x|+\frac{1}{x}+C.$$

例4 求$\int\frac{1}{\sin^2 x\cos^2 x}dx.$

这里用到了三角平方公式 $\sin^2 x+\cos^2 x=1$.

在求积分中,经常用到三角恒等变形公式,如倍角公式、积化和差等.可参看教材附录Ⅱ,初等数学常用公式部分.

分析 被积函数的分母是两个因式的乘积,可以把分子变成这两个因式的和或差的形式,然后进行分式的拆分和化简,变成能够利用积分公式的形式,再求积分.

解 原式$=\int\frac{\sin^2 x+\cos^2 x}{\sin^2 x\cos^2 x}dx$

$$=\int\sec^2 xdx+\int\csc^2 xdx=\tan x-\cot x+C.$$

例5 求$\int\sin^2\frac{x}{2}dx$

分析 基本积分公式中没有这个类型的积分,可以通过降幂的方法简化被积函数.利用倍角公式$\cos 2\alpha=1-2\sin^2\alpha$可得,$\sin^2\frac{x}{2}=\frac{1-\cos x}{2}$.

解 $\int\sin^2\frac{x}{2}dx=\int\frac{1-\cos x}{2}dx=\frac{1}{2}\int dx-\frac{1}{2}\int\cos xdx=\frac{1}{2}(x-\sin x)+C.$

例6用到了三角平方公式 $\csc^2 x=\cot^2 x+1$,类似的公式还有 $\sec x^2 x=\tan^2 x+1$.

例6 求$\int\cot^2 xdx.$

分析 基本公式中没有这种类型的积分,因此先利用三角恒等变形,再求积分.

解 $\int\cot^2 xdx=\int(\csc^2 x-1)dx=\int\csc^2 xdx-\int dx=-\cot x-x+C.$

例7 求$\int\frac{dx}{x^2(1+x^2)}.$

分析 被积函数是两个分式的积,可将其恒等变形为两个分式的和或差再积分.

解 因为$\frac{1}{x^2(1+x^2)}=\frac{1}{x^2}-\frac{1}{(1+x^2)}$,所以

$$原式=\int\left(\frac{1}{x^2}-\frac{1}{1+x^2}\right)dx=\int\frac{1}{x^2}dx-\int\frac{1}{1+x^2}dx=-\frac{1}{x}-\arctan x+C.$$

例 8　已知一曲线 $y=f(x)$ 在点 $(x,f(x))$ 处的切线斜率为 $\sec^2x+\sin x$，且此曲线 $y=f(x)$ 与 y 轴的交点为 $(0,5)$，求此曲线的方程.

分析　由导数的几何意义知，曲线任一点处的切线斜率即为曲线的导数，已知了导数求原函数就是求不定积分问题. 求出不定积分，再根据曲线过点 $(0,5)$ 确定任意常数 C 的值，即可得到曲线的方程.

解　$y=f(x)$ 在点 $(x,f(x))$ 处的切线斜率为 $\sec^2x+\sin x$，即

$$y'=\sec^2x+\sin x,$$

所以
$$y=\int(\sec^2x+\sin x)dx=\tan x-\cos x+C.$$

由 $x=0$，$y=5$ 代入 $y=\tan x-\cos x+C$，解得 $C=6$，

所以，所求曲线方程为　　$y=\tan x-\cos x+6$.

例 9　已知物体以速度 $v=2t^2+1$(m/s) 沿 Ox 轴做直线运动，当 $t=1$ s 时，物体经过的路程为 3 m，求物体的运动方程.

解　设物体的运动方程为 $x=x(t)$，于是有

$$x'(t)=v=2t^2+1,$$

$$x(t)=\int(2t^2+1)dt=\frac{2}{3}t^3+t+C.$$

由已知条件 $t=1$ s 时，$x=3$ m，代入上式得

$$3=\frac{2}{3}+1+C，即\ C=\frac{4}{3},$$

所以物体的运动方程为
$$x(t)=\frac{2}{3}t^3+t+\frac{4}{3}.$$

习　题 5.2

A 组

1. 计算下列不定积分：

(1) $\int 2\cos x dx$；　(2) $\int 4x^3 dx$；　(3) $\int\left(2+\frac{1}{1+x^2}\right)dx$.

2. 计算下列不定积分：

(1) $\int e^{x-3}dx$；　(2) $\int \sec x(\sec x-\tan x)dx$；　(3) $\int 2^{3x}\cdot 3^x dx$；

(4) $\int\frac{x-9}{\sqrt{x}+3}dx$；　(5) $\int\frac{x^3+1}{x+1}dx$；　(6) $\int\frac{\cos 2x}{\cos x-\sin x}dx$.

B 组

1. 计算下列不定积分：

(1) $\int 3^{2x}e^{x+2}\mathrm{d}x$；　(2) $\int \sqrt{\sqrt{\sqrt{x}}}\,\mathrm{d}x$；　(3) $\int \frac{(x-1)^3}{x^2}\mathrm{d}x$；

(4) $\int \frac{1}{\sqrt{2gt}}\mathrm{d}t$；　(5) $\int \tan^2 x\mathrm{d}x$；　(6) $\int (\sqrt{x}+1)(\sqrt{x^3}-1)\mathrm{d}x$；

(7) $\int \frac{1}{x^2(x^2+1)}\mathrm{d}x$；　(8) $\int \frac{1}{\sin^2 x\cdot\cos^2 x}\mathrm{d}x$；　(9) $\int \frac{1}{1+\cos 2x}\mathrm{d}x$.

2. 已知一物体在 t 时刻的速度为 $v=3t-2$，且 $t=0$ 时，$s=5$，求该物体的运动方程.

5.3　换元积分法

上一节介绍了利用基本积分公式和性质求积分的直接积分法，这种方法只能求一些简单函数的不定积分，对于比较复杂函数的积分问题，还需要进一步探讨其他方法.

在微分学中，复合函数的微分法是一种重要的方法，不定积分作为微分法的逆运算，也有相应的方法. 对于复合函数求积分问题，利用中间变量的代换，得到复合函数的积分法——换元积分法. 这种方法是把复合函数的求导法则反过来用于求不定积分的一种方法.

通常根据换元的先后，把换元积分法分成第一类换元积分法（也称凑微分法）和第二类换元积分法（变量代换法）两种.

5.3.1　第一类换元积分法(凑微分法)

使用积分公式求积分，被积函数都是积分变量的简单函数，而在实际中遇到的被积函数可能是关于积分变量的复合函数，这类问题可以用第一类换元积分法求解.

定理 5.3.1　若 $\int f(u)\mathrm{d}u=F(u)+C$，且 $u=\varphi(x)$ 有连续导数，则

$$\int f[\varphi(x)]\varphi'(x)\mathrm{d}x=F[\varphi(x)]+C.$$

这种积分方法称为**第一换元积分法**. 这种方法是先凑微分再换元，因此也称**凑微分法**，主要用于求复合函数的积分. 该方法求积分的步骤可用下面的式子表示：

$$\int f[\varphi(x)]\varphi'(x)\mathrm{d}x=\int f[\varphi(x)]\mathrm{d}\varphi(x)=\int f(u)\mathrm{d}u=F(u)+C=F[\varphi(x)]+C.$$

可以看出，凑微分法分四步：①凑微分；②变量替换 $\varphi(x)=u$；③求出积分；④回代变量 $u=\varphi(x)$.

利用复合函数的求导法则，可以验证上式的正确性，即

$$[F[\varphi(x)]+C]'=F'(u)\varphi'(x)=f(u)\varphi'(x)=f[\varphi(x)]\varphi'(x).$$

例 1 计算下列积分：(1)$\int 2\cos 2x\mathrm{d}x$； (2)$\int (1+2x)^3\mathrm{d}x$； (3)$\int \mathrm{e}^{2x}\mathrm{d}x$.

分析 被积函数是关于积分变量的复合函数，不能直接用基本积分公式和性质求积分，可利用凑微分法.

解 (1)将 $2\mathrm{d}x$ 凑成 $\mathrm{d}(2x)$，令 $2x=u$，则

$$\text{原式}=\int \cos 2x\mathrm{d}(2x)=\int \cos u\mathrm{d}u=\sin u+C=\sin 2x+C.$$

(2)将 $\mathrm{d}x$ 凑成 $\mathrm{d}x=\frac{1}{2}\mathrm{d}(1+2x)$，令 $1+2x=u$，则

$$\text{原式}=\int \frac{1}{2}(1+2x)^3\mathrm{d}(1+2x)=\frac{1}{2}\int u^3\mathrm{d}u$$

$$=\frac{1}{8}u^4+C=\frac{1}{8}(1+2x)^4+C.$$

(3)将 $\mathrm{d}x$ 凑成 $\mathrm{d}x=\frac{1}{2}\mathrm{d}2x$，令 $2x=u$，则

$$\text{原式}=\frac{1}{2}\int \mathrm{e}^{2x}\mathrm{d}2x=\frac{1}{2}\int \mathrm{e}^{u}\mathrm{d}u=\frac{1}{2}\mathrm{e}^{u}+C=\frac{1}{2}\mathrm{e}^{2x}+C.$$

当运算比较熟练后，可以不必写出新变量的替换过程. 例如，前面例 1(1)解题过程可以写为

$$\int 2\cos 2x\mathrm{d}x=\int \cos 2x\mathrm{d}(2x)=\sin 2x+C.$$

被积函数往往是一个关于积分变量的复合函数或复合函数与一个基本初等函数乘积的形式，可以把基本初等函数和 $\mathrm{d}x$ 一起凑成一个新函数的微分，而复合函数是关于这个新函数的简单函数或通过化简变成简单函数，然后用直接积分法计算.

例 2 求不定积分：(1)$\int \frac{1}{3x+1}\mathrm{d}x$； (2)$\int \frac{2x}{x^2+1}\mathrm{d}x$； (3)$\int 2x\sin x^2\mathrm{d}x$.

解 (1)原式$=\frac{1}{3}\int \frac{1}{3x+1}(3x+1)'\mathrm{d}x=\frac{1}{3}\int \frac{1}{3x+1}\mathrm{d}(3x+1)=\frac{1}{3}\ln|3x+1|+C.$

(2)原式$=\int \frac{1}{x^2+1}\cdot(x^2+1)'\mathrm{d}x=\int \frac{1}{x^2+1}\mathrm{d}(x^2+1)=\ln(x^2+1)+C.$

(3)原式$=\int \sin x^2\cdot 2x\mathrm{d}x=\int \sin x^2\cdot(x^2)'\mathrm{d}x=\int \sin x^2\mathrm{d}x^2=-\cos x^2+C.$

例 3 求不定积分：(1)$\int \sin^4 x\cos x\mathrm{d}x$； (2)$\int \frac{1}{x(\ln x+1)}\mathrm{d}x$； (3)$\int \frac{\cos\sqrt{x}}{\sqrt{x}}\mathrm{d}x$.

解 (1)$\int \sin^4 x\cos x\mathrm{d}x=\int \sin^4 x\mathrm{d}\sin x=\frac{1}{5}\sin^5 x+C.$

(2)原式$=\int \frac{\mathrm{d}(\ln x)}{\ln x+1}=\int \frac{\mathrm{d}(\ln(x+1))}{\ln x+1}=\ln|1+\ln x|+C.$

(3)原式$=2\int \cos\sqrt{x}\,\mathrm{d}\sqrt{x}=2\sin\sqrt{x}+C.$

当被积函数是三角函数相乘时，凑一次项或拆开奇次项去凑微分. 如$\int \sin^2 x\cos^3 x\mathrm{d}x=\int \sin^2 x\cos^2 x\mathrm{d}\sin x$

例 4 求$\int \cos^2 x\mathrm{d}x$.

分析 该题无法直接凑微分，可利用倍角公式降幂后再凑微分.

解 $\int \cos^2 x\mathrm{d}x=\int \frac{1+\cos 2x}{2}\mathrm{d}x=\frac{1}{2}\left[\int \mathrm{d}x+\int \cos 2x\mathrm{d}x\right]$

$$=\frac{x}{2}+\frac{1}{4}\int \cos 2x\mathrm{d}2x=\frac{x}{2}+\frac{1}{4}\sin 2x+C.$$

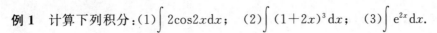

例 5 求$\int \tan x\mathrm{d}x$和$\int \cot x\mathrm{d}x$.

分析 $\tan x=\frac{\sin x}{\cos x}$, $\sin x\mathrm{d}x=-\mathrm{d}\cos x$.

解 $\int \tan x\mathrm{d}x=\int \frac{\sin x}{\cos x}\mathrm{d}x=-\int \frac{1}{\cos x}\mathrm{d}\cos x=-\ln|\cos x|+C.$

即
$$\int \tan \mathrm{d}x=-\ln|\cos x|+C.$$

类似地可得$\int \cot x\mathrm{d}x=\ln|\sin x|+C$(请读者自己完成计算).

这两个结论就是前面第 2 节基本积分公式中的(19)和(20).

例 6 求$\int \frac{1}{a^2+x^2}\mathrm{d}x(a>0)$.

分析 积分公式没有$\int \frac{1}{a^2+x^2}\mathrm{d}x$ 类型,但有$\int \frac{1}{1+x^2}\mathrm{d}x$ 类型.我们可以把要求的积分变成这种类型.

解 原式$=\frac{1}{a^2}\int \frac{1}{1+\frac{x^2}{a^2}}\mathrm{d}x=\frac{1}{a}\int \frac{1}{1+\left(\frac{x}{a}\right)^2}\mathrm{d}\left(\frac{x}{a}\right)=\frac{1}{a}\arctan \frac{x}{a}+C.$

例 7 求$\int \frac{\mathrm{d}x}{a^2-x^2}$.

分析 本题不能直接利用公式,也不能直接凑微分,可通过分式恒等变形将被积函数降幂,变成可凑微分的形式,即$\frac{1}{a^2-x^2}=\frac{1}{2a}\left(\frac{1}{a+x}+\frac{1}{a-x}\right)$,

解
$$\begin{aligned}\int \frac{\mathrm{d}x}{a^2-x^2}&=\frac{1}{2a}\int \left(\frac{1}{a+x}+\frac{1}{a-x}\right)\mathrm{d}x=\frac{1}{2a}\left(\int \left(\frac{1}{a+x}\mathrm{d}x+\int \frac{1}{a-x}\mathrm{d}x\right)\right.\\&=\frac{1}{2a}\left[\int \frac{1}{a+x}\mathrm{d}(a+x)-\int \frac{1}{a-x}\mathrm{d}(a-x)\right]\\&=\frac{1}{2a}[\ln|a+x|-\ln|a-x|]+C=\frac{1}{2a}\ln\left|\frac{a+x}{a-x}\right|+C.\end{aligned}$$

例 8 求$\int \frac{1}{1+\mathrm{e}^x}\mathrm{d}x$.

解
$$\begin{aligned}\int \frac{1}{1+\mathrm{e}^x}\mathrm{d}x&=\int \frac{1+\mathrm{e}^x-\mathrm{e}^x}{1+\mathrm{e}^x}\mathrm{d}x=\int \left(1-\frac{\mathrm{e}^x}{1+\mathrm{e}^x}\right)\mathrm{d}x=\int 1\mathrm{d}x-\int \frac{\mathrm{e}^x}{1+\mathrm{e}^x}\mathrm{d}x\\&=\int 1\mathrm{d}x-\int \frac{1}{1+\mathrm{e}^x}\mathrm{d}(1+\mathrm{e}^x)==x-\ln(1+\mathrm{e}^x)+C.\end{aligned}$$

例 9 求$\int \sec x\mathrm{d}x$ 和$\int \csc x\mathrm{d}x$.

解 $\int \sec x\mathrm{d}x=\int \frac{1}{\cos x}\mathrm{d}x=\int \frac{\cos x}{\cos^2 x}\mathrm{d}x=\int \frac{\mathrm{d}(\sin x)}{1-\sin^2 x}$ (利用例 7 的结果)

$$\begin{aligned}&=\frac{1}{2}\ln\left|\frac{1+\sin x}{1-\sin x}\right|+C=\frac{1}{2}\ln\left|\frac{(1+\sin x)^2}{1-\sin^2 x}\right|+C\\&=\frac{1}{2}\ln\left|\frac{(1+\sin x)^2}{\cos^2 x}\right|+C=\ln\left|\frac{1+\sin x}{\cos x}\right|+C\end{aligned}$$

$=\ln|\sec x+\tan x|+C.$

即
$$\int \sec x\mathrm{d}x=\ln|\sec x+\tan x|+C.$$

类似地，有$\int \csc x\mathrm{d}x=\ln|\csc x-\cot x|+C$(请同学们自己完成证明).

例 10 求$\int (2x\mathrm{e}^{x^2}+x\sqrt{1-x^2}+\tan x)\mathrm{d}x$.

分析 本题是三个函数和的积分，可根据不定积分的性质变成三个函数的积分的和.

解 原式$=\int 2x\mathrm{e}^{x^2}\mathrm{d}x+\int x\sqrt{1-x^2}\mathrm{d}x+\int \frac{\sin x}{\cos x}\mathrm{d}x$

$$=\int \mathrm{e}^{x^2}\mathrm{d}x^2-\frac{1}{2}\int (1-x^2)^{\frac{1}{2}}\mathrm{d}(1-x^2)-\int \frac{1}{\cos x}\mathrm{d}\cos x$$

$$=\mathrm{e}^{x^2}-\frac{1}{3}(1-x^2)^{\frac{3}{2}}-\ln|\cos x|+C.$$

第一换元积分法的关键是凑微分. 从以上的例子可以看出，凑微分没有一个统一的方法，如果对基本函数的导数公式或微分公式比较熟悉，凑微分并不难. 下面列出一些常见的凑微分形式，熟悉它们可以有效提高解题效率.

凑微分形式	**积分形式**
$\mathrm{d}x=\frac{1}{a}\mathrm{d}(ax)$	$\int f(ax)\mathrm{d}x=\frac{1}{a}\int f(ax)\mathrm{d}(ax)$
$\mathrm{d}x=\frac{1}{a}\mathrm{d}(ax+b)$	$\int f(ax+b)\mathrm{d}x=\frac{1}{a}\int f(ax+b)\mathrm{d}(ax+b)$
$x\mathrm{d}x=\frac{1}{2}\mathrm{d}(x^2)$	$\int xf(x^2)\mathrm{d}x=\frac{1}{2}\int f(x^2)\mathrm{d}x^2$
$x^{n-1}\mathrm{d}x=\frac{1}{na}\mathrm{d}(ax^n+b)$	$\int x^{n-1}f(ax^n+b)\mathrm{d}x=\frac{1}{na}\int f(ax^n+b)\mathrm{d}(ax^n+b)$
$\mathrm{e}^x\mathrm{d}x=\mathrm{d}(\mathrm{e}^x)$	$\int \mathrm{e}^x f(\mathrm{e}^x)\mathrm{d}x=\int f(\mathrm{e}^x)\mathrm{d}(\mathrm{e}^x)$
$\frac{1}{x}\mathrm{d}x=\mathrm{d}(\ln x)$	$\int \frac{1}{x}f(\ln x)\mathrm{d}x=\int f(\ln x)\mathrm{d}(\ln x)$
$\frac{1}{\sqrt{x}}\mathrm{d}x=2\mathrm{d}(\sqrt{x})$	$\int \frac{1}{\sqrt{x}}f(\sqrt{x})\mathrm{d}x=2\int f(\sqrt{x})\mathrm{d}(\sqrt{x})$
$\cos x\mathrm{d}x=\mathrm{d}(\sin x)$	$\int \cos xf(\sin x)\mathrm{d}x=\int f(\sin x)\mathrm{d}(\sin x)$
$\sin x\mathrm{d}x=-\mathrm{d}(\cos x)$	$\int \sin xf(\cos x)\mathrm{d}x=-\int f(\cos x)\mathrm{d}(\cos x)$
$\sec^2 x\mathrm{d}x=\mathrm{d}(\tan x)$	$\int \sec^2 xf(\tan x)\mathrm{d}x=\int f(\tan x)\mathrm{d}(\tan x)$
$\csc^2 x\mathrm{d}x=-\mathrm{d}(\cot x)$	$\int \csc^2 xf(\cot x)\mathrm{d}x=-\int f(\cot x)\mathrm{d}(\cot x)$

5.3.2 第二类换元积分法(变量代换法)

如果不定积分$\int f(x)\mathrm{d}x$不易用前面的积分方法计算，可引入新变量 t，做代换 x

$=\varphi(t)$，那么$\int f(x)\mathrm{d}x=\int f[\varphi(t)]\varphi'(t)\mathrm{d}t$. 而$\int f[\varphi(t)]\varphi'(t)\mathrm{d}t$是容易求得的. 这就是第二类换元积分法.

定理 5.3.1 若 $f(x)$是连续函数，$x=\varphi(t)$有连续导数 $\varphi'(t)$，且 $\varphi'(t)\neq 0$，又设$\int f[\varphi(t)]\varphi'(t)\mathrm{d}t=F(t)+C$，则有换元公式

$$\int f(x)\mathrm{d}x=\int f[\varphi(t)]\varphi'(t)\mathrm{d}t=F(t)+C=F[\varphi^{-1}(x)]+C.$$

这种积分方法，称为**第二换元积分法**. 不难看出，这一方法是把第一类换元法反过来使用，只是在不同情况下同一公式的两种不同的使用方式.

用第二换元积分法求积分可概括为如下四步.
令：引入新变量.
换：将原积分式换为关于新变量的积分式.
积：求关于新变量的积分.
代：新变量回代，换回原变量.

例 11 求$\int \frac{1}{1+\sqrt{x}}\mathrm{d}x$.

分析 本题不能直接套用积分基本公式，也不容易凑微分. 难点在于根式，如果消除了根式，问题就很容易解决.

解 设$\sqrt{x}=t$，则 $x=t^2$，$\mathrm{d}x=2t\mathrm{d}t$，所以

$$\begin{aligned}原式&=\int \frac{2t}{1+t}\mathrm{d}t=2\int \frac{(t+1)-1}{1+t}\mathrm{d}t\\&=2\int \left(1-\frac{1}{1+t}\right)\mathrm{d}t=2[t-\ln(1+t)]+C\\&=2[\sqrt{x}-\ln(1+\sqrt{x})]+C\end{aligned}$$

注意：在最后的结果中必须代入 $t=\sqrt{x}$，返回到原积分变量 x.

例 12 求$\int \frac{1}{\sqrt[3]{x}+\sqrt{x}}\mathrm{d}x$.

分析 被积函数中含有三次根式$\sqrt[3]{x}$和二次根式$\sqrt{x}$，作变换 $x=t^6$，可同时去掉两个根式.

解 设 $x=t^6$，$\mathrm{d}x=6t^5\mathrm{d}t$，则

$$\begin{aligned}原式&=\int \frac{6t^5\mathrm{d}t}{t^2+t^3}=\int \frac{6t^3}{1+t}\mathrm{d}t=6\int \left(t^2-t+1-\frac{1}{1+t}\right)\mathrm{d}t\\&=6\int (t^2-t+1)\mathrm{d}t-6\int \frac{1}{1+t}\mathrm{d}t=2t^3-3t^2+6t-6\ln|t+1|+C\\&=2\sqrt{x}-3\sqrt[3]{x}+6\sqrt[6]{x}-6\ln(\sqrt[6]{x}+1)+C.\end{aligned}$$

例 13 求$\int \sqrt{a^2-x^2}\mathrm{d}x(a>0)$.

分析 如果令 $a^2-x^2=t^2$ 就可以消除根号了，可利用三角平方公式 $\cos x^2x+\sin^2x=1$ 得出 $\cos x^2=1-\sin^2x$，因此看可设 $x=a\sin t$.

解 设 $x=a\sin t\left(-\frac{\pi}{2}<t<\frac{\pi}{2}\right)$，则

$$\sqrt{a^2-x^2}=\sqrt{a^2-a^2\sin^2t}=a\sqrt{1-\sin^2t}=a\cos t,$$
$$\mathrm{d}x=\mathrm{d}(a\sin t)=a\cos t\mathrm{d}t,$$

所以有
$$\int \sqrt{a^2-x^2}\mathrm{d}x=\int a\cos t\cdot a\cos t\mathrm{d}t=a^2\int \cos^2t\mathrm{d}t$$

$$=a^2\int\frac{1+\cos 2t}{2}\mathrm{d}t=\frac{a^2}{2}\left(t+\frac{1}{2}\sin 2t\right)+C$$

$$=\frac{a^2}{2}t+\frac{a^2}{2}\sin t\cos t+C.$$

由 $x=a\sin t$ 得，$\sin t=\frac{x}{a}$ ，$t=\arcsin\frac{x}{a}$. 于是

$$\cos t=\sqrt{1-\sin^2 t}=\sqrt{1-\left(\frac{x}{a}\right)^2}=\frac{1}{a}\sqrt{a^2-x^2}.$$

因此，所求不定积分

$$\int\sqrt{a^2-x^2}\,\mathrm{d}x=\frac{a^2}{2}\arcsin\frac{x}{a}+\frac{x}{2}\sqrt{a^2-x^2}+C.$$

例 14　求$\int\frac{\mathrm{d}x}{\sqrt{x^2-a^2}}(a>0)$.

分析　为了消除根号，可利用三角平方关系 $\sec x^2x=\tan^2x+1$.

解　令 $x=a\sec t\left(0\leqslant t<\frac{\pi}{2}\right)$，则 $\mathrm{d}x=\mathrm{d}(a\sec t)=a\sec t\tan t\mathrm{d}t$，则

$$\sqrt{x^2-a^2}=\sqrt{a^2\sec^2 t-a^2}=a\sqrt{\sec^2 t-1}=a\sqrt{\tan^2 t}=a\tan t,$$

所以　　原式$=\int\frac{a\sec t\tan t}{a\tan t}\mathrm{d}t=\int\sec t\mathrm{d}t=\ln|\sec t+\tan t)|+C_1$.

为了求 $\tan t$，根据 $\sec t=\frac{x}{a}$ 作如图 5-2 所示的直角三角形，得 $\tan t=\frac{\sqrt{x^2-a^2}}{a}$ ，所以

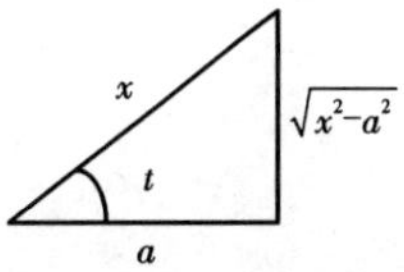

图 5-2

$$原式=\ln\left|\frac{x}{a}+\frac{\sqrt{x^2-a^2}}{a}\right|+C_1$$

$$=\ln|x+\sqrt{x^2-a^2}|+C_1-\ln a$$

$$=\ln|x+\sqrt{x^2-a^2}|+C\quad(C=C_1-\ln a).$$

例 15　求$\int\frac{\mathrm{d}x}{\sqrt{x^2+9}}$.

解　设 $x=3\tan t\left(-\frac{\pi}{2}<t<\frac{\pi}{2}\right)$，则 $\sqrt{x^2+9}=3\sqrt{1+\tan^2 t}=3\sec t$，

$\mathrm{d}x=\mathrm{d}(3\tan t)=3\sec^2 t\mathrm{d}t$，所以

$$\int\frac{\mathrm{d}x}{\sqrt{x^2+9}}=\int\frac{3\sec^2 t}{3\sec t}\mathrm{d}t=\int\sec t\mathrm{d}t=\ln|\sec t+\tan t|+C.$$

为了返回原积分变量，可由 $\tan t=\frac{x}{3}$ 作出如图 5-3 所示的辅助三角形，得 $\sec t=\frac{1}{\cos t}=\frac{\sqrt{x^2+9}}{3}$，所以

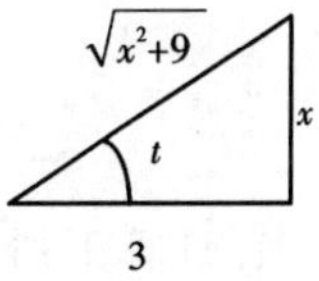

图 5-3

$$\int\frac{\mathrm{d}x}{\sqrt{x^2+9}}=\ln\left|\frac{x}{3}+\frac{\sqrt{a^2+x^2}}{3}\right|+C_1=\ln\frac{|x+\sqrt{a^2+x^2}|}{3}+C_1$$

$$=\ln|x+\sqrt{x^2+9}|+C_1-\ln 3=\ln|x+\sqrt{x^2+9}|+C.$$

(其中 $C=C_1-\ln 3$).

第二换元积分法是解决积分问题的基本方法之一，常常用于被积函数中含有根式的情形. 这种方法的关键是如何设定变换 $x=\varphi(t)$，常用的变换可总结如下.

1. 直接去根号法

(1)被积函数中含有 $\sqrt[n_1]{x}$，$\sqrt[n_2]{x}$，则令 $t=\sqrt[n]{x}$，其中 n 为 n_1，n_2 的最小公倍数；

(2)被积函数中含有 $\sqrt[n]{ax+b}$，则令 $t=\sqrt[n]{ax+b}$.

2. 三角代换法

(1)被积函数中含有 $\sqrt{a^2-x^2}$，则令 $x=a\sin t$；

(2)被积函数中含有 $\sqrt{x^2+a^2}$，则令 $x=a\tan t$；

(3)被积函数中含有 $\sqrt{x^2-a^2}$，则令 $x=a\sec t$.

作三角替换时，可利用直角三角形的边角关系确定有关三角函数的关系，以返回原积分变量.

第二换元积分法并不局限于以上几种形式，应具体问题具体分析，有时虽然出现了上述代换中的形式，但未必就一定用这种方法. 如 $\int x\sqrt{a^2-x^2}\,dx\ (a>0)$ 就不必用三角代换，而用凑微分法计算更为简单.

习　题 5.3

A 组

1. 用凑微分法计算下列不定积分：

(1) $\int \sin x\cos x\,dx$；　(2) $\int \frac{\ln x}{x}dx$；　(3) $\int \frac{x}{1+x^2}dx$；

(4) $\int (3x+1)^3dx$；　(5) $\int \sin(2x+5)dx$；　(6) $\int 2e^{-x}dx$；

(7) $\int \frac{1}{2x-3}dx$；　(8) $\int 2xe^{x^2}dx$；　(9) $\int x\sqrt{1+x^2}dx$；

(10) $\int \frac{\arctan x}{1+x^2}dx$；　(11) $\int e^x\sin e^x dx$；　(12) $\int \sec^2 x\tan x\,dx$.

2. 用第二换元积分法计算下列不定积分：

(1) $\int \frac{x}{\sqrt{x+1}}dx$；　(2) $\int \frac{\sqrt{x}}{\sqrt{x}+\sqrt[3]{x}}dx$；　(3) $\int \frac{x}{\sqrt{x-3}}dx$.

B 组

1. 计算下列不定积分：

(1) $\int \sin^3 x\cos x\,dx$；　(2) $\int \frac{1}{\sqrt{x}(1+x)}dx$；　(3) $\int \frac{t}{\sqrt{1-t^2}}dt$.

2. 求下列不定积分：

(1) $\int \frac{x}{\sqrt{a^2-x^2}}\mathrm{d}x$；　　(2) $\int \frac{\sqrt{a^2+x^2}}{x^2}\mathrm{d}x$；

(3) $\int \frac{1}{\sqrt{1+x-x^2}}\mathrm{d}x$；　　(4) $\int \frac{1}{x\sqrt{x^2-1}}\mathrm{d}x$.

5.4　分部积分法

利用换元积分法可以通过换元的方式，将不易求解的积分转化为易求解的积分. 但仍有一些不定积分，不能利用基本公式法和换元积分法计算，如$\int xe^x\mathrm{d}x$，$\int x\sin x\mathrm{d}x$等. 本节将讨论另一种求不定积分的基本方法——分部积分法. 它是由两个函数乘积的微分运算法则推出的一种求积分的方法，用于解决一些两个不同类型函数乘积的不定积分问题.

定理 5.4.1　设函数 $u=u(x)$，$v=v(x)$具有连续导数，则有

$$\int u\mathrm{d}v=uv-\int v\mathrm{d}u.$$

证明　因为函数 $u=u(x)$，$v=v(x)$具有连续导数，所以函数 uv、u、v 都可微，根据两个函数乘积的微分公式有

$$\mathrm{d}(uv)=v\mathrm{d}u+u\mathrm{d}v,$$

移项得

$$u\mathrm{d}v=\mathrm{d}(uv)-v\mathrm{d}u.$$

两边积分，可得$\int u\mathrm{d}v=\int \mathrm{d}(uv)-\int v\mathrm{d}u$，计算得

$$\int u\mathrm{d}v=uv-\int v\mathrm{d}u.$$

这个公式称为**分部积分公式**. 这一公式说明，如果计算积分 $u\mathrm{d}v$ 较因难，而积分 $v\mathrm{d}u$ 易于计算，则可以使用分部积分法计算.

分部积分法常用于被积函数是两种不同类型的函数乘积的积分，它是乘积的微分运算的逆运算.

例 1　求下列不定积分：(1) $\int x\cos x\mathrm{d}x$；　　(2) $\int xe^x\mathrm{d}x$.

分析　这两个积分都是两个函数乘积的积分，显然无积分公式可用，用换元法也无能为力. 本题的特点是被积函数是两种不同类型的函数的乘积，可用分部积分法求解.

解　(1)设 $u=x$，$\mathrm{d}v=\cos x\mathrm{d}x=\mathrm{d}\sin x$，即 $v=\sin x$，于是有

$$\int x\cos x\mathrm{d}x=\int x\mathrm{d}\sin x=x\sin x-\int \sin x\mathrm{d}x=x\sin x+\cos x+C.$$

(2)设 $u=x$，$\mathrm{d}v=e^x\mathrm{d}x=\mathrm{d}e^x$，即 $v=e^x$，于是有

$$\int xe^x\mathrm{d}x=\int x\mathrm{d}e^x=xe^x-\int e^x\mathrm{d}x=xe^x-e^x+C.$$

应用分部积分法的关键是恰当地选取 u 和 $\mathrm{d}v$，选取时一般要考虑以下两点：

(1) v 要容易求得，往往通过凑微分的方法找到；

(2)求$\int v\mathrm{d}u$要比求$\int u\mathrm{d}v$简单.

那么,应该怎样根据被积表达式凑出 $\mathrm{d}v$ 呢? **一般有如下凑微分形式规律:**

(1)$\int x^n\sin x\mathrm{d}x,\int x^n\cos x\mathrm{d}x$($n>0$,$n$ 为正整数)型,设 $u=x^n$,被积表达式的其余部分凑成 $\mathrm{d}v$,即 $\sin x\mathrm{d}x=-\mathrm{d}\cos x,\cos x\mathrm{d}x=\mathrm{d}\sin x$;

(2)$\int x^n\mathrm{e}^x\mathrm{d}x$($n>0$,$n$ 为正整数)型,设 $u=x^n$,被积表达式的其余部分凑成 $\mathrm{d}v$,即 $\mathrm{e}^x\mathrm{d}x=\mathrm{d}\mathrm{e}^x$;

(3)$\int x^m\ln x\mathrm{d}x,\int x^m\arcsin x\mathrm{d}x,\int x^m\arctan x\mathrm{d}x$($m\neq-1$,$m$ 为整数)型,一般设 $\mathrm{d}v=x^m\mathrm{d}x$,而被积表达式的其余部分凑成 u. 例如 $x\ln x\mathrm{d}x=\frac{1}{2}\ln x\mathrm{d}x^2$;

(4)$\int \mathrm{e}^{ax}\sin bx\mathrm{d}x,\int \mathrm{e}^{ax}\cos bx\mathrm{d}x$ 型,把 $\mathrm{e}^{ax}\mathrm{d}x$ 或把 $\sin bx\mathrm{d}x$、$\cos bx\mathrm{d}x$ 凑成 $\mathrm{d}v$ 均可.

当运算熟练之后,分部积分的替换过程可以省略不写.

例 2 求$\int x\ln x\mathrm{d}x$.

分析 这是幂函数与对数函数乘积的积分,可用分部积分法,按照规律,设 $u=\ln x,\mathrm{d}v=x\mathrm{d}x=\frac{1}{2}\mathrm{d}x^2$.

解
$$\begin{aligned}\int x\ln x\mathrm{d}x&=\frac{1}{2}\int\ln x\mathrm{d}x^2=\frac{1}{2}\left[x^2\ln x-\int x^2\mathrm{d}\ln x\right]\\&=\frac{1}{2}\left[x^2\ln x-\int x\mathrm{d}x\right]=\frac{1}{2}\left[x^2\ln x-\frac{1}{2}x^2\right]+C\\&=\frac{1}{2}x^2\ln x-\frac{1}{4}x^2+C.\end{aligned}$$

例 3 求$\int x\mathrm{e}^{-2x}\mathrm{d}x$.

分析 被积函数是幂函数和指数函数的积,按照规律,应将 x 留下作为 u,将 $\mathrm{e}^{-2x}\mathrm{d}x$ 凑成 $\mathrm{d}\left(-\frac{1}{2}\mathrm{e}^{-2x}\right)$,即 $v=-\frac{1}{2}\mathrm{e}^{-2x}$.

解
$$\begin{aligned}\int x\mathrm{e}^{-2x}\mathrm{d}x&=\int x\mathrm{d}\left(-\frac{1}{2}\mathrm{e}^{-2x}\right)=-\frac{1}{2}x\mathrm{e}^{-2x}+\frac{1}{2}\int\mathrm{e}^{-2x}\mathrm{d}x\\&=-\frac{1}{2}x\mathrm{e}^{-2x}-\frac{1}{4}\mathrm{e}^{-2x}+C.\end{aligned}$$

例 4 求$\int x\arctan x\mathrm{d}x$.

分析 被积函数是幂函数与反三角函数乘积的形式,按规律,设 $u=\arctan x,\mathrm{d}v=x\mathrm{d}x=\frac{1}{2}\mathrm{d}x^2$.

解
$$\int x\arctan x\mathrm{d}x=\frac{1}{2}\int\arctan x\mathrm{d}x^2=\frac{1}{2}\left[x^2\arctan x-\int x^2\mathrm{d}\arctan x\right]$$

$$=\frac{1}{2}\left[x^2\arctan x-\int\frac{x^2}{1+x^2}dx\right]=\frac{1}{2}\left[x^2\arctan x-\int\left(1-\frac{1}{1+x^2}\right)dx\right]$$

$$=\frac{1}{2}[x^2\arctan x-x+\arctan x]+C.$$

例 5　求 $\int x^2e^x dx$.

解　$\int x^2e^xdx=\int x^2de^x=x^2e^x-\int e^xdx^2=x^2e^x-2\int xe^xdx$

$$=x^2e^x-2\left(xe^x-\int e^xdx\right)=x^2e^x-2xe^x+2e^x+C.$$

例 6　求 $\int e^x\sin x dx$

解　$\int e^x\sin xdx=\int\sin xd(e^x)=e^x\sin x-\int e^x\cos xdx$

$$=e^x\sin x-\int\cos xd(e^x)$$

$$=e^x\sin x-e^x\cos x-\int e^x\sin xdx,$$

上式右端第三项 $\int e^x\sin xdx$ 恰是所求的不定积分，移项后，有

$$2\int e^x\sin xdx=e^x(\sin x-\cos x)+C_1,$$

所以

$$\int e^x\sin xdx=\frac{1}{2}e^x(\sin x-\cos x)+C.$$

此处应注意移项后，等式右端已不含积分项，必须加上任意常数 C_1，而最后结果中的 $C=\frac{1}{2}C_1$. 而且，在第二次应用分部积分法时，u 和 dv 的选取要与第一次保持一致，否则将回到原积分.

分部积分可以连续使用多次，直到求出结果. 但有时连续使用两次后会出现循环，又出现了要求的积分，这时就不能再使用分部积分了，而应另想它法. 一般是把得出的等式看为是关于所求积分的方程，移项整理后得出结果.

分部积分法并不是独立的，对于一些不定积分问题往往需要综合运用换元法和分部积分法才能求出结果.

例 7　求 $\int\arctan\sqrt{x}dx$.

分析　把积分看作是 $\int 1\cdot\arctan\sqrt{x}dx$，常数 1 可看做是幂函数 $x^m(m=0)$，但 $\arctan\sqrt{x}$ 是关于 x 的复合函数，不能直接用分部积分法. 可先利用换元法去掉根号，然后再利用分部积分法.

解　设 $t=\sqrt{x}$，则 $x=t^2$，$dx=2tdt$，所以

$$\int\arctan\sqrt{x}dx=\int\arctan t\cdot 2tdt=\int\arctan tdt^2$$

$$=t^2\arctan t-\int t^2d\arctan t=t^2\arctan t-\int\frac{t^2}{1+t^2}dt$$

$$=t^2\arctan t-\int\left(1-\frac{1}{1+t^2}\right)dt=t^2\arctan t-\int\left(1-\frac{1}{1+t^2}\right)dt$$

$$=t^2\arctan t-t+\arctan t+C$$

$$=x\arctan\sqrt{x}-\sqrt{x}+\arctan\sqrt{x}+C$$
$$=(x+1)\arctan\sqrt{x}-\sqrt{x}+C.$$

习　题 5.4

A 组

用分部积分法计算下列不定积分：

(1) $\int x\sin x\mathrm{d}x$；　(2) $\int \arccos x\mathrm{d}x$；　(3) $\int x^2\mathrm{e}^{3x}\mathrm{d}x$；

(4) $\int x^2\sin x\mathrm{d}x$；　(5) $\int \frac{1}{\sqrt{x}}\arcsin\sqrt{x}\mathrm{d}x$；　(6) $\int \mathrm{e}^{-x}\cos x\mathrm{d}x$.

B 组

计算下列不定积分：

(1) $\int x^2\sin\frac{x}{3}\mathrm{d}x$；　(2) $\int \cos\ln x\mathrm{d}x$；　(3) $\int \sec^3 x\mathrm{d}x$；

(4) $\int \ln(x+\sqrt{1+x^2})\mathrm{d}x$；　(5) $\int \arctan x\mathrm{d}x$；　(6) $\int \frac{x\mathrm{e}^x}{\sqrt{\mathrm{e}^x-1}}\mathrm{d}x$.

5.5　积分表的使用

前面学习了几种不定积分的计算方法，这些方法只适用于一些简单的函数或较特殊的函数，而在实际工作当中遇到的不定积分往往较复杂，计算较困难. 为了方便起见，把前人计算出来的常见的定积分分类汇集成表，做成了积分表，见附录Ⅰ. 表中列出了十五类不定积分和一类定积分共 147 个公式，按函数的类型进行分类排列，求积分时，可根据被积函数的类型直接在表中查到所得的结果，或经过简单的变形后再查找公式. 下面举例说明积分表的用法.

例 1　求 $\int \frac{x}{(3x+4)^2}\mathrm{d}x$.

解　被积函数中含有 $ax+b$，属于积分表第一类中公式 7 类型，即

$$\int \frac{x}{(ax+b)^2}\mathrm{d}x=\frac{1}{a^2}\left[\ln|ax+b|+\frac{b}{ax+b}\right]+C.$$

令 $a=3,b=4$，于是

$$\int \frac{x}{(3x+4)^2}\mathrm{d}x=\frac{1}{9}\left[\ln|3x+4|+\frac{4}{3x+4}\right]+C.$$

例 2　求 $\int \frac{1}{5-4\cos x}\mathrm{d}x$.

解　被积函数中含有三角函数，这里 $a=5,b=-4,a^2>b^2$，所以本题属于积分表第十一类中公式 105 类型，即

$$\int\frac{dx}{a+b\cos x}=\frac{2}{a+b}\sqrt{\frac{a+b}{a-b}}\arctan\left(\sqrt{\frac{a-b}{a+b}}\tan\frac{x}{2}\right)+C.$$

将 $a=5, b=-4$ 代入上式并计算得

$$\int\frac{1}{5-4\cos x}dx=\frac{2}{3}\arctan\left(3\tan\frac{x}{2}\right)+C.$$

例 3　求 $\int\frac{1}{4x^2+4x-3}dx$.

解　本例属于积分表中第五类含有 $ax^2+bx+c(a>0)$ 的积分，按公式 29，当 $a=4, b=4, c=-3$ 时，有 $\Delta=b^2-4ac=64>0$，于是有

$$\int\frac{1}{4x^2+4x-3}dx=\frac{1}{8}\left|\frac{2x-1}{2x+3}\right|+C.$$

例 4　求 $\int\frac{dx}{x\sqrt{4x^2+9}}$.

分析　表中不能直接查出，需先进行变量代换.

解　令 $2x=u \Rightarrow \sqrt{4x^2+9}=\sqrt{u^2+3^2}$，则

$$\int\frac{dx}{x\sqrt{4x^2+9}}=\int\frac{\frac{1}{2}du}{\frac{u}{2}\sqrt{u^2+3^2}}=\int\frac{du}{u\sqrt{u^2+3^2}},$$

被积函数中含有 $\sqrt{u^2+3^2}$，属于积分表六中公式 37 类型，即

$$\int\frac{dx}{x\sqrt{x^2+a^2}}=\frac{1}{a}\ln\frac{\sqrt{x^2+a^2}-a}{|x|}+C,$$

所以有

$$\int\frac{du}{u\sqrt{u^2+3^2}}=\frac{1}{3}\ln\frac{\sqrt{u^2+9}-3}{|u|}+C,$$

将 $u=2x$ 代入得

$$\int\frac{dx}{x\sqrt{4x^2+9}}=\frac{1}{3}\ln\frac{\sqrt{4x^2+9}-3}{2|x|}+C.$$

例 5　求 $\int\sin^4 x dx$.

解　该积分属于积分表第十一类中公式 95 的类型，即

$$\int\sin^n x dx=-\frac{\sin^{n-1}x\cos x}{n}+\frac{n-1}{n}\int\sin^{n-2}x dx.$$

利用此公式可使正弦的幂次减少两次，重复使用可使正弦的幂次继续减少，直到求出结果. 这个公式叫递推公式. 本题中 $n=4$，于是

$$\int\sin^4 x dx=-\frac{\sin^3 x\cos x}{4}+\frac{3}{4}\int\sin^2 x dx,$$

对积分 $\int\sin^2 x dx$ 使用公式 93 有

$$\int\sin^2 x dx=\frac{x}{2}-\frac{1}{4}\sin 2x+C,$$

所以

$$\int\sin^4 x dx=-\frac{\sin^3 x\cos x}{4}+\frac{3}{4}\left(\frac{x}{2}-\frac{1}{4}\sin 2x\right)+C.$$

习　题 5.5

利用积分表求下列不定积分：

(1) $\int \frac{1}{\sqrt{4x^2-9}}\mathrm{d}x$；　(2) $\int \frac{1}{4-9x^2}\mathrm{d}x$；　(3) $\int \frac{1}{x^2+2x+10}\mathrm{d}x$；

(4) $\int \sqrt{2x^2+9}\,\mathrm{d}x$；　(5) $\int (\ln x)^3\mathrm{d}x$；　(6) $\int \frac{1}{2+\sin 2x}\mathrm{d}x$.

5.6　应用举例

通过前面几节内容的学习，我们知道了不定积分的概念和计算方法. 下面通过一些实例简单介绍一下不定积分在生产实际中的应用.

5.6.1　不定积分在经济上的应用

例 1　已知某厂生产某产品总产量 $Q(t)$ 的变化率是时间 t 的函数 $Q'(t)=136t+20$，当 $t=0$ 时 $Q=0$，求该产品的总产量函数 $Q(t)$.

分析　总产量的变化率 $Q'(t)$ 即总产量函数的导数，求出 $Q'(t)$ 的不定积分，再根据初始条件 $t=0$ 时 $Q=0$ 即可确定总产量函数 $Q(t)$.

解　由 $Q'(t)=136t+20$ 两边积分得

$$\int Q'(t)=\int (136t+20)\mathrm{d}t.$$

计算得　$Q(t)=68t^2+20t+C.$

将 $t=0$ 时，$Q=0$ 带入上式，得　$C=0.$

所以，所求总产量函数为　$Q(t)=68t^2+20t.$

例 2　某工厂生产某种产品，已知每月生产的产品的边际成本是 $M'(q)=2+\frac{7}{\sqrt[3]{q^2}}$，且固定成本是 5 000 元. 求总成本 M 与月产量 q 的函数关系.

分析　边际成本即为总成本函数的导数；固定成本 5 000 元就是月产量 q 为零时的成本，即初始条件.

解　由 $M'(q)=2+\frac{7}{\sqrt[3]{q^2}}$ 两边积分得

$$\int M'(q)=\int \left(2+\frac{7}{\sqrt[3]{q^2}}\right)\mathrm{d}q.$$

计算得　$M(q)=2q+21\sqrt[3]{q}+C.$

将 $q=0$ 时，$M=5\ 000$ 带入上式，得 $C=5\ 000.$

所以，总成本函数为　$M(q)=2q+21\sqrt[3]{q}+5\ 000.$

5.6.2　不定积分在物理上的应用

例 3　若一矿山升降机做加速度运动时，其加速度为 $a=c\left(1-\sin\frac{\pi t}{2T}\right)$，式中 c 及 T 为常数，已知升降机的初速度为零，试求运动开始 t 秒后升降机的速度及其所走过的路程.

解　由题设及加速度的微分形式 $a=\frac{\mathrm{d}v}{\mathrm{d}t}$，有

$$\mathrm{d}v=c\left(1-\sin\frac{\pi t}{2T}\right),$$

对等式两边同时积分

$$\int \mathrm{d}v=\int c\left(1-\sin\frac{\pi t}{2T}\right)\mathrm{d}t,$$

计算得

$$v=ct+c\,\frac{2T}{\pi}\cos\frac{\pi t}{2T}+C_1,$$

由初始条件 $v=0,t=0$，得 $C_1=-\frac{2T}{\pi}c$，于是

$$v=c\left[t+\frac{2T}{\pi}\left(\cos\frac{\pi t}{2T}-1\right)\right].$$

又因为 $v=\frac{\mathrm{d}s}{\mathrm{d}t}$，得

$$\mathrm{d}s=c\left[t+\frac{2T}{\pi}\left(\cos\frac{\pi t}{2T}-1\right)\right]\mathrm{d}t,$$

对等式两边同时取积分，得

$$\int \mathrm{d}s=\int c\left[t+\frac{2T}{\pi}\left(\cos\frac{\pi t}{2T}-1\right)\right]\mathrm{d}t.$$

计算得

$$s=c\left[\frac{1}{2}t^2+\frac{2T}{\pi}\left(\frac{2T}{\pi}\sin\frac{\pi t}{2T}-t\right)\right].$$

例 4　一电路中电流关于时间的变化率为 $\frac{\mathrm{d}i}{\mathrm{d}t}=0.9t^2-2t$，若 $t=0$ 时，$i=3A$，求电流 i 关于时间 t 的函数关系式.

解　设电流 i 关于时间 t 的函数关系式为 $i=i(t)$，由 $\frac{\mathrm{d}i}{\mathrm{d}t}=0.9t^2-2t$ 两边取积分并计算得

$$\int\frac{\mathrm{d}i}{\mathrm{d}t}=\int(0.9t^2-2t)\mathrm{d}t=0.3t^3-t^2+C.$$

将 $t=0$ 时，$i=3$ 代入上式的 $C=3$.

所以电流 i 关于时间 t 的函数关系式为 $i(t)=0.3t^3-t^2+3$.

例 5　2012 年，我国自主研发的深水潜水器蛟龙号成功潜入水下 7 000 m 深处. 蛟龙号在垂直下潜时所遇到的阻力和下沉的速度成正比. 如果蛟龙号的质量为 m，并且由静止开始下沉，试求蛟龙号下沉的速度函数.

解　设蛟龙号下沉的速度为 $v=v(t)$，由题意得 $v(0)=0$. 根据牛顿定律有合外力

$F=ma$. 合外力 F 等于地球引力与水向上的阻力的差,即 $F=mg-kv$. 因为 $a=\frac{\mathrm{d}v}{\mathrm{d}t}$,所以有

$$mg-kv=ma=m\frac{\mathrm{d}v}{\mathrm{d}t},\text{即 } g-\frac{k}{m}v=\frac{\mathrm{d}v}{\mathrm{d}t}.$$

令 $\frac{k}{m}=\omega$,于是有 $g-\omega v=\frac{\mathrm{d}v}{\mathrm{d}t}$,变形得 $\mathrm{d}t=\frac{\mathrm{d}v}{g-\omega v}$,两边积分计算得

$$t=-\frac{1}{\omega}\ln(g-\omega v)+C,$$

将 $v(0)=0$ 代入上式的 $C=\frac{1}{\omega}\ln g$,代入上式得

$$t=-\frac{1}{\omega}\ln(g-\omega v)+\frac{1}{\omega}\ln g$$

整理后求得蛟龙号下沉的速度函数为

$$v=\frac{g}{m}(1-\mathrm{e}^{-\omega t}),\text{其中 } \omega=\frac{k}{m}.$$

习 题 5.6

1. 已知生产某产品 x 个单位时的边际收入(总收入 R 的变化率)为 $R'(x)=200-\frac{x}{100}(x\geqslant 0)$,求生产 50 个单位产品时的总收入.

2. 将温度为 100 摄氏度的物体放在 20 摄氏度的空气中冷却,求物体冷却规律(即温度 T 与时间的函数关系.

3. 设降落伞从跳伞塔下落,所受空气阻力与速度呈成正比,降落伞离开降落塔顶($t=0$)时的速度为零,求降落伞下落时的速度 $v(t)$ 与时间 t 的函数关系.

数学文化

微积分产生

微积分的产生是数学上的伟大创造. 它从生产技术和理论科学的需要中产生,又反过来广泛影响着生产技术和科学的发展. 如今,微积分已是广大科学工作者以及技术人员不可缺少的工具. 微积分是微分学和积分学的统称,它的萌芽、发生与发展经历了漫长的时期.

微积分的诞生. 微积分的产生一般分为三个阶段:极限概念;求积的无限小方法;积分与微分的互逆关系. 最后一步是由牛顿、莱布尼茨完成的. 前两阶段的工作,欧洲的大批数学家一直追溯到古希腊的阿基米德都作出了各自的贡献. 微积分思想虽然可追朔古希腊,但它的概念和法则却是在 16 世纪下半叶,开普勒、卡瓦列利等求积的不可分量思想和方法基础上产生和发展起来的.

早在古希腊时期,欧多克斯提出了穷竭法. 这是微积分的先驱.

积分概念是由求某些面积、体积和弧长引起的，古希腊数学家要阿基米德在《抛物线求积法》中用穷竭法求出抛物线弓形的面积，当时人们没有用极限，是“有限”开工的穷竭法. 但阿基米德的贡献真正成为积分学的萌芽.

微分是联系到对曲线作切线的问题和函数的极大值、极小值问题而产生的. 微分方法的第一个真正值得注意的先驱工作起源于 1629 年费马陈述的概念，他给出了如何确定极大值和极小值的方法. 其后英国剑桥大学三一学院的教授巴罗又给出了求切线的方法，进一步推动了微分学概念的产生. 前人工作终于使牛顿和莱布尼茨在 17 世纪下半叶各自独立创立了微积分. 1605 年 5 月 20 日，在牛顿手写的一份文件中开始有“流数术”的记载，微积分的诞生不妨以这一天为标志. 牛顿关于微积分的著作很多写于 1665—1676 年间，但这些著作发表很迟. 他完整地提出微积分是一对互逆运算，并且给出换算的公式，就是后来著名的牛顿—莱布尼茨公式.

如果说牛顿从力学导致“流数术”，那莱布尼茨则是从几何学上考察切线问题得出微分法. 他的第一篇论文刊登于 1684 年的《都市期刊》上，这比牛顿公开发表微积分著作早 3 年，这篇文章给一阶微分以明确的定义.

莱布尼茨 1646 年生于莱比锡，对数学有超人的直觉，并且对于设计符号很擅长. 他的微积分符号“$\mathrm{d}x$”和“$\int$”已被证明是很实用的.

牛顿和莱布尼茨总结了前人的工作，经过各自独立的研究，掌握了微分法和积分法，并建立了二者之间的联系. 因而将他们两人并列为微积分的创始人是完全正确的，尽管牛顿的研究比莱布尼茨早 10 年，但论文的发表要晚 3 年.

微积分的发明历程. 如果将整个数学比作一棵大树，那么初等数学是树的根，名目繁多的数学分支是树枝，而树干的主要部分就是微积分. 微积分堪称是人类智慧最伟大的成就之一. 整个 17 世纪有数十位科学家为微积分的创立做了开创性的研究，但使微积分成为数学的一个重要分支的还是牛顿和莱布尼茨.

微积分的思想. 从微积分成为一门学科来说，是在 17 世纪，但是，微分和积分的思想早在古代就已经产生了. 公元前 3 世纪，古希腊的数学家、力学家阿基米德(公元前 287—前 212)的著作《圆的测量》和《论球与圆柱》中就已含有微积分的萌芽，他在研究解决抛物线下的弓形面积、球和球冠面积、螺线下的面积和旋转双曲线的体积的问题中就隐含着近代积分的思想. 作为微积分的基础极限理论来说，早在我国的古代就有非常详尽的论述，比如庄周所著的《庄子》一书的“天下篇”中，著有“一尺之棰，日取其半，万世不竭”. 三国时期的高徽在他的割圆术中提出“割之弥细，所失弥少，割之又割以至于不可割，则与圆合体而无所失矣”. 公元 263 年，刘徽为《九章算术》作注时提出了“割圆术”，用正多边形来逼近圆周. 这是极限论思想的成功运用. 意大利数学家卡瓦列利在 1635 年出版的《连续不可分几何》，就把曲线看成无限多条线段(不可分量)拼成的. 这些都为后来的微积分的诞生作了思想准备.

解析几何为微积分的创立奠定了基础. 笛卡尔 1637 年发表了《科学中的正确运用理性和追求真理的方法论》，从而确立了解析几何，表明了几何问题不仅可以归结成为代数形式，而且可以通过代数变换来发现几何性质，证明几何性质. 他不仅用坐标表示点的位置，而且把点的坐标运用到曲线上. 他认为点移动成线，所以方程不仅可表示已知数与未知数之间的关系，表示变量与变量之间的关系，还可以表示曲线，于是方程与曲线之间建立起对应关系. 于是几何图形各种量之间可以化为代数量之间的关系，使得几何与代数在数量上统一了起来. 笛卡尔就这样把相互对立着的“数”与“形”统一起来，从而实现了数学史的一次飞跃，而且更重要的是它为微积分的成熟提供了必要的条件，从而开拓了变量数学的广阔空间.

牛顿的“流数术”. 数学史的另一次飞跃就是研究“形”的变化. 17 世纪生产力的发展推动了自然科学和技术的发展,不但已有的数学成果得到进一步巩固、充实和扩大,而且由于实践的需要,开始研究运动着的物体和变化的量,这样就获得了变量的概念,研究变化着的量的一般性和它们之间的依赖关系. 到了 17 世纪下半叶,在前人创造性研究的基础上,英国大数学家、物理学家艾萨克·牛顿(1642—1727)是从物理学的角度研究微积分的,他为了解决运动问题,创立了一种和物理概念直接联系的数学理论,即牛顿称之为“流数术”的理论,这实际上就是微积分理论. 牛顿的有关“流数术”的主要著作是《求曲边形面积》、《运用无穷多项方程的计算法》和《流数术和无穷极数》. 这些概念是力学概念的数学反映. 牛顿认为任何运动存在于空间,依赖于时间,因而他把时间作为自变量,把和时间有关的固变量作为流量,不仅这样,他还把几何图形——线、角、体,都看作力学位移的结果. 因而,一切变量都是流量.

牛顿指出,“流数术”基本上包括下列三类问题.

(1)已知流量之间的关系,求它们的流数的关系,这相当于微分学.

(2)已知表示流数之间的关系的方程,求相应的流量间的关系. 这相当于积分学,牛顿意义下的积分法不仅包括求原函数,还包括解微分方程.

(3)“流数术”应用范围包括计算曲线的极大值、极小值,求曲线的切线和曲率,求曲线长度及计算曲边形面积等.

牛顿已完全清楚上述(1)与(2)两类问题中运算是互逆的运算,于是建立起微分学和积分学之间的联系. 牛顿在 1665 年 5 月 20 日的一份手稿中提到“流数术”,因而有人把这一天作为诞生微积分的标志.

莱布尼茨使微积分更加简洁和准确. 德国数学家莱布尼茨(G. W. Leibniz1646～1716)是从几何方面独立发现了微积分,在牛顿和莱布尼茨之前至少有数十位数学家研究过,他们为微积分的诞生作了开创性贡献. 但是他们这些工作是零碎的,不连贯的,缺乏统一性. 莱布尼茨创立微积分的途径和方法与牛顿是不同的. 莱布尼茨是经过研究曲线的切线和曲线包围的面积,运用分析学方法引进微积分概念、得出运算法则的. 牛顿在微积分的应用上更多地结合了运动学,造诣较莱布尼茨高一等,但莱布尼茨的表达形式采用数学符号却又远远优于牛顿一筹,既简洁又准确地揭示出微积分的实质,强有力地促进了高等数学的发展.

莱布尼茨创造的微积分符号,促进了微积分学的发展. 莱布尼茨是数学史上最杰出的符号创造者之一. 牛顿当时采用的微分和积分符号现在不用了,而莱布尼茨所采用的符号现今仍在使用. 莱布尼茨比别人更早更明确地认识到,好的符号能大大节省思维劳动,运用符号的技巧是数学成功的关键之一.

中国古代数学对微积分创立的贡献. 古代中国毫不逊色于西方,微积分思想在古代中国早有萌芽,甚至是古希腊数学不能比拟的. 公元前 7 世纪老庄哲学中就有无限可分性和极限思想;公元前 4 世纪《墨经》中有了有穷、无穷、无限小(最小无内)、无穷大(最大无外)的定义和极限、瞬时等概念. 刘徽于公元 263 年首创的割圆术求圆面积和方锥体积,求得圆周率约等于 3.141 6,他的极限思想和无穷小方法,是世界古代极限思想的深刻体现.

微积分思想和方法从刘徽对圆锥、圆台、圆柱的体积公式的证明到公元 5 世纪祖恒求球体积的方法中都可找到. 北宋大科学家沈括的《梦溪笔谈》独创了“隙积术”、“会圆术”和“棋局都数术”开创了对高阶等差级数求和的研究. 特别是 13 世纪 40 年代到 14 世纪初,在主要领域都达到了中国古代数学的高峰,出现了现通称贾宪三角形的“开方作法本源图”和增乘开方法、“正负开方术”、“大衍求一术”、“大衍总数术”(一次同余式组解法)、“垛积术”(高阶等差级数求和)、“招差术”(高次差内差法)、“天元术”(一元高次方程一般解法)、“四元术”(四元高次方程组解法)、勾股数学、弧矢割圆术、组合数学、计算技术改革和珠算等都是在世界数学史上有重要地位的杰出成果,中国古代数学有了微积分前两阶段的出色工作,其中许多都是微积分得以创立的关键. 中国已具备了 17 世纪发明微积分前夕的全部内在条件，已经接近了微积分的大门. 可惜中国元朝以后，八股取士制造成了学术上的大倒退，封建统治的文化专制和盲目排外致使包括数学在内的科学日渐衰落，在微积分创立的最关键一步落伍了.

第6章　定积分及其应用

问题引入

“从太阳到行星的向径在相等的时间内扫过相等的面积”，是德国天文学家开普勒在17世纪提出的著名的“行星运动三大定律”之一. 要证明这一定律，需求向径所扫过的面积，如图6-1. 如何求向径所扫过的面积成为当时世界性的难题.

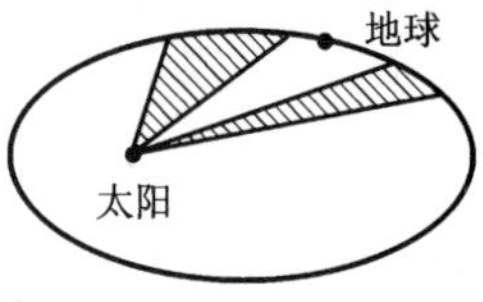

图6-1

如果是规则的几何图形，很容易求出面积. 如果是不规则图形，求其面积就不那么容易了. 定积分就是在这样的背景下抽象出来的数学概念.

定积分与不定积分是两个不同类型的概念，微积分基本定理把这两个概念密切联系起来，解决了定积分的计算问题，使定积分得到了更加广泛的应用. 本章从实例入手引出定积分的概念，在介绍其基本性质和计算方法的基础上，讨论定积分在几何、物理、经济等领域中的应用.

学习目标

1. 掌握定积分的概念，了解定积分的几何意义，掌握定积分的基本性质.
2. 掌握变上限定积分的概念和性质.
3. 掌握微积分基本定理，熟练运用牛顿—莱布尼茨公式计算定积分.
4. 掌握定积分的换元法和分部积分法.
5. 了解广义积分的概念和计算方法；明确广义积分的敛散性；能够计算一些简单的广义积分.
6. 了解定积分的微元法及其应用，能利用定积分计算平面图形的面积和特殊立体的体积.
7. 了解定积分在物理学上的应用；了解定积分在经济领域上的一些应用.

6.1　定积分的概念和性质

“行星运动三大定律”不仅是天文学上划时代的发现，而且也是数学史上的重要里程碑. 为了证明第二定律，开普勒将椭圆中被扫描过的那部分图形分割成许多小的扇形，并近似地将他们看成一个一个的小三角形，通过一些技巧对这些小三角形面积的和求极限，成功地计算出了向径所扫过的面积. 开普勒之后的许多数学家在他的思想启发下，做了大量的完善和发展工作，成为定积分这种重要计算方法的奠基者. 下面通过两个实例对这种思想方法进行介绍.

6.1.1　定积分概念的引入

1. 曲边梯形的面积

若图形的三条边是直线段，其中有两条垂直于第三条底边，而其第四条边是曲线，这样的图形称为**曲边梯形**. 如图 6-2 所示，图形 $abCD$ 就是由区间$[a,b]$上的连续曲线 $y=f(x)(f(x)>0)$，直线 $x=a$，$x=b$ 以及 x 轴($y=0$)所围成的曲边梯形，其中曲线弧 $y=f(x)$称为**曲边**.

如何计算曲边梯形 $abCD$ 的面积呢

由于曲边梯形的高 $f(x)$在区间$[a,b]$上是连续变化的，所以不能用求矩形面积的方法来求曲边梯形的面积. 为了计算曲边梯形的面积，我们先将曲边梯形用垂直于底边的一组平行线分割成若干个小曲边梯形，如图 6-3 所示.

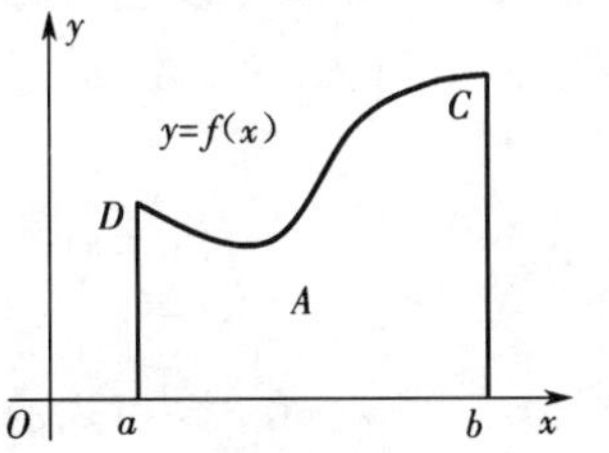

图 6-2

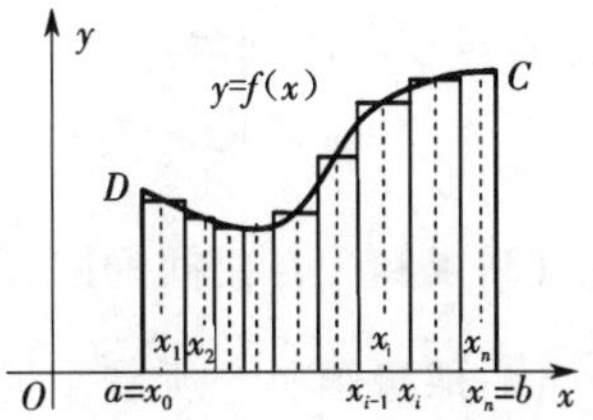

图 6-3

当小曲边梯形很窄时，它就接近于小矩形，这是因为很小区间上的函数值的变化是很小的. 于是每个小曲边梯形的面积可以近似地用一个与它同底、高为底上某点处的函数值的小矩形的面积来表示.

这样，所有这些小矩形面积之和就近似等于大曲边梯形的面积. 当分割得越细密，近似的程度就越高. 当无限细分时，使每个小区间的长度都趋近于零，所有小矩形面积之和的极限与大曲边梯形的面积无限接近，把这个极限值定义为大曲边梯形的面积 A.

根据以上的分析，把求曲边梯形的面积的方法和步骤归纳如下.

(1)分割　在区间$[a,b]$中任意插入若干个分点 $a=x_0<x_1<x_2<\cdots<x_{n-1}<x_n=b$，把区间$[a,b]$分成 n 个小区间$[x_0,x_1]$，$[x_1,x_2]$，$\cdots$，$[x_{n-1},x_n]$，这些小区间的长度为 $\Delta x_i=x_i-x_{i-1}(i=1,2,\cdots,n)$.

经过每一个分点作 x 轴的垂直线，把曲边梯形分成 n 个小曲边梯形，其面积记为 $\Delta A_i(i=1,2,\cdots,n)$.

(2)近似代替　在每个小区间$[x_{i-1},x_i](i=1,2,\cdots,n)$内任取一点 ξ_i，以 Δx_i 为底、$f(\xi_i)$为高构成小矩形，以小矩形面积 $f(\xi_i)\Delta x_i$ 近似替代第 i 个小曲边梯形面积 ΔA_i，即 $\Delta A_i\approx f(\xi_i)\Delta x_i(i=1,2,\cdots,n)$.

(3)求和　把这样得到的 n 个小矩形面积相加，作为所求曲边梯形面积 A 的近似值，即　$A=\sum\limits_{i=1}^{n}\Delta A_i\approx f(\xi_1)\Delta x_1+f(\xi_2)\Delta x_2+\cdots+f(\xi_n)\Delta x_n=\sum\limits_{i=1}^{n}f(\xi_i)\Delta x_i$.

这种思想方法可概括为“大化小，常代变，近似和，取极限”.

(4)取极限　设 $\lambda=\max\{\Delta x_1,\Delta x_2,\cdots,\Delta x_n\}$，$\lambda\to 0$ 时(这时分段数 n 无限增多，即 $n\to\infty$)，取上述和式的极限，如果极限存在，这个极限值就是曲边梯形的面积，即

$$A=\lim_{\lambda\to 0}\sum_{i=1}^{n}f(\xi_i)\Delta x_i$$

2. 变速直线运动的路程

设一质点做变速直线运动，已知速度 $v=v(t)$是时间 t 的连续函数，求在时间间隔

$[T_1,T_2]$上质点经过的路程 s.

由于质点做变速直线运动，速度是变化的，因此不能用匀速直线运动的路程公式求路程. 我们用类似求曲边梯形面积的方法来求路程.

(1)分割 在时间间隔$[T_1,T_2]$内任取分点 $T_1=t_0<t_1<t_2<\cdots<t_{i-1}<t_i<\cdots<t_n=T_2$，把$[T_1,T_2]$分成 n 个小区间$[t_{i-1},t_i](i=1,2,\cdots,n)$，小区间长度记为 $\Delta t_i=t_i-t_{i-1}(i=1,2,\cdots,n)$.

(2)近似代替 在每个小区间$[t_{i-1},t_i]$上任取一点 ξ_i，以 ξ_i 点的速度 $v(\xi_i)$代替质点在$[t_{i-1},t_i]$的速度(因为$[t_{i-1},t_i]$间隔很小，速度的变化也很小，所以可以这样做)，则得质点在时间间隔$[t_{i-1},t_i]$上经过的路程近似值为 $v(\xi_i)\Delta t_i(i=1,2,\cdots,n)$，即

$$\Delta s_i\approx v(\xi_i)\Delta t_i(i=1,2,\cdots,n).$$

(3)求和 在时间间隔$[T_1,T_2]$上所经过的路程 $s=\sum_{i=1}^{n}\Delta s_i\approx\sum_{i=1}^{n}v(\xi_i)\Delta t_i$.

(4)取极限 令所有小区间长度中的最大值 $\lambda=\max\{\Delta t_i\}$，当 $\lambda\to 0$ 时，和式的极限就是在时间间隔$[T_1,T_2]$上质点经过的路程 s 的精确值，即 $s=\lim\limits_{\lambda\to 0}\sum_{i=1}^{n}v(\xi_i)\Delta t_i$.

6.1.2 定积分的定义

由上述两例可见，虽然所计算的量不同，但它们都决定于一个函数及其自变量的变化区间，其次它们的计算方法与步骤都相同，都归纳为一种“和式的极限”，即

$$\text{面积 }A=\lim_{\lambda\to 0}\sum_{i=1}^{n}f(\xi_i)\Delta x_i,\text{路程 }s=\lim_{\lambda\to 0}\sum_{i=1}^{n}v(\xi_i)\Delta t_i.$$

将这种方法加以概括，就可以抽象出下述定积分的定义.

定义 6.1.1 设函数 $f(x)$在闭区间$[a,b]$上有界，在$[a,b]$中任意插入若干个分点($a=x_0<x_1<x_2<\cdots<x_{n-1}<x_n=b$)把区间$[a,b]$分成 n 个小区间$[x_{i-1},x_i](i=1,2,\cdots,n)$，即$[x_0,x_1],[x_1,x_2],\cdots,[x_{n-1},x_n]$，各个小区间的长度为 $\Delta x_i=x_i-x_{i-1}(i=1,2,\cdots,n)$.

在每个小区间$[x_{i-1},x_i]$上任取一点 $\xi_i(x_{i-1}\leqslant\xi_i\leqslant x_i)$，得相应函数值 $f(\xi_i)$，作数值 $f(\xi_i)$与 Δx_i 的乘积 $f(\xi_i)\Delta x_i(i=1,2,\cdots,n)$，把所有乘积相加，得和式$\sum_{i=1}^{n}f(\xi_i)\Delta x_i$.

记 $\lambda=\max\{\Delta x_1,\Delta x_2,\cdots,\Delta x_n\}$，如果不论对$[a,b]$怎样分法，也不论在小区间$[x_{i-1},x_i]$上点 ξ_i 怎样取法，只要当 $\lambda\to 0$ 时，上述和式的极限值都存在，则称**函数 $f(x)$在区间$[a,b]$上可积**，称这个极限值为**函数 $f(x)$在区间$[a,b]$上的定积分**，记作$\int_a^b f(x)\mathrm{d}x$，即

$$\int_a^b f(x)\mathrm{d}x=\lim_{\lambda\to 0}\sum_{i=1}^{n}f(\xi_i)\Delta x_i.$$

称 $f(x)$为**被积函数**，$f(x)\mathrm{d}x$ 为**被积表达式**，x 为**积分变量**，区间$[a,b]$为**积分区间**，a 为**积分下限**，b 为**积分上限**，$\sum_{i=1}^{n}f(\xi_i)\Delta x_i$ 称**积分和**.

定积分和不定积分是两个不同类型的概念. 不定积分的结果是一族函数，是不确定的量；而定积分的实质是一个极限值，其计算结果是一个确定的数值.

关于定积分的定义，要注意以下几点：

(1)和式极限存在(即函数可积)是指不论对区间$[a,b]$怎样分法和 ξ_i 怎样取法，极限都存在且相等；

(2)如果 $f(x)$在区间$[a,b]$上连续或有有限个第一类间断点，和式极限一定存在；

(3)函数 $f(x)$在区间$[a,b]$上的定积分是和的极限，如果这一极限存在，则它是一个确定的常量，它只与被积函数 $f(x)$和积分区间$[a,b]$有关，而与积分变量使用的符号选取无关，即

$$\int_a^b f(x)\mathrm{d}x=\int_a^b f(t)\mathrm{d}t=\int_a^b f(u)\mathrm{d}u;$$

(4)无论 $a>b$，还是 $a<b$，都有$\int_b^a f(x)\mathrm{d}x=-\int_a^b f(x)\mathrm{d}x$，特别地，规定$\int_a^a f(x)\mathrm{d}x=0$.

不定积分用于求一个函数的原函数，而定积分适用于求总量问题.

定理 6.1.1　设 $f(x)$在$[a,b]$上连续，则 $f(x)$在$[a,b]$上可积.

定理 6.1.2　设 $f(x)$在$[a,b]$上有界，且只有有限个第一类间断点，则 $f(x)$在$[a,b]$上可积.

根据定积分的定义，前面的两个例子都可表示为定积分. 曲边梯形的面积是函数 $f(x)$在区间$[a,b]$上的定积分，即 $A=\int_a^b f(x)\mathrm{d}x$. 变速直线运动的路程 s 是速度函数 $v(t)$在时间间隔$[T_1,T_2]$上的定积分，即 $s=\int_{T_1}^{T_2} v(t)\mathrm{d}t$.

定积分的概念是从实际问题中归纳、抽象出来的，它所蕴含的思想方法"分割、近似、求和、取极限"是解决连续的量在有限区间上无限积累问题的有效方法，这种微元思想方法在解决实际问题和科学研究中有着广泛的应用，如求平面图形的面积、旋转体的体积、曲线的长度、变力做功、非均匀材料的质量、非稳恒电流的电量等. 这种思想也常常概括为"大化小、常代变、近似和、取极限".

6.1.3　定积分的几何意义

(1)当 $f(x)\geqslant 0$ 时，$\int_a^b f(x)\mathrm{d}x$ 表示由曲线 $y=f(x)$，直线 $x=a,x=b,x$ 轴所围成的曲边梯形的面积.

(2)当 $f(x)<0$ 时，曲边梯形在 x 轴的下方，$\int_a^b f(x)\mathrm{d}x=-A$. 即当 $f(x)<0$ 时，$\int_a^b f(x)\mathrm{d}x$ 是 $f(x)$在$[a,b]$上的曲边梯形面积的相反数. 如图 6-4.

(3)一般情况下，定积分$\int_a^b f(x)\mathrm{d}x$ 表示几个曲边梯形面积的代数和. 如图 6-5 所示，A_1、A_2、A_3 分别表示 $y=f(x)(x\in[a,b])$与 x 轴围成的三个区域的面积，则 $\int_a^b f(x)\mathrm{d}x=A_1-A_2+A_3$. 用定积分表示三个区域的面积为$\int_a^b |f(x)|\mathrm{d}x$.

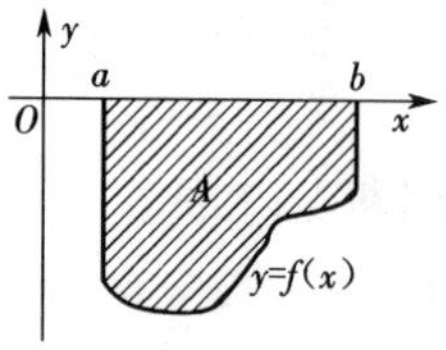

图 6-4

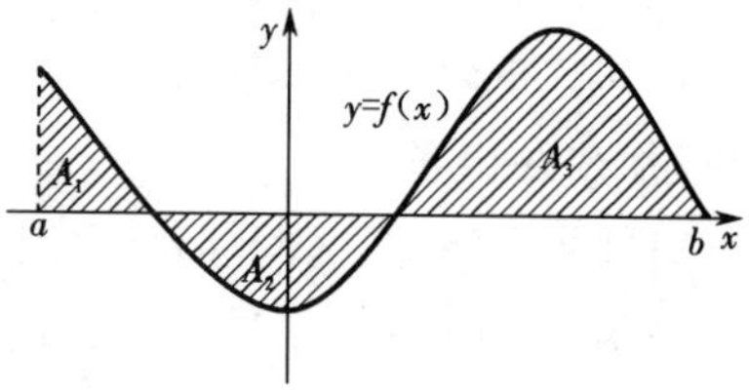

图 6-5

6.1.4 定积分的性质

设函数 $f(x)$、$g(x)$在同一变化区间内可积，则它们的定积分有如下的性质.

性质 1 函数和(差)的定积分等于它们的定积分的和(差)，即

$$\int_a^b [f(x) \pm g(x)]\mathrm{d}x = \int_a^b f(x)\mathrm{d}x \pm \int_a^b g(x)\mathrm{d}x.$$

证明

$$\begin{aligned}\int_a^b [f(x) \pm g(x)]\mathrm{d}x &= \lim_{\lambda \to 0} \sum_{i=1}^{n} [f(\xi_i) \pm g(\xi_i)]\Delta x_i \\ &= \lim_{\lambda \to 0} \sum_{i=1}^{n} f(\xi_i)\Delta x_i \pm \lim_{\lambda \to 0} \sum_{i=1}^{n} g(\xi_i)\Delta x_i \\ &= \int_a^b f(x)\mathrm{d}x \pm \int_a^b g(x)\mathrm{d}x.\end{aligned}$$

这一性质可推广到有限多个函数的情形.

性质 2 被积表达式中的常数因子可以提到积分号前面，即

$$\int_a^b kf(x)\mathrm{d}x = k\int_a^b f(x)\mathrm{d}x \quad (k\text{ 是常数}).$$

性质 3 (积分对区间的可加性)如果将积分区间分成两部分，则在整个区间上的定积分等于这两个区间上定积分之和，即对任意的 c，有

$$\int_a^b f(x)\mathrm{d}x = \int_a^c f(x)\mathrm{d}x + \int_c^b f(x)\mathrm{d}x.$$

注意:无论 a,b,c 的相对位置如何，总有上述等式成立.

性质 4 如果在区间$[a,b]$上，$f(x)\equiv 1$，则$\int_a^b f(x)\mathrm{d}x = \int_a^b \mathrm{d}x = b-a$.

性质 5 如果在$[a,b]$ 上，$f(x) \leqslant g(x)$，则$\int_a^b f(x)\mathrm{d}x \leqslant \int_a^b g(x)\mathrm{d}x$.

这个性质说明，在比较两个定积分的大小时，只要比较被积函数的大小即可.

推论 1 如果在区间$[a,b]$ 上，$f(x) \geqslant 0$，则$\int_a^b f(x)\mathrm{d}x \geqslant 0$.

推论 2

$$\left|\int_a^b f(x)\mathrm{d}x\right| \leqslant \int_a^b |f(x)|\mathrm{d}x.$$

性质 6 (估值定理)设函数 $f(x)$在$[a,b]$上的最大值为 M，最小值为 m，则

$$m(b-a) \leqslant \int_a^b f(x)\mathrm{d}x \leqslant M(b-a).$$

性质 7 (积分中值定理)如果函数 $f(x)$在区间$[a,b]$上连续，则至少存在一点 $\xi \in [a,b]$，使得$\int_a^b f(x)\mathrm{d}x = f(\xi)(b-a)$.

性质 7 的结论可化为 $f(\xi)=\frac{1}{b-a}\int_a^b f(x)\mathrm{d}x$，称为函数 $f(x)$ 在区间 $[a,b]$ 上的平均值计算公式，即 $\bar{y}=\frac{1}{b-a}\int_a^b f(x)\mathrm{d}x$.

例 1　利用定积分的几何意义，确定下列定积分的值：

(1) $\int_0^1 x\mathrm{d}x$　　(2) $\int_0^r \sqrt{r^2-x^2}\,\mathrm{d}x$　　(3) $\int_{-1}^1 x\mathrm{d}x$

解　由定积分的几何意义，定积分是被积函数的图像与 x 轴所围成区域面积的代数和. 画出相应定积分所对应的平面图形，如图 6-6 所示.

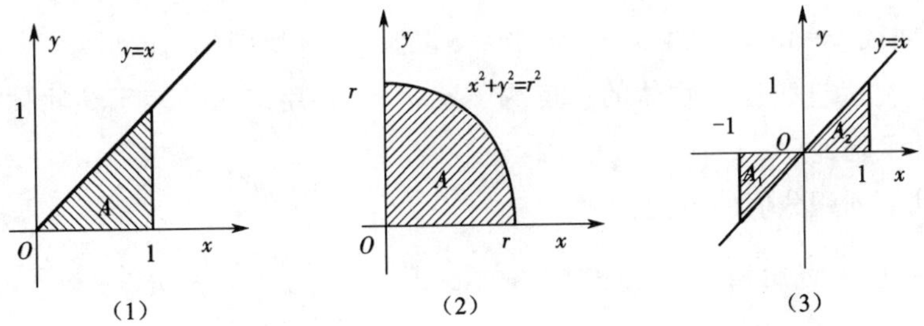

图 6-6

(1) $\int_0^1 x\mathrm{d}x=A=\frac{1}{2}$. (2) $\int_0^r \sqrt{r^2-x^2}\,\mathrm{d}x=A=\frac{1}{4}\pi r^2$.

(3) $\int_{-1}^1 x\mathrm{d}x=-A_1+A_2=-\frac{1}{2}+\frac{1}{2}=0$.

例 2　比较下列各组定积分的大小：

(1) $\int_0^1 x^2\mathrm{d}x$ 与 $\int_0^1 x\mathrm{d}x$；　　(2) $\int_0^1 10^x\mathrm{d}x$ 与 $\int_0^1 5^x\mathrm{d}x$.

解　(1) 因为在 $[0,1]$ 上 $x^2\leqslant x$，所以 $\int_0^1 x^2\mathrm{d}x\leqslant\int_0^1 x\mathrm{d}x$.

(2) 因为在 $[0,1]$ 上有 $10^x\geqslant 5^x$，所以 $\int_0^1 10^x\mathrm{d}x\geqslant\int_0^1 5^x\mathrm{d}x$.

例 3　估计定积分 $\int_0^\pi \frac{1}{3+\sin^3 x}\mathrm{d}x$ 的值的范围.

解　因为在区间 $[0,\pi]$ 上，$0\leqslant\sin x\leqslant 1$，所以区间 $[0,\pi]$ 上有

$$\frac{1}{4}\leqslant\frac{1}{3+\sin^3 x}\leqslant\frac{1}{3}.$$

由定积分的估值定理得　$\frac{\pi}{4}\leqslant\int_0^\pi \frac{1}{3+\sin^3 x}\mathrm{d}x\leqslant\frac{\pi}{3}$.

例 4　变速直线运动物体的速度 $v=v(t)$，求物体在时间段 $[a,b]$ 上的平均速度.

解　物体在时间段 $[a,b]$ 上的路程 $s=\int_a^b v(t)\mathrm{d}t$，所以平均速度为

$$\bar{v}=\frac{1}{b-a}\int_a^b v(t)\mathrm{d}t.$$

习　题 6.1

A 组

1. 比较下列各组积分值的大小：

(1)$\int_0^1 \frac{1}{x^2}dx$ 与$\int_0^1 \frac{1}{x}dx$；(2)$\int_1^2 e^{-x}dx$ 与$\int_1^2 e^x dx$；(3)$\int_{\frac{\pi}{4}}^{\frac{\pi}{2}} \sin x dx$ 与$\int_{\frac{\pi}{4}}^{\frac{\pi}{2}} \cos x dx$.

2. 用定积分表示下列图形的面积：

(1)由曲线 $y=x^3$，直线 $x=1$，$x=2$ 以及 x 轴($y=0$)所围成的曲边梯形；

(2)由曲线 $y=\ln x$，直线 $x=0.5$，$x=e$ 以及 $y=0$ 所围成的图形.

3. 已知变速直线运动物体的速度为 $v=3t^2-2t$，用定积分表示该物体在时间段[2,15]上的平均速度.

4. 估计下列积分值的范围：

(1)$\int_{-\frac{\pi}{4}}^{\frac{\pi}{4}} (1+x^2)dx$；　　(2)$\int_{-1}^{1} e^{-x}dx$；　　(3)$\int_{\frac{1}{e}}^{e} \ln x dx$.

B 组

1. 用定积分表示下列曲线所围成图形的面积：

(1)由曲线 $y=x^2(x\geqslant 0)$，$y=1$ 以及 y 轴所围成的图形；

(2)由曲线 $y=x^2(x\geqslant 0)$，$y=x+2$ 以及 y 轴所围成的图形.

2. 用定积分的性质比较下列各组积分值的大小：

(1)$\int_0^{\frac{\pi}{4}} \sin x dx$ 与$\int_0^{\frac{\pi}{4}} \cos x dx$；　　(2)$\int_0^2 e^{-x}dx$ 与$\int_0^2 (1+x)dx$.

3. 已知电流强度 I 与时间 t 的函数关系是连续函数 $I=I(t)$，试用定积分表示时间间隔$[0,T]$内流过导体横截面的电量 Q.

4. 某物体受力 F 的作用沿直线 Ox 运动，力 F 的方向与运动方向一致，且物体在任一点 x 处所受的力 $F=F(x)$，试用定积分表示物体从 $x=a$ 运动到 $x=b$ 时力 F 所做的功.

6.2　微积分基本定理

由定积分的定义可以看出，尽管可以用定义求定积分，但这是一种非常困难的事情. 因此，我们需要更加简便有效的计算方法来求定积分，微积分基本定理就实现了这一目的.

6.2.1　变上限定积分

设函数 $f(x)$在区间$[a,b]$上连续，对于任意的 $x\in[a,b]$，$f(x)$在区间$[a,x]$上也连续，所以 $f(x)$在$[a,x]$上也可积. 定积分$\int_a^x f(t)dt$ 的值依赖上限 x 的变化而变化，因此它是定义在$[a,b]$上的 x 的函数. 记 $\Phi(x)=\int_a^x f(t)\mathrm{d}t, x\in[a,b]$，称 $\Phi(x)$为**变上限定积分**.

变上限定积分具有如下的性质.

定理 6.2.1　如果函数 $f(x)$在区间$[a,b]$上连续，则变上限积分 $\Phi(x)=\int_a^x f(t)\mathrm{d}t$ 在区间$[a,b]$上可导，且其导数等于被积函数，即

$$\Phi'(x)=\left[\int_a^x f(t)\mathrm{d}t\right]'=f(x)(a\leqslant x\leqslant b).$$

由该定理可知，如果函数 $f(x)$在区间$[a,b]$上连续，则函数 $\Phi(x)=\int_a^x f(t)\mathrm{d}t$ 就是 $f(x)$在区间$[a,b]$上的一个原函数. 即**连续函数一定存在原函数**.

一般地，如果被积函数是复合函数，且 $\varphi(x)$可导，则有

$$\frac{\mathrm{d}}{\mathrm{d}x}\left[\int_a^{\varphi(x)} f(t)\mathrm{d}t\right]=f(\varphi(x))\cdot\varphi'(x).$$

技巧：求变上限定积分导数可为三步：
(1)消号：积分号和导数号抵消，只留被积函数 $f(t)$；
(2)换 t：把 $f(t)$ 中的自变量 t 换成上限；
(3)乘导数：再乘以上限函数的导数.

例 1　计算$\left[\int_0^x \mathrm{e}^{-t}\sin t\mathrm{d}t\right]'$

解　因为$\int_0^x \mathrm{e}^{-t}\sin t\mathrm{d}t$ 为变上限积分，由变上限定积分的性质得

$$\left[\int_0^x \mathrm{e}^{-t}\sin t\mathrm{d}t\right]'=\mathrm{e}^{-x}\sin x.$$

例 2　已知 $F(x)=\int_x^0 \cos(3t+1)\mathrm{d}t$，求 $f'(x)$.

分析　可把积分化为变上限定积分，然后利用变上限定积分的性质求导.

解　$f'(x)=\left[\int_x^0 \cos(3t+1)\mathrm{d}t\right]'=\left[-\int_0^x \cos(3t+1)\mathrm{d}t\right]'=-\cos(3x+1).$

例 3　设 $y=\int_1^{x^2}\sqrt{1+t^3}\,\mathrm{d}t$，求 y'.

分析　积分上限 x^2 是 x 的函数，所以变上限定积分是 x 的复合函数，用复合函数求导法则求导.

解　$y'=\left[\int_1^{x^2}\sqrt{1+t^3}\,\mathrm{d}t\right]'=\left[\int_1^{x^2}\sqrt{1+t^3}\,\mathrm{d}t\right]'_{x^2}(x^2)'_x$

$=\sqrt{1+x^6}\cdot 2x=2x\sqrt{1+x^6}.$

例 4　求极限$\lim\limits_{x\to 0}\dfrac{\int_0^x(\mathrm{e}^t-\mathrm{e}^{-t})\mathrm{d}t}{1-\cos x}$.

分析　当 $x\to 0$ 时，$\int_0^x(\mathrm{e}^t-\mathrm{e}^{-t})\mathrm{d}t\to 0$，$1-\cos x\to 0$，因此，这是$\dfrac{0}{0}$型的问题，用洛必达法则. 求$\int_0^x(\mathrm{e}^t-\mathrm{e}^{-t})\mathrm{d}t$ 的导数时，可利用变上限定积分的性质.

解
$$\lim_{x\to 0}\frac{\int_0^x(\mathrm{e}^t-\mathrm{e}^{-t})\mathrm{d}t}{1-\cos x}=\lim_{x\to 0}\frac{\left[\int_0^x(\mathrm{e}^t-\mathrm{e}^{-t})\mathrm{d}t\right]'}{[1-\cos x]'}=\lim_{x\to 0}\frac{\mathrm{e}^x-\mathrm{e}^{-x}}{\sin x}$$
$$=\lim_{x\to 0}\frac{[\mathrm{e}^x-\mathrm{e}^{-x}]'}{(\sin x)'}=\lim_{x\to 0}\frac{\mathrm{e}^x+\mathrm{e}^{-x}}{\cos x}=2.$$

6.2.2 微积分基本定理

定理 6.2.2 设函数 $f(x)$在区间$[a,b]$上连续，$F(x)$是 $f(x)$的一个原函数，则

$$\int_a^b f(x)\mathrm{d}x=F(b)-F(a). \tag{1}$$

这个定理通常称为**微积分基本定理**，公式(1)叫作**牛顿—莱布尼茨公式**.

证明 根据变上限定积分的性质，$\Phi(x)=\int_a^x f(t)\mathrm{d}t$ 是的一个原函数，而函数 $F(x)$也是 $f(x)$的一个原函数，所以 $\Phi(x)$与 $F(x)$在$[a,b]$上仅差一个任意常数 C，即

$$\Phi(x)=F(x)+C.$$

因为定积分只与积分区间和被积函数有关，与积分变量的符号选择无关，所以有 $\int_a^b f(t)\mathrm{d}t=\int_a^b f(t)\mathrm{d}t$

令 $x=a$，$\Phi(a)=\int_a^a f(t)\mathrm{d}t=0$， $0=F(a)+C$，$C=-F(a)$，所以 $\Phi(x)=F(x)-F(a)$，即$\int_a^x f(t)\mathrm{d}t=F(x)-F(a)$.

令 $x=b$，则$\int_a^b f(t)\mathrm{d}t=F(b)-F(a)$，即$\int_a^b f(x)\mathrm{d}x=F(b)-F(a)$.

微积分基本定理揭示了定积分与不定积分的关系，提供了计算定积分的有效方法：**要计算函数 $f(x)$在区间$[a,b]$上的定积分，只要求出函数 $f(x)$在区间$[a,b]$上的一个原函数 $F(x)$，然后计算 $F(b)-F(a)$即可.** 定理的条件很简单，只要 $f(x)$在区间$[a,b]$上连续即可.

为方便起见，将 $F(b)-F(a)$记作 $F(x)\Big|_a^b$ 或$[F(x)]_a^b$，即

$$\int_a^b f(x)\mathrm{d}x=F(x)\Big|_a^b=[F(x)]_a^b=F(b)-F(a).$$

例 5 计算下列定积分：

(1)$\int_0^1 x^2\mathrm{d}x$； (2)$\int_0^1 \frac{1}{1+x^2}\mathrm{d}x$； (3)$\int_0^{\frac{\pi}{3}} \tan\,\mathrm{d}x$.

分析 该题中的三个被积函数在其积分区间内都是连续的，故可用微积分基本定理. 先用不定积分求得一个原函数，再用牛顿—莱布尼茨公式求定积分.

解 (1)因$\int x^2\mathrm{d}x=\frac{x^3}{3}+C$，故$\frac{x^3}{3}$是 x^2 的一个原函数，由牛顿—莱布尼茨公式得

$$\int_0^1 x^2\mathrm{d}x=\left[\frac{x^3}{3}\right]_0^1=\frac{1^3}{3}-\frac{0^3}{3}=\frac{1}{3}.$$

(运算熟练以后可不必写出求原函数的过程.)

(2)$\int_0^1 \frac{1}{1+x^2}\mathrm{d}x=\arctan x\Big|_0^1=\arctan 1-\arctan 0=\frac{\pi}{4}$.

(3)$\int_0^{\frac{\pi}{3}} \tan x\mathrm{d}x=-\ln|\cos x|\Big|_0^{\frac{\pi}{3}}=-\left(\ln\left|\cos\frac{\pi}{3}\right|-\ln|\cos 0|\right)=\ln 2$.

例 6 计算定积分：

(1)$\int_1^4 \sqrt{x}\mathrm{d}x$； (2)$\int_{\frac{\pi}{6}}^{\frac{\pi}{4}} \cos^2 x\mathrm{d}x$； (3)$\int_{-1}^1 \frac{\mathrm{e}^x}{1+\mathrm{e}^x}\mathrm{d}x$.

解 (1)$\int_1^4 \sqrt{x}\mathrm{d}x=\frac{2}{3}x^{\frac{3}{2}}\Big|_1^4=\frac{2}{3}(4^{\frac{3}{2}}-1)=\frac{14}{3}$.

(2) $\int_{\frac{\pi}{6}}^{\frac{\pi}{4}}\cos^2 x\mathrm{d}x=\int_{\frac{\pi}{6}}^{\frac{\pi}{4}}\frac{1+\cos 2x}{2}\mathrm{d}x=\left(\frac{1}{2}x+\frac{1}{4}\sin 2x\right)\Big|_{\frac{\pi}{6}}^{\frac{\pi}{4}}=\frac{\pi}{24}+\frac{2-\sqrt{3}}{8}.$

(3) $\int_{-1}^{1}\frac{\mathrm{e}^x}{1+\mathrm{e}^x}\mathrm{d}x=\int_{-1}^{1}\frac{1}{1+\mathrm{e}^x}\mathrm{d}(1+\mathrm{e}^x)=\ln(1+\mathrm{e}^x)\Big|_{-1}^{1}=1.$

在求定积分时，往往需要综合运用不定积分和定积分运算法则和性质. 被积函数含有绝对值符号时，要根据定积分的性质，把积分区间分成几个子区间，然后分别在各个子区间上求定积分，最后求各子区间上积分的代数和.

例 7　求定积分：(1) $\int_0^{\frac{\sqrt{2}}{2}}\frac{x+1}{\sqrt{1-x^2}}\mathrm{d}x$；　　(2) $\int_0^2|1-x|\mathrm{d}x$.

解　(1) 原式 $=\int_0^{\frac{\sqrt{2}}{2}}\frac{x}{\sqrt{1-x^2}}\mathrm{d}x+\int_0^{\frac{\sqrt{2}}{2}}\frac{1}{\sqrt{1-x^2}}\mathrm{d}x$

$$=-\frac{1}{2}\int_0^{\frac{\sqrt{2}}{2}}\frac{1}{\sqrt{1-x^2}}\mathrm{d}(1-x^2)+\int_0^{\frac{\sqrt{2}}{2}}\frac{1}{\sqrt{1-x^2}}\mathrm{d}x$$

$$=-\frac{1}{2}\cdot 2(1-x^2)^{\frac{1}{2}}\Big|_0^{\frac{\sqrt{2}}{2}}+\arcsin x\Big|_0^{\frac{\sqrt{2}}{2}}=1-\frac{\sqrt{2}}{2}+\frac{\pi}{4}.$$

(2) 原式 $=\int_0^1(1-x)\mathrm{d}x+\int_1^2(x-1)\mathrm{d}x$

$$=\left(x-\frac{1}{2}x^2\right)\Big|_0^1+\left(\frac{1}{2}x^2-x\right)\Big|_1^2$$

$$=\left(\frac{1}{2}-0\right)+\left(0+\frac{1}{2}\right)=1.$$

在这里，$x=1$ 把积分区间分成两部分，$x\in[0,1]$ 时，$|1-x|=1-x$，当 $x\in[1,2]$ 时，$|1-x|=x-1$.

例 8　汽车以每小时 36 km 的速度行驶，到某处需要减速停车，设汽车以等加速度 $a=-5\ \mathrm{m/s^2}$ 刹车，问从开始刹车到停车，汽车走了多少距离？

解　$t=0$ 时，$v_0=10\ \mathrm{m/s}$，刹车后的速度为 $v(t)=v_0+at=10-5t$，当汽车停住时有 $0=v(t)=10-5t$，故 $t=2$，于是所求距离为

$$s=\int_0^2 v(t)\mathrm{d}t=\int_0^2(10-5t)\mathrm{d}t=10(\mathrm{m}),$$

即刹车后，汽车需要走 10 m 才能停住.

习　题 6.2

A 组

1. 求下列函数的导数：

(1) $\varphi(x)=\int_a^b f(t)\mathrm{d}t$；　(2) $\varphi(x)=\int_0^x \mathrm{e}^{2t}\mathrm{d}t$；　(3) $\varphi(x)=\int_0^{x^2}\mathrm{e}^{t^2}\mathrm{d}t$.

2. 计算下列定积分：

(1) $\int_0^1\mathrm{e}^x\mathrm{d}x$；　(2) $\int_0^{\frac{\pi}{2}}\sin x\mathrm{d}x$；　(3) $\int_4^9\sqrt{x}(1+\sqrt{x})\mathrm{d}x$；

(4) $\int_0^1(x^2+2x+3)\mathrm{d}x$；　(5) $\int_1^2\frac{\sqrt{x}+1}{x}\mathrm{d}x$；　(6) $\int_1^2\left(x+\frac{1}{x}\right)^2\mathrm{d}x$.

B 组

1. 计算定积分：

(1) $\int_{-1}^{2}|x|\mathrm{d}x$；　(2) $\int_{0}^{\frac{\pi}{2}}\left|\frac{1}{2}-\sin x\right|\mathrm{d}x$；　(3) $\int_{0}^{2\pi}|\sin x|\mathrm{d}x$；

(4) $\int_{0}^{1}\frac{1}{x^2-x+1}\mathrm{d}x$；　(5) $\int_{0}^{\frac{\pi}{2}}\sqrt{\sin x-\sin^3 x}\,\mathrm{d}x$；　(6) $\int_{0}^{\sqrt{3}}\frac{1}{\sqrt{4-x^2}}\mathrm{d}x$.

2. 设函数 $f(x)=\begin{cases}2x+1, & x\leqslant 1,\\ 2x^2, & x>1,\end{cases}$ 求函数 $f(x)$ 在区间 $[-1,3]$ 上的定积分.

3. 设函数 $f(x)=\begin{cases}x-1, & 0<x<1,\\ x^2, & -1\leqslant x\leqslant 0,\end{cases}$ 求 $\int_{-\frac{1}{2}}^{\frac{1}{2}}f(x)\mathrm{d}x$.

6.3　定积分的换元法与分部积分法

利用牛顿—莱布尼茨公式计算定积分的关键是求被积函数的一个原函数，即求不定积分. 换元法和分部积分法是求不定积分的重要方法. 但在求定积分时，如果求被积函数的原函数时需要用到不定积分的换元法和分部积分法，则求定积分的过程往往会很麻烦. 所以，下面给出定积分的换元法和分部积分法，这些方法是在不定积分的换元法和分部积分法的基础上得到的.

6.3.1　定积分的换元积分法

定理 6.3.1　设函数 $f(x)$ 在区间 $[a,b]$ 上连续，函数 $x=\varphi(t)$ 在 $[\alpha,\beta]$ 上单调且具有连续导数 $\varphi'(t)$，当 t 在 $[\alpha,\beta]$ 上变化时，$\varphi(t)$ 在 $[a,b]$ 上变化，且 $\varphi(\alpha)=a$，$\varphi(\beta)=b$，则有

$$\int_{a}^{b}f(x)\mathrm{d}x=\int_{\alpha}^{\beta}f[\varphi(t)]\varphi'(t)\mathrm{d}t. \tag{1}$$

证明　因为 $f(x)$ 在区间 $[a,b]$ 上连续，所以 $f(x)$ 在 $[a,b]$ 上可积. 设 $f(x)$ 的一个原函数为 $F(x)$，由牛顿—莱布尼茨公式有

$$\int_{a}^{b}f(x)\mathrm{d}x=F(x)\Big|_{a}^{b}=F(b)-F(a).$$

由 $x=\varphi(t)$ 满足的条件知 $f[\varphi(t)]\varphi'(t)$ 在区间 $[\alpha,\beta]$ 上可积，其原函数为 $F[\varphi(t)]$. 因为 $(F[\varphi(t)])'=f'[\varphi(t)]\varphi'(t)=f[\varphi(t)]\varphi'(t)$，所以有

$$\int_{\alpha}^{\beta}f[\varphi(t)]\varphi'(t)\mathrm{d}t=F[\varphi(t)]_{\alpha}^{\beta}|=F[\varphi(\alpha)]-F[\varphi(\beta)]=F(b)-F(a).$$

于是有
$$\int_{a}^{b}f(x)\mathrm{d}x=\int_{\alpha}^{\beta}f[\varphi(t)]\varphi'(t)\mathrm{d}t.$$

公式(1)称为定积分的换元公式. 应用定理时要注意“**换元必换限，上限对上限，下限对下限**”，利用换元公式就可把 $f(x)$ 在区间 $[a,b]$ 上的定积分问题转化为 $f[\varphi(t)]\varphi'(t)$ 在区间 $[\alpha,\beta]$ 上的定积分问题. 这里不必考虑 α 与 β 的大小关系.

例 1 求定积分$\int_0^1 \sqrt{1-x^2}\,dx$.

分析 为了去掉根号,用换元法,可参考不定积分第二换元法中的三角代换中的方法引入新的变量.在引入新的变量时,要由原积分区间确定新变量的积分区间.

解 令$x=\sin t$,则$dx=\cos t dt$.当$x=0$时,$t=0$;当$x=1$时,$t=\frac{\pi}{2}$.即t的变化区间为$\left[0,\frac{\pi}{2}\right]$.$\sqrt{1-x^2}=\sqrt{1-\sin^2 t}=\cos t$.故

$$\int_0^1 \sqrt{1-x^2}\,dx=\int_0^{\frac{\pi}{2}}\cos^2 t dt=\left(\frac{1}{2}t+\frac{1}{2}\sin 2t\right)\Big|_0^{\frac{\pi}{2}}=\frac{\pi}{4}.$$

例 2 求定积分$\int_0^4 \frac{1}{1+\sqrt{x}}dx$.

解 令$\sqrt{x}=t$,则$x=t^2$,$dx=2tdt$.当$x=0$时,$t=0$;当$x=4$时,$t=2$.

$$\int_0^4 \frac{1}{1+\sqrt{x}}dx=\int_0^2 \frac{2t}{1+t}dt=2\int_0^2 \frac{t+1-1}{1+t}dt=2\int_0^2\left(1-\frac{1}{1+t}\right)dt$$

$$=2[t-\ln|1+t|]\Big|_0^2=4-2\ln 3.$$

例 3 求$\int_0^{\ln 2}\sqrt{e^x-1}\,dx$.

解 令$\sqrt{e^x-1}=t$,则$x=\ln(t^2+1)$,$dx=\frac{2t}{t^2+1}dt$.

当$x=0$时,$t=0$;当$x=\ln 2$时,$t=1$.于是

$$\int_0^{\ln 2}\sqrt{e^x-1}\,dx=\int_0^1 \frac{2t^2}{t^2+1}dt=2\int_0^1 \frac{t^2+1-1}{t^2+1}dt=2\int_0^1\left(1-\frac{1}{t^2+1}\right)dt$$

$$=2(t-\arctan t)\Big|_0^1=2-\frac{\pi}{2}.$$

换元法的步骤可概括:

假设—定限—换式—计算.

假设,引入新变量;

定限,确定新变量的上下限.

换式,将原积分式换为关于新变量的积分式.

计算,按新变量计算定积分,结果即原定积分值.

6.3.2 对称区间上奇偶函数的定积分

形如$[-a,a]$的区间称为**对称区间**.奇偶函数在对称区间上的定积分具有特殊性.

定理 6.3.2 设函数$f(x)$在区间$[-a,a]$上连续$(a>0)$,则有

(1)当$f(x)$为偶函数时,$\int_{-a}^a f(x)dx=2\int_0^a f(x)dx$;

(2)当$f(x)$为奇函数时,$\int_{-a}^a f(x)dx=0$.

证明 $\int_{-a}^a f(x)dx=\int_{-a}^0 f(x)dx+\int_0^a f(x)dx$,在等号右端的第一个式子中,令$x=-t$,则$dx=-dt$,当$x=-a$时,$t=a$;$x=0$时,$t=0$,于是

$$\int_{-a}^0 f(x)dx=\int_a^0 f(-t)(-dt)=\int_0^a f(-t)dt=\int_0^a f(-x)dx.$$

(1)因为$f(x)$为偶函数,故$f(-x)=f(x)$,所以有

$$\int_{-a}^a f(x)dx=\int_0^a f(-x)dx+\int_0^a f(x)dx=2\int_0^a f(x)dx.$$

(2)因为$f(x)$为奇函数,故$f(-x)=-f(x)$,所以有

$$\int_{-a}^{a} f(x)\mathrm{d}x=\int_{0}^{a} f(-x)\mathrm{d}x+\int_{0}^{a} f(x)\mathrm{d}x=-\int_{0}^{a} f(x)\mathrm{d}x+\int_{0}^{a} f(x)\mathrm{d}x=0.$$

在求对称区间上的定积分时，可先判断被积函数的奇偶性，简化计算.

例 4 求$\int_{-1}^{1}(x^5\sqrt{4-x^2}+3x^2)\mathrm{d}x$.

分析 积分区间$[-1,1]$关于原点对称，但被积函数是非奇非偶函数，不能直接用定理. 注意到$x^5\sqrt{4-x^2}$是奇函数，$3x^2$是偶函数，根据定积分的性质把原积分化成这两个函数的积分即可.

解 原式$=\int_{-1}^{1}x^5\sqrt{4-x^2}\mathrm{d}x+\int_{-1}^{1}3x^2\mathrm{d}x=0+2\int_{0}^{1}3x^2\mathrm{d}x=2x^3\big|_0^1=2$.

例 5 证明$\int_{0}^{\frac{\pi}{2}}f(\sin x)\mathrm{d}x=\int_{0}^{\frac{\pi}{2}}f(\cos x)\mathrm{d}x$.

证明 令$x=\frac{\pi}{2}-t$，则$\mathrm{d}x=-\mathrm{d}t$，$x=0$时，$t=\frac{\pi}{2}$；$x=\frac{\pi}{2}$时，$t=0$，所以

$$左=-\int_{\frac{\pi}{2}}^{0}f\left[\sin\left(\frac{\pi}{2}-t\right)\right]\mathrm{d}t=\int_{0}^{\frac{\pi}{2}}f(\cos t)\mathrm{d}t=\int_{0}^{\frac{\pi}{2}}f(\cos x)\mathrm{d}x=右.$$

特别的，当$f(\sin x)=\sin^n x\,(n\in\mathbf{N})$时，有$\int_{0}^{\frac{\pi}{2}}\sin^n x\mathrm{d}x=\int_{0}^{\frac{\pi}{2}}\cos^n x\mathrm{d}x$.

6.3.3 定积分的分部积分法

定理 6.3.3 设函数$u=u(x)$，$v=v(x)$在区间$[a,b]$上具有连续导数，则有

$$\int_{a}^{b}u\mathrm{d}v=(uv)\big|_a^b-\int_{a}^{b}v\mathrm{d}u.$$

证明 因为函数$u=u(x)$，$v=v(x)$在区间$[a,b]$上有连续导数，所以函数uv、u、v在区间$[a,b]$上都可导，根据两个函数乘积的导数公式有

$$(uv)'=u'v+uv'.$$

在上式两端取区间$[a,b]$上的定积分，有

$$\int_{a}^{b}(uv)'\mathrm{d}x=\int_{a}^{b}u'v\mathrm{d}x+\int_{a}^{b}uv'\mathrm{d}x,$$

$$(uv)\big|_a^b=\int_{a}^{b}v\mathrm{d}u+\int_{a}^{b}u\mathrm{d}v,$$

所以

$$\int_{a}^{b}u\mathrm{d}v=(uv)\big|_a^b-\int_{a}^{b}v\mathrm{d}u.$$

这个公式称为定积分的**分部积分公式**. 公式的用法与不定积分的分部积分法类似，主要用于被积函数为两类不同函数乘积时的积分计算.

一般地，被积函数为单项式函数与三角函数、反三角函数、自然对数函数或$\mathrm{e}^{f(x)}$的乘积时，可用分部积分法，选择u、v的方法与不定积分的分部积分法类似.

例 6 求定积分$\int_{0}^{\pi}x\sin x\mathrm{d}x$.

分析 被积函数是单项式函数与三角函数的乘积，可用分部积分法. 将$\sin x\mathrm{d}x$凑成$\mathrm{d}v$.

解 $\int_{0}^{\pi}x\sin x\mathrm{d}x=-\int_{0}^{\pi}x\mathrm{d}(\cos x)=-\left[(x\cos x)\big|_0^\pi-\int_{0}^{\pi}\cos x\mathrm{d}x\right]$

$$=-\left[-\pi-\sin x\big|_0^\pi\right]=\pi.$$

例 7　求定积分$\int_0^1 xe^x dx$.

解　$\int_0^1 xe^x dx=\int_0^1 x de^x=(xe^x)\Big|_0^1-\int_0^1 e^x dx=e-e^x\Big|_0^1=e-(e-1)=1.$

例 8　求定积分$\int_1^2 x\ln x dx$.

分析　被积函数是单项式函数与对数函数的乘积，可用分部积分法. 将 xdx 凑成 dv，$\ln x$ 作为 u.

解　$\int_1^2 x\ln x dx=\frac{1}{2}\int_1^2 \ln x dx^2=\frac{1}{2}x^2\ln x|_1^2-\frac{1}{2}\int_1^2 x^2 d(\ln x)$

$$=\frac{1}{2}x^2\ln x\Big|_1^2-\frac{1}{2}\int_1^2 xdx=2\ln 2-\frac{1}{4}x^2\Big|_1^2=2\ln 2-\frac{3}{4}.$$

例 9　求定积分$\int_0^1 e^{\sqrt{x}} dx$.

分析　被积函数带有根号，可以先换元，然后再考虑分部积分.

例 9 先用换元法后用分部积分法. 综合运用换元法和分部积分法是求定积分经常用到的方法. 但要注意"换元必换限".

解　设$\sqrt{x}=t$，则 $x=t^2$. 当 $x=0$ 时，$t=0$；当 $x=1$ 时，$t=1$.

所以
$$\int_0^1 e^{\sqrt{x}} dx=\int_0^1 e^t dt^2=2\int_0^1 te^t dt=2\int_0^1 tde^t$$
$$=2[te^t]_0^1-2\int_0^1 e^t dt=2e-2(e-1)=2.$$

利用定积分法的分部积分法可以证明如下公式：

$$I_n=\int_0^{\frac{\pi}{2}} \sin^n x dx=\begin{cases}\frac{n-1}{n}\cdot\frac{n-3}{n-2}\cdot\cdots\cdot\frac{3}{4}\cdot\frac{1}{2}\cdot\frac{\pi}{2}, & n\text{ 为正偶数}，\\ \frac{n-1}{n}\cdot\frac{n-3}{n-2}\cdot\cdots\cdot\frac{4}{5}\cdot\frac{2}{3}\cdot 1, & n\text{ 为大于 1 的正奇数}.\end{cases}$$

因为$\int_0^{\frac{\pi}{2}} \sin^n x dx=\int_0^{\frac{\pi}{2}}\cos^n x dx$，所以对于$\int_0^{\frac{\pi}{2}} \cos^n x dx$ 有同样的结论.

习　题 6.3

A 组

计算下列定积分：

(1)$\int_1^{10} \frac{\sqrt{x-1}}{x}dx$；　(2)$\int_{-\frac{\pi}{2}}^{\frac{\pi}{2}} \cos^5 x dx$；　(3)$\int_0^a \sqrt{a^2-x^2}dx$；

(4)$\int_0^{\ln 2} e^x(1+e^x)^2 dx$；　(5)$\int_0^1 \arcsin x dx$；　(6)$\int_0^{\pi} 2x\cos x dx$；

(7)$\int_0^3 xe^x dx$；　(8)$\int_0^{\sqrt{3}} \arctan x dx$；　(9)$\int_0^{\frac{\pi}{2}} e^x\sin x dx$.

B 组

1. 计算下列定积分：

(1)$\int_0^1 (1+x^2)^{\frac{3}{2}}dx$；　(2)$\int_0^{\frac{\pi^2}{4}} \cos\sqrt{x}dx$；　(3)$\int_0^3 \frac{x}{\sqrt{1+x}}dx$；

(4) $\int_0^{\frac{\pi}{4}} x\sin x\cos x\cos 2x\mathrm{d}x$；　　(5) $\int_{\frac{\pi}{4}}^{\frac{\pi}{3}} \frac{x}{\sin^2 x}\mathrm{d}x$；　　(6) $\int_0^1 xe^{2x}\mathrm{d}x$；

(7) $\int_0^{2\pi} e^{2x}\cos x\mathrm{d}x$；　　(8) $\int_{-2}^0 \frac{1}{x^2+2x+2}\mathrm{d}x$；　　(9) $\int_0^1 \frac{e^{\sqrt{x}}}{\sqrt{x}}\mathrm{d}x$.

2. 证明：$\int_a^b f(x)\mathrm{d}x=\int_a^b f(a+b-x)\mathrm{d}x$.

6.4 广义积分

前面讨论的定积分，积分区间都是有限区间，被积函数在积分区间上连续或者有有限个第一类间断点，并且被积函数在积分区间上是有界的，这类积分称为**常义积分**. 在实际问题中，常常会遇到积分区间是无限区间，或者被积函数在有限区间上是无界的，这两类定积分称为**广义积分**或**反常积分**. 广义积分也有着广泛的应用，下面就介绍这两类广义积分.

6.4.1 无限区间的广义积分

定义 6.4.1 设函数 $f(x)$ 在区间 $[a,+\infty)$ 上连续，取 $t>a$（见图 6-7）. 如果极限 $\lim\limits_{t\to+\infty}\int_a^t f(x)\mathrm{d}x$ 存在，则称此极限为**函数 $f(x)$ 在无穷区间 $[a,+\infty)$ 上的广义积分**，记作 $\int_a^{+\infty} f(x)\mathrm{d}x$，即

$$\int_a^{+\infty} f(x)\mathrm{d}x=\lim_{t\to+\infty}\int_a^t f(x)\mathrm{d}x.$$

这时也称**广义积分 $\int_a^{+\infty} f(x)\mathrm{d}x$ 收敛**. 如果上述极限不存在，函数 $f(x)$ 在无穷区间 $[a,+\infty)$ 上的**广义积分 $\int_a^{+\infty} f(x)\mathrm{d}x$ 就没有意义，此时称为广义积分 $\int_a^{+\infty} f(x)\mathrm{d}x$ 发散**. 这时记号 $\int_a^{+\infty} f(x)\mathrm{d}x$ 不再表示数值了. 积分收敛时的几何意义为图 6-7 阴影部分的面积.

类似地，设函数 $f(x)$ 在区间 $(-\infty,b]$ 上连续，取 $t<b$（见图 6-8）. 如果极限 $\lim\limits_{t\to-\infty}\int_t^b f(x)\mathrm{d}x$ 存在，则称此极限为**函数 $f(x)$ 在无穷区间 $(-\infty,b]$ 上的广义积分**，记作 $\int_{-\infty}^b f(x)\mathrm{d}x$，即

$$\int_{-\infty}^b f(x)\mathrm{d}x=\lim_{t\to-\infty}\int_t^b f(x)\mathrm{d}x.$$

这时也称**广义积分 $\int_{-\infty}^b f(x)\mathrm{d}x$ 收敛**；如果上述极限不存在，称**广义积分 $\int_{-\infty}^b f(x)\mathrm{d}x$ 发散**. 积分收敛时的几何意义为图 6-8 所示阴影部分的面积.

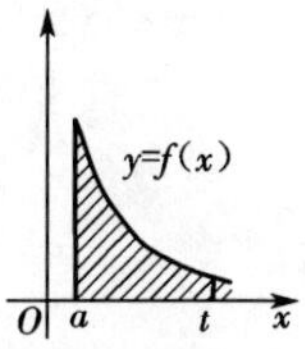

图 6-7

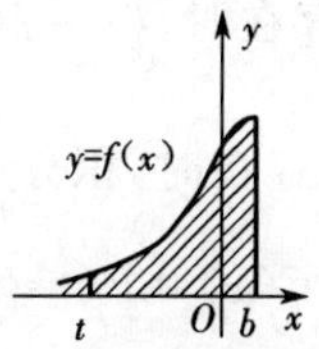

图 6-8

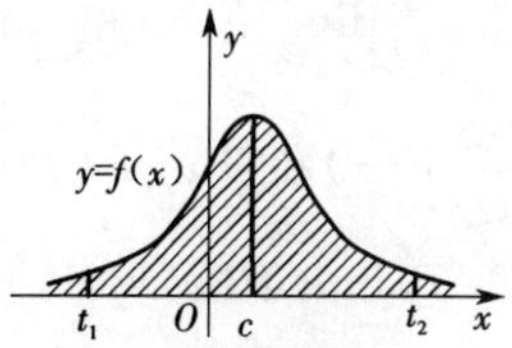

图 6-9

设函数 $f(x)$ 在区间 $(-\infty,+\infty)$ 上连续，如果对任意的常数 $c\in(-\infty,+\infty)$（见图 6-9），广义积分 $\int_{-\infty}^{c}f(x)\mathrm{d}x$ 和 $\int_{c}^{+\infty}f(x)\mathrm{d}x$ 都收敛，则称上述两个广义积分之和为**函数 $f(x)$ 在无穷区间 $(-\infty,+\infty)$ 上的广义积分**，记作 $\int_{-\infty}^{+\infty}f(x)\mathrm{d}x$，即

$$\int_{-\infty}^{+\infty}f(x)\mathrm{d}x=\int_{-\infty}^{c}f(x)\mathrm{d}x+\int_{c}^{+\infty}f(x)\mathrm{d}x.$$

这时也称**广义积分 $\int_{-\infty}^{+\infty}f(x)\mathrm{d}x$ 收敛**；否则，若上式右端有一个积分发散，就称**广义积分 $\int_{-\infty}^{+\infty}f(x)\mathrm{d}x$ 发散**. 积分收敛时的几何意义为图 6-9 所示阴影部分的面积.

上述广义积分统称为无限区间的广义积分.

求广义积分的基本思路是：**化广为常取极限. 即在无限区间内取一变量 t，化无穷区间为有限区间，先求该有限区间上的定积分，得到关于 t 的函数，再求 $t\to\infty$ 时函数的极限即为原积分的值.**

求无穷区间上的广义积分的步骤概括为：**取变量、换区间、求积分，取极限.**

例 1　计算 $\int_{0}^{+\infty}\frac{1}{1+x^2}\mathrm{d}x$.

解　如图 6-10，取 $t>0$，则由广义积分的定义有

$$\int_{0}^{+\infty}\frac{1}{1+x^2}\mathrm{d}x=\lim_{t\to+\infty}\int_{0}^{t}\frac{1}{1+x^2}\mathrm{d}x=\lim_{t\to+\infty}\arctan x\Big|_{0}^{t}=\lim_{t\to+\infty}\arctan t=\frac{\pi}{2}.$$

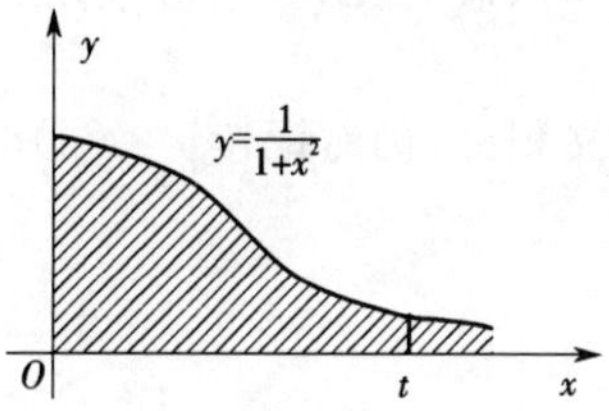

图 6-10

例 2　计算 $\int_{-\infty}^{0}x\mathrm{e}^{x}\mathrm{d}x$.

解　取 $t<0$，由广义积分的定义有

$$\int_{-\infty}^{0}x\mathrm{e}^{x}\mathrm{d}x=\lim_{t\to-\infty}\int_{t}^{0}x\mathrm{e}^{x}\mathrm{d}x==\lim_{t\to-\infty}(x\mathrm{e}^{x}-\mathrm{e}^{x})\Big|_{t}^{0}=\lim_{t\to-\infty}(\mathrm{e}^{t}-b\mathrm{e}^{t}-1)=-1.$$

由定义及牛顿一莱布尼茨公式，有下面结果.

设 $F(x)$ 是 $f(x)$ 在 $[a,+\infty)$ 上的一个原函数，则当 $\lim\limits_{x\to+\infty}F(x)$ 存在时，有

$$\int_{a}^{+\infty}f(x)\mathrm{d}x=\lim_{t\to+\infty}\int_{a}^{t}f(x)\mathrm{d}x=\lim_{t\to+\infty}F(x)\Big|_{a}^{t}=\lim_{x\to+\infty}F(x)-F(a);$$

$\lim\limits_{x\to+\infty}F(x)$ 不存在时，广义积分 $\int_{a}^{+\infty}f(x)\mathrm{d}x$ 发散.

类似地有 $\int_{-\infty}^{b}f(x)\mathrm{d}x=F(b)-\lim\limits_{x\to-\infty}F(x)$；当 $\lim\limits_{x\to-\infty}F(x)$ 不存在时，$\int_{-\infty}^{b}f(x)\mathrm{d}x$

发散. 当 $\lim\limits_{x\to+\infty}F(x)$ 和 $\lim\limits_{x\to-\infty}F(x)$ 都存在时，$\int_{-\infty}^{+\infty}f(x)\mathrm{d}x=\lim\limits_{x\to+\infty}F(x)-\lim\limits_{x\to-\infty}F(x)$；当 $\lim\limits_{x\to+\infty}F(x)$ 和 $\lim\limits_{x\to-\infty}F(x)$ 中有一个不存在时，积分 $\int_{-\infty}^{+\infty}f(x)\mathrm{d}x$ 发散.

记 $\lim\limits_{x\to+\infty}F(x)=F(+\infty)$，$\lim\limits_{x\to-\infty}F(x)=F(-\infty)$，则有

$$\int_a^{+\infty}f(x)\mathrm{d}x=F(x)\Big|_a^{+\infty}=F(+\infty)-F(a);$$

$$\int_{-\infty}^{b}f(x)\mathrm{d}x=F(x)\Big|_{-\infty}^{b}=F(b)-F(-\infty);$$

$$\int_{-\infty}^{+\infty}f(x)\mathrm{d}x=F(x)\Big|_{-\infty}^{+\infty}=F(+\infty)-F(-\infty).$$

使用这样的记法，在计算中可带来很大方便.

例 3 计算 $\int_{-\infty}^{+\infty}\frac{1}{1+x^2}\mathrm{d}x$.

解

$$\int_{-\infty}^{+\infty}\frac{1}{1+x^2}\mathrm{d}x=\arctan x\Big|_{-\infty}^{+\infty}=\frac{\pi}{2}-\left(-\frac{\pi}{2}\right)=\pi.$$

6.4.2 无界函数的广义积分

如果函数在某点的任一邻域内都无界，那么称该点为函数的**瑕点**(也称为无界的间断点). 无界函数的广义积分又称为**瑕积分**.

定义 6.4.2 设函数 $f(x)$ 在 $[a,b]$ 上连续，而在点 a 的右邻域内无界(即 $\lim\limits_{x\to a^+}f(x)=\infty$)，取 $t>a$，如果极限 $\lim\limits_{t\to a^+}\int_t^b f(x)\mathrm{d}x$ 存在，则称此极限为**函数 $f(x)$ 在 $[a,b]$ 上的广义积分**，仍然记作 $\int_a^b f(x)\mathrm{d}x$，即

$$\int_a^b f(x)\mathrm{d}x=\lim_{t\to a^+}\int_t^b f(x)\mathrm{d}x.$$

这时称**广义积分 $\int_a^b f(x)\mathrm{d}x$ 收敛**，否则称**广义积分发散**. 积分收敛时的几何意义为图 6-11 所示阴影部分的面积.

类似地，设函数 $f(x)$ 在 $[a,b]$ 上连续，而在 b 点的左邻域内无界(即 $\lim\limits_{x\to b^-}f(x)=\infty$)，取 $t<b$(如图 6-12)，如果极限 $\lim\limits_{t\to b^-}\int_a^t f(x)\mathrm{d}x$ 存在，则称此极限为**函数 $f(x)$ 在 $[a,b]$ 上的广义积分**，记作 $\int_a^b f(x)\mathrm{d}x$，即

$$\int_a^b f(x)\mathrm{d}x=\lim_{t\to b^-}\int_a^t f(x)\mathrm{d}x,$$

此时也称**广义积分 $\int_a^b f(x)\mathrm{d}x$ 收敛**. 否则，称**广义积分发散**. 积分收敛时的几何意义为图 6-12 所示阴影部分的面积.

设函数 $f(x)$ 在 $[a,b]$ 上除点 $c(a<c<b)$ 外连续，且在点 c 的邻域内无界，如果两个广义积分 $\int_a^c f(x)\mathrm{d}x$ 与 $\int_c^b f(x)\mathrm{d}x$ 都收敛，则称这两个广义积分的和为**函数 $f(x)$ 在**

$[a,b]$**上的广义积分**，记作$\int_a^b f(x)\mathrm{d}x$，即

$$\int_a^b f(x)\mathrm{d}x=\int_a^c f(x)\mathrm{d}x+\int_c^b f(x)\mathrm{d}x.$$

此时也称**广义积分**$\int_a^b f(x)\mathrm{d}x$ **收敛**. 如果$\int_a^c f(x)\mathrm{d}x$ 与$\int_c^b f(x)\mathrm{d}x$ 中的一个发散，就称**广义积分**$\int_a^b f(x)\mathrm{d}x$ **发散**. 积分收敛时的几何意义为图 6-13 所示阴影部分的面积.

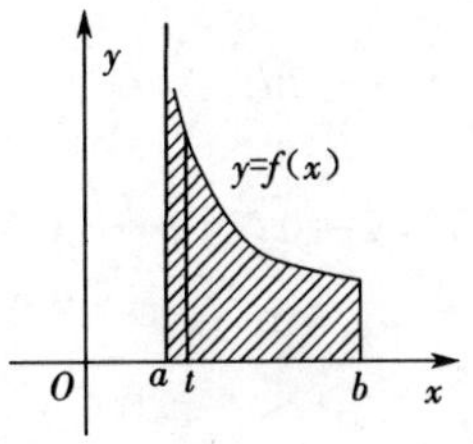

图 6-11

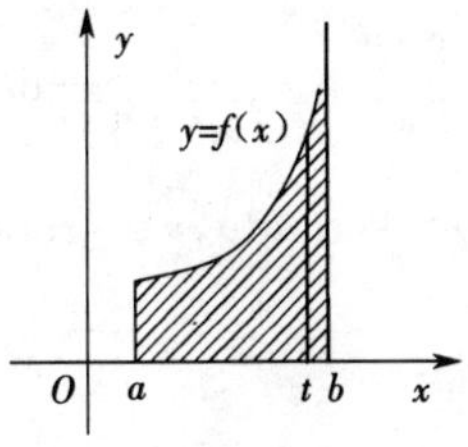

图 6-12

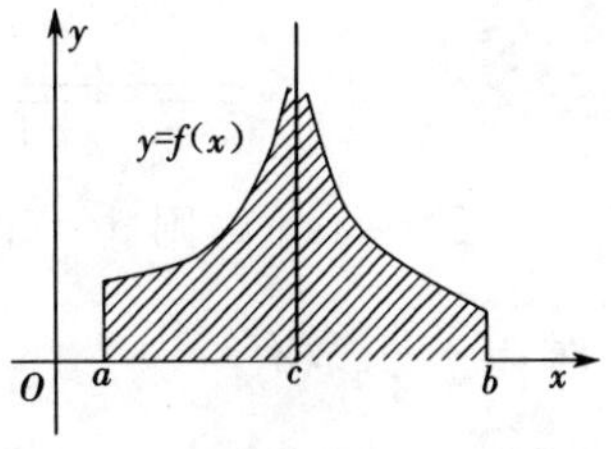

图 6-13

例 4　计算$\int_0^1 \frac{1}{\sqrt{1-x^2}}\mathrm{d}x$.

分析　$x\to 1$ 时，被积函数$\frac{1}{\sqrt{1-x^2}}\to\infty$，这是无界函数的广义积分.

解　如图 6-14，取$t\in[0,1]$，根据无界函数的广义积分定义，有

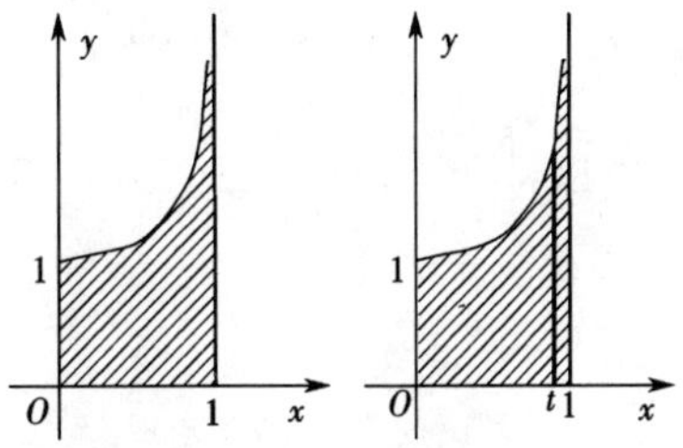

图 6-14

$$\int_0^1 \frac{1}{\sqrt{1-x^2}}\mathrm{d}x=\lim_{t\to 1^-}\int_0^t \frac{1}{\sqrt{1-x^2}}\mathrm{d}x$$

$$=\lim_{t\to 1^-}\arcsin x\Big|_0^t=\lim_{t\to 1^-}(\arcsin t-\arcsin 0)=\frac{\pi}{2}.$$

例 5　计算$\int_{-1}^1 \frac{1}{x^2}\mathrm{d}x$.

分析　分析发现，$x=0$ 是被积函数的无穷间断点，且当 $x\to 0$ 时，被积函数$\frac{1}{x^2}\to+\infty$，故积分为无界函数的广义积分.

很容易把例 5 当做常义积分来计算，得出错误的结果. 因此在求有限区间上的定积分时，一定要首先判断被积函数的有界性，如果被积函数是无界函数，就要按广义积分方法计算.

解　因为 $x=0\in[-1,1]$，$x\to 0$ 时$\frac{1}{x^2}\to+\infty$，所以有

$$\int_{-1}^1 \frac{1}{x^2}\mathrm{d}x=\int_{-1}^0 \frac{1}{x^2}\mathrm{d}x+\int_0^1 \frac{1}{x^2}\mathrm{d}x.$$

因为　$\int_0^1 \frac{1}{x^2}\mathrm{d}x=\lim_{t\to 0^+}\int_t^1 x^{-2}\mathrm{d}x=-\lim_{t\to 0^+}\frac{1}{x}\Big|_t^1=-\lim_{t\to 0^+}\left(1-\frac{1}{t}\right)=+\infty$，

故$\int_0^1 \frac{1}{x^2}\mathrm{d}x$ 是发散的，所以$\int_{-1}^1 \frac{1}{x^2}\mathrm{d}x$ 是发散的.

无论是无限区间上的广义积分，还是无界函数的广义积分，计算方法都是先在积分区间内取变量，将广义积分化为常义积分，求出常义积分后，再取极限. 有时遇到的广义积分是无限区间上的无界函数的积分，这时不能设两个变量来转化成常义积分，

可以把它转化成一类广义积分或两类广义积分的和的形式.

例 6 计算$\int_0^{+\infty}\frac{1}{\sqrt{x(x+1)^3}}\mathrm{d}x$.

分析 该题积分上限是正无穷大,而下限 $x=0$ 是被积函数的瑕点,因此既是无限区间的广义积分,又是无界函数的广义积分.考虑到被积函数中有根号,可以先换元,化为某一类型的广义积分.

解 设$\sqrt{x}=t$,则 $x=t^2$.当 $x=0$ 时,$t=0$;当 $x\to+\infty$时,$t\to+\infty$.于是

$$\int_0^{+\infty}\frac{1}{\sqrt{x(x+1)^3}}\mathrm{d}x=\int_0^{+\infty}\frac{2t}{t\sqrt{(t^2+1)^3}}\mathrm{d}t=2\int_0^{+\infty}\frac{1}{\sqrt{(t^2+1)^3}}\mathrm{d}t.$$

令 $t=\tan u$,则 $\mathrm{d}t=\mathrm{d}(\tan u)=\sec^2 u\mathrm{d}u$,$u=\arctan t$;当 $t=0$ 时,$u=0$;当 $t\to+\infty$ 时,$u\to\frac{\pi}{2}$.故有

$$\int_0^{+\infty}\frac{1}{\sqrt{(t^2+1)^3}}\mathrm{d}t=\int_0^{\frac{\pi}{2}}\frac{\sec^2 u}{\sqrt{(\tan^2 u+1)^3}}\mathrm{d}u=\int_0^{\frac{\pi}{2}}\frac{\sec^2 u}{\sec^3 u}\mathrm{d}u$$

$$=\int_0^{\frac{\pi}{2}}\cos u\mathrm{d}u=1.$$

所以,$\int_0^{+\infty}\frac{1}{\sqrt{x(x+1)^3}}\mathrm{d}x=2$.

习　题 6.4

1. 计算下列广义积分:

(1)$\int_1^{+\infty}\mathrm{e}^x\mathrm{d}x$;　(2)$\int_0^{+\infty}\mathrm{e}^{-\sqrt{x}}\mathrm{d}x$;　(3)$\int_1^{+\infty}x^{-4}\mathrm{d}x$;

(4)$\int_0^{+\infty}x^2\mathrm{e}^{-x}\mathrm{d}x$;　(5)$\int_0^{1}\ln x\mathrm{d}x$;　(6)$\int_1^{+\infty}\frac{1}{\sqrt{x}}\mathrm{d}x$.

2. 讨论$\int_1^{+\infty}\frac{1}{x^p}\mathrm{d}x$ 的敛散性.

6.5　定积分在几何上的应用

定积分是计算不均匀整体量的有力工具,在科学研究和工作生活中都具有广泛的应用.应用定积分解决问题的基本方法是微元法.下面首先以求曲边梯形面积为例介绍“微元法”,然后举例说明定积分在几何、物理、经济等方面的简单应用.

6.5.1　定积分的微元法

以求解曲边梯形的面积为例,说明微元法的解题过程.

我们已经知道,由连续曲线 $y=f(x)(f(x)\geqslant 0)$,直线 $x=a$,$x=b$,x 轴所围成的曲边梯形的面积 s,可以通过“分割—近似代替—求和—取极限”四步求得表达式为和

式的极限,如图6-3.即 $s=\lim\limits_{\lambda\to 0}\sum\limits_{i=1}^{n}f(\xi_i)\Delta x_i\ \lambda=\max\{\Delta x_i\}(i=1,2,\ldots,n)$.

其中,Δx_i 为第 i 个小区间 $[x_{i-1},x_i](i=1,2,\ldots,n)$ 的长度,ξ_i 为第 i 个小区间内任取的一点,$f(\xi_i)\Delta x_i$ 为分割成第 i 个小曲边梯形的面积 Δs_i 的近似值,即

$$\Delta s_i\approx f(\xi_i)\Delta x_i.$$

由定积分定义,有 $s=\lim\limits_{\lambda\to 0}\sum\limits_{i=1}^{n}f(\xi_i)\Delta x_i=\int_a^b f(x)\mathrm{d}x$.

由于 s 的值与对应区间 $[a,b]$ 的分法与 ξ_i 的取法无关,因此将任意小区间 $[x_{i-1},x_i](i=1,2,\ldots,n)$ 简单地记为 $[x,x+\mathrm{d}x]$,区间长度 Δx_i 则为 $\mathrm{d}x$,若取 $\xi_i=x$,则 $\mathrm{d}x$ 段所对应的曲边梯形的面积 $\Delta s\approx f(x)\mathrm{d}x$.

表达式 $s=\int_a^b f(x)\mathrm{d}x=\lim\limits_{\lambda\to 0}\sum\limits_{i=1}^{n}f(\xi_i)\Delta x_i$ 简化为

$$s=\int_a^b f(x)\mathrm{d}x=\lim_{\lambda\to 0}\sum_{i=1}^{n}f(x)\mathrm{d}x,$$

若记 $\mathrm{d}s=f(x)\mathrm{d}x$(称其为面积微元),则

$$s=\int_a^b f(x)\mathrm{d}x=\int_a^b \mathrm{d}s=\lim\sum\mathrm{d}s.$$

可见,面积 s 就是面积微元 $\mathrm{d}s$ 在区间 $[a,b]$ 上的积累(无穷累积).

1.所求量 s 表达为定积分的步骤

(1)确定积分变量 x 及积分区间 $[a,b]$.

(2)在区间 $[a,b]$ 内任取区间微元 $[x,x+\mathrm{d}x]$,寻找量 s 的微元 $\mathrm{d}s$;

(3)求 $\mathrm{d}s$ 在区间 $[a,b]$ 上的积分,即得所求量 s 的精确值.

2.所求量 s 可用定积分求解满足的条件

(1)s 与一个变量 x 的变化区间 $[a,b]$ 有关;

(2)s 对区间 $[a,b]$ 具有可加性.即当将区间 $[a,b]$ 分割成 n 个子区间时,相应地将 s 分解为 n 个部分量 Δs_i,且 $s=\sum\limits_{i=1}^{n}\Delta s_i$.

3.用微元法具体解题步骤

(1)根据实际问题,确定积分变量 x 及积分区间 $[a,b]$;

(2)在区间 $[a,b]$ 内任取区间微元 $[x,x+\mathrm{d}x]$,求其对应的部分量 Δs 的近似值 $\mathrm{d}s$;

根据实际问题,寻找 s 的微元 $\mathrm{d}s$ 时,常采用"以直代曲","以不变代变"等方法,使 $\mathrm{d}s$ 表达为某个连续函数 $f(x)$ 与 $\mathrm{d}x$ 的乘积形式,即 $\Delta s\approx\mathrm{d}s=f(x)\mathrm{d}x$.

(3)将 s 的微元 $\mathrm{d}s$ 从 a 到 b 积分,得所求整体量 s,即

$$s=\int_a^b \mathrm{d}s=\int_a^b f(x)\mathrm{d}x.$$

概括起来为两步:无限细分,化整为零;无限求和,积零为整.

6.5.2　用定积分求平面曲线的弧长

在平面几何中,直线的长度容易计算,而曲线的长度计算起来比较困难,现在就来讨论如何应用定积分求平面上光滑曲线的长度.

1. 直角坐标情形

设函数 $y=f(x)$ 具有一阶连续导数，计算曲线 $y=f(x)$ 上相应 x 从 a 到 b 的一段弧长，如图 6-15 所示.

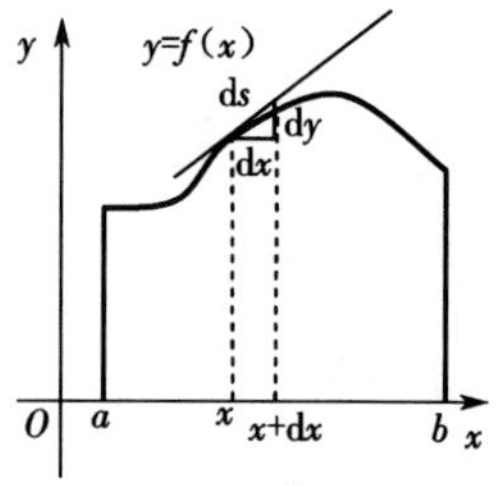

图 6-15

取 x 为积分变量，它的变化区间为$[a,b]$，在$[a,b]$上任取小区间$[x,x+\mathrm{d}x]$，与该区间相应的小段弧的长度可以用该曲线在点$(x,f(x))$处的切线上相应的小段长度来近似代替，从而得到弧长微元为

$$\mathrm{d}s=\sqrt{(\mathrm{d}x)^2+(\mathrm{d}y)^2}=\sqrt{1+y'^2}\,\mathrm{d}x,$$

因此所求弧长为 $s=\int_a^b\sqrt{1+y'^2}\,\mathrm{d}x$. 即为平面光滑曲线弧弧长计算公式.

例 1 求抛物线 $y=\frac{1}{2}x^2$ 在点 $O(0,0)$、$A\left(a,\frac{1}{2}a^2\right)$之间的一段弧长.

解

$$\begin{aligned}s&=\int_0^a\sqrt{1+y'^2}\,\mathrm{d}x=\int_0^a\sqrt{1+x^2}\,\mathrm{d}x\\&=\left[\frac{1}{2}x\sqrt{1+x^2}+\frac{1}{2}\ln\left(x+\sqrt{1+x^2}\right)\right]_0^a\\&=\frac{a}{2}\sqrt{1+a^2}+\frac{1}{2}\ln\left(a+\sqrt{1+a^2}\right).\end{aligned}$$

2. 参数方程情形

设曲线的参数方程为$\begin{cases}x=\varphi(t)\\y=\psi(t)\end{cases}(\alpha\leqslant t\leqslant\beta)$，求这段曲线的弧长.

取参数 t 为积分变量，它的变化区间为$[\alpha,\beta]$，弧长微元

$$\begin{aligned}\mathrm{d}s&=\sqrt{(\mathrm{d}x)^2+(\mathrm{d}y)^2}=\sqrt{[\varphi'(t)\mathrm{d}t]^2+[\psi'(t)\mathrm{d}t]^2}\\&=\sqrt{\varphi'^2(t)+\psi'^2(t)}\,\mathrm{d}t,\end{aligned}$$

因此所求曲线的弧长为 $s=\int_\alpha^\beta\sqrt{\varphi'^2(t)+\psi'^2(t)}\,\mathrm{d}t$.

例 2 求星形线$\begin{cases}x=a\cos^3t\\y=a\sin^3t\end{cases}(0\leqslant t\leqslant 2\pi)$的全长(如图 6-16).

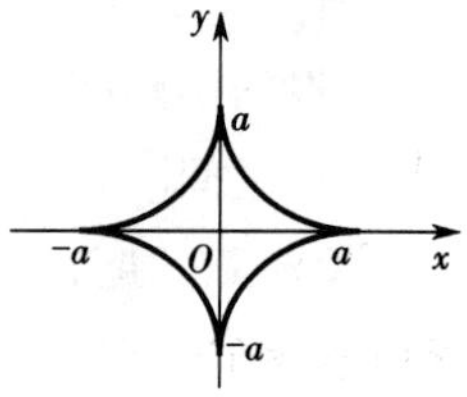

图 6-16

解 要想计算其全长，只需计算其在第一象限部分的长度，然后再乘以 4 即可.

$$\mathrm{d}x=3a\cos^2t(-\sin t)\mathrm{d}t,\quad \mathrm{d}y=3a\sin^2t(\cos t)\mathrm{d}t,$$

$$\mathrm{d}s=\sqrt{(\mathrm{d}x)^2+(\mathrm{d}y)^2}=3a\sin t\cos t\mathrm{d}t,$$

$$\begin{aligned}s&=4\int_0^{\frac{\pi}{2}}3a\sin t\cos t\mathrm{d}t=3a\int_0^{\frac{\pi}{2}}\sin 2t\mathrm{d}(2t)\\&=(-3a\cos 2t)\Big|_0^{\frac{\pi}{2}}=6a.\end{aligned}$$

6.5.3　用定积分求平面图形的面积

1. 由曲线 $y=f(x)$，$y=g(x)$，直线 $x=a$，$x=b$ 所围成的平面图形的面积

设函数 $y=f(x)$，$y=g(x)$，均在$[a,b]$上连续，且 $f(x)\geqslant g(x)$，$x\in[a,b]$.

分析求解如下：如图 6-17.

(1)该图形对应变量 x 的变化区间为$[a,b]$，且所求平面图形的面积 s 对区间$[a,b]$可加性；

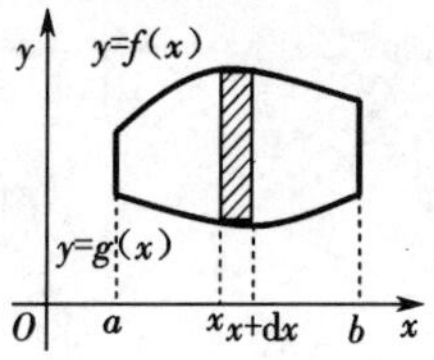

图 6-17

(2)在区间$[a,b]$内任取一小区间$[x,x+\mathrm{d}x]$，其所对应的小曲边梯形面积，可用以 $\mathrm{d}x$ 为底，$f(x)-g(x)$为高的小矩形的面积近似代替. 即面积微元 $\mathrm{d}s=[f(x)-g(x)]\mathrm{d}x$；

(3)所求图形的面积　　$s=\int_a^b[f(x)-g(x)]\mathrm{d}x$.

例 3　求曲线 $y=\mathrm{e}^x$ 与直线 $x=0$，$x=1$ 及 $y=0$ 所围成的平面图形的面积.

解　如图 6-18 所示. 所讨论图形的对应变量 x 的变化区间为$[0,1]$，在$[0,1]$内任取一小区间$[x,x+\mathrm{d}x]$，其对应小窄条的面积用以 $\mathrm{d}x$ 为底，以 $f(x)-g(x)=\mathrm{e}^x$ 为高的小矩形的面积近似代替. 即面积微元 $\mathrm{d}S=\mathrm{e}^x\mathrm{d}x$.

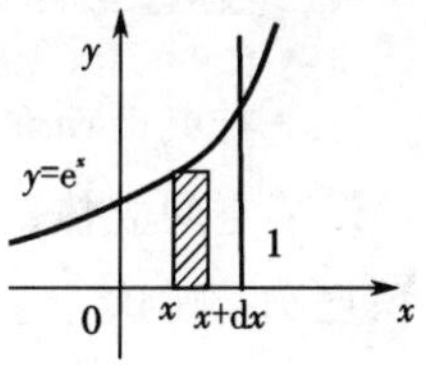

图 6-18

于是所求面积$S=\int_0^1\mathrm{e}^x\mathrm{d}x=\mathrm{e}^x\Big|_0^1=\mathrm{e}-1$.

例 4　求由曲线 $y=x^2$ 与直线 $y=2-x^2$ 所围成的平面图形的面积.

解　如图 6-19，由$\begin{cases}y=x^2\\y=2-x^2\end{cases}$求出交点坐标为$(-1,1)$和$(1,1)$，积分变量 x 的变化区间为$[-1,1]$，面积微元为

$$\begin{aligned}\mathrm{d}S&=[f(x)-g(x)]\mathrm{d}x=(2-x^2-x^2)\mathrm{d}x\\&=2(1-x^2)\mathrm{d}x,\end{aligned}$$

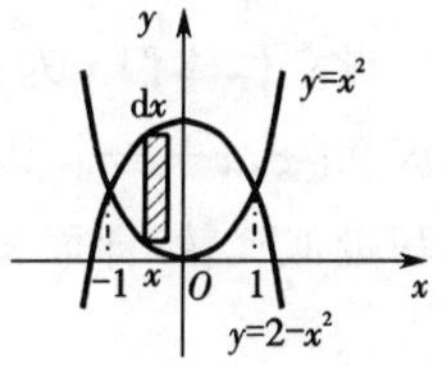

图 6-19

因此所求图形面积为

$$\begin{aligned}s&=\int_{-1}^1 2(1-x^2)\mathrm{d}x=4\int_0^1(1-x^2)\mathrm{d}x\\&=4\left(x-\frac{1}{3}x^2\right)\Big|_0^1=\frac{8}{3}.\end{aligned}$$

2. 由连续曲线 $x=\varphi(y)$，$x=\psi(y)$（$\psi(y)\leqslant\varphi(y)$）与直线 $y=c$，$y=d$ 所围成的平面图形面积

如图 6-20 所示，其面积为 $s=\int_c^d[\varphi(y)-\psi(y)]dy$.

例 5　求由曲线 $x=y^2$ 与直线 $y=x-2$ 所围成的平面图形的面积.

解　如图 6-21 所示，由$\begin{cases}x=y^2\\y=x-2\end{cases}$解得交点坐标为$(1,-1)$，$(4,2)$，则该图形对应变量 y 的变化区间为$[-1,2]$，此时 $\varphi(y)=y+2$，$\psi(y)=y^2$，面积微元为

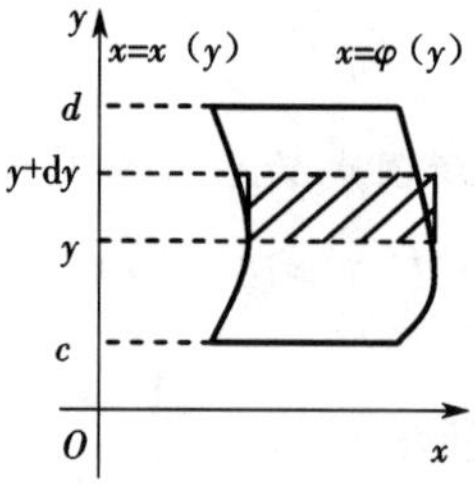

图 6-20

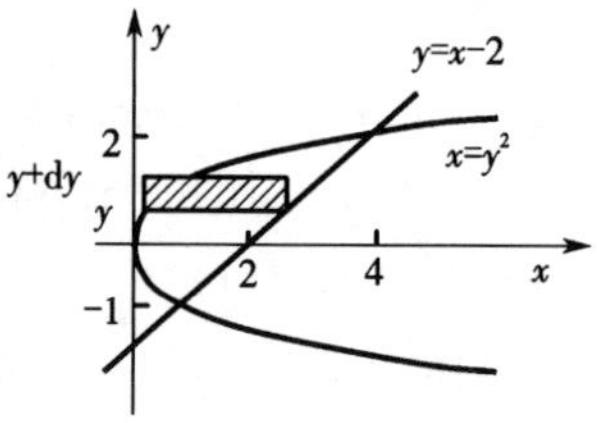

图 6-21

$$dS=[\varphi(y)-\psi(y)]dy=(y+2-y^2)dy.$$

于是所求面积为 $S=\int_{-1}^{2}ds=\int_{-1}^{2}(y+2-y^2)dy$

$$=\left(\frac{1}{2}y^2+2y-\frac{1}{3}y^3\right)\Big|_{-1}^{2}=\frac{9}{2}$$

6.5.4 空间立体的体积

1. 平行截面面积已知的立体的体积

设某空间立体垂直于一定轴的各个截面面积已知，则这个立体的体积可用微元法求解.

取定轴为 x 轴，垂直于 x 轴的各个截面面积为关于 x 的连续函数 $S(x)$，x 的变化区间为 $[a,b]$，如图 6-22 所示.

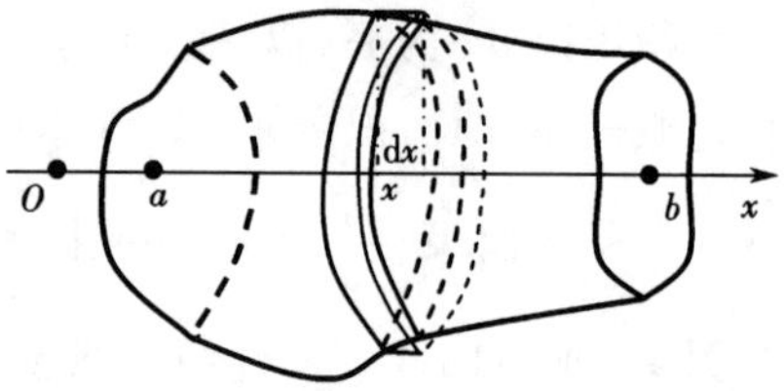

图 6-22

设立体体积 v 对区间 $[a,b]$ 具有可加性. 取 x 为积分变量，在区间 $[a,b]$ 内任取一小区间 $[x,x+dx]$，其所对应的小薄片的体积，可用底面积为 $S(x)$，高为 dx 的柱体的体积近似代替. 即面积微元 $dv=S(x)dx$，所求立体的体积

$$V=\int_a^b S(x)dx.$$

例 6 一平面经过半径为 R 的圆柱体的底圆中心，并与底面交成角为 α，计算这个平面截圆柱体所得楔形体的体积.

解 如图 6-23 所示，取该平面与底面圆的交线为 x 轴，建立直角坐标系，则底面圆的方程为 $x^2+y^2=R^2$，半圆的方程即为：$y=\sqrt{R^2-x^2}$.

在 x 的变化区间 $[-R,R]$ 内任取一点 x，过 x 做垂直于 x 轴的截面，截得一直角三角形；其底长为 y，高度为 $y\cdot\tan\alpha$，故其面积

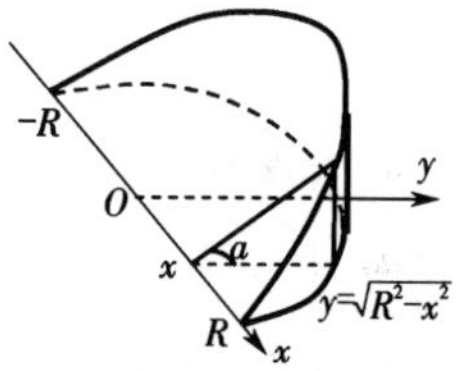

图 6-23

$$S(x)=\frac{1}{2}y\cdot y\cdot\tan\alpha=\frac{1}{2}(R^2-x^2)\tan\alpha,$$

于是体积为

$$V=\int_{-R}^{R}s(x)dx=\int_{-R}^{R}\frac{1}{2}\tan\alpha(R^2-x^2)dx=\frac{1}{2}\tan\alpha\int_{-R}^{R}(R^2-x^2)dx$$

$$=\frac{1}{2}\tan\alpha\left(R^2x-\frac{1}{3}x^3\right)\Big|_{-R}^{R}=\frac{2}{3}R^3\tan\alpha.$$

在上例中，若选固定轴为 y 轴，如图 6-24，在 $[0,R]$ 的变化区间内任取一点 y 作垂直于 y 轴的平面去截圆柱体，截面为一矩形：底为 $2x$，高为 $y\cdot\tan\alpha$，截面面积为

$$s(y)=2x\cdot y\cdot\tan\alpha=2y\sqrt{R^2-y^2}\tan\alpha.$$

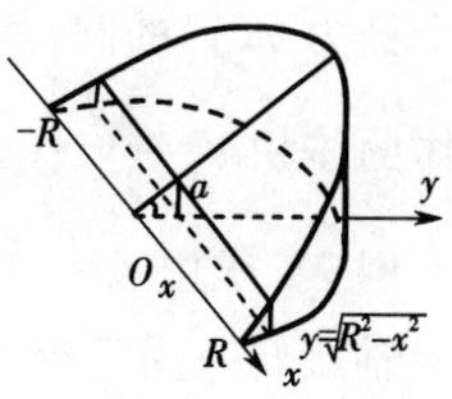

图 6-24

于是体积为

$$V=\int_0^R S(y)\mathrm{d}y=\int_0^R 2y\tan\alpha\sqrt{R^2-y^2}\,\mathrm{d}y$$

$$=-\tan\alpha\int_0^R\sqrt{R^2-y^2}\,\mathrm{d}(R^2-y^2)$$

$$=-\tan\alpha\,\frac{2}{3}(R^2-y^2)\Big|_0^R=\frac{2}{3}R^3\tan\alpha.$$

2. 旋转体的体积

旋转体：一个平面图形绕该平面上一条直线旋转一周而成的立体，称为**旋转体**. 这条直线称为**旋转轴**. 如圆柱、圆锥、球、椭球都是旋转体.

类型 1　求连续曲线 $y=f(x)$，直线 $x=a, x=b$ 及 x 轴所围成的曲边梯形绕 x 轴旋转一周而成立体的体积，如图 6-25 所示. ($a<b$) 过任意一点 $x\in[a,b]$，作垂直于 x 轴的平面，截面是半径为 $f(x)$ 的圆，其面积 $S(x)=\pi f^2(x)$，于是所求旋转体的体积为

$$V=\int_a^b S(x)\mathrm{d}x=\int_a^b \pi f^2(x)\mathrm{d}x.$$

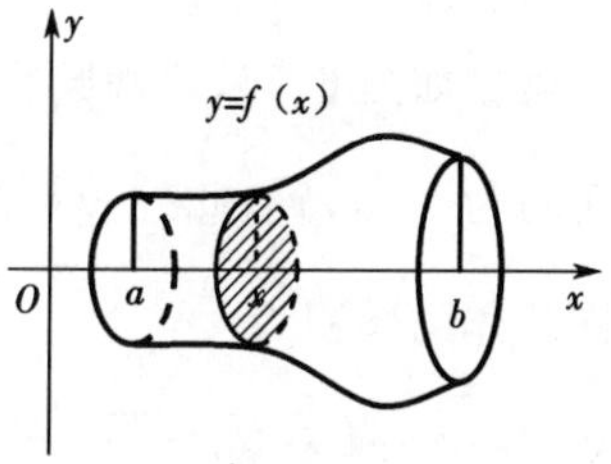

图 6-25

例 7　求由 $y=x^2$ 及 $x=1, y=0$ 所围成的平面图形绕 x 轴旋转一周而成立体的体积.

解　如图 6-26 所示，积分变量的变化区间为 $[0,1]$，此处 $f(x)=x^2$，则所求旋转体体积为

$$V=\int_0^1\pi(x^2)^2\mathrm{d}x=\pi\int_0^1 x^4\mathrm{d}x=\frac{\pi}{5}x^5\Big|_0^1=\frac{\pi}{5}.$$

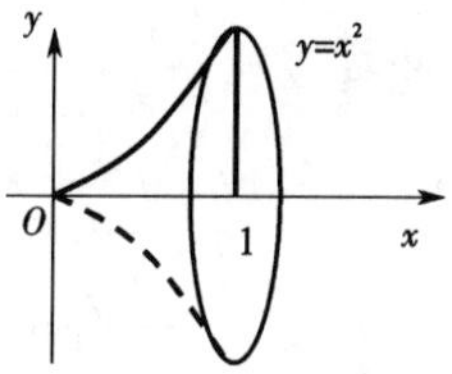

图 6-26

例 8　连接坐标原点 O 及点 $P(h,r)$ 的直线，直线 $x=h$ 及 x 轴围成一个直角三角形，求它绕 x 轴旋转一周而形成的圆锥体的体积.

解　如图 6-27，积分变量的变化区间为 $[0,h]$，此处 $y=f(x)$ 为直线 OP 的方程：$y=\frac{r}{h}x$. 于是所求旋转体的体积为

$$V=\int_0^h\pi\left(\frac{r}{h}x\right)^2\mathrm{d}x=\pi\frac{r^2}{h^2}\int_0^h x^2\mathrm{d}x$$

$$=\pi\frac{r^2}{h^2}\cdot\frac{x^3}{3}\Big|_0^h=\frac{\pi r^2}{3}h.$$

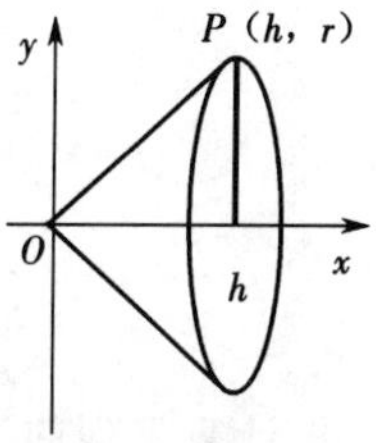

图 6-27

类型 2　求连续曲线 $x=\varphi(y)$，直线 $y=c, y=d$ 及 y 轴所围成的曲边梯形绕 y 轴旋转一周而成立体的体积 ($c<d$)，如图 6-

28 所示.

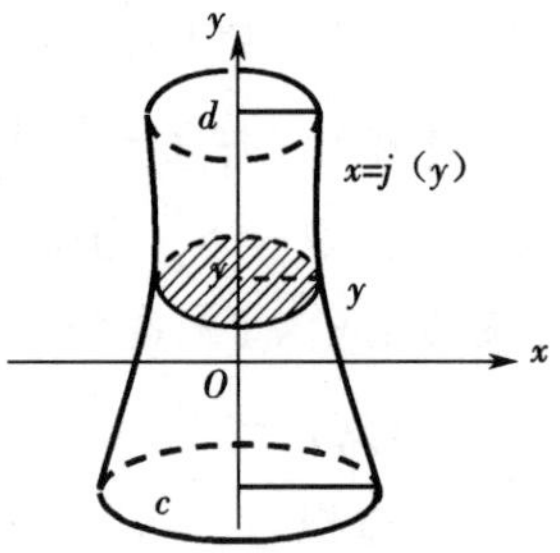

图 6-28

过任意一点 $y\in[c,d]$，作垂直于 y 轴的平面，截面是半径为 $\varphi(y)$ 的圆，其面积 $s(y)=\pi\varphi^2(y)$，于是所求旋转体的体积 $V=\int_c^d S(y)\mathrm{d}y=\int_c^d \pi\varphi^2(y)\mathrm{d}y$.

例 9 求由 $y=x^3$，$y=8$ 及 y 轴所围成的曲边梯形绕 y 轴旋转一周而成立体的体积.

解 积分变量 y 的变化区间为$[0,8]$，如图 6-29 所示.

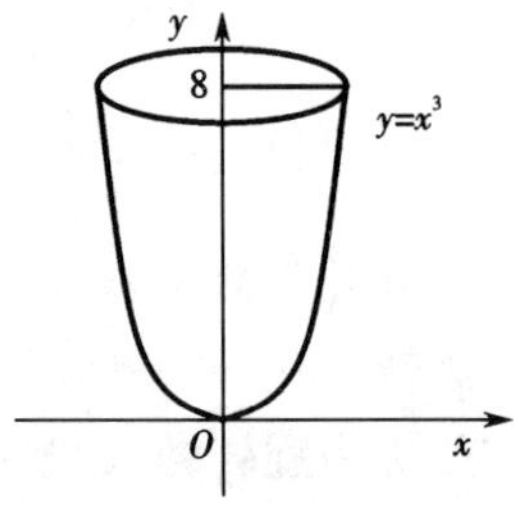

图 6-29

此处 $x=\varphi(y)=\sqrt[3]{y}$，于是所求旋转体体积为

$$V=\int_0^8 \pi(\sqrt[3]{y})^2\mathrm{d}y=\pi\int_0^8 y^{\frac{2}{3}}\mathrm{d}y$$

$$=\pi\frac{3}{5}y^{\frac{5}{3}}\Big|_0^8=\frac{96}{5}\pi=19\frac{1}{5}\pi.$$

例 10 求椭圆 $\frac{x^2}{a^2}+\frac{y^2}{b^2}=1$ 分别绕 x 轴、y 轴旋转而成椭球体的体积.

解 如图 6-30，若椭圆绕 x 轴旋转，积分变量 x 的变化区间为$[-a,a]$，此处 $y=f(x)=\frac{b}{a}\sqrt{a^2-x^2}$，于是所求椭球体的体积为

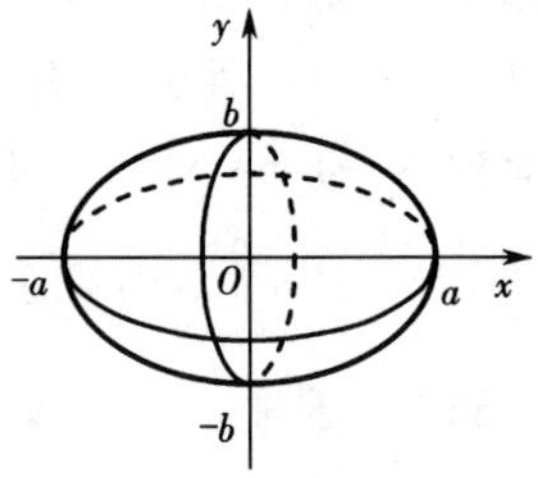

图 6-30

$$V_x=\int_{-a}^{a}\pi\left(\frac{b}{a}\sqrt{a^2-x^2}\right)^2\mathrm{d}x=\frac{b^2}{a^2}\pi\int_{-a}^{a}(a^2-x^2)\mathrm{d}x$$

$$=\frac{b^2}{a^2}\pi\left[a^2x-\frac{1}{3}x^3\right]\Big|_{-a}^{a}=\frac{4}{3}\pi ab^2.$$

若椭圆绕 y 轴旋转，积分变量 y 的变化区间为$[-b,b]$，此处 $x=\varphi(y)=\frac{a}{b}\sqrt{b^2-y^2}$，于是所求椭球体的体积为

$$V_y=\int_{-b}^{b}\pi\left(\frac{a}{b}\sqrt{b^2-y^2}\right)^2\mathrm{d}y=\frac{a^2}{b^2}\pi\int_{=b}^{b}(b^2-y^2)\mathrm{d}y$$

$$=\frac{a^2}{b^2}\pi\left(b^2y-\frac{1}{3}y^3\right)\Big|_{-b}^{b}=\frac{4}{3}\pi a^2b.$$

习 题 6.5

A 组

1. 计算下列曲线的弧长：

(1) 求曲线 $y=\ln x$ 对应于 $\sqrt{3}\leqslant x\leqslant\sqrt{8}$ 的一段弧长；

(2)求曲线 $y=\frac{2}{3}x^{\frac{3}{2}}(a\leqslant x\leqslant b)$ 的弧长.

2.求下列各曲线所围成的平面图形的面积：

(1)曲线 $y=\ln x$，与直线 $x=0, y=\ln a, y=\ln b(b>a>0)$；

(2)曲线 $y=x^2$ 与曲线 $x=y^2$；　(3)曲线 $y=\frac{1}{x}$ 与直线 $y=x$、$y=2$；

(4)曲线 $y=\frac{1}{x}$ 与直线 $y=x$、$x=2$；　(5)曲线 $x=y^2+1$，直线 $y=\pm 1$ 及 $x=0$；

(6)曲线 $x=y^2$ 与直线 $x=1$.

3.求下列曲线所围成图形按指定的坐标轴旋转产生的旋转体的体积：

(1) $y=x, x=1, y=0$，　绕 x 轴；

(2) $y=e^x, x=0, x=1, y=0$，　绕 x 轴；

(3) $y=x^3, y=1, x=0$，　绕 y 轴；

(4) $y=x^2, x=\pm 1, y=0$，　绕 y 轴.

B组

1.求摆线 $\begin{cases} x=a(t-\sin t) \\ y=a(1-\cos t) \end{cases}$ 一拱 $(0\leqslant t\leqslant 2\pi)$ 的长度.

2.求下列各曲线所围成的平面图形的面积.

(1)曲线 $y=-x^2+2$，与直线 $y=x$；　(2)曲线 $y=x^2$ 与直线 $y=2x+3$；

(3)曲线 $y^2=2x$ 与直线 $x-y=4$；　(4)曲线 $y=3-2x-x^2$ 与直线 $y=x+3$.

3.求下列曲线所围成图形按指定的坐标轴旋转产生的旋转体的体积：

(1) $y=\sin x, y=0, x\in[0,\pi]$，　绕 x 轴；

(2) $y=x^2, x=y^2$，　绕 x 轴；

(3) $y=x^2, y=2x^2, y=1$，　绕 y 轴；

(4) $y=2x-x^2, y=0$，　绕 x 轴.

6.6 定积分在物理中的应用

6.6.1 变力所做的功

如果一个物体在恒力 F 的作用下，沿力的方向移动的距离为 s，则恒力做功为 $W=F\cdot s$.

如果一个物体在变力 $F(x)$ 的作用下沿直线运动，设沿 ox 轴运动，当物体由 ox 轴上的点 a 移动到点 b. 那么变力 $F(x)$ 对物体所做的功 W 是多少呢？

用微元法：W 对区间 $[a,b]$ 具有可加性，设变力 $F(x)$ 是连续变化的，分割区间 $[a,b]$，任取一小区间 $[x,x+dx]$，则变力 $F(x)$ 在小段路径 dx 上所做的功近似看为恒力所做的功，于是得到功的微元为 $dW=F(x)dx$，将微元作区间 $[a,b]$ 上的积分就是整个区间上变力所做的功，即 $W=\int_a^b F(x)dx$.

用微元法解决变力沿直线做功问题，关键是正确确定变力 $F(x)$ 及 x 的变化区间 $[a,b]$，下面通过实例说明微元法的具体应用过程.

例 1 将弹簧一端固定，另一端连一个小球，放在光滑面上，点 O 为小球的平衡位置. 若将小球从 O 点拉到点 $M(OM=s)$，求克服弹性力所做的功.

解 如图 6-31 所示，建立数轴 Ox，由物理学知道，弹性力的大小和弹簧伸长或压缩的长度 x 成正比，方向指向平衡位置 O，即 $F(x)=-kx$ 其中 k 是比例常数，负号表示小球位移与弹性力 F 方向相反.

图 6-31

若把小球从点 $O(x=0)$ 拉到点 $M(x=s)$，克服弹性力 F，所用外力 f 的大小与 F 相等，但方向相反，即 $f=kx$，它随小球位置 x 的变化而变化.

在 x 的变化区间 $[0,s]$ 上任取一小区间 $[x,x+\mathrm{d}x]$，则力 f 所做功的微元 $\mathrm{d}W=kx\mathrm{d}x$，于是功

$$W=\int_0^s kx\mathrm{d}x=\frac{k}{2}s^2.$$

例 2 某空气压缩机，其活塞面积为 S，在等温压缩过程中，活塞由 x_1 处压缩到 x_2 处，求压缩机在这段压缩过程中所消耗的功

解 如图 6-32 所示，建立数轴 Ox. 由物理学知道，一定量的气体在等温条件下，压强 p 与体积 V 的乘积为常数 k，即 $pV=k$，由已知，体积 V 是活塞面积 s 与任一点位置 x 的乘积，即 $V=sx$，因此 $p=\dfrac{k}{V}=\dfrac{k}{sx}$. 于是气体作用在活塞上的力为

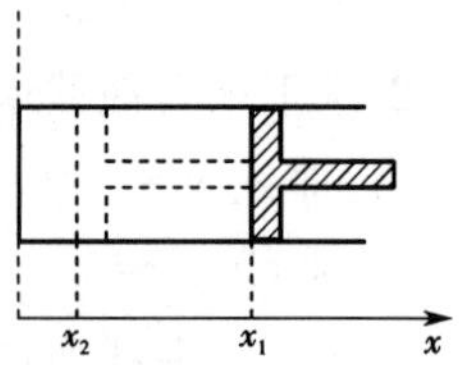

图 6-32

$$F=ps=\frac{k}{sx}\cdot s=\frac{k}{x}.$$

活塞所用力 $f=-F=-\dfrac{k}{x}$，则力的功微元为

$$\mathrm{d}W=-\frac{k}{x}\mathrm{d}x,$$

于是所求功为

$$W=\int_{x_1}^{x_2}-\frac{k}{x}\mathrm{d}x=k\ln x\Big|_{x_1}^{x_2}=k\ln\frac{x_1}{x_2}.$$

例 3 一柱形的储水桶高为 5 m，底圆半径为 3 m，桶内盛满水，试问要把桶内的水全部吸出需做多少功?

分析 这个问题显然是变力做功问题. 在抽水过程中，水面在逐渐下落，因此吸出同样重量，对不同深度的水所做的功不同.

解 如图 6-33 所示建立坐标系，取深度 x 为积分变量，则所求功 W 对区间 $[0,5]$ 具有可加性，现用微元法求解.

在 $[0,5]$ 上任取一小区间 $[x,x+\mathrm{d}x]$，则其对应的小薄层水的重量 = 体积 × 比重 $=(\pi R^2\cdot h)\cdot\rho=\pi\ 3^2\mathrm{d}x\cdot\rho=9\pi\rho\mathrm{d}x$.

将这一薄层水吸出桶外时，需提升的距离近似地为 x，因此需做功的近似值，即功

的微元

$$dW = x \cdot 9\pi\ \rho dx = 9\pi\ \rho x dx.$$

于是所求功　$W = \int_0^5 9\pi\ \rho x dx = 9\pi\ \rho\left(\frac{x^2}{2}\right)\Big|_0^5 = \frac{225}{2}\rho\pi.$

将 $\rho = 9.8\times10^3\ N/m^3$ 代入，得 $W = \frac{225}{2}\cdot 9\ 800\pi \approx 3.46\times10^6$ J.

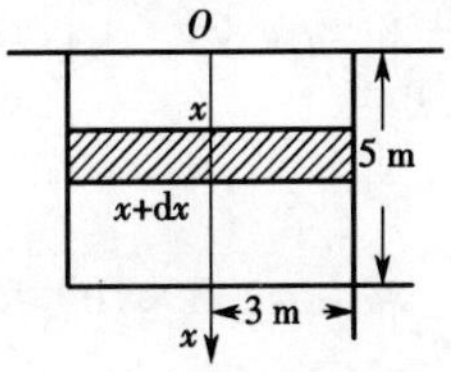

图 6-33

6.6.2　液体压力

现有一平面为 S 的平板，水平置于比重为 ρ，深度为 h 的液体中，则平板一侧所受的压力值 F=压强×面积$=pS=h\rho S$（p 为水深 h 处的压强值）.

若将平板垂直放于液体中，对应不同的液体深度，压强值也不同，那么，平板所受的压力应如何求解呢？

如图 6-34. 建立直角坐标系，设平板边缘曲线方程为 $y=f(x)(a\leqslant x\leqslant b)$，则所受压力 F 对区间 $[a,b]$ 具有可加性，现用微元法求解.

在区间 $[a,b]$ 上任取一小区间 $[x,x+dx]$，其对应的小横条上各点液面深度均近似看成 x，且液体对它的压力近似看成长为 $f(x)$、宽为 dx 的小矩形所受的压力，即压力微元为 $dF=\rho x\cdot f(x)dx$，于是所求压力 $F=\int_a^b \rho x\cdot f(x)dx$.

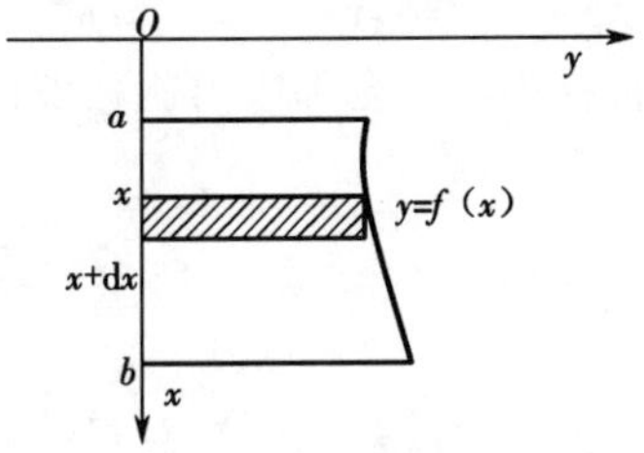

图 6-34

例 4　有一底面半径为 1 m，高为 2 m 的圆柱形贮水桶，里面盛满水. 求水对桶壁的压力.

解　如图 6-35 所示. 建立直角坐标系，则积分变量 x 的变化区间为 $[0,2]$，在其上任取一小区间 $[x,x+dx]$，高为 dx 的小圆柱面所受压力的近似值，即压力的微元，$dF=\rho x\cdot 2\pi\cdot 1dx=2\pi\ \rho x dx$，于是所求压力为

$$F=\int_0^2 2\pi\rho x dx = 2\pi\rho\left(\frac{x^2}{2}\right)\Big|_0^2 = 4\pi\rho.$$

即　　　$F=4\pi\times9.8\times10^3=3.92\pi\times10^4$ N.

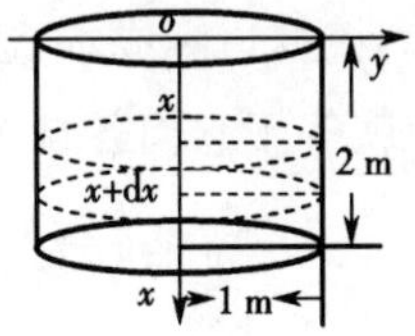

图 6-35

例 5　有一半径为 $R=3$ m 的圆形溢水洞，试求水位为 3 m 时作用在夹板上的压力？

解　如果水位为 3 m，如图 6-36 所示建立直角坐标系，积分变量 x 的变化区间为 $[0,R]$，在其上任取一小区间 $[x,x+dx]$，所对应的小窄条上所受压力的近似值，即压力微元 dF=压强×面积$=\rho x\cdot 2y dx=\rho x\cdot 2\sqrt{R^2-x^2}dx=2\rho x\ \sqrt{R^2-X^2}dx$，于是所求压力

$$F=\int_0^R 2\rho x\sqrt{R^2-x^2}\,\mathrm{d}x=2\rho\int_0^R\left(-\frac{1}{2}\right)\sqrt{R^2-x^2}\,\mathrm{d}(R^2-x^2)$$

$$=-\rho\frac{2}{3}(R^2-x^2)^{\frac{3}{2}}\Big|_0^R=\frac{2}{3}R^3\rho.$$

将 $\rho=9.8\times10^3$，$R=3$ 代入得，$F=1.746\times10^5$ N.

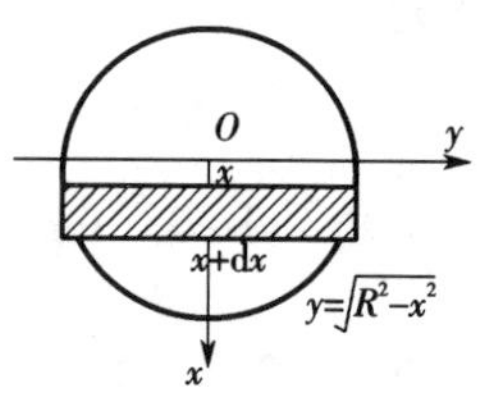

图 6-36

习　题 6.6

1. 若 1 kg 的力能使弹簧伸长 1 cm，现在要使弹簧伸长 10 cm，问需做多少功？

2. 直径为 20 cm，长为 80 cm 的圆柱形容器被压力为 10 kg/cm^2 的蒸汽充满着，假定气体的温度不变，要使气体的体积减少一半，需做多少功？

3. 有一截面积为 20 m^2，深为 5 m 的水池盛满了水，用抽水泵把这水池中的水全部吸出，需要做多少功？

4. 有一圆台形的桶，盛满了汽油，桶高为 3 m，上下底半径分别为 1 m 和 2 m，试求将桶内汽油全部吸出所耗费的功（汽油比重 $\rho=7.84\times10^3$ N/m^3）.

6.7　定积分在经济中的应用

设 $y=f(x)$ 是经济总量（如需求函数、生产函数、成本函数、总收益函数等）则导数 $f'(x)$ 称为 $y=f(x)$ 的边际函数（如边际成本、边际收益、边际利润等）或变化率. 在经济管理中，可以利用积分法，根据边际函数求出总量函数（即原函数）或总函数在区间 $[a,b]$ 上的增量.

6.7.1　由经济函数的边际，求经济函数在区间上的增量

根据边际成本，边际收入，边际利润以及产量 x 的变动区间 $[a,b]$ 上的改变量（增量）就等于它们各自边际在区间 $[a,b]$ 上的定积分.

$[a,b]$ 上的收入总量：　$R(b)-R(a)=\int_a^b R'(x)\mathrm{d}x.$　　(1)

$[a,b]$ 上的成本总量：　$C(b)-C(a)=\int_a^b C'(x)\mathrm{d}x.$　　(2)

$[a,b]$ 上的利润总量：　$L(b)-L(a)=\int_a^b L'(x)\mathrm{d}x.$　　(3)

例 1　已知某商品边际收入为 $-0.08x+25$（万元/t），边际成本为 5（万元/t），求产量 x 从 250 t 增加到 300 t 时销售收入 $R(x)$，总成本 $C(x)$，利润 $L(x)$ 的改变量（增量）.

解　首先求边际利润，$L'(x)=R'(x)-C'(x)=-0.08x+25-5=-0.08x+20.$

所以根据式(1)、式(2)、式(3)，依次求出：

$$R(300)-R(250)=\int_{250}^{300}R'(x)\mathrm{d}x=\int_{250}^{300}(-0.08x+25)\mathrm{d}x=150\text{ 万元},$$

$$C(300)-C(250)=\int_{250}^{300}C'(x)\mathrm{d}x=\int_{250}^{300}\mathrm{d}x=250\text{ 万元},$$

$$L(300)-L(250)=\int_{250}^{300}L'(x)\mathrm{d}x=\int_{250}^{300}(-0.08x+20)\mathrm{d}x=-100\text{ 万元}.$$

6.7.2　由经济函数的变化率，求经济函数在区间上的平均变化率

设某经济函数的变化率为 $f(t)$，则称

$$\frac{\int_{t_1}^{t_2}f(t)\mathrm{d}t}{t_2-t_1}$$

为该经济函数在时间间隔$[t_2,t_1]$内的平均变化率.

例 2　某银行的利息连续计算，利息率是时间 t(单位:年)的函数：

$$r(t)=0.08+0.015\sqrt{t},$$

求它在开始 2 年，即时间间隔$[0,2]$内的平均利息率.

解　由于

$$\int_0^2 r(t)\mathrm{d}t=\int_0^2(0.08+0.015\sqrt{t})\mathrm{d}t=0.16+0.01t\sqrt{t}\Big|_0^2=0.16+0.02\sqrt{2}.$$

所以开始 2 年的平均利息率为

$$r=\frac{\int_0^2 r(t)\mathrm{d}t}{2-0}=0.08+0.01\sqrt{2}\approx 0.094.$$

例 3　某公司运行 t(年)所获利润为 $L(t)$(元)，利润的年变化率为 $L'(t)=3\times10^5\sqrt{t+1}$(元/年)，求利润从第 4 年初到第 8 年末，即时间间隔$[3,8]$内年平均变化率.

解　由于$\int_3^8 L'(t)\mathrm{d}t=\int_3^8 3\times10^5\sqrt{t+1}\,\mathrm{d}t=2\times10^5\cdot(t+1)^{\frac{3}{2}}\Big|_3^8=38\times10^5$，

所以从第 4 年初到第 8 年末，利润的年平均变化率为

$$\frac{\int_3^8 L'(t)\mathrm{d}t}{8-3}=7.6\times10^5(\text{元/年}).$$

即在这 5 年内公司平均每年平均获利 7.6×10^5 元.

6.7.3　由贴现率求总贴现值在时间区间上的增量

设某个项目在 t(年)时的收入为 $f(t)$(万元)，年利率为 r，即贴现率是 $f(t)\mathrm{e}^{-rt}$，则应用定积分计算，该项目在时间区间$[a,b]$上总贴现值的增量为$\int_a^b f(t)\mathrm{e}^{-rt}\mathrm{d}t$.

设某工程总投资在竣工时的贴现值为 A(万元)，竣工后的年收入预计为 a(万元)，年利率为 r，银行利息连续计算. 在进行动态经济分析时，把竣工后收入的总贴现值达到 A，即使关系式

$$\int_0^T a\mathrm{e}^{-rt}\mathrm{d}t=A$$

成立的时间 T(年)称为该项工程的投资回收期.

例 4　某工程总投资在竣工时的贴现值为 1 000 万元，竣工后的年收入预计为

200 万元,年利息率为 0.08,求该工程的投资回收期.

解 这里 $A=1\,000$,$a=200$,$r=0.08$,则该工程竣工后 T 年内收入的总贴现值为

$$\int_0^T 200\mathrm{e}^{-0.08t}\mathrm{d}t=\frac{200}{-0.08}\mathrm{e}^{-0.08t}\Big|_0^T=2\,500(1-\mathrm{e}^{-0.08T}).$$

令 $2\,500(1-\mathrm{e}^{-0.08T})=1\,000$,即得该工程回收期为

$$T=-\frac{1}{0.08}\ln\left(1-\frac{1\,000}{2\,500}\right)=-\frac{1}{0.08}\ln 0.6$$
$$=6.39(年).$$

习 题 6.7

1. 设生产某产品的固定成本 1 百万,边际收益和边际成本分别为(单位万元/百台)$R'(x)=8-x$, $C'(x)=4+\frac{x}{4}$.

(1)求产量由 1 百万增加 5 百万时,总收益增加多少?

(2)求产量由 1 百万增加 5 百万时,总成本增加多少?

2. 某商品一年的销售速度为 $v(t)=100+100\sin\left(2\pi t-\frac{\pi}{2}\right)$(单位:件/月;$0\leqslant t\leqslant 12$),求此产品前 3 个月的销售总量.

数学文化

微积分创始人之——牛顿

微积分的发展史,少不得牛顿.

1643 年 1 月 4 日,牛顿诞生在英格兰林肯郡小镇沃尔索浦的一个自耕农家庭里.少年时的牛顿并不是神童,他资质平常,成绩一般,但他喜欢读书,喜欢看一些介绍各种简单机械模型制作方法的读物,并从中受到启发,自己动手制作些奇奇怪怪的小玩意,如风车、木钟、折叠式提灯等等.

传说小牛顿把风车的机械原理摸透后,自己制造了一架磨坊的模型,他将老鼠绑在一架有轮子的踏车上,然后在轮子的前面放上一粒玉米,刚好那地方是老鼠可望不可及的位置.老鼠想吃玉米,就不断地跑动,于是轮子不停的转动;有一次他放风筝时,在绳子上悬挂着小灯,夜间村人看去惊疑是彗星出现;他还制造了一个小水钟,每天早晨,小水钟会自动滴水到他的脸上,催他起床.他还喜欢绘画、雕刻,尤其喜欢刻日晷,家里墙角、窗台上到处安放着他刻画的日晷,用以验看日影的移动.

牛顿 12 岁时进了离家不远的格兰瑟姆中学.牛顿的母亲原希望他成为一个农民,但牛顿本人却无意于此,而酷爱读书.随着年岁的增大,牛顿越发爱好读书,喜欢沉思,做科学小实验.牛顿在中学时代学习成绩也并不出众,但依然爱好读书,对自然现象有好奇心,例如颜色、日影四季的移动,尤其是几何学、哥白尼的日心说等等.他还分门别类地记读书笔记,又喜欢别出心裁地做些小工具、小技巧、小发明、小试验.

后来迫于生活，母亲让牛顿停学在家务农，赡养家庭. 但牛顿一有机会便埋首书卷，以至经常忘了干活. 每次，母亲叫他同佣人一道上市场，熟悉做交易的生意经时，他便恳求佣人一个人上街，自己则躲在树丛后看书. 有一次，牛顿的舅父起了疑心，就跟踪牛顿上市镇去，发现他的外甥伸着腿，躺在草地上，正在聚精会神地钻研一个数学问题. 牛顿的好学精神感动了舅父，于是舅父劝服了母亲让牛顿复学，并鼓励牛顿上大学读书. 牛顿又重新回到了学校.

1661 年，19 岁的牛顿以减费生的身份进入剑桥大学三一学院，靠为学院做杂务的收入支付学费，1664 年成为奖学金获得者，1665 年获学士学位. 17 世纪中叶，剑桥大学的卢卡斯创设了一个独辟蹊径的讲座，规定讲授自然科学知识，如地理、物理、天文和数学课程. 讲座的第一任教授伊萨克・巴罗是个博学的科学家. 这位学者独具慧眼，看出了牛顿具有深邃的观察力、敏锐的理解力. 于是将自己的数学知识，包括计算曲线图形面积的方法，全部传授给牛顿，并把牛顿引向了近代自然科学的研究领域.

在这段学习过程中，牛顿掌握了算术、三角，读了开普勒的《光学》，笛卡尔的《几何学》和《哲学原理》，伽利略的《两大世界体系的对话》，胡克的《显微图集》，还有皇家学会的历史和早期的哲学学报等.

牛顿在巴罗门下的这段时间，是他学习的关键时期. 巴罗比牛顿大 12 岁，精于数学和光学，他对牛顿的才华极为赞赏，认为牛顿的数学才华超过自己. 后来，牛顿在回忆时说道："巴罗博士当时讲授关于运动学的课程，也许正是这些课程促使我去研究这方面的问题."

当时，牛顿在数学上很大程度是依靠自学. 他学习了欧几里得的《几何原本》、笛卡儿的《几何学》、沃利斯的《无穷算术》、巴罗的《数学讲义》及韦达等许多数学家的著作. 其中，对牛顿具有决定性影响的要数笛卡儿的《几何学》和沃利斯的《无穷算术》，它们将牛顿迅速引导到当时数学最前沿——解析几何与微积分. 1664 年，牛顿被选为巴罗的助手，第二年，剑桥大学评议会通过了授予牛顿大学学士学位的决定.

1665～1666 年严重的鼠疫席卷了伦敦，剑桥离伦敦不远，惟恐波及，学校因此而停课，牛顿于 1665 年 6 月离校返乡. 由于牛顿在剑桥受到数学和自然科学的熏陶和培养，对探索自然现象产生浓厚的兴趣，家乡安静的环境又使得他的思想展翅飞翔. 1665～1666 年这段短暂的时光成为牛顿科学生涯中的黄金岁月，他在自然科学领域内思潮奔腾，才华迸发，思考前人从未思考过的问题，踏进了前人没有涉及的领域，创建了前所未有的惊人业绩.

1665 年初，牛顿创立级数近似法，以及把任意幂的二项式化为一个级数的规则；同年 11 月，创立正流数法(微分)；次年 5 月，开始研究反流数法(积分). 这一年内，牛顿开始想到研究重力问题，并想把重力理论推广到月球的运动轨道上去. 他还从开普勒定律中推导出使行星保持在它们的轨道上的力必定与它们到旋转中心的距离平方成反比. 牛顿见苹果落地而悟出地球引力的传说，说的也是此时发生的轶事.

总之，在家乡居住的两年中，牛顿以比此后任何时候更为旺盛的精力从事科学创造，并关心自然哲学问题. 他的三大成就：微积分、万有引力、光学分析的思想都是在这时孕育成形的.

1667 年复活节后不久，牛顿返回到剑桥大学，10 月 1 日被选为三一学院的仲院侣(初级院委)，翌年 3 月 16 日获得硕士学位，同时成为正院侣(高级院委). 1669 年 10 月 27 日，巴罗为了提携牛顿而辞去了教授之职，26 岁的牛顿晋升为数学教授，并担任卢卡斯讲座的教授. 巴罗为牛顿的科学生涯打通了道路，没有巴罗的帮助，牛顿这匹千里马可能就不会驰骋在科学的大道上. 巴罗让贤，这在科学史上一直被传为佳话.

在牛顿的全部科学贡献中，数学成就占有突出的地位. 他数学生涯中的第一项创造性成果就是发现了二项式定理. 据牛顿本人回忆，他是在 1664 年和 1665 年间的冬天，在研读沃利斯博士的《无穷算术》时，试图修改他的求圆面积的级数时发现这一定理的.

牛顿在老师巴罗的指导下，在钻研笛卡尔的解析几何的基础上，找到了新的出路. 可以把任意时刻的速度看作是在微小的时间范围里的速度的平均值，这就是一个微小的路程和时间间隔的比值，当这个微小的时间间隔缩小到无穷小的时候，就是这一点的准确值. 这就是微分的概念.

微分相当于求时间和路程关系曲线在某点的切线斜率. 一个变速的运动物体在一定时间范围里走过的路程，可以看作是在微小时间间隔里所走路程的和，这就是积分的概念. 求积分相当于求时间和速度关系的曲线下面的面积. 牛顿从这些基本概念出发，建立了微积分.

微积分的创立是牛顿最卓越的数学成就. 牛顿为解决运动问题，才创立这种和物理概念直接联系的数学理论的，牛顿称之为“流数术”. 它所处理的一些具体问题，如切线问题、求积问题、瞬时速度问题以及函数的极大和极小值问题等，在牛顿前已经得到人们的研究了. 但牛顿超越了前人，他站在了更高的角度，对以往分散的努力加以综合，将自古希腊以来求解无限小问题的各种技巧统一为两类普通的算法：微分和积分，并确立了这两类运算的互逆关系，从而完成了微积分发明中最关键的一步，为近代科学发展提供了最有效的工具，开辟了数学上的一个新纪元.

1707 年，牛顿的代数讲义经整理后出版，定名为《普遍算术》. 主要讨论了代数基础及其（通过解方程）在解决各类问题中的应用. 书中陈述了代数基本概念与基本运算，用大量实例说明了如何将各类问题化为代数方程，同时对方程的根及其性质进行了深入探讨，引出了方程论方面的丰硕成果，得出了方程的根与其判别式之间的关系，提出“牛顿幂和公式”.

牛顿对解析几何与综合几何都有贡献. 他在 1736 年出版的《解析几何》中引入了曲率中心，给出密切线圆（或称曲线圆）概念，提出曲率公式及计算曲线的曲率方法. 并将自己的许多研究成果总结成专论《三次曲线枚举》，于 1704 年发表. 此外，他的数学工作还涉及数值分析、概率论和初等数论等众多领域.

开始，他并不愿意发表他的发现，认为都只是一种个人的消遣，为的是使自己在寂静的书斋中解闷. 后来，在好友哈雷的竭力劝说下，才勉强同意出版他的手稿，才有划时代巨著《自然哲学的数学原理》的问世.

作为大学教授，牛顿常常忙得不修边幅，往往领带不结，袜带不系好，马裤也不纽扣，就走进了大学餐厅. 有一次，他在向一位姑娘求婚时思想又开了小差，他脑海里只剩下了无穷量的二项式定理. 他抓住姑娘的手指，错误地把它当成通烟斗的通条，硬往烟斗里塞，痛得姑娘大叫，离他而去. 牛顿也因此终生未娶.

牛顿马虎拖沓，曾经闹过许多的笑话. 一次，他边读书，边煮鸡蛋，等他揭开锅想吃鸡蛋时，却发现锅里是一只怀表. 还有一次，他请朋友吃饭，当饭菜准备好时，牛顿突然想到一个问题，便独自进了内室，朋友等了他好久还是不见他出来，于是朋友就自己动手把那份鸡全吃了，鸡骨头留在盘子，不告而别了. 等牛顿想起，出来后，发现了盘子里的骨头，以为自己已经吃过了，便转身又进了内室，继续研究他的问题.

1689 年，他被当选为国会中的大学代表. 作为国会议员，牛顿逐渐开始疏远给他带来巨大成就的科学. 同时，他的大量的时间花费在了和同时代的著名科学家如胡克、莱布尼茨等进行科学优先权的争论上.

晚年的牛顿在伦敦过着堂皇的生活，1705 年他被安妮女王封为贵族. 此时的牛顿非常富有，被普遍认为是生存着的最伟大的科学家.

1727 年 3 月 20 日，伟大的艾萨克 · 牛顿逝世. 同其他很多杰出的英国人一样，他被埋葬在了威斯敏斯特教堂. 牛顿在临终前对自己的生活道路是这样总结的：“我不知道在别人看来，我是什么样的人；但在我自己看来，我不过就像是一个在海滨玩耍的小孩，为不时发现比寻常更为光滑的一块卵石或比寻常更为美丽的一片贝壳而沾沾自喜，而对于展现在我面前的浩瀚的真理的海洋，却全然没有发现.”这当然是牛顿的谦逊.

第7章　行列式与矩阵

问题引入

现今社会，用代数方法解决实际问题已渗透到各个领域，尤其是经济和工程领域. 实际生产中的众多问题，都可以以线性方程组的形式进行建模，而行列式与矩阵都是求解线性方程组的重要工具. 本世纪 30 年代，美国俄裔经济学家、诺贝尔奖金获得者 V. 列昂节夫提出著名的“收入一产出”模型就是利用矩阵这个数学工具建立起来的，该模型在实践中取得了极大的成功.

学习目标

1. 理解行列式的相关概念；
2. 掌握行列式的基本性质及计算方法；
3. 学会用行列式求解线性方程组的方法(即克拉默法则)；
4. 理解矩阵的相关概念，掌握矩阵的线性运算和乘法运算；
5. 熟练掌握矩阵的初等行变换，会求逆矩阵；
6. 会使用高斯消元法求解线性方程组.

7.1　行列式和线性方程组的行列式解法

7.1.1　二阶与三阶行列式

行列式的实质是特定算式的一种记号.

1. 二阶与三阶行列式的概念

行列式是在求解线性方程组过程中产生的一种特殊的运算符号.

设有二元一次线性方程组

$$\begin{cases} a_{11}x_1 + a_{12}x_1 = b_1 \\ a_{21}x_1 + a_{22}x_2 = b_2. \end{cases} \qquad (1)$$

将方程组①中未知量的 4 个系数提出来，按原来的位置排成如下格式：

$$\begin{vmatrix} a_{11} & a_{12} \\ a_{21} & a_{22} \end{vmatrix}$$

该符号称为**二阶行列式**. 它由 4 个数排成 2 行 2 列(横的叫**行**，纵的叫**列**)形式，外侧加竖线括起. 行列式中的数叫做**行列式的元素**.

同理，设有三元一次线性方程组

$$\begin{cases}a_{11}x_1+a_{12}x_2+a_{13}x_3=b_1\\a_{21}x_1+a_{22}x_2+a_{23}x_3=b_2\\a_{31}x_1+a_{32}x_2+a_{33}x_3=b_3\end{cases} \quad ②$$

将方程组②中未知量的 9 个系数按同样的方式提取出来就构成了三阶行列式

$$\begin{vmatrix}a_{11}&a_{12}&a_{13}\\a_{21}&a_{22}&a_{23}\\a_{31}&a_{32}&a_{33}\end{vmatrix}$$

以此类推，可以定义 4 阶、5 阶直至 n 阶行列式.

2. 二阶与三阶行列式计算

二阶行列式的计算可以采用对角线法则：

$$\begin{vmatrix}a_{11}&a_{12}\\a_{21}&a_{22}\end{vmatrix}=a_{11}a_{22}-a_{12}a_{21}$$

即主对角线上元素乘积减法次对角线上元素乘积.

例 1 计算二阶行列式 $D=\begin{vmatrix}2&4\\1&3\end{vmatrix}$.

解 $D=\begin{vmatrix}2&4\\1&3\end{vmatrix}=2\times3-4\times1=2.$

三阶行列式的对角线法则：

$$\begin{vmatrix}a_{11}&a_{12}&a_{13}\\a_{21}&a_{22}&a_{23}\\a_{31}&a_{32}&a_{33}\end{vmatrix}=a_{11}a_{22}a_{33}+a_{12}a_{23}a_{31}+a_{13}a_{21}a_{32}-a_{13}a_{22}a_{31}-a_{12}a_{21}a_{33}-a_{11}a_{23}a_{32}$$

后面，我们将介绍到行列式更为一般的计算方法，有时比直接套用三阶行列式的计算公式更简洁.

该式共有 6 项，每一项都是位于不同行、不同列的 3 个元素乘积，从左上角到右下角三个元素的乘积取正号，从右上角到左下角三个元素的乘积取负号. 如图 7-1 所示.

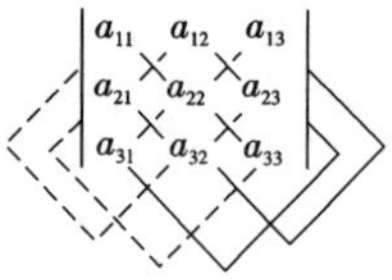

图 7-1 三阶行列式的计算

例 2 计算行列式 $\begin{vmatrix}2&1&2\\-4&3&1\\2&3&5\end{vmatrix}$.

解 原式 $=2\times3\times5+1\times1\times2+(-4)\times3\times2-2\times3\times2-1\times(-4)\times5-2\times3\times1$

$=30+2-24-12+20-6=10$

例 3　已知 $\begin{vmatrix} a & b & 0 \\ -b & a & 0 \\ 1 & 0 & 1 \end{vmatrix}=0$，问 a,b 应满足什么条件？（其中 a,b 均为实数）.

解　$\begin{vmatrix} a & b & 0 \\ -b & a & 0 \\ 1 & 0 & 1 \end{vmatrix}=a^2+b^2$，若要 $a^2+b^2=0$，则 a 与 b 须同时等于零.

因此，当 $a=0$ 且 $b=0$ 时，该行列式等于零.

对角线法则只适用于二阶、三阶的行列式计算，更高阶的行列式用此法计算，过程太复杂，需采用其他方法计算.

7.1.2　n 阶行列式的概念

1. n 阶行列式的定义

定义 7.1.1　由排成 n 行 n 列的 n^2 个元素 $a_{ij}(i,j=1,2,\cdots,n)$ 组成的符号

$$\begin{vmatrix} a_{11} & a_{12} & \cdots & a_{1n} \\ a_{21} & a_{22} & \cdots & a_{2n} \\ \vdots & \vdots & & \vdots \\ a_{n1} & a_{n2} & \cdots & a_{nn} \end{vmatrix}$$

称为 n 阶行列式，记为 D_n. 其中 $a_{ij}(i,j=1,2,\cdots,n)$ 称为行列式的第 i 行第 j 列**元素**.

定义 7.1.2　在行列式上，由左上角至右下角画一条斜线，称该斜线为**主对角线**，类似，从右上角到左下角的斜线称为**次对角线**，如图 7-2 所示.

在本章第 2 节的矩阵部分也有类似概念，要注意区分.

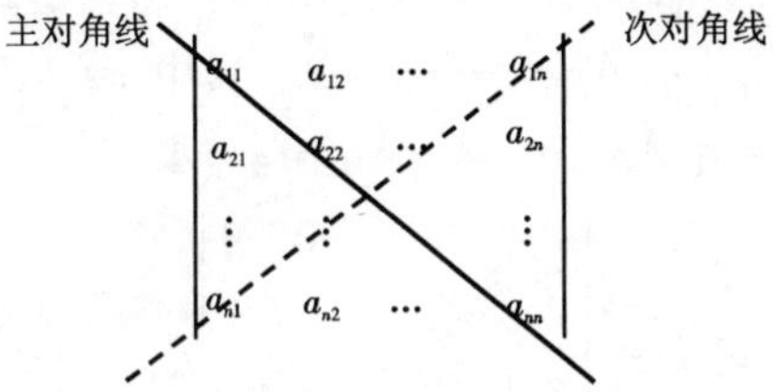

图 7-2　行列式的主对角线和次对角线

2. 余子式和代数余子式

n 阶行列式的计算方式比二阶、三阶行列式的计算要更复杂，为此我们要先引入余子式和代数余子式的概念.

定义 7.1.3　在 n 阶行列式中，划去元素 a_{ij} 所在的第 i 行和第 j 列后，余下的元素按原来的位置构成一个 $n-1$ 阶行列式，称为元素 a_{ij} 的**余子式**，记作 M_{ij}.

元素 a_{ij} 的余子式 M_{ij} 前面添上符号 $(-1)^{i+j}$ 称为元素 a_{ij} 的**代数余子式**，记作 A_{ij}. 即

$$A_{ij}=(-1)^{i+j}M_{ij}.$$

要注意代数余子式的正负号问题.

例 4 写出下面四阶行列式中 a_{23} 的余子式和代数余子式.

$$D=\begin{vmatrix} 1 & 5 & 7 & 3 \\ -4 & 0 & 2 & -1 \\ 0 & -1 & 8 & 4 \\ 1 & 12 & 4 & 7 \end{vmatrix}$$

解 该行列式中 $a_{23}=2$,划去 2 所在行、所在列,得到它的余子式是

$$M_{23}=\begin{vmatrix} 1 & 5 & 3 \\ 0 & -1 & 4 \\ 1 & 12 & 7 \end{vmatrix},$$

代数余子式是

$$A_{23}=(-1)^{2+3}M_{23}=-\begin{vmatrix} 1 & 5 & 3 \\ 0 & -1 & 4 \\ 1 & 12 & 7 \end{vmatrix}.$$

3. n 阶行列式的计算

定理 7.1.1 n 阶行列式 $D=\begin{vmatrix} a_{11} & a_{12} & \cdots & a_{1n} \\ a_{21} & a_{22} & \cdots & a_{2n} \\ \vdots & \vdots & & \vdots \\ a_{n1} & a_{n2} & \cdots & a_{nn} \end{vmatrix}$ 的计算方法如下.

(1)当 $n=1$ 时,规定 $|a_{11}|=a_{11}$.

(2)当 $n\neq1$ 时,n 阶行列式 D 等于它的任意一行(列)的元素与其对应的代数余子式乘积之和,即

$$D=a_{i1}A_{i1}+a_{i2}A_{i2}+\cdots+a_{in}A_{in}\text{(其中 } i=1,2,\cdots,n\text{)};$$

或

$$D=a_{1j}A_{1j}+a_{2j}A_{2j}+\cdots+a_{nj}A_{nj}\text{(其中 } j=1,2,\cdots,n\text{)}.$$

该计算公式称为拉普拉斯展开式.
注意,该展开式使用的是代数余子式,而不是余子式.

易证,当 $n=2$ 时,$D=a_{11}A_{11}+a_{12}A_{12}=a_{11}a_{22}-a_{12}a_{21}$.

例 5 计算四阶行列式 $D=\begin{vmatrix} 2 & 0 & 0 & 0 \\ 3 & 1 & 0 & 7 \\ -1 & 2 & 4 & 1 \\ 1 & 0 & -3 & 0 \end{vmatrix}$

解 行列式 D 的第 1 行已有 3 个元素是零,按第 1 行展开,有

$$D=2(-1)^{1+1}\begin{vmatrix} 1 & 0 & 7 \\ 2 & 4 & 1 \\ 0 & -3 & 0 \end{vmatrix}=2\begin{vmatrix} 1 & 0 & 7 \\ 2 & 4 & 1 \\ 0 & -3 & 0 \end{vmatrix}.$$

再按第 3 行展开,有

$$D=2\times(-3)\times(-1)^{3+2}\begin{vmatrix} 1 & 7 \\ 2 & 1 \end{vmatrix}=6\begin{vmatrix} 1 & 7 \\ 2 & 1 \end{vmatrix}=6(1\times1-2\times7)=-78.$$

例 6 计算五阶行列式 $D=\begin{vmatrix} 1 & 3 & -5 & 7 & 6 \\ 0 & 2 & 9 & -3 & 4 \\ 0 & 0 & 3 & 5 & 7 \\ 0 & 0 & 0 & 4 & 8 \\ 0 & 0 & 0 & 0 & 5 \end{vmatrix}$.

解　全部按第 1 列展开，有

$$D=1\times\begin{vmatrix}2&9&-3&4\\0&3&5&7\\0&0&4&8\\0&0&0&5\end{vmatrix}=1\times2\begin{vmatrix}3&5&7\\0&4&8\\0&0&5\end{vmatrix}=1\times2\times3\begin{vmatrix}4&8\\0&5\end{vmatrix}=1\times2\times3\times4\times5=120.$$

该行列式主对角线以下元素全为 0，其结果恰为主对角线上元素乘积. 这种行列式我们称之为**上三角行列式**. 类似的，若行列式主对角线以上元素全为 0，则称之为**下三角行列式**.

定理 7.1.2　上(下)三角形行列式的值等于主对角线上各元素的乘积，即

$$D=\begin{vmatrix}a_{11}&a_{12}&\cdots&a_{1n}\\0&a_{22}&\cdots&a_{2n}\\\vdots&\vdots&&\vdots\\0&0&\cdots&a_{nn}\end{vmatrix}=a_{11}a_{22}\cdots a_{nn},$$

或

$$D=\begin{vmatrix}a_{11}&0&\cdots&0\\a_{21}&a_{22}&\cdots&0\\\vdots&\vdots&&\vdots\\a_{n1}&a_{n2}&\cdots&a_{nn}\end{vmatrix}=a_{11}a_{22}\cdots a_{nn}.$$

7.1.3　*n* 阶行列式的性质

一般情况下，随着行列式阶数的增高，根据定义直接计算 n 阶行列式将会变得越来越困难. 本小节将介绍行列式的性质，以便用这些性质把复杂的行列式转化为较简单的行列式(如上三角形行列式等)来计算.

定义 7.1.4　假设已知行列式

$$D=\begin{vmatrix}a_{11}&a_{12}&\cdots&a_{1n}\\a_{21}&a_{22}&\cdots&a_{2n}\\\vdots&\vdots&&\vdots\\a_{n1}&a_{n2}&\cdots&a_{nn}\end{vmatrix}$$

将行列式 D 的行列互换后得到的行列式称为 D 的**转置行列式**，记作 D^{T}，即

$$D^{\mathrm{T}}=\begin{vmatrix}a_{11}&a_{21}&\cdots&a_{n1}\\a_{12}&a_{22}&\cdots&a_{n2}\\\vdots&\vdots&&\vdots\\a_{1n}&a_{2n}&\cdots&a_{nn}\end{vmatrix}.$$

反之，行列式 D 也是 D^{T} 的转置行列式，即行列式 D 与 D^{T} 互为转置行列式.

性质 1　行列式 D 与它的转置行列式 D^{T} 的值相等.

举例验证　若 $D=\begin{vmatrix}1&2&3\\-1&0&1\\0&1&\sqrt{2}\end{vmatrix}$，则 $D^{\mathrm{T}}=\begin{vmatrix}1&-1&0\\2&0&1\\3&1&\sqrt{2}\end{vmatrix}=D.$

验证:将行列式 D 按第一行展开,有

$$D=1\times\begin{vmatrix}0&1\\1&\sqrt{2}\end{vmatrix}-2\times\begin{vmatrix}-1&1\\0&\sqrt{2}\end{vmatrix}+3\times\begin{vmatrix}-1&0\\0&1\end{vmatrix}$$

将行列式 D^{T} 按第一列展开,有

$$D^{\mathrm{T}}=1\times\begin{vmatrix}0&1\\1&\sqrt{2}\end{vmatrix}-2\times\begin{vmatrix}-1&0\\1&\sqrt{2}\end{vmatrix}+3\times\begin{vmatrix}-1&0\\0&1\end{vmatrix}$$

又因, $\begin{vmatrix}-1&1\\0&\sqrt{2}\end{vmatrix}=\begin{vmatrix}-1&0\\1&\sqrt{2}\end{vmatrix}=-\sqrt{2}$,

所以,行列式 $D=D^{\mathrm{T}}$.

这一性质表明,行列式中的行、列的地位是对称的,即对于"行"成立的性质,对于"列"也同样成立,反之亦然.

性质 2 交换行列式的两行(列),行列式符号改变. 即

$$\begin{vmatrix}a_{11}&a_{12}&\cdots&a_{1n}\\\vdots&\vdots&&\vdots\\a_{i1}&a_{i2}&\cdots&a_{in}\\\vdots&\vdots&&\vdots\\a_{s1}&a_{s2}&\cdots&a_{sn}\\\vdots&\vdots&&\vdots\\a_{n1}&a_{n2}&\cdots&a_{nn}\end{vmatrix}=-\begin{vmatrix}a_{11}&a_{12}&\cdots&a_{1n}\\\vdots&\vdots&&\vdots\\a_{s1}&a_{s2}&\cdots&a_{sn}\\\vdots&\vdots&&\vdots\\a_{i1}&a_{i2}&\cdots&a_{in}\\\vdots&\vdots&&\vdots\\a_{n1}&a_{n2}&\cdots&a_{nn}\end{vmatrix}\text{(第 } i \text{ 行与第 } s \text{ 行互换).}$$

举例验证: $\begin{vmatrix}1&2&1\\0&1&-1\\2&-1&0\end{vmatrix}=-\begin{vmatrix}1&1&2\\0&-1&1\\2&0&-1\end{vmatrix}$(交换第 2、3 列).

验证:将左端按第 3 列展开,有

$$\text{左端}=\begin{vmatrix}1&2&1\\0&1&-1\\2&-1&0\end{vmatrix}=\begin{vmatrix}0&1\\2&-1\end{vmatrix}+\begin{vmatrix}1&2\\2&-1\end{vmatrix}$$

将右端按第 2 列展开,有

$$\text{右端}=-\begin{vmatrix}1&1&2\\0&-1&1\\2&0&-1\end{vmatrix}=-\left(-\begin{vmatrix}0&1\\2&-1\end{vmatrix}-\begin{vmatrix}1&2\\2&-1\end{vmatrix}\right)=\begin{vmatrix}0&1\\2&-1\end{vmatrix}+\begin{vmatrix}1&2\\2&-1\end{vmatrix}.$$

因此,左端=右端.

通过行列式的性质将一个五阶行列式化为上三角行列式.

例 7　计算行列式 $D=\begin{vmatrix}4&2&9&-3&0\\6&3&-5&7&1\\5&0&0&0&0\\8&0&0&4&0\\7&0&3&5&0\end{vmatrix}$.

解　将第 1、2 行互换,第 3、5 行互换,得

$$D=(-1)^2\begin{vmatrix}6&3&-5&7&1\\4&2&9&-3&0\\7&0&3&5&0\\8&0&0&4&0\\5&0&0&0&0\end{vmatrix}.$$

将第 1、5 列互换,得

$$D=(-1)^3\begin{vmatrix}1&3&-5&7&6\\0&2&9&-3&4\\0&0&3&5&7\\0&0&0&4&8\\0&0&0&0&5\end{vmatrix}=-1\times2\times3\times4\times5=-120.$$

推论　若行列式有两行(列)的对应元素相同,则此行列式的值等于零.

证明　将行列式 D 中对应元素相同的两行互换,结果仍是 D,但由性质 7.2 有

$$D=-D,\ 所以\ D=0.$$

性质 3　行列式某一行(列)所有元素的公因子可以提到行列式符号的外面. 即

$$\begin{vmatrix}a_{11}&a_{12}&\cdots&a_{1n}\\\vdots&\vdots&&\vdots\\ka_{i1}&ka_{i2}&\cdots&ka_{in}\\\vdots&\vdots&&\vdots\\a_{n1}&a_{n2}&\cdots&a_{nn}\end{vmatrix}=k\begin{vmatrix}a_{11}&a_{12}&\cdots&a_{1n}\\\vdots&\vdots&&\vdots\\a_{i1}&a_{i2}&\cdots&a_{in}\\\vdots&\vdots&&\vdots\\a_{n1}&a_{n2}&\cdots&a_{nn}\end{vmatrix}.$$

此性质也可表述为:用数 k 乘行列式的某一行(列)的所有元素,等于用数 k 乘此行列式.

举例验证: $\begin{vmatrix}3&6&12\\2&-3&0\\5&1&2\end{vmatrix}=3\begin{vmatrix}1&2&4\\2&-3&0\\5&1&2\end{vmatrix}$(提出第 1 行公因子 3).

验证:将左端按第 1 行展开,有

$$左端=\begin{vmatrix}3&6&12\\2&-3&0\\5&1&2\end{vmatrix}=3\begin{vmatrix}-3&0\\1&2\end{vmatrix}-6\begin{vmatrix}2&0\\5&2\end{vmatrix}+12\begin{vmatrix}2&-3\\5&1\end{vmatrix},$$

将右端按 1 行展开,有

$$\text{右端}=3\begin{vmatrix}1 & 2 & 4\\2 & -3 & 0\\5 & 1 & 2\end{vmatrix}=3\left(\begin{vmatrix}-3 & 0\\1 & 2\end{vmatrix}-2\begin{vmatrix}2 & 0\\5 & 2\end{vmatrix}+4\begin{vmatrix}2 & -3\\5 & 1\end{vmatrix}\right)$$

$$=3\begin{vmatrix}-3 & 0\\1 & 2\end{vmatrix}-6\begin{vmatrix}2 & 0\\5 & 2\end{vmatrix}+12\begin{vmatrix}2 & -3\\5 & 1\end{vmatrix}$$

所以,左端=右端.

推论:如果行列式中有两行(列)的对应元素成比例,则此行列式的值等于零.

性质 4 如果行列式的某一行(列)的各元素都是两个数的和,则此行列式等于两个相应的行列式的和,即

$$\begin{vmatrix}a_{11} & a_{12} & \cdots & a_{1n}\\ \vdots & \vdots & & \vdots\\ b_{i1}+c_{i1} & b_{i2}+c_{i2} & \cdots & b_{in}+c_{in}\\ \vdots & \vdots & & \vdots\\ a_{n1} & a_{n2} & \cdots & a_{nn}\end{vmatrix}=\begin{vmatrix}a_{11} & a_{12} & \cdots & a_{1n}\\ \vdots & \vdots & & \vdots\\ b_{i1} & b_{i2} & \cdots & b_{in}\\ \vdots & \vdots & & \vdots\\ a_{n1} & a_{n2} & \cdots & a_{nn}\end{vmatrix}+\begin{vmatrix}a_{11} & a_{12} & \cdots & a_{1n}\\ \vdots & \vdots & & \vdots\\ c_{i1} & c_{i2} & \cdots & c_{in}\\ \vdots & \vdots & & \vdots\\ a_{n1} & a_{n2} & \cdots & a_{nn}\end{vmatrix}.$$

举例验证: $\begin{vmatrix}1+1 & 3+0\\1 & 1\end{vmatrix}=\begin{vmatrix}1 & 3\\1 & 1\end{vmatrix}+\begin{vmatrix}1 & 0\\1 & 1\end{vmatrix}.$

验证:将左右两端分别展开,得

$$\text{左端}=\begin{vmatrix}1+1 & 3+0\\1 & 1\end{vmatrix}=\begin{vmatrix}2 & 3\\1 & 1\end{vmatrix}=-1,\text{右端}=\begin{vmatrix}1 & 3\\1 & 1\end{vmatrix}+\begin{vmatrix}1 & 0\\1 & 1\end{vmatrix}=-2+1=-1.$$

所以,左端=右端.

注意:一般来说下式是不成立的

$$\begin{vmatrix}a_{11}+b_{11} & a_{12}+b_{12}\\a_{21}+b_{21} & a_{22}+b_{22}\end{vmatrix}\neq\begin{vmatrix}a_{11} & a_{12}\\a_{21} & a_{22}\end{vmatrix}+\begin{vmatrix}b_{11} & b_{12}\\b_{21} & b_{22}\end{vmatrix}.$$

性质 5 把行列式的某一行(列)的所有元素乘以数 k 加到另一行(列)的相应元素上,行列式的值不变.即

$$D=\begin{vmatrix}a_{11} & a_{12} & \cdots & a_{1n}\\ \vdots & \vdots & & \vdots\\ a_{i1} & a_{i2} & \cdots & a_{in}\\ \vdots & \vdots & & \vdots\\ a_{s1} & a_{s2} & \cdots & a_{sn}\\ \vdots & \vdots & & \vdots\\ a_{n1} & a_{n2} & \cdots & a_{nn}\end{vmatrix}\xlongequal[\text{加到第 } s \text{ 行上}]{\text{第 } i \text{ 行乘以数 } k,}\begin{vmatrix}a_{11} & a_{12} & \cdots & a_{1n}\\ \vdots & \vdots & & \vdots\\ a_{i1} & a_{i2} & \cdots & a_{in}\\ \vdots & \vdots & & \vdots\\ ka_{i1}+a_{s1} & ka_{i2}+a_{s2} & \cdots & ka_{in}+a_{sn}\\ \vdots & \vdots & & \vdots\\ a_{n1} & a_{n2} & \cdots & a_{nn}\end{vmatrix}$$

证明 由性质 7.4

$$\text{右端}=\begin{vmatrix} a_{11} & a_{12} & \cdots & a_{1n} \\ \vdots & \vdots & & \vdots \\ a_{i1} & a_{i2} & \cdots & a_{in} \\ \vdots & \vdots & & \vdots \\ ka_{i1} & ka_{i2} & \cdots & ka_{in} \\ \vdots & \vdots & & \vdots \\ a_{n1} & a_{n2} & \cdots & a_{nn} \end{vmatrix}+\begin{vmatrix} a_{11} & a_{12} & \cdots & a_{1n} \\ \vdots & \vdots & & \vdots \\ a_{i1} & a_{i2} & \cdots & a_{in} \\ \vdots & \vdots & & \vdots \\ a_{s1} & a_{s2} & \cdots & a_{sn} \\ \vdots & \vdots & & \vdots \\ a_{n1} & a_{n2} & \cdots & a_{nn} \end{vmatrix}=0+\begin{vmatrix} a_{11} & a_{12} & \cdots & a_{1n} \\ \vdots & \vdots & & \vdots \\ a_{i1} & a_{i2} & \cdots & a_{in} \\ \vdots & \vdots & & \vdots \\ a_{s1} & a_{s2} & \cdots & a_{sn} \\ \vdots & \vdots & & \vdots \\ a_{n1} & a_{n2} & \cdots & a_{nn} \end{vmatrix}=\text{左端}.$$

为了更好地描述行列式的运算过程，我们引入如下表示符号：

(1)第 i 行乘以 k，记为 $r_i\times k$；第 j 列乘以 k，记为 $c_j\times k$.

(2)以数 k 乘第 j 行加到第 i 行上，记作 r_i+kr_j；

以数 k 乘第 j 列加到第 i 列上，记作 c_i+kc_j.

(3)交换行列式的第 i 行与第 j 行，记作 $r_i\leftrightarrow r_j$；

交换行列式的第 i 列与第 j 列，记作 $c_i\leftrightarrow c_j$.

作为行列式性质的应用，我们来看下面几个例子.

熟练使用这些记号，方便在出错的时候进行检查.

例 8　计算行列式

$$D=\begin{vmatrix} 3 & 1 & 1 & 1 \\ 1 & 3 & 1 & 1 \\ 1 & 1 & 3 & 1 \\ 1 & 1 & 1 & 3 \end{vmatrix}.$$

分析　这个行列式的特点是各行 4 个数的和都是 6，把第 2、3、4 各列同时加到第 1 列，把公因子提出，然后把第 1 行×(−1)加到第 2、3、4 行上就成为三角形行列式.

解

$$D\xlongequal{c_1+c_2+c_3+c_4}\begin{vmatrix} 6 & 1 & 1 & 1 \\ 6 & 3 & 1 & 1 \\ 6 & 1 & 3 & 1 \\ 6 & 1 & 1 & 3 \end{vmatrix}=6\begin{vmatrix} 1 & 1 & 1 & 1 \\ 1 & 3 & 1 & 1 \\ 1 & 1 & 3 & 1 \\ 1 & 1 & 1 & 3 \end{vmatrix}\xrightarrow[r_4-r_1]{\substack{r_2-r_1\\ r_3-r_1}}6\begin{vmatrix} 1 & 1 & 1 & 1 \\ 0 & 2 & 0 & 0 \\ 0 & 0 & 2 & 0 \\ 0 & 0 & 0 & 2 \end{vmatrix}=6\times 2^3=48.$$

例 9　计算行列式 $D=\begin{vmatrix} 0 & -1 & -1 & 2 \\ 1 & -1 & 0 & 2 \\ -1 & 2 & -1 & 0 \\ 2 & 1 & 1 & 0 \end{vmatrix}$.

解

$$D=\begin{vmatrix} 0 & -1 & -1 & 2 \\ 1 & -1 & 0 & 2 \\ -1 & 2 & -1 & 0 \\ 2 & 1 & 1 & 0 \end{vmatrix}\xlongequal{r_1\leftrightarrow r_2}-\begin{vmatrix} 1 & -1 & 0 & 2 \\ 0 & -1 & -1 & 2 \\ -1 & 2 & -1 & 0 \\ 2 & 1 & 1 & 0 \end{vmatrix}$$

①交换第 1、2 行.

②第 1 行各元素乘以 −2，加到第 4 行对应元素上；

①第 1 行各元素加到第 3 行对应元素上.
③第 2 行各元素加到第 3 行对应元素上；第 2 行各元素乘以 3 加到第 4 行对应元素上.
④第 3 行各元素乘以 -1，加到第 4 行对应元素上.

$$\xlongequal[r_3+r_1]{r_4-2r_1} -\begin{vmatrix} 1 & -1 & 0 & 2 \\ 0 & -1 & -1 & 2 \\ 0 & 1 & -1 & 2 \\ 0 & 3 & 1 & -4 \end{vmatrix} \xlongequal[r_3+r_2]{r_4+3r_2} -\begin{vmatrix} 1 & -1 & 0 & 2 \\ 0 & -1 & -1 & 2 \\ 0 & 0 & -2 & 4 \\ 0 & 0 & -2 & 2 \end{vmatrix}$$

$$X \quad \xlongequal{r_4-r_3} -\begin{vmatrix} 1 & -1 & 0 & 2 \\ 0 & -1 & -1 & 2 \\ 0 & 0 & -2 & 4 \\ 0 & 0 & 0 & -2 \end{vmatrix} = -1\times(-1)\times(-2)\times(-2)=4.$$

例 10 解方程

$$\begin{vmatrix} 1 & 1 & 1 & 1 \\ 1 & 1-x & 1 & 1 \\ 1 & 1 & 2-x & 1 \\ 1 & 1 & 1 & 3-x \end{vmatrix}=0.$$

第 1 行各元素乘以 -1，分别加到第 2、3、4 行对应元素上

解

$$\begin{vmatrix} 1 & 1 & 1 & 1 \\ 1 & 1-x & 1 & 1 \\ 1 & 1 & 2-x & 1 \\ 1 & 1 & 1 & 3-x \end{vmatrix} \xrightarrow[r_4-r_1]{\substack{r_2-r_1 \\ r_3-r_1}} \begin{vmatrix} 1 & 1 & 1 & 1 \\ 0 & -x & 0 & 0 \\ 0 & 0 & 1-x & 0 \\ 0 & 0 & 0 & 2-x \end{vmatrix} = -x(1-x)(2-x)$$

$=0$，

解得 $$x_1=0, x_2=1, x_3=2.$$

当方程组中未知量的个数较多时，应用克拉默法则求解方程组比用消元法更简洁.

7.1.4 克拉默法则

前面我们已经介绍了 n 阶行列式的定义和计算方法，作为行列式的应用，本节将介绍用行列式解 n 元线性方程组的方法——克拉默法则.

设含有 n 个未知量 n 个方程的线性方程组为

$$\begin{cases} a_{11}x_1+a_{12}x_2+\cdots+a_{1n}x_n=b_1, \\ a_{21}x_1+a_{22}x_2+\cdots+a_{2n}x_n=b_2, \\ \cdots\cdots \\ a_{n1}x_1+a_{n2}x_2+\cdots+a_{nn}x_n=b_n. \end{cases} \qquad (1)$$

它的系数 a_{ij} 构成的行列式

$$D=\begin{vmatrix} a_{11} & a_{12} & \cdots & a_{1n} \\ a_{21} & a_{22} & \cdots & a_{2n} \\ \vdots & \vdots & & \vdots \\ a_{n1} & a_{n2} & \cdots & a_{nn} \end{vmatrix},$$

称为方程组(1)的**系数行列式**.

定理 7.1.3(克拉默法则) 如果线性方程组(1)的系数行列式 $D\neq 0$，则方程组(1)有唯一解

$$x_1=\frac{D_1}{D},\quad x_2=\frac{D_2}{D},\quad \cdots,\quad x_n=\frac{D_n}{D},\tag{2}$$

其中 $D_j(j=1,2,\cdots,n,)$ 是将系数行列式 D 中第 j 列换成常数项 $b_1,b_2,\cdots,b_n$，其余各列不变而得到的行列式，即

$$D_j=\begin{vmatrix} a_{11} & a_{12} & \cdots & a_{1,j-1} & b_1 & a_{1,j+1} & \cdots & a_{1n} \\ a_{21} & a_{22} & \cdots & a_{2,j-1} & b_2 & a_{2,j+1} & \cdots & a_{2n} \\ \vdots & \vdots & & \vdots & \vdots & \vdots & & \vdots \\ a_{n1} & a_{n2} & \cdots & a_{n,j-1} & b_n & a_{n,j+1} & \cdots & a_{nn} \end{vmatrix}$$

掌握克拉默法则的使用方法，遇到实际问题时，可借助数学软件完成计算.

例 11　解线性方程组

$$\begin{cases} x_1+3x_2-2x_3+x_4=1, \\ 2x_1+5x_2-3x_3+2x_4=3, \\ -3x_1+4x_2+8x_3-2x_4=4, \\ 6x_1-x_2-6x_3+4x_4=2 \end{cases}.$$

解　因为

$$D=\begin{vmatrix} 1 & 3 & -2 & 1 \\ 2 & 5 & -3 & 2 \\ -3 & 4 & 8 & -2 \\ 6 & -1 & -6 & 4 \end{vmatrix}=\begin{vmatrix} 1 & 3 & -2 & 1 \\ 0 & -1 & 1 & 0 \\ 0 & 13 & 2 & 1 \\ 0 & -19 & 6 & -2 \end{vmatrix}=\begin{vmatrix} 1 & 3 & -2 & 1 \\ 0 & -1 & 1 & 0 \\ 0 & 0 & 15 & 1 \\ 0 & 0 & -13 & -2 \end{vmatrix}=17\neq 0,$$

所以方程组有唯一解，又

$$D_1=\begin{vmatrix} 1 & 3 & -2 & 1 \\ 3 & 5 & -3 & 2 \\ 4 & 4 & 8 & -2 \\ 2 & -1 & -6 & 4 \end{vmatrix}=-34,\quad D_2=\begin{vmatrix} 1 & 1 & -2 & 1 \\ 2 & 3 & -3 & 2 \\ -3 & 4 & 8 & -2 \\ 6 & 2 & -6 & 4 \end{vmatrix}=0,$$

$$D_3=\begin{vmatrix} 1 & 3 & 1 & 1 \\ 2 & 5 & 3 & 2 \\ -3 & 4 & 4 & -2 \\ 6 & -1 & 2 & 4 \end{vmatrix}=17,\quad D_4=\begin{vmatrix} 1 & 3 & -2 & 1 \\ 2 & 5 & -3 & 3 \\ -3 & 4 & 8 & 4 \\ 6 & -1 & -6 & 2 \end{vmatrix}=85.$$

因此，得唯一解　$x_1=-\frac{34}{17}=-2, x_2=\frac{0}{17}=0, x_3=\frac{17}{17}=1, x_4=\frac{85}{17}=5.$

注意：用克拉默法则解线性方程组时，必须满足两个条件：一是方程的个数与未知量的个数相等；二是系数行列式 $D\neq 0$.

定义 7.1.5　当方程组(1)中的常数项都等于 0 时，称之为齐次线性方程组. 即

$$\begin{cases} a_{11}x_1+a_{12}x_2+\cdots+a_{1n}x_n=0, \\ a_{21}x_1+a_{22}x_2+\cdots+a_{2n}x_n=0, \\ \cdots\cdots \\ a_{n1}x_1+a_{n2}x_2+\cdots+a_{nn}x_n=0. \end{cases}\tag{4}$$

显然，齐次线性方程组(4)总是有解的，因为 $x_1=0,\ x_2=0,\cdots,\ x_n=0$ 必定满足方程组(4)，这组解称为零解. 也就是说：齐次线性方程组必有零解.

若有一组解 $x_1=k_1, x_2=k_2, \cdots, x_n=k_n$ 不全为零,称这组解为方程组(4)的非零解.

定理 7.1.4 如果齐次线性方程组(4)的系数行列式 $D\neq0$,则它只有零解.

证明 由于 $D\neq0$,故方程组(4)有唯一解,又因为(4)已有零解,所以(4)只有零解.

推论 如果齐次线性方程组(4)有非零解,那么它的系数行列式 $D=0$.

例 12 若方程组

$$\begin{cases} a_1x_1+x_2+x_3=0, \\ x_1+bx_2+x_3=0, \\ x_1+2bx_2+x_3=0 \end{cases}$$

只有零解,则 a、b 应取何值.

解 由定理 7.1.4 知,当系数行列式 $D\neq0$ 时,方程组只有零解,故

$$D=\begin{vmatrix} a & 1 & 1 \\ 1 & b & 1 \\ 1 & 2b & 1 \end{vmatrix}=b(1-a)\neq0,$$

所以,当 $a\neq1$ 且 $b\neq0$ 时,方程组只有零解.

习 题 7.1

A 组

1. 计算以下行列式:

$$(1)D_1=\begin{vmatrix} 1 & 2 \\ 3 & 4 \end{vmatrix};(2)D_2=\begin{vmatrix} 3 & 2 & -1 \\ 1 & 0 & 5 \\ 2 & -3 & 4 \end{vmatrix};(3)\begin{vmatrix} 1 & 2 & 3 \\ 4 & 0 & 5 \\ -1 & 0 & 6 \end{vmatrix};(4)\begin{vmatrix} 0 & 1 & 0 & 1 \\ 1 & 0 & 1 & 0 \\ 0 & 1 & 0 & 0 \\ 0 & 0 & 1 & 1 \end{vmatrix}.$$

2. 利用行列式的性质计算下列的行列式:

$$D_1=\begin{vmatrix} a_{11} & 0 & \cdots & 0 \\ a_{21} & a_{22} & \cdots & 0 \\ \vdots & \vdots & & \vdots \\ a_{n1} & a_{n2} & \cdots & a_{nn} \end{vmatrix}; \quad D_2=\begin{vmatrix} a_{11} & a_{12} & \cdots & a_{1n} \\ 0 & a_{22} & \cdots & a_{2n} \\ \vdots & \vdots & & \vdots \\ 0 & 0 & \cdots & a_{nn} \end{vmatrix}$$

$$D_3=\begin{vmatrix} a_{11} & 0 & \cdots & 0 \\ 0 & a_{22} & \cdots & 0 \\ \vdots & \vdots & & \vdots \\ 0 & 0 & \cdots & a_{nn} \end{vmatrix} \quad D_4=\begin{vmatrix} 0 & \cdots & 0 & a_{1n} \\ 0 & \cdots & a_{2n-1} & a_{2n} \\ \vdots & \vdots & & \vdots \\ a_{n1} & \cdots & a_{nn-1} & a_{nn} \end{vmatrix}$$

3. 设

$$D=\begin{vmatrix}3&0&4&0\\2&2&2&2\\0&-7&0&0\\5&3&-2&2\end{vmatrix}.$$

求：(1)D 中第 3 行各元素的代数余子式之和 $A_{31}+A_{32}+A_{33}+A_{34}$；

(2)D 中第 4 行各元素余子式之和 $M_{41}+M_{42}+M_{43}+M_{44}$.

4.计算四阶行列式.

(1)$D=\begin{vmatrix}1&\frac{3}{2}&\frac{1}{2}&0\\4&-2&-1&-1\\-2&1&2&1\\-4&3&2&1\end{vmatrix}$；　(2)$D=\begin{vmatrix}2&3&1&0\\4&-2&-1&-1\\-2&1&2&1\\-4&3&2&1\end{vmatrix}$.

5.计算行列式

$$D=\begin{vmatrix}a^2&(a+1)^2&(a+2)^2&(a+3)^2\\b^2&(b+1)^2&(b+2)^2&(b+3)^2\\c^2&(c+1)^2&(c+2)^2&(c+3)^2\\d^2&(d+1)^2&(d+2)^2&(d+3)^2\end{vmatrix}.$$

6. 计算行列式 $D=\begin{vmatrix}x^2+1&xy&xz\\xy&y^2+1&yz\\xz&yz&z^2+1\end{vmatrix}$.

7. 求解方程 $D=\begin{vmatrix}1&1&1\\2&3&x\\4&9&x^2\end{vmatrix}=0$.

8. 用克拉默法则求解线性方程组：

(1)$\begin{cases}x_1-2x_2+x_3=-2,\\2x_1+x_2-3x_3=1,\\-x_1+x_2-x_3=0;\end{cases}$　(2)$\begin{cases}2x_1+x_2-5x_3+x_4=8,\\x_1-3x_2-6x_4=9,\\2x_2-x_3+2x_4=-5,\\x_1+4x_2-7x_3+6x_4=0.\end{cases}$

B 组

1.已知 $f(x)=\begin{vmatrix}x&1&1&2\\1&x&1&-1\\3&2&x&1\\1&1&2x&1\end{vmatrix}$，求 x^3 的系数.

2.已知行列式 $\begin{vmatrix}a_{11}&a_{12}&a_{13}\\a_{21}&a_{22}&a_{23}\\a_{31}&a_{32}&a_{33}\end{vmatrix}=1$，求 $\begin{vmatrix}6a_{11}&-2a_{12}&-10a_{13}\\-3a_{21}&a_{22}&5a_{23}\\-3a_{31}&a_{32}&5a_{33}\end{vmatrix}$.

3.计算四阶行列式：

(1)$D=\begin{vmatrix} 3 & 1 & -1 & 2 \\ -5 & 1 & 3 & -4 \\ 2 & 0 & 1 & -1 \\ 1 & -5 & 3 & -3 \end{vmatrix}$；(2)$\begin{vmatrix} a_1 & -a_1 & 0 & 0 \\ 0 & a_2 & -a_2 & 0 \\ 0 & 0 & a_3 & -a_3 \\ 1 & 1 & 1 & 1 \end{vmatrix}$；

(3)$D=\begin{vmatrix} a & b & c & d \\ a & a+b & a+b+c & a+b+c+d \\ a & 2a+b & 3a+2b+c & 4a+3b+2c+d \\ a & 3a+b & 6a+3b+c & 10a+6b+3c+d \end{vmatrix}$.

4. 计算五阶行列式 $D=\begin{vmatrix} 5 & 3 & -1 & 2 & 0 \\ 1 & 7 & 2 & 5 & 2 \\ 0 & -2 & 3 & 1 & 0 \\ 0 & -4 & -1 & 4 & 0 \\ 0 & 2 & 3 & 5 & 0 \end{vmatrix}$.

5. 求证 $\begin{vmatrix} 1 & 2 & 3 & 4 & \cdots & n \\ 1 & 1 & 2 & 3 & \cdots & n-1 \\ 1 & x & 1 & 2 & \cdots & n-2 \\ 1 & x & x & 1 & \cdots & n-3 \\ \vdots & \vdots & \vdots & \vdots & & \vdots \\ 1 & x & x & x & \cdots & 2 \\ 1 & x & x & x & \cdots & 1 \end{vmatrix}=(-1)^{n+1}x^{n-2}$.

6. 设曲线 $y=a_0+a_1x+a_2x^2+a_3x^3$ 通过四点(1,3)、(2,4)、(3,3)、(4,−3)，求曲线方程.

7. 问 λ 为何值时，齐次方程组$\begin{cases}(1-\lambda)x_1-2x_2+4x_3=0\\ 2x_1+(3-\lambda)x_2+x_3=0\\ x_1+x_2+(1-\lambda)x_3=0\end{cases}$有非零解.

8. 设方程组 $\begin{cases}x+y+z=a+b+c,\\ ax+by+cz=a^2+b^2+c^2,\\ bcx+cay+abz=3abc.\end{cases}$

试问 a,b,c 满足什么条件时，方程组有唯一解，并求出唯一解.

9. 计算 n 阶行列式 $\begin{vmatrix} 1 & 1 & \cdots & 1 & -n \\ 1 & 1 & \cdots & -n & 1 \\ \vdots & \vdots & & \vdots & \vdots \\ 1 & -n & \cdots & 1 & 1 \\ -n & 1 & \cdots & 1 & 1 \end{vmatrix}$.

7.2 矩阵及其运算

上一节介绍了行列式的定义及其性质，并用行列式解决了线性方程组在某种特殊情况下的求解问题.然而行列式并不能解决所有线性方程组的求解问题,因此,需要引入一个更为一般的工具——矩阵.矩阵是线性代数的主要研究对象,是学习以后各章的基础,在自然科学和工程技术的各个领域都有广泛的应用.本节将讨论矩阵的加、减法,数乘,矩阵的乘法,逆矩阵的求法,以及矩阵的初等变换,矩阵的秩和矩阵的分块运算等问题.

7.2.1　矩阵的概念

1.矩阵的概念

在现实生活中,很多问题可以抽象出一个数表.

例 1　线性方程组的系数和右端常数项组成数表:

$$\begin{cases} x_1+3x_2-2x_3+x_4=1 \\ 2x_1+5x_2-3x_3+x_4=3 \\ -3x_1+4x_2+8x_3-2x_4=4 \\ 6x_1-x_2-6x_3+4x_4=2 \end{cases} \rightarrow \begin{pmatrix} 1 & 3 & -2 & 1 & 1 \\ 2 & 5 & -3 & 2 & 3 \\ -3 & 4 & 8 & -2 & 4 \\ 6 & -1 & -6 & 4 & 2 \end{pmatrix}.$$

该矩阵称为线性方程组的增广矩阵.

例 2　某班数学和英语课前四名的成绩组成数表:

$$\begin{matrix} \text{数学} \\ \text{英语} \end{matrix}\begin{pmatrix} 99 & 97 & 96 & 96 \\ 96 & 95 & 92 & 91 \end{pmatrix}.$$

例 3　某公司由 3 个产地向 4 个销售点调运产品的方案如表 7-1 所示:

表 7-1　调运方案

	销售点甲	销售点乙	销售点丙	销售点丁
产地 A	0	4	2	0
产地 B	6	0	2	0
产地 C	0	0	0	7

定义 7.2.1　由 $m\times n$ 个数 a_{ij} $(i=1,2,\cdots,m;j=1,2,\cdots,n)$ 按照行列对齐的方式,排成一个 m 行 n 列的数表:

$$\begin{matrix} a_{11} & a_{12} & \cdots & a_{1n} \\ a_{21} & a_{22} & \cdots & a_{2n} \\ \vdots & \vdots & & \vdots \\ a_{m1} & a_{m2} & \cdots & a_{mn} \end{matrix}$$

在该数表两侧加一个括弧,并用一个大写黑体字母表示它:

$$\boldsymbol{A}=\begin{pmatrix} a_{11} & a_{12} & \cdots & a_{1n} \\ a_{21} & a_{22} & \cdots & a_{2n} \\ \vdots & \vdots & & \vdots \\ a_{m1} & a_{m2} & \cdots & a_{mn} \end{pmatrix} \tag{1}$$

元素是实数的矩阵称为实矩阵,元素是复数的矩阵称为复矩阵,本书中的矩阵都指实矩阵.

该表示符号称为 m 行 n 列**矩阵**,简称 $m\times n$ 矩阵.其中,a_{ij} 称为矩阵 $\boldsymbol{A}$ 的第 i 行第 j 列元素.矩阵一般用大写黑体字母 $\boldsymbol{A},\boldsymbol{B},\boldsymbol{C},\cdots$ 表示,一个 $m\times n$ 矩阵 $\boldsymbol{A}$ 也可简记为

$$\boldsymbol{A}=\boldsymbol{A}_{m\times n}=(a_{ij})_{m\times n}\text{或}\boldsymbol{A}=(a_{ij}).$$

矩阵是一种数表，行列式是一种运算法则.尽管二者表示符号非常相似，但实质不同.

注意：一阶矩阵(a_{11})看作数a_{11}，除此之外，矩阵是表格，不是数.

2.几种特殊矩阵

①零矩阵及单位矩阵

元素都为0的$m\times n$矩阵称为**零矩阵**，记为$\boldsymbol{O}_{m\times n}$或$\boldsymbol{O}$.

当$m=n$时，$\boldsymbol{A}$称为$\boldsymbol{n}$ **阶方阵**或$\boldsymbol{n}$ **阶矩阵.**

主对角线上元素全是1，其余元素全是0的n阶方阵称为$\boldsymbol{n}$ **阶单位矩阵**，记为$\boldsymbol{E}_n$或$\boldsymbol{E}$，有的教材上也用$\boldsymbol{I}_n$或$\boldsymbol{I}$表示.

例如：$\boldsymbol{O}=\begin{pmatrix}0&0&0\\0&0&0\end{pmatrix}$是2×3的零矩阵，$\boldsymbol{E}=\begin{pmatrix}1&0&0\\0&1&0\\0&0&1\end{pmatrix}$是3阶单位矩阵.

②行矩阵及列矩阵

只有一行的矩阵

$$\boldsymbol{A}=(a_1\ a_2\cdots\ a_n)$$

称为**行矩阵**或行向量.为避免元素间的混淆，行矩阵也记作

$$\boldsymbol{A}=(a_1,a_2,\cdots,a_n).$$

只有一列的矩阵

$$\boldsymbol{B}=\begin{pmatrix}b_1\\b_2\\\vdots\\b_m\end{pmatrix}$$

称为**列矩阵**或列向量.

③对角矩阵和数量矩阵

形如$\begin{pmatrix}\lambda_1&0&\cdots&0\\0&\lambda_2&\cdots&0\\\vdots&\vdots&&\vdots\\0&0&\cdots&\lambda_n\end{pmatrix}$的$n$阶方阵称为$n$阶对角矩阵.

注意：n阶单位矩阵$\begin{pmatrix}1&0&\cdots&0\\0&1&\cdots&0\\\vdots&\vdots&&\vdots\\0&0&\cdots&1\end{pmatrix}$也是对角矩阵.

当一个n阶对角矩阵$\boldsymbol{A}$的对角元素全部相等且等于某一数a时，即

$$\boldsymbol{A}=\begin{pmatrix}a&0&\cdots&0\\0&a&\cdots&0\\\vdots&\vdots&&\vdots\\0&0&\cdots&a\end{pmatrix}$$

此时，称$\boldsymbol{A}$为n阶**数量矩阵**，

④**上(下)三角矩阵**

在 n 阶方阵中，如果主对角线以下元素全为 0，则称它为**上三角矩阵**，如

$$\begin{pmatrix} a_{11} & a_{12} & \cdots & a_{1n} \\ 0 & a_{22} & \cdots & a_{2n} \\ \vdots & \vdots & & \vdots \\ 0 & 0 & \cdots & a_{nn} \end{pmatrix}.$$

如果主对角线以上元素全为 0，则称它为**下三角矩阵**，如

$$\begin{pmatrix} a_{11} & 0 & \cdots & 0 \\ a_{21} & a_{22} & \cdots & 0 \\ \vdots & \vdots & & \vdots \\ a_{n1} & a_{n2} & \cdots & a_{nn} \end{pmatrix}$$

注意区分上(下)三角行列式.

单位矩阵、对角矩阵、上(下)三角矩阵都是方阵.

7.2.2　矩阵的线性运算

1. 矩阵相等

定义 7.2.2　设 $\boldsymbol{A}=(a_{ij})_{m\times n}$，$\boldsymbol{B}=(b_{ij})_{m\times n}$ 是两个 $m\times n$ 矩阵，当所有对应元素都相等时，称 $\boldsymbol{A}$ 与 $\boldsymbol{B}$ **相等**，记为 $\boldsymbol{A}=\boldsymbol{B}$. 即

$$\boldsymbol{A}=\boldsymbol{B} \Leftrightarrow a_{ij}=b_{ij},\quad i=1,2,\cdots,m,j=1,2,\cdots,n.$$

两个 $m\times n$ 矩阵相等，相当于 $m\times n$ 个数量等式成立.

2. 矩阵的加法和减法

定义 7.2.3　设 $\boldsymbol{A}=(a_{ij})_{m\times n}$，$\boldsymbol{B}=(b_{ij})_{m\times n}$ 是两个 $m\times n$ 矩阵，则

$$\boldsymbol{A}+\boldsymbol{B}=(a_{ij}+b_{ij})_{m\times n}=\begin{pmatrix} a_{11}+b_{11} & a_{12}+b_{12} & \cdots & a_{1n}+b_{1n} \\ a_{21}+b_{21} & a_{22}+b_{22} & \cdots & a_{2n}+b_{2n} \\ \vdots & \vdots & & \vdots \\ a_{m1}+b_{m1} & a_{m2}+b_{m2} & \cdots & a_{mn}+b_{mn} \end{pmatrix}.$$

记

$$-\boldsymbol{A}=(-a_{ij}),$$

称 $-\boldsymbol{A}$ 为矩阵 $\boldsymbol{A}$ 的**负矩阵**，显然有

$$\boldsymbol{A}+(-\boldsymbol{A})=\boldsymbol{O}.$$

由此规定矩阵的减法为

$$\boldsymbol{A}-\boldsymbol{B}=\boldsymbol{A}+(-\boldsymbol{B}).$$

注意：只有两个矩阵是同型矩阵时，才能进行矩阵的加(减)法运算. 两个同型矩阵的和(差)，即为两个矩阵对应位置元素相加(减)得到的矩阵.

例 4　已知矩阵

$$\boldsymbol{A}=\begin{pmatrix} x_1+x_2 & 3 \\ 3 & x_1-x_2 \end{pmatrix},\boldsymbol{B}=\begin{pmatrix} 8 & 2y_1+y_2 \\ y_1-y_2 & 4 \end{pmatrix},$$

且 $\boldsymbol{A}+\boldsymbol{B}=\boldsymbol{E}$，求 x_1,x_2,y_1,y_2.

解　由题意得，

$$\begin{pmatrix} x_1+x_2 & 3 \\ 3 & x_1-x_2 \end{pmatrix}+\begin{pmatrix} 8 & 2y_1+y_2 \\ y_1-y_2 & 4 \end{pmatrix}=\begin{pmatrix} 1 & 0 \\ 0 & 1 \end{pmatrix},$$

即

$$\begin{pmatrix} x_1+x_2+8 & 2y_1+y_2+3 \\ y_1-y_2+3 & x_1-x_2+4 \end{pmatrix}=\begin{pmatrix} 1 & 0 \\ 0 & 1 \end{pmatrix}.$$

根据矩阵相等的定义可得方程组

$$\begin{cases} x_1+x_2+8=1, \\ x_1-x_2+4=1, \\ 2y_1+y_2+3=0, \\ y_1-y_2+3=0. \end{cases}$$

解得 $x_1=-5, x_2=-2, y_1=-2, y_2=1.$

3. 矩阵的数乘

定义 7.2.4 设 $\boldsymbol{A}=(a_{ij})_{m\times n}$ 是 $m\times n$ 矩阵，k 为一个常数，则

$$k\boldsymbol{A}=\boldsymbol{A}k=(ka_{ij})_{m\times n}=\begin{pmatrix} ka_{11} & ka_{12} & \cdots & ka_{1n} \\ ka_{21} & ka_{22} & \cdots & ka_{2n} \\ \vdots & \vdots & & \vdots \\ ka_{m1} & ka_{m2} & \cdots & ka_{mn} \end{pmatrix}.$$

矩阵的加法及数乘运算统称为**矩阵的线性运算**.

矩阵加法及数乘运算具有以下性质：

设 $\boldsymbol{A},\boldsymbol{B},\boldsymbol{C},\boldsymbol{O}$ 都是同型矩阵，k,l 是常数，则

(1) $\boldsymbol{A}+\boldsymbol{B}=\boldsymbol{B}+\boldsymbol{A}$;

(2) $(\boldsymbol{A}+\boldsymbol{B})+\boldsymbol{C}=\boldsymbol{A}+(\boldsymbol{B}+\boldsymbol{C})$;

(3) $\boldsymbol{A}+\boldsymbol{O}=\boldsymbol{A}$;

(4) $\boldsymbol{A}+(-\boldsymbol{A})=\boldsymbol{O}$;

(5) $1\cdot\boldsymbol{A}=\boldsymbol{A}$;

(6) $kl\boldsymbol{A}=k(l\boldsymbol{A})=l(k\boldsymbol{A})$;

(7) $(k+l)\boldsymbol{A}=k\boldsymbol{A}+l\boldsymbol{A}$;

(8) $k(\boldsymbol{A}+\boldsymbol{B})=k\boldsymbol{A}+k\boldsymbol{B}$.

矩阵的线性运算指的就是矩阵的加减法以及矩阵与数的乘法，矩阵与矩阵的乘法不属于线性运算.

注意：在数学中，把满足上述八条规律的运算称为线性运算.

根据矩阵加法及数乘定义，容易验证这些性质成立.

例 5 已知矩阵

$$\boldsymbol{A}=\begin{pmatrix} 4 & 0 & -2 \\ -6 & 4 & 2 \end{pmatrix},\quad \boldsymbol{B}=\begin{pmatrix} 1 \\ 0 \\ 2 \end{pmatrix},$$

计算 $\frac{1}{2}\boldsymbol{A}, k\boldsymbol{B}, -\boldsymbol{A}$.

解 根据矩阵数乘的运算法则，有

$$\frac{1}{2}\boldsymbol{A}=\begin{pmatrix}\frac{1}{2}\times 4 & \frac{1}{2}\times 0 & \frac{1}{2}\times(-2)\\ \frac{1}{2}\times(-6) & \frac{1}{2}\times 4 & \frac{1}{2}\times 2\end{pmatrix}=\begin{pmatrix}2 & 0 & -1\\ -3 & 2 & 1\end{pmatrix},$$

$$k\boldsymbol{B}=\begin{pmatrix}k\\ 0\\ 2k\end{pmatrix},$$

$$-\boldsymbol{A}=(-1)\boldsymbol{A}=\begin{pmatrix}-1\times 4 & -1\times 0 & -1\times(-2)\\ -1\times -6 & -1\times 4 & -1\times 2\end{pmatrix}=\begin{pmatrix}-4 & 0 & 2\\ 6 & -4 & -2\end{pmatrix},$$

7.2.3　矩阵的乘法

定义 7.2.5　已知矩阵

$$\boldsymbol{A}=(a_{ij})_{m\times s}=\begin{pmatrix}a_{11} & a_{12} & \cdots & a_{1s}\\ a_{2s} & a_{2s} & \cdots & a_{2s}\\ \vdots & \vdots & & \vdots\\ a_{m1} & a_{m2} & \cdots & a_{ms}\end{pmatrix},$$

$$\boldsymbol{B}=(b_{ij})_{s\times n}=\begin{pmatrix}b_{11} & b_{12} & \cdots & b_{1n}\\ b_{21} & b_{22} & \cdots & b_{2n}\\ \vdots & \vdots & & \vdots\\ b_{s1} & b_{s2} & \cdots & b_{sn}\end{pmatrix}.$$

矩阵 $\boldsymbol{A}$ 与矩阵 $\boldsymbol{B}$ 的乘积记作 $\boldsymbol{AB}$，规定为

$$\boldsymbol{AB}=(c_{ij})_{m\times n}=\begin{pmatrix}c_{11} & c_{12} & \cdots & c_{1n}\\ c_{21} & c_{22} & \cdots & c_{2n}\\ \vdots & \vdots & & \vdots\\ c_{m1} & c_{m2} & \cdots & c_{mn}\end{pmatrix},$$

其中　$c_{ij}=a_{i1}b_{1j}+a_{i2}b_{2j}+\cdots+a_{is}b_{sj}=\sum_{k=1}^{s}a_{ik}b_{kj}\quad(i=1,2,\cdots,m;j=1,2,\cdots,n).$

乘积 $\boldsymbol{AB}$ 的定义要注意以下三点：

①$\boldsymbol{A}$ 的列数必须等于 $\boldsymbol{B}$ 的行数，乘积 $\boldsymbol{AB}$ 才有意义；

②乘积 $\boldsymbol{AB}$ 的行数等于 $\boldsymbol{A}$ 的行数，列数等于 $\boldsymbol{B}$ 的列数；

③乘积 $\boldsymbol{AB}$ 的第 i 行 j 列元素 c_{ij}，是 $\boldsymbol{A}$ 的第 i 行与 $\boldsymbol{B}$ 的第 j 列对应元素相乘之和.

即

$$c_{ij}=(a_{i1},a_{i2},\cdots,a_{is})\begin{pmatrix}b_{1j}\\ b_{2j}\\ \vdots\\ b_{sj}\end{pmatrix}=a_{i1}b_{1j}+a_{i2}b_{2j}+\cdots+a_{is}b_{sj}.$$

矩阵的乘法满足下列运算规律（假定运算都是可行的）：

(1)$(\boldsymbol{AB})\boldsymbol{C}=\boldsymbol{A}(\boldsymbol{BC})$；

(2)$(\boldsymbol{A}+\boldsymbol{B})\boldsymbol{C}=\boldsymbol{AC}+\boldsymbol{BC}$；

分配律中要注意因子的顺序.

(3)$\boldsymbol{C}(\boldsymbol{A}+\boldsymbol{B})=\boldsymbol{CA}+\boldsymbol{CB}$;

(4)$k(\boldsymbol{AB})=(k\boldsymbol{A})\boldsymbol{B}=\boldsymbol{A}(k\boldsymbol{B})$.

例 6 (1)已知矩阵 $\boldsymbol{A}=\begin{pmatrix}1&0&3\\2&1&0\end{pmatrix}$,$\boldsymbol{B}=\begin{pmatrix}4&1\\-1&1\\2&0\end{pmatrix}$,求 $\boldsymbol{AB},\boldsymbol{BA},\boldsymbol{EA},\boldsymbol{AE}$;

(2)已知矩阵 $\boldsymbol{\alpha}=\begin{pmatrix}1\\2\\3\end{pmatrix}$,$\boldsymbol{\beta}=(4,5,6)$,求 $\boldsymbol{\alpha\beta},\boldsymbol{\beta\alpha}$;

(3)已知矩阵 $\boldsymbol{A}=\begin{pmatrix}1&1\\-1&-1\end{pmatrix}$,$\boldsymbol{B}=\begin{pmatrix}1&-1\\-1&1\end{pmatrix}$,$\boldsymbol{O}=\begin{pmatrix}0&0\\0&0\end{pmatrix}$,求 $\boldsymbol{AO},\boldsymbol{AB},\boldsymbol{BA}$.

解 (1)

$$\boldsymbol{AB}=\begin{pmatrix}1\times4+0\times(-1)+3\times2 & 1\times1+0\times1+3\times0\\2\times4+1\times(-1)+0\times2 & 2\times1+1\times1+0\times0\end{pmatrix}=\begin{pmatrix}10&1\\7&3\end{pmatrix}.$$

$$\boldsymbol{BA}=\begin{pmatrix}4&1\\-1&1\\2&0\end{pmatrix}\begin{pmatrix}1&0&3\\2&1&0\end{pmatrix}=\begin{pmatrix}6&1&12\\1&1&-3\\2&0&6\end{pmatrix},\quad \boldsymbol{AB}\neq\boldsymbol{BA}.$$

$$\boldsymbol{E}_2\boldsymbol{A}=\begin{pmatrix}1&0\\0&1\end{pmatrix}\begin{pmatrix}1&0&3\\2&1&0\end{pmatrix}=\begin{pmatrix}1&0&3\\2&1&0\end{pmatrix}=\boldsymbol{A},$$

注意,在该题中,单位矩阵作为乘数与被乘数时,阶数是不同的.

$$\boldsymbol{AE}_3=\begin{pmatrix}1&0&3\\2&1&0\end{pmatrix}\begin{pmatrix}1&0&0\\0&1&0\\0&0&1\end{pmatrix}=\begin{pmatrix}1&0&3\\2&1&0\end{pmatrix}=\boldsymbol{A}.$$

即 $\boldsymbol{E}_2\boldsymbol{A}=\boldsymbol{AE}_3=\boldsymbol{A}$,说明单位矩阵 $\boldsymbol{E}$ 在矩阵乘法中的作用类似于数 1 在数的乘法中的作用.

注意:$\boldsymbol{AA}=\begin{pmatrix}1&0&3\\2&1&0\end{pmatrix}\begin{pmatrix}1&0&3\\2&1&0\end{pmatrix}$无意义(第一因子列数≠第二因子的行数).

(2)

$$\boldsymbol{\alpha\beta}=\begin{pmatrix}1\\2\\3\end{pmatrix}(4,5,6)=\begin{pmatrix}4&5&6\\8&10&12\\12&15&18\end{pmatrix},\quad \boldsymbol{\beta\alpha}=(4,5,6)\begin{pmatrix}1\\2\\3\end{pmatrix}=(4+10+18)=32.$$

其中 $\boldsymbol{\alpha\beta}$ 是三阶矩阵,而 $\boldsymbol{\beta\alpha}$ 是一阶矩阵,是一个数,$\boldsymbol{\alpha\beta}\neq\boldsymbol{\beta\alpha}$.

(3)

$$\boldsymbol{AO}=\begin{pmatrix}1&1\\-1&-1\end{pmatrix}\begin{pmatrix}0&0\\0&0\end{pmatrix}=\begin{pmatrix}0&0\\0&0\end{pmatrix}=\boldsymbol{O},$$

$$\boldsymbol{AB}=\begin{pmatrix}1&1\\-1&-1\end{pmatrix}\begin{pmatrix}1&-1\\-1&1\end{pmatrix}=\begin{pmatrix}0&0\\0&0\end{pmatrix}=\boldsymbol{O},$$

$$\boldsymbol{BA}=\begin{pmatrix}1&-1\\-1&1\end{pmatrix}\begin{pmatrix}1&1\\-1&-1\end{pmatrix}=\begin{pmatrix}2&2\\-2&-2\end{pmatrix},\quad \boldsymbol{AB}\neq\boldsymbol{BA}.$$

注意，矩阵的乘法和一般意义上的乘法不太一样，同学们要加以区分.

由上述例子可知：

①矩阵的乘法一般不满足交换律，即 $\boldsymbol{AB}\neq\boldsymbol{BA}$；

②两个非零矩阵相乘，可能是零矩阵，故不能从 $\boldsymbol{AB}=\boldsymbol{O}$ 必然推出 $\boldsymbol{A}=\boldsymbol{O}$ 或 $\boldsymbol{B}=\boldsymbol{O}$.

③此外，矩阵乘法一般也不满足消去律，即不能从 $\boldsymbol{AC}=\boldsymbol{BC}$ 必然推出 $\boldsymbol{A}=\boldsymbol{B}$.

例如，设

$$\boldsymbol{A}=\begin{pmatrix}1&2\\0&3\end{pmatrix},\boldsymbol{B}=\begin{pmatrix}1&0\\0&4\end{pmatrix},\boldsymbol{C}=\begin{pmatrix}1&1\\0&0\end{pmatrix},$$

则有

$$\boldsymbol{AC}=\begin{pmatrix}1&2\\0&3\end{pmatrix}\begin{pmatrix}1&1\\0&0\end{pmatrix}=\begin{pmatrix}1&1\\0&0\end{pmatrix},\quad \boldsymbol{BC}=\begin{pmatrix}1&0\\0&4\end{pmatrix}\begin{pmatrix}1&1\\0&0\end{pmatrix}=\begin{pmatrix}1&1\\0&0\end{pmatrix},$$

$$\boldsymbol{AC}=\boldsymbol{BC},$$

但

$$\boldsymbol{A}\neq\boldsymbol{B}.$$

定义 7.2.6　如果两矩阵相乘，有

$$\boldsymbol{AB}=\boldsymbol{BA},$$

则称矩阵 A 与矩阵 B 可交换. 也称 A、B 为可交换矩阵.

定义 7.2.7　设 $\boldsymbol{A}$ 为 n 阶方阵，k 是整数，则方阵 $\boldsymbol{A}$ 的 k 次幂记为 $\boldsymbol{A}^k$，并定义 $\boldsymbol{A}^1=\boldsymbol{A}$，$\boldsymbol{A}^2=\boldsymbol{AA}$，…，$\boldsymbol{A}^k=\boldsymbol{AA}\cdots\boldsymbol{A}$（$k$ 个 $\boldsymbol{A}$ 相乘）.

矩阵的幂有以下性质：

①$\boldsymbol{A}^m\boldsymbol{A}^n=\boldsymbol{A}^{m+n}$，$(\boldsymbol{A}^m)^n=\boldsymbol{A}^{mn}$（$m,n$ 为正整数）.

②当且仅当 $\boldsymbol{AB}=\boldsymbol{BA}$ 时，下面三个等式成立：

$$(\boldsymbol{AB})^n=\boldsymbol{A}^n\boldsymbol{B}^n,(\boldsymbol{A}\pm\boldsymbol{B})^2=\boldsymbol{A}^2\pm2\boldsymbol{AB}+\boldsymbol{B}^2,(\boldsymbol{A}+\boldsymbol{B})(\boldsymbol{A}-\boldsymbol{B})=\boldsymbol{A}^2-\boldsymbol{B}^2$$

例 7　解矩阵方程 $\begin{pmatrix}2&1\\1&2\end{pmatrix}\boldsymbol{X}=\begin{pmatrix}1&2\\-1&4\end{pmatrix}$，$\boldsymbol{X}$ 为二阶矩阵.

解　设 $\boldsymbol{X}=\begin{pmatrix}x_{11}&x_{12}\\x_{21}&x_{22}\end{pmatrix}$，由题设，有

$$\begin{pmatrix}2&1\\1&2\end{pmatrix}\begin{pmatrix}x_{11}&x_{12}\\x_{21}&x_{22}\end{pmatrix}=\begin{pmatrix}1&2\\-1&4\end{pmatrix},$$

$$\begin{pmatrix}2x_{11}+x_{21}&2x_{12}+x_{22}\\x_{11}+2x_{21}&x_{12}+2x_{22}\end{pmatrix}=\begin{pmatrix}1&2\\-1&4\end{pmatrix}$$

即

$$\begin{cases}2x_{11}+x_{21}=1,\\x_{11}+2x_{21}=-1,\end{cases}(1)\quad\begin{cases}2x_{12}+x_{22}=2,\\x_{12}+2x_{22}=4.\end{cases}(2)$$

分别解(1)、(2)两个方程组得

$$x_{11}=1,x_{21}=-1,x_{12}=0,x_{22}=2.$$

因此，

$$\boldsymbol{X}=\begin{pmatrix}1&0\\-1&2\end{pmatrix}.$$

例 8　某地区有四个工厂Ⅰ、Ⅱ、Ⅲ、Ⅳ，生产甲、乙、丙三种产品，矩阵 $\boldsymbol{A}$ 表示一年中各工厂生产各种产品的数量，矩阵 $\boldsymbol{B}$ 表示各种产品的单位价格(元)及单位利润

(元)，矩阵 $\boldsymbol{C}$ 表示各工厂的总收入及总利润：

$$\boldsymbol{A}=\begin{pmatrix} a_{11} & a_{12} & a_{13} \\ a_{21} & a_{22} & a_{23} \\ a_{31} & a_{32} & a_{33} \\ a_{41} & a_{42} & a_{43} \end{pmatrix}\begin{matrix}\text{Ⅰ}\\ \text{Ⅱ}\\ \text{Ⅲ}\\ \text{Ⅳ}\end{matrix},\boldsymbol{B}=\begin{pmatrix} b_{11} & b_{12} \\ b_{21} & b_{22} \\ b_{31} & b_{32} \end{pmatrix}\begin{matrix}\text{甲}\\ \text{乙}\\ \text{丙}\end{matrix},\boldsymbol{C}=\begin{pmatrix} c_{11} & c_{12} \\ c_{21} & c_{22} \\ c_{31} & c_{32} \\ c_{41} & c_{42} \end{pmatrix}\begin{matrix}\text{Ⅰ}\\ \text{Ⅱ}\\ \text{Ⅲ}\\ \text{Ⅳ}\end{matrix}.$$

甲　乙　丙　　　单位价格　单位利润　　　总收入　总利润

其中，$a_{ik}(i=1,2,3,4;k=1,2,3)$是第 i 个工厂生产第 k 种产品的数量；

b_{k1}及 $b_{k2}(k=1,2,3)$分别是第 k 种产品的单位价格及单位利润；

c_{i1}及 $c_{i2}(i=1,2,3,4)$分别是第 i 个工厂生产三种产品的总收入及总利润.

则矩阵 A,B,C 的元素之间有下列关系：

$$\begin{pmatrix} a_{11}b_{11}+a_{12}b_{21}+a_{13}b_{31} & a_{11}b_{12}+a_{12}b_{22}+a_{13}b_{32} \\ a_{21}b_{11}+a_{22}b_{21}+a_{23}b_{31} & a_{21}b_{12}+a_{22}b_{22}+a_{23}b_{32} \\ a_{31}b_{11}+a_{32}b_{21}+a_{33}b_{31} & a_{31}b_{12}+a_{32}b_{22}+a_{33}b_{32} \\ a_{41}b_{11}+a_{42}b_{21}+a_{43}b_{31} & a_{41}b_{12}+a_{42}b_{22}+a_{43}b_{32} \end{pmatrix}=\begin{pmatrix} c_{11} & c_{12} \\ c_{21} & c_{22} \\ c_{31} & c_{32} \\ c_{41} & c_{42} \end{pmatrix}.$$

总收入　总利润

其中 $c_{ij}=a_{i1}b_{1j}+a_{i2}b_{2j}+a_{i3}b_{3j}(i=1,2,3,4;j=1,2)$，即 $\boldsymbol{C}=\boldsymbol{AB}$.

7.2.4 矩阵的转置和方阵的行列式

1. 矩阵的转置

定义 7.2.8 将矩阵 $\boldsymbol{A}$ 的行列互换，所得的矩阵记作 $\boldsymbol{A}^{\mathrm{T}}$，称为 $\boldsymbol{A}$ 的**转置矩阵.**（将 $\boldsymbol{A}$ 化为 $\boldsymbol{A}^{\mathrm{T}}$ 称为将矩阵 $\boldsymbol{A}$ 转置）.

例如，$\boldsymbol{A}=\begin{pmatrix} a_1 & a_2 & a_3 \\ b_1 & b_2 & b_3 \end{pmatrix}$的转置矩阵为 $\boldsymbol{A}^{\mathrm{T}}=\begin{pmatrix} a_1 & b_1 \\ a_2 & b_2 \\ a_3 & b_3 \end{pmatrix}$.

若 $\boldsymbol{A}$ 为 $m\times n$ 矩阵，则 $\boldsymbol{A}^{\mathrm{T}}$ 为 $n\times m$ 矩阵. $\boldsymbol{A}$ 中第 i 行 j 列的元素 a_{ij}，在 $\boldsymbol{A}^{\mathrm{T}}$ 中位于 j 行 i 列的位置上.

矩阵的转置和行列式的转置，基本类似. 但要注意，个别性质不要弄混.

转置矩阵有以下性质(设 $\boldsymbol{A},\boldsymbol{B}$ 为矩阵，k 为数，运算可行)：

(1)$(\boldsymbol{A}^{\mathrm{T}})^{\mathrm{T}}=\boldsymbol{A}$；　(2)$(\boldsymbol{A}+\boldsymbol{B})^{\mathrm{T}}=\boldsymbol{A}^{\mathrm{T}}+\boldsymbol{B}^{\mathrm{T}}$；

(3)$(k\boldsymbol{A})^{\mathrm{T}}=k\boldsymbol{A}^{\mathrm{T}}$；　(4)$(\boldsymbol{AB})^{\mathrm{T}}=\boldsymbol{B}^{\mathrm{T}}\boldsymbol{A}^{\mathrm{T}}$.

例 9 (填空)已知 $\boldsymbol{\alpha}=(1,2,3)$，$\boldsymbol{\beta}=\left(1,\frac{1}{2},\frac{1}{3}\right)$，设 $\boldsymbol{A}=\boldsymbol{\alpha}^{\mathrm{T}}\boldsymbol{\beta}$，其中 $\boldsymbol{\alpha}^{\mathrm{T}}$ 是 $\boldsymbol{\alpha}$ 的转置，则 $\boldsymbol{A}^n=$______.

分析：

$$\boldsymbol{A}=\boldsymbol{\alpha}^{\mathrm{T}}\boldsymbol{\beta}=\begin{pmatrix}1\\2\\3\end{pmatrix}\left(1,\frac{1}{2},\frac{1}{3}\right)=\begin{pmatrix} 1 & \frac{1}{2} & \frac{1}{3} \\ 2 & 1 & \frac{2}{3} \\ 3 & \frac{3}{2} & 1 \end{pmatrix},$$

若直接计算 $\boldsymbol{A}^n$ 较麻烦. 考虑到 $\beta\alpha^{\mathrm{T}}=\left(1,\frac{1}{2},\frac{1}{3}\right)\begin{pmatrix}1\\2\\3\end{pmatrix}=(1+1+1)=3$，再用乘法结合律，就可得到简便计算如下：

$$\boldsymbol{A}^n=(\boldsymbol{\alpha}^{\mathrm{T}}\boldsymbol{\beta})^n=(\boldsymbol{\alpha}^{\mathrm{T}}\boldsymbol{\beta})(\boldsymbol{\alpha}^{\mathrm{T}}\boldsymbol{\beta})\cdots(\boldsymbol{\alpha}^{\mathrm{T}}\boldsymbol{\beta})=\boldsymbol{\alpha}^{\mathrm{T}}(\boldsymbol{\beta}\boldsymbol{\alpha}^{\mathrm{T}})\cdots(\boldsymbol{\beta}\boldsymbol{\alpha}^{\mathrm{T}})\boldsymbol{\beta}=\boldsymbol{\alpha}^{\mathrm{T}}(\boldsymbol{\beta}\boldsymbol{\alpha}^{\mathrm{T}})^{n-1}\boldsymbol{\beta}$$

$$=\boldsymbol{\alpha}^{\mathrm{T}}3^{n-1}\boldsymbol{\beta}=3^{n-1}\boldsymbol{\alpha}^{\mathrm{T}}\boldsymbol{\beta}=3^{n-1}\begin{pmatrix}1&\frac{1}{2}&\frac{1}{3}\\2&1&\frac{2}{3}\\3&\frac{3}{2}&1\end{pmatrix}=\begin{pmatrix}3^{n-1}&\frac{1}{2}\cdot3^{n-1}&3^{n-2}\\2\cdot3^{n-1}&3^{n-1}&2\cdot3^{n-2}\\3^n&\frac{1}{2}\cdot3^n&3^{n-1}\end{pmatrix}.$$

定义 7.2.9　对于 n 阶矩阵 $\boldsymbol{A}$，若有 $\boldsymbol{A}^{\mathrm{T}}=\boldsymbol{A}$，则称 $\boldsymbol{A}$ 为**对称矩阵**，即在对称矩阵 $\boldsymbol{A}$ 中，每一对关于主对角线相对称的元素都相等，如下列矩阵 $\boldsymbol{A},\boldsymbol{B},\boldsymbol{C}$.

注意，反对称矩阵的主对角线上元素全为0.

若方阵的主对角线上元素全为零，且主对角线两侧对称位置上元素互为相反数，则称之为**反对称矩阵**，如矩阵 $\boldsymbol{C},\boldsymbol{D}$.

$$\boldsymbol{A}=\begin{pmatrix}2&-2&-1\\-2&1&3\\-1&3&1\end{pmatrix},\boldsymbol{B}=\begin{pmatrix}2&0&0\\0&-3&0\\0&0&4\end{pmatrix},$$

$$\boldsymbol{C}=\begin{pmatrix}0&0&0&0\\0&0&0&0\\0&0&0&0\\0&0&0&0\end{pmatrix},\boldsymbol{D}=\begin{pmatrix}0&2&2&1\\-2&0&-3&0\\-2&3&0&-2\\-1&0&2&0\end{pmatrix}.$$

对称矩阵有以下性质.

(1)若 $\boldsymbol{A},\boldsymbol{B}$ 都是 n 阶对称矩阵，则 $\boldsymbol{A}\pm\boldsymbol{B}$ 及 $k\boldsymbol{A}$ 也是对称矩阵(k 为数). 但 $\boldsymbol{AB}$ 不一定为对称矩阵，例如

$$\boldsymbol{A}=\begin{pmatrix}1&1\\1&2\end{pmatrix}\text{及 }\boldsymbol{B}=\begin{pmatrix}2&1\\1&1\end{pmatrix}\text{都是对称矩阵，但 }\boldsymbol{AB}=\begin{pmatrix}3&2\\4&3\end{pmatrix}\text{不是对称矩阵.}$$

(2)若 $\boldsymbol{A},\boldsymbol{B}$ 都是 n 阶对称矩阵，则 $\boldsymbol{AB}$ 仍为对称矩阵的充分必要条件是 $\boldsymbol{A}$ 与 $\boldsymbol{B}$ 可交换(即 $\boldsymbol{AB}=\boldsymbol{BA}$).

2. 方阵的行列式

设 $\boldsymbol{A}$ 为 n 阶矩阵，保持 $\boldsymbol{A}$ 的元素位置不动，由 $\boldsymbol{A}$ 的元素所构成的 n 阶行列式称为 $\boldsymbol{A}$ 的行列式，记作 $|\boldsymbol{A}|$ 或 $\det \boldsymbol{A}$. 即

$$\boldsymbol{A}=\begin{pmatrix}a_{11}&a_{12}&\cdots&a_{1n}\\a_{21}&a_{22}&\cdots&a_{2n}\\\vdots&\vdots&&\vdots\\a_{n1}&a_{n2}&\cdots&a_{nn}\end{pmatrix}\text{的行列式为 }|\boldsymbol{A}|=\begin{vmatrix}a_{11}&a_{12}&\cdots&a_{1n}\\a_{21}&a_{22}&\cdots&a_{1n}\\\vdots&\vdots&&\vdots\\a_{n1}&a_{n2}&\cdots&a_{nn}\end{vmatrix}.$$

应注意：$\boldsymbol{A}$ 是数的表格，$|\boldsymbol{A}|$ 则是一个数，它们是不同性质的对象，也有着许多不同的运算性质，应严加区别.

n 阶矩阵的行列式有以下性质(设 $\boldsymbol{A},\boldsymbol{B}$ 为 n 阶矩阵，k 为数)

(1) $|A^{\mathrm{T}}|=|A|$; (2) $|kA|=k^n|A|$; (3) $|AB|=|A||B|$.

习　题 7.2

A 组

1. 已知矩阵 $A=\begin{pmatrix}1 & 2\\ -3 & 5\end{pmatrix}$, $B=\begin{pmatrix}-1 & 1\\ 1 & 3\end{pmatrix}$, $C=\begin{pmatrix}5 & 4\\ 3 & -1\end{pmatrix}$, 求(1) $A+B$; (2) $2A+3C$; (3) AB.

2. 求矩阵 $A=\begin{pmatrix}-2 & 4\\ 1 & -2\end{pmatrix}$ 与 $B=\begin{pmatrix}2 & 4\\ -3 & -6\end{pmatrix}$, 求 AB 与 BA.

3. 计算下列乘积:

(1) $(3,1,2)\begin{pmatrix}4\\5\\6\end{pmatrix}$; (2) $\begin{pmatrix}4\\5\\6\end{pmatrix}(3,1,2)$; (3) $\begin{pmatrix}0 & 1 & 0\\ 1 & 0 & 0\\ 0 & 0 & 1\end{pmatrix}\begin{pmatrix}1 & 2 & 3 & 4\\ 5 & 6 & 7 & 8\\ 9 & 10 & 11 & 12\end{pmatrix}$.

4. 设 $A=\begin{pmatrix}1 & 2 & -1 & 0\\ -1 & 0 & 1 & 4\\ 2 & 5 & -3 & 1\end{pmatrix}$, $B=(1,2,3,-1)$, 求 A^{T}, B^{T}

5. 设 $A=(1,2,3,4)$, 求 AA^{T}, $A^{\mathrm{T}}A$.

6. 设 $A=\begin{pmatrix}\lambda & 1 & 0\\ 0 & \lambda & 1\\ 0 & 0 & \lambda\end{pmatrix}$, 求 A^3.

7. 某商店一周内售出的甲乙丙三种商品的数量和单位价格如表 7-2 所示:

表 7-2　商品销售清单

商品	日销售额							单价
	六	日	一	二	三	四	五	
甲	11	9	3	0	10	7	2	4
乙	1 210	7	5	8	11	9	0	3
丙		6	4	5	6	10	3	2

试用矩阵表示每天的销售额.

B 组

1. 已知矩阵 $A=\begin{pmatrix}1 & 0 & 3 & -1\\ 2 & 1 & 0 & 2\end{pmatrix}$ 与 $B=\begin{pmatrix}4 & 1 & 0\\ -1 & 1 & 3\\ 2 & 0 & 11\\ 1 & 3 & 4\end{pmatrix}$, 求 AB.

2. 设矩阵 $\boldsymbol{A}=\begin{pmatrix}a_1 & b_1 & c_1\\ a_2 & b_2 & c_2\\ a_3 & b_3 & c_3\end{pmatrix}$，$\boldsymbol{B}=\begin{pmatrix}2a_1 & 4a_1-3b_1 & c_1\\ 2a_2 & 4a_2-3b_2 & c_2\\ 2a_3 & 4a_3-3b_3 & c_3\end{pmatrix}$，若已知 $|\boldsymbol{A}|=2$，试求 $|\boldsymbol{B}|$.

3. 设矩阵 $\boldsymbol{A}=\begin{pmatrix}1 & 0\\ \lambda & 1\end{pmatrix}$，求 $\boldsymbol{A}^k$（k 是正整数）.

4. 已知 $\boldsymbol{A}=\begin{pmatrix}2 & 0 & -1\\ 1 & 3 & 2\end{pmatrix}$，$\boldsymbol{B}=\begin{pmatrix}1 & 7 & -1\\ 4 & 2 & 3\\ 2 & 0 & 1\end{pmatrix}$，求 $(\boldsymbol{AB})^{\mathrm{T}}$

5. 已知矩阵 $\boldsymbol{A}=\begin{pmatrix}1 & 0 & -1\\ 2 & 1 & 0\\ 3 & 2 & -1\end{pmatrix}$，$\boldsymbol{B}=\begin{pmatrix}-2 & 1 & 0\\ 0 & 3 & 1\\ 0 & 0 & 2\end{pmatrix}$，验证 $|\boldsymbol{AB}|=|\boldsymbol{A}||\boldsymbol{B}|$.

6. 某港口在某月份运到 A,B,C 三地的甲、乙两种货物的数量，以及两种货物的价格、重量、体积如表 7-3 所示.

表 7-3　货物详单

货物	A	B	C	价格	重量	体积
甲	2 000	1 200	800	0.2	0.01	0.12
乙	1 200	1 400	600	0.35	0.05	0.5

(1)分别写出表示运到三地货物数量的矩阵 $\boldsymbol{A}$，以及表示货物的价格、重量、体积的矩阵 $\boldsymbol{B}$；

(2)设表示运到三地的货物总价值、总重量、总体积的矩阵为 $\boldsymbol{C}$，写出矩阵 $\boldsymbol{A},\boldsymbol{B},\boldsymbol{C}$ 关系，并由此计算出 $\boldsymbol{C}$.

7.3　矩阵的秩

矩阵初等变换经常用来简化方程组.

7.3.1　矩阵的初等变换

引例　已知方程组

$$\begin{cases}3x_1-x_2+5x_3=2, & (1)\\ x_1-x_2+2x_3=1, & (2)\\ x_1-2x_2-x_3=5, & (3)\end{cases}$$

对应增广矩阵

$$\begin{pmatrix}3 & -1 & 5 & 2\\ 1 & -1 & 2 & 1\\ 1 & -2 & -1 & 5\end{pmatrix}. \qquad \text{(a)}$$

该方程组可变形为

$$\begin{cases}x_1-2x_2-x_3=5,\\x_2+3x_3=-4,\\-7x_3=7,\end{cases}$$

对应增广矩阵

$$\begin{pmatrix}1&-2&-1&5\\0&1&3&-4\\0&0&-7&7\end{pmatrix},\tag{b}$$

此时,易解得

$$\begin{cases}x_1=2,\\x_2=-1,\\x_3=-1.\end{cases}$$

在实际运算中,可以忽略线性方程组,只对其增广矩阵(a)进行运算,将矩阵(a)转化成矩阵(b)的形式,这就是初等变换的来源.

我们规定,对矩阵作以下三种变换,称为矩阵的**初等行变换**:

(1)对称变换:交换矩阵的第 i,j 两行,记作 $r_i\leftrightarrow r_j$;

(2)倍乘变换:以数 $k\neq0$ 乘第 i 行,记作 kr_i;

(3)倍加变换:将第 j 行的 k 倍加到第 i 行对应元素上,记作 r_i+kr_j.

类似,将矩阵以下的三种变换,称为矩阵的**初等列变换**:

(1)对称变换:交换矩阵的第 i,j 两列,记作 $c_i\leftrightarrow c_j$;

(2)倍乘变换:以数 $k\neq0$ 乘第 i 列,记作 kc_i;

(3)倍加变换:将第 j 列的 k 倍加到第 i 列对应元素上,记作 c_i+kc_j.

初等行变换与初等列变换统称为**初等变换**.

矩阵经初等变换后会发生改变. 我们用 $\boldsymbol{A}\to\boldsymbol{B}$ 表示矩阵 $\boldsymbol{A}$ 经初等变换化成矩阵 $\boldsymbol{B}$,用 $\boldsymbol{A}\xrightarrow{\text{行}}\boldsymbol{B}$ 表示仅用初等行变换将 $\boldsymbol{A}$ 化成 $\boldsymbol{B}$,$\boldsymbol{A}\xrightarrow{\text{列}}\boldsymbol{B}$ 表示仅用初等列变换将 $\boldsymbol{A}$ 化成 $\boldsymbol{B}$.

矩阵的初等变换有以下性质:

①对任何 n 阶矩阵 $\boldsymbol{A}$,可以仅用第三种行(列)初等变换,将 $\boldsymbol{A}$ 化成上三角矩阵. 即

$$\boldsymbol{A}\xrightarrow{\text{仅第三种行(列)初等变换}}\begin{bmatrix}a_1&*&\cdots&*&*\\0&a_2&\cdots&*&*\\\vdots&\vdots&&\vdots&\vdots\\0&0&\cdots&a_{n-1}&*\\0&0&\cdots&0&a_n\end{bmatrix}$$

②对可逆 n 阶矩阵 $\boldsymbol{A}$,可以仅用第三种行(列)初等变换,将 $\boldsymbol{A}$ 化成对角矩阵. 即

$$\boldsymbol{A}\xrightarrow{\text{仅第三种行(列)初等变换}}\begin{bmatrix}a_1&0&\cdots&0&0\\0&a_2&\cdots&0&0\\\vdots&\vdots&&\vdots&\vdots\\0&0&\cdots&a_{n-1}&0\\0&0&\cdots&0&a_n\end{bmatrix}$$

③对可逆 n 阶矩阵 $\boldsymbol{A}$，可以仅用行(列)初等变换，将 $\boldsymbol{A}$ 化为单位矩阵 E. 即

$$\boldsymbol{A}\xrightarrow{\text{行}}\boldsymbol{E},\quad \boldsymbol{A}\xrightarrow{\text{列}}\boldsymbol{E}.$$

证明略.

注意区分阶梯形矩阵和简化阶梯形矩阵的概念.

7.3.2 阶梯形矩阵

由引例可知，若能够通过矩阵的初等变换，将增广矩阵(a)最终转化成矩阵(b)的形式，则方程组的解自然就得出来了. 我们称矩阵(b)为阶梯形矩阵.

定义 7.3.1 一个矩阵成为**阶梯形矩阵**，需满足两个条件：

(1)如果它既有零行，又有非零行，则零行在下，非零行在上；

(2)如果它有非零行，则每个非零行的第一个非零元素所在列号自上而下严格单调上升.

阶梯形矩阵的基本特征：如果所给矩阵为阶梯形矩阵则矩阵中每一行的第一个不为零的元素左边及其所在列以下全为零. 如

$$\begin{pmatrix}5&4\\0&1\end{pmatrix},\quad \begin{pmatrix}1&2&7&4&1\\0&2&-1&0&3\\0&0&0&3&1\end{pmatrix},\quad \begin{pmatrix}2&0&-1&5&0&0\\0&0&1&1&1&0\\0&0&0&0&1&2\\0&0&0&0&0&0\end{pmatrix}$$

有的时候，只将矩阵化为阶梯形不够，还要进一步化成简化阶梯形矩阵.

定义 7.3.2 非零行第一个非零元素均为 1，且各非零行第一个非零元素所在列的其余元素均为 0，这样的阶梯形矩阵称为简化阶梯形矩阵. 如

$$\begin{pmatrix}1&0\\0&1\end{pmatrix},\quad \begin{pmatrix}1&0&7&0&1\\0&1&-1&0&3\\0&0&0&1&1\end{pmatrix},\quad \begin{pmatrix}1&0&0&5&0&0\\0&0&1&1&0&0\\0&0&0&0&1&2\\0&0&0&0&0&0\end{pmatrix}$$

在解决线性方程组问题时，通常将其增广矩阵化为简化型阶梯矩阵.

定理 7.3.1 任一个矩阵 $\boldsymbol{A}$ 经若干次初等行变换后，都可以转换为阶梯形矩阵；利用初等行变换，可以将阶梯形矩阵化为简化阶梯形矩阵.

例 1 求解线性方程组

该方法称为高斯消元法.

$$\begin{cases}x_1+x_2+x_3+x_4=1,\\3x_1+2x_2+x_3+x_4=-3,\\x_2+3x_3+2x_4=5,\\5x_1+4x_2+3x_3+3x_4=-1.\end{cases}$$

解 对它的增广矩阵作初等行变换

$$\begin{pmatrix}1&1&1&1&1\\3&2&1&1&-3\\0&1&3&2&5\\5&4&3&3&-1\end{pmatrix}\xrightarrow[r_4-5r_1]{r_2-3r}\begin{pmatrix}1&1&1&1&1\\0&-1&-2&-2&-6\\0&1&3&2&5\\0&-1&-2&-2&-6\end{pmatrix}$$

$$\xrightarrow[r_4-r_2]{r_3+r_2}\begin{pmatrix}1&1&1&1&1\\0&-1&-2&-2&-6\\0&0&1&0&-1\\0&0&0&0&0\end{pmatrix}$$

此时，得到一个阶梯形矩阵. 对这个阶梯形矩阵，还可进一步化简：把第 2 行加到第一行上，第 3 行乘 -1 加到第 1 行上，第 3 行乘 2 加到第 2 行上，得

$$\xrightarrow[\substack{r_1-r_3\\ rM2+2r_3}]{r_1+r_2}\begin{pmatrix}1&0&0&-1&-6\\0&-1&0&-2&-8\\0&0&1&0&-1\\0&0&0&0&0\end{pmatrix}.$$

它所表示的方程组为

$$\begin{cases}x_1-x_4=-6,\\-x_2-2x_4=-8,\\x_3=-1,\end{cases}$$

这样，就得到方程组的一般解

$$\begin{cases}x_1=-6+x_4,\\x_2=8-2x_4,\\x_3=-1\end{cases}$$

其中 x_4 为自由未知量.

秩的概念主要用于第 8 章判断方程组解的情况.

7.3.3 矩阵的秩

定义 7.3.3 设 $\boldsymbol{A}$ 为 $m\times n$ 矩阵，任取 $\boldsymbol{A}$ 中的 k 行和 k 列 $(k\leqslant m,k\leqslant n)$，在这些行、列交叉处的元素构成的 k 阶行列式，称为 $\boldsymbol{A}$ 的 k 阶子式.

$m\times n$ 矩阵 $\boldsymbol{A}$ 的 k 阶子式共有 $C_m^kC_n^k$ 个.

定义 7.3.4 设矩阵 $\boldsymbol{A}$ 中有一个 r 阶子式 $D\neq0$，而所有 $r+1$ 阶子式（若存在的话）都等于 0，则称数 r 为矩阵 $\boldsymbol{A}$ 的秩，记作 $r(\boldsymbol{A})$ 或秩$(\boldsymbol{A})$. 并规定零矩阵的秩等于 0.

若 $\boldsymbol{A}$ 中的所有 $r+1$ 阶子式都等于 0，由行列式展开式可知，所有 $r+2$ 阶子式（若存在的话）也都等于 0，依次类推，可知 $\boldsymbol{A}$ 中所有高于 r 阶子式都为 0. 因此可以说：矩阵 $\boldsymbol{A}$ 的秩就是 $\boldsymbol{A}$ 中不等于 0 的子式的最高阶数.

当 $r(\boldsymbol{A})=\min\{m,n\}$，称矩阵 $\boldsymbol{A}$ 为**满秩矩阵**，如下面矩阵 $\boldsymbol{A},\boldsymbol{B}$；否则称为**降秩矩阵**，如下面矩阵 $\boldsymbol{C},\boldsymbol{D}$

$$\boldsymbol{A}=\begin{pmatrix}1&0&0\\0&1&0\\0&0&1\end{pmatrix},\quad \boldsymbol{B}=\begin{pmatrix}1&0&0&0\\0&1&0&0\\0&0&1&0\end{pmatrix},\quad \boldsymbol{C}=\begin{pmatrix}1&0&0\\0&1&0\\0&0&0\end{pmatrix},\quad \boldsymbol{D}=\begin{pmatrix}1&0&0&0\\0&1&0&0\\0&0&0&0\end{pmatrix}.$$

且可知，$r(\boldsymbol{C})=2$，$r(\boldsymbol{D})=2$.

其实，若将矩阵 **A** 化为阶梯形矩阵，则其非零行的行数就是矩阵 **A** 的秩.

例 2　已知矩阵 $\boldsymbol{A}=\begin{pmatrix}1&0&0\\0&1&0\\1&1&0\end{pmatrix}\xrightarrow[r_3-r_2]{r_3-r_1}\begin{pmatrix}1&0&0\\0&1&0\\0&0&0\end{pmatrix}$，

$$\boldsymbol{B}=\begin{pmatrix}2&-1&3&6\\0&5&1&7\\0&0&4&-2\\0&0&0&0\\0&0&0&0\end{pmatrix}.$$

显然，$r(\boldsymbol{A})=2$，　$r(\boldsymbol{B})=3$.

例 3　求矩阵 $\boldsymbol{A}=\begin{pmatrix}1&-2&2&-1&1\\2&-4&8&0&2\\-2&4&-2&3&3\\3&-6&0&-6&4\end{pmatrix}$ 的秩.

解　对 **A** 作初等行变换如下：

$$\boldsymbol{A}\xrightarrow[r_4-3r_1]{\substack{r_2-2r_1\\r_3+2r_1}}\begin{pmatrix}1&-2&2&-1&1\\0&0&4&2&0\\0&0&2&1&5\\0&0&-6&-3&1\end{pmatrix}\xrightarrow{\frac{1}{2}r_2}\begin{pmatrix}1&-2&2&-1&1\\0&0&2&1&0\\0&0&2&1&5\\0&0&-6&-3&1\end{pmatrix}$$

$$\xrightarrow[r_4+3r_2]{r_3-r_2}\begin{pmatrix}1&-2&2&-1&1\\0&0&2&1&0\\0&0&0&0&5\\0&0&0&0&1\end{pmatrix}\xrightarrow{r_4-\frac{1}{5}r_3}\begin{pmatrix}1&-2&2&-1&1\\0&0&2&1&0\\0&0&0&0&5\\0&0&0&0&0\end{pmatrix}.$$

因此　$$r(\boldsymbol{A})=3.$$

习　题7.3

A组

1. 化矩阵 $\boldsymbol{A}=\begin{pmatrix}1&0&1\\2&1&0\\-3&2&-5\end{pmatrix}$ 为阶梯形矩阵矩阵.

2. 已知矩阵 $\begin{pmatrix}0&2&-4\\-1&-4&5\\3&1&7\\0&5&-10\\2&3&0\end{pmatrix}$，对其作初等行变换，化为简化阶梯形矩阵.

3. 求矩阵的秩：

(1)$\boldsymbol{A}=\begin{pmatrix}1&2&3\\2&3&-5\\4&7&1\end{pmatrix}$；　　(2)$\boldsymbol{B}=\begin{pmatrix}1&2&3&4\\-1&-1&-4&-2\\3&4&11&8\end{pmatrix}$；

(3)$\boldsymbol{C}=\begin{pmatrix}2&-1&0&3&-2\\0&3&1&-2&5\\0&0&0&4&-3\\0&0&0&0&0\end{pmatrix}$；　(4)$\boldsymbol{D}=\begin{pmatrix}1&0&0&1\\1&2&0&-1\\3&-1&0&4\\1&4&5&1\end{pmatrix}$.

4. 设$\boldsymbol{A}=\begin{pmatrix}1&-2&2&-1\\2&-4&8&0\\-2&4&-2&3\\3&-6&0&-6\end{pmatrix}$，$\boldsymbol{b}=\begin{pmatrix}1\\2\\3\\4\end{pmatrix}$，求矩阵 $\boldsymbol{A}$ 及矩阵 $\widetilde{\boldsymbol{A}}=(\boldsymbol{A},\boldsymbol{b})$ 的秩.

B 组

1. 将 $\boldsymbol{A}=\begin{pmatrix}2&1&2&3\\4&1&3&5\\2&0&1&2\end{pmatrix}$化为阶梯形矩阵，再化为简化阶梯形矩阵.

2. 设$\boldsymbol{A}=\begin{pmatrix}3&2&0&5&0\\3&-2&3&6&-1\\2&0&1&5&-3\\1&6&-4&-1&4\end{pmatrix}$，求矩阵 $\boldsymbol{A}$ 的秩，并求 $\boldsymbol{A}$ 的一个最高非零子式.

3. $\boldsymbol{A}=\begin{pmatrix}1&-1&1&2\\3&\lambda&-1&2\\5&3&\mu&6\end{pmatrix}$，已知 $r(\boldsymbol{A})=2$，求 λ 与 μ 的值.

4. 下列矩阵的秩：

(1)$\boldsymbol{A}=\begin{pmatrix}5&-1&2&1&7\\2&1&4&-2&1\\5&-3&-6&5&0\end{pmatrix}$；　(2)$\boldsymbol{B}=\begin{pmatrix}1&2&3&1&5\\2&4&0&-1&-3\\-1&-2&3&2&8\\1&2&-9&-5&-21\end{pmatrix}$.

5. 用阶梯形矩阵求解下列方程组：

(1)$\begin{cases}x_1-2x_2+x_3=-2,\\2x_1+x_2-3x_3=1,\\-x_1+x_2-x_3=0;\end{cases}$　(2)$\begin{cases}2x_1+x_2-5x_3+x_4=8,\\x_1-3x_2-6x_4=9,\\2x_2-x_3+2x_4=-5,\\x_1+4x_2-7x_3+6x_4=0.\end{cases}$

7.4 逆矩阵

7.4.1 几个相关概念

1. 伴随矩阵

定义 7.4.1 设有 n 阶矩阵

$$A=\begin{pmatrix} a_{11} & a_{12} & \cdots & a_{1n} \\ a_{21} & a_{22} & \cdots & a_{2n} \\ \vdots & \vdots & & \vdots \\ a_{n1} & a_{n2} & \cdots & a_{nn} \end{pmatrix}$$

将 A 中所有元素 a_{ij} 都改为它的代数余子式 A_{ij} 后，再转置，所得矩阵称为矩阵 $\boldsymbol{A}$ 的**伴随矩阵**，记作 $\boldsymbol{A}^*$，即

$$\boldsymbol{A}^*=\begin{pmatrix} A_{11} & A_{12} & \cdots & A_{1n} \\ A_{21} & A_{22} & \cdots & A_{2n} \\ \vdots & \vdots & & \vdots \\ A_{n1} & A_{n2} & \cdots & A_{nn} \end{pmatrix}^{\mathrm{T}}=\begin{pmatrix} A_{11} & A_{21} & \cdots & A_{n1} \\ A_{12} & A_{22} & \cdots & A_{n2} \\ \vdots & \vdots & & \vdots \\ A_{1n} & A_{2n} & \cdots & A_{nn} \end{pmatrix}.$$

伴随矩阵主要用于逆矩阵的求解和相关证明.

例如，设 $\boldsymbol{A}=\begin{pmatrix} a & b \\ c & d \end{pmatrix}$，则 $\boldsymbol{A}$ 的伴随矩阵为 $\boldsymbol{A}^*=\begin{pmatrix} d & -c \\ -b & a \end{pmatrix}^{\mathrm{T}}=\begin{pmatrix} d & -b \\ -c & a \end{pmatrix}$.

即将二阶矩阵 $\boldsymbol{A}$ 的主对角线上的元素相交换，副对角线上的元素变号，就得到二阶矩阵 $\boldsymbol{A}$ 的伴随矩阵 $\boldsymbol{A}^*$.

伴随矩阵有以下基本性质：$\boldsymbol{AA}^*=\boldsymbol{A}^*\boldsymbol{A}=|\boldsymbol{A}|\boldsymbol{E}$.

例 1 求方阵

$$\boldsymbol{A}=\begin{pmatrix} 1 & 2 & 3 \\ 2 & 2 & 1 \\ 3 & 4 & 3 \end{pmatrix}$$

的伴随矩阵.

解 $|\boldsymbol{A}|$的余子式为

$$M_{11}=2,\quad M_{12}=3,\quad M_{13}=2$$
$$M_{21}=-6,\quad M_{22}=-6,\quad M_{23}=-2$$
$$M_{31}=-4,\quad M_{32}=-5,\quad M_{33}=-2$$

得伴随矩阵为

$$\boldsymbol{A}^*=\begin{pmatrix} M_{11} & -M_{21} & M_{31} \\ -M_{12} & M_{22} & -M_{32} \\ M_{13} & -M_{23} & M_{33} \end{pmatrix}=\begin{pmatrix} 2 & 6 & -4 \\ -3 & -6 & 5 \\ 2 & 2 & -2 \end{pmatrix}.$$

2. 逆矩阵

定义 7.4.2 设 $\boldsymbol{A}$ 为 n 阶矩阵，若存在 n 阶矩阵 $\boldsymbol{B}$，使得

$$\boldsymbol{AB}=\boldsymbol{BA}=\boldsymbol{E}(E\text{ 为 } n \text{ 阶单位阵}),$$

则称 $\boldsymbol{A}$ 为**可逆矩阵**，$\boldsymbol{B}$ 称为 $\boldsymbol{A}$ 的**逆矩阵**，记作 $\boldsymbol{B}=\boldsymbol{A}^{-1}$.

该定理给出了求逆矩阵的一种方法.

定理 7.4.1 n 阶矩阵 $\boldsymbol{A}$ 为可逆矩阵的充分必要条件是 $\boldsymbol{A}$ 的行列式 $|\boldsymbol{A}|\neq 0$. 且当 $\boldsymbol{A}$ 可逆时，逆矩阵为 $\boldsymbol{A}^{-1}=\dfrac{1}{|\boldsymbol{A}|}\boldsymbol{A}^*$.

推论 若 $\boldsymbol{AB}=E$（或 $\boldsymbol{BA}=E$），则 $\boldsymbol{A}$ 可逆，且 $\boldsymbol{A}^{-1}=\boldsymbol{B}$.

逆矩阵有以下性质：

(1)若 $\boldsymbol{A}$ 可逆，则 $\boldsymbol{A}\boldsymbol{A}^{-1}=\boldsymbol{A}^{-1}\boldsymbol{A}=\boldsymbol{E}$，且 $|\boldsymbol{A}^{-1}|=\dfrac{1}{|\boldsymbol{A}|}$.

(2)若 $\boldsymbol{A}$ 可逆，则 $\boldsymbol{A}^{-1}$ 可逆，且 $(\boldsymbol{A}^{-1})^{-1}=\boldsymbol{A}$.

(3)若 $\boldsymbol{A}$ 可逆，则 $\boldsymbol{A}^{\mathrm{T}}$ 可逆，且 $(\boldsymbol{A}^{\mathrm{T}})^{-1}=(\boldsymbol{A}^{-1})^{\mathrm{T}}$.

(4)若 $\boldsymbol{A}$ 可逆，数 $k\neq 0$，则 $k\boldsymbol{A}$ 可逆，且 $(k\boldsymbol{A})^{-1}=\dfrac{1}{k}\boldsymbol{A}^{-1}$.

(5)若 $\boldsymbol{A},\boldsymbol{B}$ 同阶可逆，则 $\boldsymbol{AB}$ 可逆，且 $(\boldsymbol{AB})^{-1}=\boldsymbol{B}^{-1}\boldsymbol{A}^{-1}$.

若 $\boldsymbol{A}$ 可逆，则定义 $\boldsymbol{A}^0=\boldsymbol{E}$，$\boldsymbol{A}^{-m}=(\boldsymbol{A}^{-1})^m$，则幂的性质

$$(\boldsymbol{A}^m)^n=\boldsymbol{A}^{mn},\quad \boldsymbol{A}^m\boldsymbol{A}^n=\boldsymbol{A}^{m+n},$$

对一切整数 m,n 都成立.

由定理 7.7 判断矩阵是可逆.

逆矩阵的求法之一是通过伴随矩阵求解.

可逆矩阵又称为**非奇异矩阵**，不可逆矩阵称为**奇异矩阵**.

例 2 判断下列矩阵可逆，并求其逆矩阵.

(1)$\boldsymbol{A}=\begin{pmatrix}1&2\\3&4\end{pmatrix}$；　　(2)$\boldsymbol{B}=\begin{pmatrix}0&2&-1\\1&1&2\\-1&-1&1\end{pmatrix}$.

解 (1)$|\boldsymbol{A}|=\begin{vmatrix}1&2\\3&4\end{vmatrix}=-2\neq 0$，因此，矩阵 $\boldsymbol{A}$ 可逆；

$$\boldsymbol{A}^*=\begin{pmatrix}4&-2\\-3&1\end{pmatrix}，故\ \boldsymbol{A}^{-1}=\frac{1}{|\boldsymbol{A}|}\boldsymbol{A}^*=\frac{1}{-2}\begin{pmatrix}4&-2\\-3&1\end{pmatrix}=\begin{pmatrix}-2&1\\ \frac{3}{2}&-\frac{1}{2}\end{pmatrix}.$$

$$(2)\ |\boldsymbol{B}|=\begin{vmatrix}0&2&-1\\1&1&2\\-1&-1&-1\end{vmatrix}\xlongequal{r_3+r_2}\begin{vmatrix}0&2&-1\\1&1&2\\0&0&1\end{vmatrix}=-\begin{vmatrix}2&-1\\0&1\end{vmatrix}=-2\neq 0,$$

因此，矩阵 $\boldsymbol{B}$ 可逆；矩阵 $\boldsymbol{B}$ 中各元素的代数余子式计算如下：

$$A_{11}=\begin{vmatrix}1&2\\-1&-1\end{vmatrix}=1,\quad A_{12}=-\begin{vmatrix}1&2\\-1&-1\end{vmatrix}=-1,\quad A_{13}=\begin{vmatrix}1&1\\-1&-1\end{vmatrix}=0,$$

$$A_{21}=-\begin{vmatrix}2&-1\\-1&-1\end{vmatrix}=3,\quad A_{22}=\begin{vmatrix}0&-1\\-1&-1\end{vmatrix}=-1,\quad A_{23}=-\begin{vmatrix}0&2\\-1&-1\end{vmatrix}=-2,$$

$$A_{31}=\begin{vmatrix}2&-1\\1&2\end{vmatrix}=5,\quad A_{32}=-\begin{vmatrix}0&-1\\1&-2\end{vmatrix}=-1,\quad A_{33}=\begin{vmatrix}0&2\\1&1\end{vmatrix}=-2.$$

$$\boldsymbol{B}\ 的伴随矩阵为\ \boldsymbol{B}^*=\begin{pmatrix}A_{11}&A_{21}&A_{31}\\A_{12}&A_{22}&A_{32}\\A_{13}&A_{23}&A_{33}\end{pmatrix}=\begin{pmatrix}1&3&5\\-1&-1&-1\\0&-2&-2\end{pmatrix}.$$

故得 $$B^{-1}=\frac{1}{|B|}B^*=\frac{1}{-2}\begin{pmatrix}1&3&5\\-1&-1&-1\\0&-2&-2\end{pmatrix}=\begin{pmatrix}-\frac{1}{2}&-\frac{3}{2}&-\frac{5}{2}\\\frac{1}{2}&\frac{1}{2}&\frac{1}{2}\\0&1&1\end{pmatrix}.$$

例 3 设 $A=\begin{pmatrix}2&-1\\3&1\end{pmatrix}$，$B=\begin{pmatrix}1&1\\2&2\end{pmatrix}$，求二阶矩阵 X,Y，使满足 $AX=B,YA=B$（也就是解矩阵方程 $AX=B,YA=B$）.

解 $|A|=5\neq0$，$A^*=\begin{pmatrix}1&1\\-3&2\end{pmatrix}$，$A^{-1}=\frac{1}{5}\begin{pmatrix}1&1\\-3&2\end{pmatrix}$.

在 $AX=B$ 两边左乘以 A^{-1}，得 $A^{-1}AX=A^{-1}B$，即 $X=A^{-1}B$，故

$$X=A^{-1}B=\frac{1}{5}\begin{pmatrix}1&1\\-3&2\end{pmatrix}\begin{pmatrix}1&1\\2&2\end{pmatrix}=\frac{1}{5}\begin{pmatrix}3&3\\1&1\end{pmatrix}=\begin{pmatrix}\frac{3}{5}&\frac{3}{5}\\\frac{1}{5}&\frac{1}{5}\end{pmatrix}.$$

在 $YA=B$ 两边右乘以 A^{-1}，得 $YAA^{-1}=BA^{-1}$，即 $Y=BA^{-1}$，

$$Y=BA^{-1}=\begin{pmatrix}1&1\\2&2\end{pmatrix}\frac{1}{5}\begin{pmatrix}1&1\\-3&2\end{pmatrix}=\frac{1}{5}\begin{pmatrix}1&1\\2&2\end{pmatrix}\begin{pmatrix}1&1\\-3&2\end{pmatrix}=\frac{1}{5}\begin{pmatrix}-2&3\\-4&6\end{pmatrix}=\begin{pmatrix}-\frac{2}{5}&\frac{3}{5}\\-\frac{4}{5}&\frac{6}{5}\end{pmatrix}.$$

由计算结果可见 $X\neq Y$，这是由于 A 与 B 不可交换的缘故. 因此，在等式两边乘一个矩阵时，特别要注意是在左边乘还是在右边乘.

由上述例子可见，用公式 $A^{-1}=\frac{1}{|A|}A^*$ 求逆矩阵，对二阶矩阵是方便的. 但对三阶和三阶以上矩阵就较麻烦了，因为求三阶矩阵的伴随矩阵时要计算 9 个二阶行列式；若是四阶矩阵，则要计算 16 个三阶矩阵，工作量极大. 因此，我们需要引入适用于高阶矩阵求逆的方法.

逆矩阵的求法之二.

7.4.2 用初等行变换求逆矩阵

用初等变换求逆矩阵方法如下：

①在 A 的右边放上同阶的单位矩阵 E，得到 $n\times 2n$ 矩阵 $(A|E)$；

②对 $(A|E)$ 作行初等变换，目标是将 A 化为单位阵 E，设 $(A|E)$ 化为 $(E|B)$，则 B 就是所求的 A^{-1}.

例 4 设 $A=\begin{pmatrix}0&2&-1\\1&1&2\\-1&-1&-1\end{pmatrix}$，求 A^{-1}.

解 $$(A|E)=\left(\begin{array}{ccc|ccc}0&2&-1&1&0&0\\1&1&2&0&1&0\\-1&-1&-1&0&0&1\end{array}\right)\xrightarrow{r_1\leftrightarrow r_2}\left(\begin{array}{ccc|ccc}1&1&2&0&1&0\\0&2&-1&1&0&0\\-1&-1&-1&0&0&1\end{array}\right)$$

$$\xrightarrow{r_3+r_1}\left(\begin{array}{ccc|ccc}1&1&2&0&1&0\\0&2&-1&1&0&0\\0&0&1&0&1&1\end{array}\right)\xrightarrow{\frac{1}{2}r_2}\left(\begin{array}{ccc|ccc}1&1&2&0&1&0\\0&1&-\frac{1}{2}&\frac{1}{2}&0&0\\0&0&1&0&1&1\end{array}\right)$$

$$\xrightarrow{r_1-r_2}\left(\begin{array}{ccc|ccc}1&0&\frac{5}{2}&-\frac{1}{2}&1&0\\0&1&-\frac{1}{2}&\frac{1}{2}&0&0\\0&0&1&0&1&1\end{array}\right)\xrightarrow[r_2+\frac{1}{2}r_3]{r_1-\frac{5}{2}r_3}\left(\begin{array}{ccc|ccc}1&0&0&-\frac{1}{2}&-\frac{3}{2}&-\frac{5}{2}\\0&1&0&\frac{1}{2}&\frac{1}{2}&\frac{1}{2}\\0&0&1&0&1&1\end{array}\right).$$

因此,有

$$A^{-1}=\begin{pmatrix}-\frac{1}{2}&-\frac{3}{2}&-\frac{5}{2}\\\frac{1}{2}&\frac{1}{2}&\frac{1}{2}\\0&1&1\end{pmatrix}.$$

在矩阵的变形过程中,注意按规则操作,切忌重复违规运算.

例 5 已知矩阵 $A=\begin{pmatrix}1&0&1\\2&1&0\\-3&2&-5\end{pmatrix}$,求 $(E-A)^{-1}$.

解 $A=\begin{pmatrix}1&0&1\\2&1&0\\-3&2&-5\end{pmatrix}$, $E-A=\begin{pmatrix}0&0&-1\\-2&0&0\\3&-2&6\end{pmatrix}$.

$$(E-A|E)=\left(\begin{array}{ccc|ccc}0&0&-1&1&0&0\\-2&0&0&0&1&0\\3&-2&6&0&0&1\end{array}\right)$$

$$\xrightarrow{r_1\leftrightarrow r_2}\left(\begin{array}{ccc|ccc}-2&0&0&0&1&0\\0&0&-1&1&0&0\\3&-2&6&0&0&1\end{array}\right)\xrightarrow{r_3\leftrightarrow r_2}\left(\begin{array}{ccc|ccc}-2&0&0&0&1&0\\3&-2&6&0&0&1\\0&0&-1&1&0&0\end{array}\right)$$

$$\xrightarrow{-\frac{1}{2}r_1}\left(\begin{array}{ccc|ccc}1&0&0&0&-\frac{1}{2}&0\\3&-2&6&0&0&1\\0&0&-1&1&0&0\end{array}\right)$$

$$\xrightarrow[\frac{1}{2}r_2]{r_2-r_1}\left(\begin{array}{ccc|ccc}1&0&0&0&-\frac{1}{2}&0\\0&1&-3&0&-\frac{3}{4}&-\frac{1}{2}\\0&0&-1&1&0&0\end{array}\right)$$

$$\xrightarrow{r_2-3r_3}\left(\begin{array}{ccc|ccc}1&0&0&0&-\frac{1}{2}&0\\0&1&0&-3&-\frac{3}{4}&-\frac{1}{2}\\0&0&-1&1&0&0\end{array}\right)$$

$$\xrightarrow{-r_3}\left(\begin{array}{ccc|ccc}1&0&0&0&-\frac{1}{2}&0\\0&1&0&-3&-\frac{3}{4}&-\frac{1}{2}\\0&0&1&-1&0&0\end{array}\right)$$

因此，有

$$(\boldsymbol{E}-\boldsymbol{A})^{-1}=\begin{pmatrix}0&-\frac{1}{2}&0\\-3&-\frac{3}{4}&-\frac{1}{2}\\-1&0&0\end{pmatrix}.$$

例 6　求矩阵 $\boldsymbol{X}$，使 $\boldsymbol{AX}=\boldsymbol{B}$，其中 $\boldsymbol{A}=\begin{pmatrix}1&2&3\\2&2&1\\3&4&3\end{pmatrix}$，$\boldsymbol{B}=\begin{pmatrix}2&5\\3&1\\4&3\end{pmatrix}$.

分析　(法一)若 A 可逆，则 $\boldsymbol{X}=\boldsymbol{A}^{-1}\boldsymbol{B}$. 可先求出 $\boldsymbol{A}^{-1}$，然后右乘以矩阵 $\boldsymbol{B}$，即得 $\boldsymbol{X}$. 下面介绍该类问题的第二种求法.

假设已知方程 $\boldsymbol{A}_{m\times s}\boldsymbol{X}=\boldsymbol{B}_{m\times n}$，则

①在 $\boldsymbol{A}$ 的右边放上矩阵 $\boldsymbol{B}$，得到 $m\times(s+n)$ 矩阵 $(\boldsymbol{A}|\boldsymbol{B})$；

②对 $(\boldsymbol{A}|\boldsymbol{B})$ 作行初等变换，目标是将 $\boldsymbol{A}$ 化为单位阵 $\boldsymbol{E}$，则方矩阵 $\boldsymbol{A}$ 化为 $\boldsymbol{E}$ 时，相应的 $\boldsymbol{B}$ 化为 $\boldsymbol{X}$.

解　(法二)将矩阵 $(\boldsymbol{A}|\boldsymbol{B})$ 作如下变形：

$$(\boldsymbol{A}|\boldsymbol{B})=\left(\begin{array}{ccc|cc}1&2&3&2&5\\2&2&1&3&1\\3&4&3&4&3\end{array}\right)\xrightarrow[r_3-3r_1]{r_2-2r_1}\left(\begin{array}{ccc|cc}1&2&3&2&5\\0&-2&-5&-1&-9\\0&-2&-6&-2&-12\end{array}\right)$$

$$\xrightarrow[r_3-r_2]{r_1+r_2}\left(\begin{array}{ccc|cc}1&0&-2&1&-4\\0&-2&-5&-1&-9\\0&0&-1&-1&-3\end{array}\right)$$

$$\xrightarrow[r_2-5r_3]{r_1-2r_3}\left(\begin{array}{ccc|cc}1&0&0&3&2\\0&-2&0&4&6\\0&0&-1&-1&-3\end{array}\right)\xrightarrow[-r_3]{-\frac{1}{2}r_2}\left(\begin{array}{ccc|cc}1&0&0&3&2\\0&1&0&-2&-3\\0&0&1&1&3\end{array}\right),$$

因此，得

$$\boldsymbol{X}=\begin{pmatrix}3&2\\-2&-3\\1&3\end{pmatrix}.$$

习 题 7.4

A 组

1. 设$\boldsymbol{A}=\begin{pmatrix}2&1\\-1&0\end{pmatrix}$，求$\boldsymbol{A}$的逆矩阵.

2. 已知矩阵$\boldsymbol{A}=\begin{pmatrix}1&0&1\\2&1&0\\-3&2&-5\end{pmatrix}$,求矩阵$\boldsymbol{A}$的伴随矩阵.

3. 求逆矩阵：

(1) $\begin{pmatrix}1&1&-1\\1&2&-3\\0&1&1\end{pmatrix}$； (2) $\begin{pmatrix}1&-4&-3\\1&-5&-3\\-1&6&4\end{pmatrix}$； (3) $\begin{pmatrix}1&0&0&0\\1&1&0&0\\1&1&1&0\\1&1&1&1\end{pmatrix}$.

4. 已知$\boldsymbol{A}=\begin{pmatrix}1&0&0&0&0\\0&2&0&0&0\\0&0&3&0&0\\0&0&0&4&0\\0&0&0&0&5\end{pmatrix}$，试用伴随矩阵法求$\boldsymbol{A}^{-1}$.

5. 设$\boldsymbol{A},\boldsymbol{B},\boldsymbol{C}$均为$n$阶矩阵,且满足$\boldsymbol{ABC}=\boldsymbol{E}$,则下式中哪些必定成立？

(1)$\boldsymbol{BCA}=\boldsymbol{E}$； (2)$\boldsymbol{BCA}=\boldsymbol{E}$； (3)$\boldsymbol{ACB}=\boldsymbol{E}$； (4)$\boldsymbol{CBA}=\boldsymbol{E}$； (5)$\boldsymbol{CAB}=\boldsymbol{E}$.

6. 设$\boldsymbol{A},\boldsymbol{B},\boldsymbol{C}$是同阶矩阵，且$\boldsymbol{A}$可逆，下列结论如果正确，试证明;如果不正确，试举反例加以说明.

(1) 若$\boldsymbol{AB}=\boldsymbol{AC}$，则$\boldsymbol{B}=\boldsymbol{C}$;(2) 若$\boldsymbol{AB}=\boldsymbol{CB}$，则$\boldsymbol{A}=\boldsymbol{C}$.

7. 求满足下列方程的$\boldsymbol{X}$：

(1) $\begin{pmatrix}1&2&3\\2&-1&2\\1&3&0\end{pmatrix}\boldsymbol{X}=\begin{pmatrix}-7\\-8\\7\end{pmatrix}$;(2) $\boldsymbol{X}\begin{pmatrix}0&1&-1\\2&1&0\\1&-1&1\end{pmatrix}=\begin{pmatrix}1&-1&3\\4&3&2\\1&-2&5\end{pmatrix}$.

B 组

1. 证明矩阵$\boldsymbol{A}$无逆矩阵：$\boldsymbol{A}=\begin{pmatrix}1&0\\0&0\end{pmatrix}$.

2. 已知矩阵$\boldsymbol{A}=\begin{pmatrix}a_1&0&\cdots&0\\0&a_2&\cdots&0\\\vdots&\vdots&&\vdots\\0&0&\cdots&a_n\end{pmatrix}$，其中$a_i\neq0(i=1,2,\cdots,n)$,求$\boldsymbol{A}^{-1}$.

3. 若矩阵$\boldsymbol{A}$可逆,证明$2\boldsymbol{A}$也可逆,且$(2\boldsymbol{A})^{-1}=\frac{1}{2}\boldsymbol{A}^{-1}$.

4. 设 $\boldsymbol{A}=\begin{pmatrix}1&0&1\\0&2&6\\1&6&1\end{pmatrix}$，且有 $\boldsymbol{AX}+\boldsymbol{E}=\boldsymbol{A}^2+\boldsymbol{X}$，求 $\boldsymbol{X}$.

5. 设三阶方阵 $\boldsymbol{A},\boldsymbol{B}$ 满足如下关系式：$\boldsymbol{A}^{-1}\boldsymbol{BA}=6\boldsymbol{A}+\boldsymbol{BA}$，且 $\boldsymbol{A}=\begin{pmatrix}2&0&0\\0&3&0\\0&0&4\end{pmatrix}$，求 $\boldsymbol{B}$.

6. 设 $\boldsymbol{A}=\begin{pmatrix}1&2&3\\2&2&1\\3&4&3\end{pmatrix}$，$\boldsymbol{B}=\begin{pmatrix}2&1\\5&3\end{pmatrix}$，$\boldsymbol{C}=\begin{pmatrix}1&3\\2&0\\3&1\end{pmatrix}$，求矩阵 $\boldsymbol{X}$ 使满足 $\boldsymbol{AXB}=\boldsymbol{C}$.

7. 假设某军事单位收到上级发来的秘密信息矩阵为

$$\boldsymbol{A}=\begin{pmatrix}2&1&6\\4&0&5\\-6&0&1\end{pmatrix},$$

他们事先知道上级单位在发送信息矩阵之前，用原始信息矩阵左乘加密矩阵

$$\boldsymbol{M}=\begin{pmatrix}1&2&2\\0&1&2\\1&2&3\end{pmatrix}$$

的方法加了密. 求原始信息矩阵.

7.5　矩阵的分块

对于行数和列数较高的矩阵，运算时常采用分块法，使大矩阵的运算化成小矩阵的运算.

将矩阵 **A** 用若干条纵线和横线分成许多小矩阵，每一个小矩阵称为 **A** 的**子块**. 以子块为元素的形式上的矩阵称为**分块矩阵**.

分块是对复杂矩阵的一种简化.

例 1　将 3×4 矩阵

$$\boldsymbol{A}=\begin{pmatrix}a_{11}&a_{12}&a_{13}&a_{14}\\a_{21}&a_{22}&a_{23}&a_{24}\\a_{31}&a_{32}&a_{33}&a_{34}\end{pmatrix}$$

可以分块为

$$(1)\left(\begin{array}{cc:cc}a_{11}&a_{12}&a_{13}&a_{14}\\a_{21}&a_{22}&a_{23}&a_{24}\\\hdashline a_{31}&a_{32}&a_{33}&a_{34}\end{array}\right);\quad(2)\left(\begin{array}{c:cc:c}a_{11}&a_{12}&a_{13}&a_{14}\\a_{21}&a_{22}&a_{23}&a_{24}\\\hdashline a_{31}&a_{32}&a_{33}&a_{34}\end{array}\right).$$

分法(1)可记为 $\boldsymbol{A}=\begin{pmatrix}\boldsymbol{A}_{11}&\boldsymbol{A}_{12}\\\boldsymbol{A}_{21}&\boldsymbol{A}_{22}\end{pmatrix}$，

其中

$$\boldsymbol{A}_{11}=\begin{pmatrix}a_{11}&a_{12}\\a_{21}&a_{22}\end{pmatrix},\quad\boldsymbol{A}_{12}=\begin{pmatrix}a_{13}&a_{14}\\a_{23}&a_{24}\end{pmatrix},$$

$$\boldsymbol{A}_{21}=(a_{31}\quad a_{32}),\quad\boldsymbol{A}_{22}=(a_{33}\quad a_{34}).$$

分法(2)可记为 $\boldsymbol{A}=\begin{pmatrix}\boldsymbol{A}_{11} & \boldsymbol{A}_{12} & \boldsymbol{A}_{13}\\ \boldsymbol{A}_{21} & \boldsymbol{A}_{22} & \boldsymbol{A}_{23}\end{pmatrix}$,

其中
$$\boldsymbol{A}_{11}=\begin{pmatrix}a_{11}\\ a_{21}\end{pmatrix},\quad \boldsymbol{A}_{12}=\begin{pmatrix}a_{12} & a_{13}\\ a_{22} & a_{23}\end{pmatrix},\quad \boldsymbol{A}_{13}=\begin{pmatrix}a_{14}\\ a_{24}\end{pmatrix},$$
$$\boldsymbol{A}_{21}=(a_{31}),\boldsymbol{A}_{22}=(a_{32}\quad a_{33}),\boldsymbol{A}_{23}=(a_{33}).$$

有时,也经常将矩阵按行或按列分块.

例如将矩阵 $\boldsymbol{A}=\begin{pmatrix}a_1 & b_1 & c_1\\ a_2 & b_2 & c_2\\ a_3 & b_3 & c_3\end{pmatrix}$ 按列分块,得 $\boldsymbol{A}=\left(\begin{array}{c:c:c}a_1 & b_1 & c_1\\ a_2 & b_2 & c_2\\ a_3 & b_3 & c_3\end{array}\right)=(\boldsymbol{\alpha}_1,\boldsymbol{\alpha}_2,\boldsymbol{\alpha}_3)$,

其中 $\boldsymbol{\alpha}_1=\begin{pmatrix}a_1\\ a_2\\ a_3\end{pmatrix}$, $\boldsymbol{\alpha}_2=\begin{pmatrix}b_1\\ b_2\\ b_3\end{pmatrix}$, $\boldsymbol{\alpha}_3=\begin{pmatrix}c_1\\ c_2\\ c_3\end{pmatrix}$ 为列矩阵.

也可以将 $\boldsymbol{A}$ 按行分块成 $\boldsymbol{A}=\left(\begin{array}{ccc}a_1 & b_1 & c_1\\ a_2 & b_2 & c_2\\ \hdashline a_3 & b_3 & c_3\end{array}\right)=\begin{pmatrix}\boldsymbol{\beta}_1\\ \boldsymbol{\beta}_2\\ \boldsymbol{\beta}_3\end{pmatrix}$

其中 $\boldsymbol{\beta}_i=(a_i,b_i,c_i)(i=1,2,3)$ 为行矩阵.

分块矩阵的运算规则与普通矩阵的运算规则类似.

(1)线性运算

设矩阵 $\boldsymbol{A}$ 与矩阵 $\boldsymbol{B}$ 的行数相同,列数相同,采用相同的分块法,分为
$$\boldsymbol{A}=\begin{pmatrix}\boldsymbol{A}_{11} & \cdots & \boldsymbol{A}_{1r}\\ \vdots & & \vdots\\ \boldsymbol{A}_{s1} & \cdots & \boldsymbol{A}_{sr}\end{pmatrix},\boldsymbol{B}=\begin{pmatrix}\boldsymbol{B}_{11} & \cdots & \boldsymbol{B}_{1r}\\ \vdots & & \vdots\\ \boldsymbol{B}_{s1} & \cdots & \boldsymbol{B}_{sr}\end{pmatrix},$$
其中,$\boldsymbol{A}_{ij}$ 与 $\boldsymbol{B}_{ij}$ 的行数相同,列数相同.设 λ 为一个数,则有
$$\boldsymbol{A}+\boldsymbol{B}=\begin{pmatrix}\boldsymbol{A}_{11}+\boldsymbol{B}_{11} & \cdots & \boldsymbol{A}_{1r}+\boldsymbol{B}_{1r}\\ \vdots & & \vdots\\ \boldsymbol{A}_{s1}+\boldsymbol{B}_{s1} & \cdots & \boldsymbol{A}_{sr}+\boldsymbol{B}_{sr}\end{pmatrix},\lambda\boldsymbol{A}=\begin{pmatrix}\lambda\boldsymbol{A}_{11} & \cdots & \lambda\boldsymbol{A}_{1r}\\ \vdots & & \vdots\\ \lambda\boldsymbol{A}_{s1} & \cdots & \lambda\boldsymbol{A}_{sr}\end{pmatrix}$$

(2)乘法运算:若 $\boldsymbol{A}$ 为 $m\times l$ 矩阵,$\boldsymbol{B}$ 为 $l\times n$ 矩阵,分块成
$$\boldsymbol{A}=\begin{pmatrix}\boldsymbol{A}_{11} & \cdots & \boldsymbol{A}_{1t}\\ \vdots & & \vdots\\ \boldsymbol{A}_{s1} & \cdots & \boldsymbol{A}_{st}\end{pmatrix},\boldsymbol{B}=\begin{pmatrix}\boldsymbol{B}_{11} & \cdots & \boldsymbol{B}_{1r}\\ \vdots & & \vdots\\ \boldsymbol{B}_{t1} & \cdots & \boldsymbol{B}_{tr}\end{pmatrix}$$
其中 $\boldsymbol{A}_{i1},\boldsymbol{A}_{i2},\cdots\boldsymbol{A}_{it}$ 的列数分别等于 $\boldsymbol{B}_{1j},\boldsymbol{B}_{2j},\cdots\boldsymbol{B}_{tj}$ 的行数,那么
$$\boldsymbol{AB}=\begin{pmatrix}\boldsymbol{C}_{11} & \cdots & \boldsymbol{C}_{1r}\\ \vdots & & \vdots\\ \boldsymbol{C}_{s1} & \cdots & \boldsymbol{C}_{sr}\end{pmatrix},$$
其中
$$\boldsymbol{C}_{ij}=\sum_{k=1}^{t}\boldsymbol{A}_{ik}\boldsymbol{B}_{kj}\quad(i=1,\cdots,s;j=1,\cdots,r).$$

例 2 设

$$A=\begin{pmatrix}1&0&0&0\\0&1&0&0\\-1&2&1&0\\1&1&0&1\end{pmatrix},\quad B=\begin{pmatrix}1&0&1&0\\-1&2&0&1\\1&0&4&1\\-1&-1&2&0\end{pmatrix},$$

矩阵分块时一般做四块分且尽量分出单位阵,零矩阵.

求 $\boldsymbol{AB}$.

解 把 $\boldsymbol{A},\boldsymbol{B}$ 分块成如下形式:

$$\boldsymbol{A}=\begin{pmatrix}1&0&0&0\\0&1&0&0\\-1&2&1&0\\1&1&0&1\end{pmatrix}=\begin{pmatrix}\boldsymbol{E}&\boldsymbol{O}\\\boldsymbol{A}_1&\boldsymbol{E}\end{pmatrix},\quad \boldsymbol{B}=\begin{pmatrix}1&0&1&0\\-1&2&0&1\\1&0&4&1\\-1&-1&2&0\end{pmatrix}=\begin{pmatrix}\boldsymbol{B}_{11}&\boldsymbol{E}\\\boldsymbol{B}_{21}&\boldsymbol{B}_{22}\end{pmatrix},$$

则
$$\boldsymbol{AB}=\begin{pmatrix}\boldsymbol{E}&\boldsymbol{O}\\\boldsymbol{A}_1&\boldsymbol{E}\end{pmatrix}\begin{pmatrix}\boldsymbol{B}_{11}&\boldsymbol{E}\\\boldsymbol{B}_{21}&\boldsymbol{B}_{22}\end{pmatrix}=\begin{pmatrix}\boldsymbol{B}_{11}&\boldsymbol{E}\\\boldsymbol{A}_1\boldsymbol{B}_{11}+\boldsymbol{B}_{21}&\boldsymbol{A}_1+\boldsymbol{B}_{22}\end{pmatrix},$$

而
$$\boldsymbol{A}_1\boldsymbol{B}_{11}+\boldsymbol{B}_{21}=\begin{pmatrix}-1&2\\1&1\end{pmatrix}\begin{pmatrix}1&0\\-1&2\end{pmatrix}+\begin{pmatrix}1&0\\-1&-1\end{pmatrix}=\begin{pmatrix}-2&4\\-1&1\end{pmatrix},$$

$$\boldsymbol{A}_1+\boldsymbol{B}_{22}=\begin{pmatrix}-1&2\\1&1\end{pmatrix}+\begin{pmatrix}4&1\\2&0\end{pmatrix}=\begin{pmatrix}3&3\\3&1\end{pmatrix},$$

因此,得

$$\boldsymbol{AB}=\begin{pmatrix}1&0&1&0\\-1&2&0&1\\-2&4&3&3\\-1&1&3&1\end{pmatrix}.$$

(4)设 $\boldsymbol{A}=\begin{pmatrix}\boldsymbol{A}_{11}&\cdots&\boldsymbol{A}_{1r}\\\vdots&&\vdots\\\boldsymbol{A}_{s1}&\cdots&\boldsymbol{A}_{sr}\end{pmatrix}$,则 $\boldsymbol{A}^{\mathrm{T}}=\begin{pmatrix}\boldsymbol{A}_{11}^{\mathrm{T}}&\cdots&\boldsymbol{A}_{s1}^{\mathrm{T}}\\\vdots&&\vdots\\\boldsymbol{A}_{1r}^{\mathrm{T}}&\cdots&\boldsymbol{A}_{sr}^{\mathrm{T}}\end{pmatrix}$

(5)设 $\boldsymbol{A}$ 为 n 阶矩阵,若 $\boldsymbol{A}$ 的分块矩阵只有在对角线上有非零子块,其余子块都为零矩阵,且在对角线上的子块都是方阵,即

$$\boldsymbol{A}=\begin{pmatrix}\boldsymbol{A}_1&\boldsymbol{O}&\cdots&\boldsymbol{O}\\\boldsymbol{O}&\boldsymbol{A}_2&\cdots&\boldsymbol{O}\\&&\ddots&\\\boldsymbol{O}&\boldsymbol{O}&\cdots&\boldsymbol{A}_s\end{pmatrix},$$

其中 $\boldsymbol{A}_i(i=1,2,\cdots s)$ 都是方阵,称 $\boldsymbol{A}$ 为分块对角矩阵.

分块对角矩阵的行列式有下列性质:

$$|\boldsymbol{A}|=|\boldsymbol{A}_1||\boldsymbol{A}_2|\cdots|\boldsymbol{A}_s|.$$

若 $|\boldsymbol{A}_i|\neq o(i=1,2,\cdots s)$,则 $|\boldsymbol{A}|\neq 0$,并有

$$\boldsymbol{A}^{-1}=\begin{pmatrix}\boldsymbol{A}_1^{-1}&\boldsymbol{O}&\cdots&\boldsymbol{O}\\\boldsymbol{O}&\boldsymbol{A}_2^{-1}&\cdots&\boldsymbol{O}\\&&\ddots&\\\boldsymbol{O}&\boldsymbol{O}&\cdots&\boldsymbol{A}_s^{-1}\end{pmatrix}.$$

例 3 设$\boldsymbol{A}=\begin{pmatrix}5&0&0\\0&3&1\\0&2&1\end{pmatrix}$,求$\boldsymbol{A}^{-1}$.

解 $\boldsymbol{A}=\begin{pmatrix}5&0&0\\0&3&1\\0&2&1\end{pmatrix}=\begin{pmatrix}\boldsymbol{A}_1&0\\0&\boldsymbol{A}_2\end{pmatrix}$,

$$\boldsymbol{A}_1=(5),\boldsymbol{A}_1^{-1}=\left(\frac{1}{5}\right),\boldsymbol{A}_2=\begin{pmatrix}3&1\\2&1\end{pmatrix},\boldsymbol{A}_2^{-1}=\begin{pmatrix}1&-1\\-2&3\end{pmatrix}.$$

$$\boldsymbol{A}^{-1}=\begin{pmatrix}\frac{1}{5}&0&0\\0&1&-1\\0&-2&3\end{pmatrix}.$$

例 4 求矩阵$\boldsymbol{A}=\begin{pmatrix}5&2&0&0\\2&1&0&0\\0&0&1&-2\\0&0&1&1\end{pmatrix}$的逆矩阵.

解 $\boldsymbol{A}=\begin{pmatrix}\boldsymbol{A}_1&\boldsymbol{O}\\\boldsymbol{O}&\boldsymbol{A}_2\end{pmatrix}$,$\boldsymbol{A}_1=\begin{pmatrix}5&2\\2&1\end{pmatrix}$,$\boldsymbol{A}_2=\begin{pmatrix}1&-2\\1&1\end{pmatrix}$,容易求得

$$\boldsymbol{A}_1^{-1}=\begin{pmatrix}1&-2\\-2&5\end{pmatrix},\quad \boldsymbol{A}_2^{-1}=\begin{pmatrix}\frac{1}{3}&\frac{2}{3}\\-\frac{1}{3}&\frac{1}{3}\end{pmatrix},$$

故
$$\boldsymbol{A}^{-1}=\begin{pmatrix}\boldsymbol{A}_1^{-1}&\boldsymbol{O}\\\boldsymbol{O}&\boldsymbol{A}_2^{-1}\end{pmatrix}=\begin{pmatrix}1&-2&0&0\\-2&5&0&0\\0&0&\frac{1}{3}&\frac{2}{3}\\0&0&-\frac{1}{3}&\frac{1}{3}\end{pmatrix}.$$

习　题 7.5

A 组

1. 设矩阵$\boldsymbol{A}=\begin{pmatrix}1&0&1&3\\0&1&2&4\\0&0&-1&0\\0&0&0&-1\end{pmatrix}$,$\boldsymbol{B}=\begin{pmatrix}1&2&0&0\\2&0&0&0\\6&3&1&0\\0&-2&0&1\end{pmatrix}$,用分块矩阵计算$k\boldsymbol{A}$,$\boldsymbol{A}+\boldsymbol{B}$.

2. 设 $A=\begin{pmatrix}1&0&0&0\\0&1&0&0\\-1&2&1&0\\1&1&0&1\end{pmatrix}$, $B=\begin{pmatrix}1&0&1&0\\-1&2&0&1\\1&0&4&1\\-1&-1&2&0\end{pmatrix}$，用分块矩阵求 AB.

3. 设 $A=\begin{pmatrix}6&0&0\\0&3&1\\0&2&1\end{pmatrix}$，用分块矩阵求 A^{-1}.

B 组

1. 设 $A=\begin{pmatrix}1&0&2&-1&0\\0&1&1&-2&1\\0&0&3&1&0\\1&0&-2&0&1\end{pmatrix}$, $B=\begin{pmatrix}1&0&2\\0&1&0\\-1&1&3\\0&1&-1\\2&0&1\end{pmatrix}$，用分块矩阵求 AB.

2. $A=\begin{pmatrix}a&1&0&0\\0&a&0&0\\0&0&b&1\\0&0&1&b\end{pmatrix}$, $B=\begin{pmatrix}a&0&0&0\\1&a&0&0\\0&0&b&0\\0&0&1&b\end{pmatrix}$，用分块矩阵求 ABA.

3. 已知矩阵 $A=\begin{pmatrix}2&-1&0&0\\-3&2&0&0\\0&0&3&-4\\0&0&-2&3\end{pmatrix}$，通过矩阵分块求其逆矩阵.

数学文化

矩阵的应用

矩阵是数学的基本概念之一. 作为线性代数的核心内容，矩阵广泛运用于各个领域，如数学建模、密码学、化学、通信和计算机科学等，解决了大量的实际问题.

一、矩阵在密码学上的应用

早在古罗马时期，为了避免信使在途中被俘以至于情报泄露，凯撒大帝将明文通过某种方式加密后转化成密文. 人们为了纪念凯撒，就把这种密码称为凯撒密码. 到了 1929 年，希尔引入矩阵理论，将早期的凯撒密码加以改进. 从此，密码学进入了以数学方法处理问题的新阶段. 下面举例说明希尔密码的加密与解密过程.

假设我们要送出的消息是"The essence of mathematics lies in its freedom"（数学的本质在于它的自由），加密步骤如下：

①将 26 个英文字母分别编号，用 1—26 个数字代替（见表 7-4），空格用数字 0 代替；

表 7-4

a	b	c	d	e	f	g	h	i	j	k	l	m	n	o	p	q	r	s	t	u	v	w	x	y	z
1	2	3	4	5	6	7	8	9	10	11	12	13	14	15	16	17	18	19	20	21	22	23	24	25	26

明文“The essence of mathematics lies in its freedom”转码为数字串“20,8, 5, 0,5,19,19,5,14,3,5,0,15,6,0,13,1,20,8,5,13,1,20,9,3,19,0,12,9,5,19,0,9,14,0,9,20,19,0,6,18,5,5,4,15,13”;

②将上述 46 个数字中,随便添加 2 个负数,按列排成 6×8 矩阵 A

$$A=\begin{pmatrix} 20 & 19 & 0 & 20 & 20 & 9 & 0 & 18 \\ 8 & 19 & 15 & -3 & 9 & 5 & 9 & 5 \\ -1 & 5 & 6 & 8 & 3 & 19 & 20 & 5 \\ 5 & 14 & 0 & 5 & 19 & 0 & 19 & 4 \\ 0 & 3 & 13 & 13 & 0 & 9 & 0 & 15 \\ 5 & 5 & 1 & 1 & 12 & 14 & 6 & 13 \end{pmatrix};$$

③事先安排好密码的发送者和接受者都知道密码矩阵及其逆矩阵

$$B=\begin{pmatrix} 1 & 1 & 1 & 0 & 0 & 0 \\ 2 & 2 & 1 & 0 & 0 & 0 \\ 3 & 2 & 1 & 0 & 0 & 0 \\ 0 & 0 & 0 & 1 & 1 & 1 \\ 0 & 0 & 0 & 2 & 2 & 1 \\ 0 & 0 & 0 & 3 & 2 & 1 \end{pmatrix},B^{-1}=\begin{pmatrix} 0 & -1 & 1 & 0 & 0 & 0 \\ -1 & 2 & -1 & 0 & 0 & 0 \\ 2 & -1 & 0 & 0 & 0 & 0 \\ 0 & 0 & 0 & 0 & -1 & 1 \\ 0 & 0 & 0 & -1 & 2 & -1 \\ 0 & 0 & 0 & 2 & -1 & 0 \end{pmatrix};$$

④加密后的消息以矩阵 BA 的形式送出;

$$\boldsymbol{B}\cdot\boldsymbol{A}=\begin{pmatrix} 27 & 43 & 21 & 25 & 32 & 33 & 29 & 28 \\ 55 & 81 & 36 & 42 & 61 & 47 & 38 & 51 \\ 75 & 100 & 36 & 62 & 81 & 56 & 38 & 69 \\ 10 & 22 & 14 & 19 & 31 & 23 & 25 & 32 \\ 15 & 39 & 27 & 37 & 50 & 32 & 44 & 51 \\ 20 & 53 & 27 & 42 & 69 & 32 & 63 & 55 \end{pmatrix},$$

接受者收到矩阵后,只需在左侧乘以 $\boldsymbol{B}^{-1}$,即得原数字矩阵 $\boldsymbol{A}$;剔除负数,对照表 7-4 即得密码原文.

二、电阻电路的计算

已知在电路(如图 7-3 所示)中,$R_1=2\ \Omega$,$R_2=4\ \Omega$,$R_3=12\ \Omega$,$R_4=4\ \Omega$,$R_5=12\ \Omega$,$R_6=4\ \Omega$,$R_7=2\ \Omega$,设电压源 $u_s=10$ V,求 i_3,u_4,u_7.

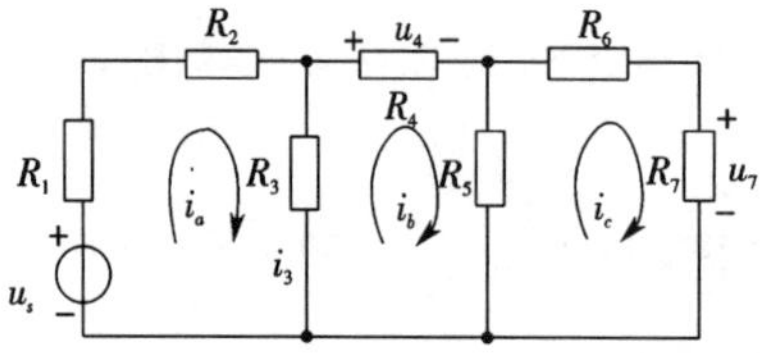

图 7-3

设各个网孔的回路电流分别为 i_a, i_b, i_c，由物理学定律，任何回路中诸元件上电压之和等于 0.

据图可列出各回路的电压方程为

$$\begin{cases}(R_1+R_2+R_3)i_a-R_3 i_b=u_s,\\ -R_3 i_a+(R_3+R_4+R_5)i_b-R_5 i_c=0,\\ -R_5 i_b+(R_5+R_6+R_7)i_c=0,\end{cases}$$

写成矩阵形式为

$$\begin{pmatrix}R_1+R_2+R_3 & -R_3 & 0\\ -R_3 & R_3+R_4+R_5 & -R_5\\ 0 & -R_5 & R_5+R_6+R_7\end{pmatrix}\begin{pmatrix}i_a\\ i_b\\ i_c\end{pmatrix}=\begin{pmatrix}1\\ 0\\ 0\end{pmatrix}u_s,$$

带入数值计算如下：

$$\begin{pmatrix}18 & -12 & 0\\ -12 & 28 & -12\\ 0 & -12 & 18\end{pmatrix}\begin{pmatrix}i_a\\ i_b\\ i_c\end{pmatrix}=10\begin{pmatrix}1\\ 0\\ 0\end{pmatrix}.$$

解矩阵方程得

$$\begin{pmatrix}i_a\\ i_b\\ i_c\end{pmatrix}=\begin{pmatrix}0.925\,9\\ 0.555\,6\\ 0.370\,4\end{pmatrix}.$$

第8章 线性方程组

问题引入

在上一章里，我们已经初步涉及了线性方程组，并学会了用克拉默法则和高斯消元法求解部分线性方程组. 本章我们将进一步对线性方程组进行探讨，并将从向量的视角重新审视线性方程组. 在实际中，这种方式的应用更加广泛.

学习目标

1. 理解 n 维向量及其线性相关的基本概念；
2. 理解向量组的秩；
3. 了解 n 元线性方程组的概念和基本表达形式；
4. 了解线性方程组解的结构；
5. 掌握齐次和非齐次线性方程组解的判定方法；
6. 熟练掌握高斯消元法.

8.1 n 维向量

8.1.1 向量的概念及其运算

1. 向量的概念

定义 8.1.1 n 个有次序的数 $a_1,a_2,\cdots,a_n$ 所组成的数组称为 n **维向量**，记作

$$(a_1,a_2,\cdots,a_n),\text{或}\begin{pmatrix}a_1\\a_2\\\vdots\\a_n\end{pmatrix}=(a_1,a_2,\cdots,a_n)^{\mathrm{T}}.$$

在解析几何中，我们把“既有大小又有方向的量”称为向量，并把可随意平行移动的有向线段作为向量的几何形象. 但这种表达方式仅限于3维和3维以下，对于更高维度的向量不适用.

其中，称前者为 n **维行向量**，称后者为 n **维列向量**，常用符号 $\boldsymbol{\alpha},\boldsymbol{\beta},\boldsymbol{\gamma},\boldsymbol{x},\boldsymbol{y}$ 等表示.

向量中每一个数称为**分量**，也叫坐标. 第 i 个数 a_i 称为第 i 个分量(或坐标). 一个向量所含分量个数称为它的**维数**. 若干个同维数的列向量(或行向量)所组成的集合称为**向量组**. 所有 n 维实向量构成的集合称为**实 n 维向量空间**，记为 $\mathbf{R}^n$.

例如，一个 $m\times n$ 矩阵

$$A=\begin{pmatrix} a_{11} & a_{12} & \cdots & a_{1n} \\ a_{21} & a_{22} & \cdots & a_{2n} \\ \vdots & \vdots & & \vdots \\ a_{m1} & a_{m2} & \cdots & a_{mn} \end{pmatrix}$$

每一列记为一个向量

$$\boldsymbol{\alpha}_j=\begin{pmatrix} a_{1j} \\ a_{2j} \\ \vdots \\ a_{mj} \end{pmatrix} \quad (j=1,2,\cdots n),$$

则向量组 $\boldsymbol{\alpha}_1,\boldsymbol{\alpha}_2,\cdots,\boldsymbol{\alpha}_n$ 称为矩阵 $\boldsymbol{A}$ 的列向量组，而由矩阵 $\boldsymbol{A}$ 的每一行

$$\boldsymbol{\beta}_i=(a_{i1},a_{i2},\cdots,a_{in}) \quad (i=1,2,\cdots,m)$$

组成的向量组 $\boldsymbol{\beta}_1,\boldsymbol{\beta}_2,\cdots,\boldsymbol{\beta}_m$ 称为矩阵 $\boldsymbol{A}$ 的行向量组.

根据上述讨论，矩阵 $\boldsymbol{A}$ 可记为

$$\boldsymbol{A}=(\boldsymbol{\alpha}_1,\boldsymbol{\alpha}_2,\cdots,\boldsymbol{\alpha}_n) \text{ 或 } \boldsymbol{A}=\begin{pmatrix} \boldsymbol{\beta}_1 \\ \boldsymbol{\beta}_2 \\ \vdots \\ \boldsymbol{\beta}_n \end{pmatrix}.$$

这样，矩阵 $\boldsymbol{A}$ 就与其列向量组或行向量组之间建立了一一对应关系.

2.向量的线性运算

定义 8.1.2　设有两个向量 $\boldsymbol{\alpha}=(a_1,a_2,\cdots,a_n)$，$\boldsymbol{\beta}=(b_1,b_2,\cdots,b_n)$.

如果 $\boldsymbol{\alpha}$ 与 $\boldsymbol{\beta}$ 的各分量对应相等，则称 $\boldsymbol{\alpha}$ 与 $\boldsymbol{\beta}$ 相等，记作 $\boldsymbol{\alpha}=\boldsymbol{\beta}$，即

$$\boldsymbol{\alpha}=\boldsymbol{\beta} \Leftrightarrow a_i=b_i(i=1,2,\cdots,n).$$

定义 8.1.3　设有两个向量 $\boldsymbol{\alpha}=(a_1,a_2,\cdots,a_n)$，$\boldsymbol{\beta}=(b_1,b_2,\cdots,b_n)$，$k$ 为一个常数，则两个向量相加等于其对应分量相加，即

$$\boldsymbol{\alpha}+\boldsymbol{\beta}=(a_1+b_1,a_2+b_2,\cdots,a_n+b_n).$$

数 k 乘以向量等于将向量每一个分量都乘以数 k，即

$$k\boldsymbol{\alpha}=(ka_1,ka_2,\cdots,ka_n).$$

向量的加法及数乘运算称为**向量的线性运算**.

记 $-\boldsymbol{\alpha}=(-a_1,-a_2,\cdots,-a_n)$，称为 $\boldsymbol{\alpha}$ 的**负向量**.

$\boldsymbol{\alpha}-\boldsymbol{\beta}=\boldsymbol{\alpha}+(-\boldsymbol{\beta})=(a_1-b_1,a_2-b_2,\cdots,a_n-b_n)$，称为 $\boldsymbol{\alpha}$ 与 $\boldsymbol{\beta}$ 的差.

各分量都等于 0 的向量称为**零向量**，记作 $\boldsymbol{0}$，即

$$\boldsymbol{0}=(0,0,\cdots,0).$$

向量的加法及数乘运算，有以下性质(设 $\boldsymbol{\alpha},\boldsymbol{\beta},\boldsymbol{\gamma}$ 为向量，k_1,k_2,k 为数)，则有

(1)$\boldsymbol{\alpha}+\boldsymbol{\beta}=\boldsymbol{\beta}+\boldsymbol{\alpha}$；　(2)$(\boldsymbol{\alpha}+\boldsymbol{\beta})+\boldsymbol{\gamma}=\boldsymbol{\alpha}+(\boldsymbol{\beta}+\boldsymbol{\gamma})$；

(3)$\boldsymbol{\alpha}+0=\boldsymbol{\alpha}$；　(4)$\boldsymbol{\alpha}+(-\boldsymbol{\alpha})=0$；

(5)$(k_1k_2)\boldsymbol{\alpha}=k_1(k_2\boldsymbol{\alpha})$.　(6)$(k_1+k_2)\boldsymbol{\alpha}=k_1\boldsymbol{\alpha}+k_2\boldsymbol{\alpha}$；

(7)$k(\boldsymbol{\alpha}+\boldsymbol{\beta})=k\boldsymbol{\alpha}+k\boldsymbol{\beta}$；　(8)$1\boldsymbol{\alpha}=\boldsymbol{\alpha}$.

此外，还有数乘的以下性质：

$$(-1)\boldsymbol{\alpha}=-\boldsymbol{\alpha},$$
$$0\cdot\boldsymbol{\alpha}=\mathbf{0},\quad k\cdot 0=0.$$

若 $k\neq 0,\alpha\neq\mathbf{0}$,则 $k\alpha\neq 0$.

从上面的定义可以看出,n 维向量的运算法则遵循矩阵的运算法则.

例 1 设 $\boldsymbol{\alpha}=(1,1,0,-1),\boldsymbol{\beta}=(-2,1,0,0),\boldsymbol{\gamma}=(-1,-2,0,1)$.

(1)求 $3\boldsymbol{\alpha}-\boldsymbol{\beta}+4\boldsymbol{\gamma}$;(2)若 $3\boldsymbol{x}+\boldsymbol{\alpha}=\boldsymbol{\beta}$,求 $\boldsymbol{x}$.

解 (1)
$$\begin{aligned}3\boldsymbol{\alpha}-\boldsymbol{\beta}+4\boldsymbol{\gamma}&=3(1,1,0,-1)-(-2,1,0,0)+4(-1,-2,0,1)\\&=(3,3,0,-3)-(-2,1,0,0)+(-4,-8,0,4)\\&=(1,-6,0,1).\end{aligned}$$

(2)$3\boldsymbol{x}+\boldsymbol{\alpha}=\boldsymbol{\beta}$,所以

$3\boldsymbol{x}+\boldsymbol{\alpha}+(-\boldsymbol{\alpha})=\boldsymbol{\beta}+(-\boldsymbol{\alpha}),3\boldsymbol{x}=\boldsymbol{\beta}-\boldsymbol{\alpha},\boldsymbol{x}=\frac{1}{3}(\boldsymbol{\beta}-\boldsymbol{\alpha})$.

故 $\boldsymbol{x}=\frac{1}{3}[(-2,1,0,0)-(1,1,0,-1)]=(-1,0,0,\frac{1}{3})$.

8.1.2 向量组的线性相关性

考察线性方程组

$$\begin{cases}\boldsymbol{a}_{11}\boldsymbol{x}_1+\boldsymbol{a}_{12}\boldsymbol{x}_2+\cdots+\boldsymbol{a}_{1n}\boldsymbol{x}_n=\boldsymbol{b}_1,\\\boldsymbol{a}_{21}\boldsymbol{x}_1+\boldsymbol{a}_{22}\boldsymbol{x}_2+\cdots+\boldsymbol{a}_{2n}\boldsymbol{x}_n=\boldsymbol{b}_2,\\\cdots\cdots\\\boldsymbol{a}_{m1}\boldsymbol{x}_1+\boldsymbol{a}_{m2}\boldsymbol{x}_2+\cdots+\boldsymbol{a}_{mn}\boldsymbol{x}_n=\boldsymbol{b}_m.\end{cases}\tag{1}$$

令
$$\boldsymbol{\alpha}_j=\begin{pmatrix}a_{1j}\\a_{2j}\\\vdots\\a_{mj}\end{pmatrix}\quad(j=1,2,\cdots,n),\quad\boldsymbol{\beta}=\begin{pmatrix}b_1\\b_2\\\vdots\\b_m\end{pmatrix},$$

则线性方程组(1)可表为如下向量形式:

$$\boldsymbol{\alpha}_1x_1+\boldsymbol{\alpha}_2x_2+\cdots+\boldsymbol{\alpha}_nx_n=\boldsymbol{\beta}.\tag{2}$$

要注意区分线性相关、线性无关、线性组合、线性表示等相关概念.

于是,线性方程组(1)是否有解,就相当于是否存在一组数 $k_1,k_2,\cdots,k_n$ 使得下列线性关系式成立:

$$\boldsymbol{\beta}=k_1\boldsymbol{\alpha}_1+k_2\boldsymbol{\alpha}_2+\cdots+k_n\boldsymbol{\alpha}_n.$$

为通过向量探讨方程组解的问题,我们引入如下定义.

定义 8.1.4 设 $\boldsymbol{\alpha}_1,\boldsymbol{\alpha}_2,\cdots,\boldsymbol{a}_m,\boldsymbol{\beta}$ 都是 n 维向量. 如果存在 m 个数 $k_1,k_2,\cdots,k_m$,使得
$$\boldsymbol{\beta}=k_1\boldsymbol{\alpha}_1+k_2\boldsymbol{\alpha}_2+\cdots+k_m\boldsymbol{\alpha}_m\tag{3}$$
则称 $\boldsymbol{\beta}$ 可由 $\boldsymbol{\alpha}_1,\boldsymbol{\alpha}_2,\cdots,\boldsymbol{\alpha}_m$ 线性表示,又称 $\boldsymbol{\beta}$ 是 $\boldsymbol{\alpha}_1,\boldsymbol{\alpha}_2,\cdots,\boldsymbol{\alpha}_m$ 的线性组合.

定义 8.1.5 设 $\boldsymbol{\alpha}_1,\boldsymbol{\alpha}_2,\cdots,\boldsymbol{\alpha}_m$ 是 n 维向量,如果存在 m 个不全为 0 的数 $k_1,k_2,\cdots,k_m$,使得

$$k_1\boldsymbol{\alpha}_1+k_2\boldsymbol{\alpha}_2+\cdots+k_m\boldsymbol{\alpha}_m=\mathbf{0},\tag{4}$$

则称 $\boldsymbol{\alpha}_1,\boldsymbol{\alpha}_2,\cdots,\boldsymbol{a}_m$ **线性相关**.

如果 $\boldsymbol{\alpha}_1,\boldsymbol{\alpha}_2,\cdots,\boldsymbol{a}_m$ 不是线性相关,即只有当 $k_1,k_2,\cdots,k_m$ 都全为 0 时,(4)式才能

成立，则称 $\boldsymbol{\alpha}_1,\boldsymbol{\alpha}_2,\cdots,\boldsymbol{\alpha}_m$ **线性无关**. 换句话说，即

$\boldsymbol{\alpha}_1,\boldsymbol{\alpha}_2,\cdots,\boldsymbol{\alpha}_m$ 线性无关$\Leftrightarrow$若 $k_1\boldsymbol{\alpha}_1+k_2\boldsymbol{\alpha}_2+\cdots+k_m\boldsymbol{\alpha}_m=\mathbf{0}$，则 $k_1=k_2=\cdots k_m=0$.

线性相关与线性表示有以下关系.

定理 8.1.1　$\boldsymbol{\alpha}_1,\boldsymbol{\alpha}_2,\cdots,\boldsymbol{\alpha}_m$ 线性相关 $\Leftrightarrow$ $\boldsymbol{\alpha}_1,\boldsymbol{\alpha}_2,\cdots,\boldsymbol{\alpha}_m$ 中至少有一个向量可由其余的向量线性表示.

证明　"$\Rightarrow$"设 $\boldsymbol{\alpha}_1,\boldsymbol{\alpha}_2,\cdots,\boldsymbol{\alpha}_m$ 相线相关，则(4)式成立，其中 $k_1,k_2,\cdots,k_m$ 至少有一个数$\neq 0$，不妨设 $k_1\neq 0$，则(4)式可以改写成

$$\boldsymbol{\alpha}_1=-\frac{k_2}{k_1}\boldsymbol{\alpha}_2-\cdots-\frac{k_m}{k_1}\boldsymbol{\alpha}_m,$$

即 $\boldsymbol{\alpha}_1$ 可由 $\boldsymbol{\alpha}_2,\cdots,\boldsymbol{\alpha}_m$ 线性表示.

"$\Leftarrow$"不妨设 $\boldsymbol{\alpha}_1$ 可由 $\boldsymbol{\alpha}_2,\cdots,\boldsymbol{\alpha}_m$ 线性表示，则有

$$\boldsymbol{\alpha}_1=k_2\boldsymbol{\alpha}_2+\cdots+k_m\boldsymbol{\alpha}_m,$$

于是有

$$(-1)\alpha_1+k_2\alpha_2+\cdots+k_m\alpha_m=0$$

其中-1，$k_2,\cdots,k_m$ 不全为 0，故 $\alpha_1,\alpha_2,\cdots,\alpha_m$ 线性相关.

例 2　设 $\boldsymbol{\beta}=(2,3,0)$，$\boldsymbol{\alpha}_1=(1,0,0)$，$\boldsymbol{\alpha}_2=(0,1,0)$，$\mathbf{0}=(0,0,0)$，则

$\boldsymbol{\beta}=2\boldsymbol{\alpha}_1+3\boldsymbol{\alpha}_2$，故 $\boldsymbol{\beta}$ 可由 $\boldsymbol{\alpha}_1,\boldsymbol{\alpha}_2$ 线性表示.

$2\boldsymbol{\alpha}_1+3\boldsymbol{\alpha}_2-\boldsymbol{\beta}=\mathbf{0}$，故 α_1,α_2,β 线性相关.

$0\cdot\boldsymbol{\alpha}_1+0\cdot\boldsymbol{\alpha}_2+1\cdot\mathbf{0}=\mathbf{0}$，故 $\boldsymbol{\alpha}_1,\boldsymbol{\alpha}_2,\mathbf{0}$ 也线性相关，其中 $\mathbf{0}$ 可由 $\boldsymbol{\alpha}_1,\boldsymbol{\alpha}_2$ 线性表示，即 $\mathbf{0}=\mathbf{0}\cdot\alpha_1+\mathbf{0}\cdot\alpha_2$，但 $\boldsymbol{\alpha}_1$ 不能由 $\boldsymbol{\alpha}_2,\mathbf{0}$ 线性表示，$\boldsymbol{\alpha}_2$ 也不能由 $\alpha_1,0$ 线性表示.

若 $k_1\alpha_1+k_2\alpha_2=\mathbf{0}$，则必有 $k_1=0,k_2=0$，故 $\boldsymbol{\alpha}_1,\boldsymbol{\alpha}_2$ 线性无关.

例 3　证明以下 n 个向量

$$\boldsymbol{\varepsilon}_1=(1,0,\cdots,0),\boldsymbol{\varepsilon}_2=(0,1,\cdots,0),\cdots,\ \boldsymbol{\varepsilon}_n=(0,0,\cdots,1)$$

是线性无关的，

因为若 $k_1\boldsymbol{\varepsilon}_1+k_2\boldsymbol{\varepsilon}_2+\cdots+k_n\boldsymbol{\varepsilon}_n=(k_1,k_2,\cdots,k_n)=\mathbf{0}$，则必有

$$k_1=k_2=\cdots=k_n=0.$$

任一个向量 $\boldsymbol{\alpha}=(a_1,a_2,\cdots,a_n)$，都可由 $\boldsymbol{\varepsilon}_1,\boldsymbol{\varepsilon}_2,\cdots,\boldsymbol{\varepsilon}_n$ 线性表示，有

$$\boldsymbol{\alpha}=(a_1,a_2,\cdots,a_n)=a_1\boldsymbol{\varepsilon}_1+a_2\boldsymbol{\varepsilon}_2+\cdots+a_n\boldsymbol{\varepsilon}_n.$$

例 4　含有零向量的向量组：$\mathbf{0},\boldsymbol{\alpha}_1,\cdots,\boldsymbol{\alpha}_m$ 必线性相关.

例 3、4、5 的结果可当定理直接应用.

证明　因为 $1\cdot\mathbf{0}+0\cdot\boldsymbol{\alpha}_1+\cdots+0\cdot\boldsymbol{\alpha}_m=\mathbf{0}$，且 $1,0,\cdots,0$ 不全为 0.

例 5　对于只含一个向量的向量组，则有

$$\alpha \text{ 线性相关} \Leftrightarrow \alpha=\mathbf{0}$$

$$\alpha \text{ 线性无关} \Leftrightarrow \alpha\neq\mathbf{0}$$

证明　若 α 线性相关，则存在 $k\neq 0$，使 $k\boldsymbol{\alpha}=\mathbf{0}$，于是，$\boldsymbol{\alpha}=\dfrac{1}{k}(k\boldsymbol{\alpha})=\dfrac{1}{k}\cdot\mathbf{0}=\mathbf{0}$. 反之，若 $\alpha=\mathbf{0}$，则 $1\cdot\boldsymbol{\alpha}=1\cdot\mathbf{0}=\mathbf{0}$，故 $\alpha=0$ 线性相关. 第二个等价式可由第一个等价式得到.

定理 8.1.2　线性相关和线性无关有以下性质.

(1)若 $\boldsymbol{\alpha}_1,\cdots,\boldsymbol{\alpha}_s$ 线性相关，则增加一些向量 $\boldsymbol{\alpha}_{s+1},\cdots,\boldsymbol{\alpha}_m$ 后，$\alpha_1,\cdots,\alpha_s,\alpha_{s+1},\cdots,\alpha_m$ 也线性相关.

(2)若 $\alpha_1,\cdots,\alpha_s,\alpha_{s+1},\cdots,\alpha_m$ 线性无关,则去掉一些向量 $\alpha_{s+1},\cdots,\alpha_m$ 后,剩下的 $\alpha_1,\cdots,\alpha_s$ 也线性无关.

证明 若 $\boldsymbol{\alpha}_1,\cdots,\boldsymbol{\alpha}_s$ 线性相关,则有不全为 0 的数 $k_1,\cdots,k_s$ 使得 $k_1\boldsymbol{\alpha}_1+\cdots+k_s\boldsymbol{\alpha}_s=\boldsymbol{0}$,于是

$$k_1\boldsymbol{\alpha}_1+\cdots+k_s\boldsymbol{\alpha}_s+0\cdot\boldsymbol{\alpha}_{s+1}+\cdots+0\cdot\boldsymbol{\alpha}_m=0,$$

其中 $k_1,\cdots,k_s,0,\cdots,0$ 不全为 0,故 $\boldsymbol{\alpha}_1,\cdots,\boldsymbol{\alpha}_s,\alpha_{s+1},\cdots,\alpha_m$ 线性相关,第二个命题是第一个命题的逆否命题,故成立.

定理 8.1.3 若 $\boldsymbol{\alpha}_1,\cdots,\boldsymbol{a}_m$ 线性无关,$\boldsymbol{\beta},\boldsymbol{\alpha}_1,\cdots,\boldsymbol{a}_m$ 线性相关,则 $\boldsymbol{\beta}$ 可由 $\boldsymbol{\alpha}_1,\cdots,\boldsymbol{a}_m$ 线性表示,且表示法唯一.

证明略.

例 6 设向量组 $\boldsymbol{\alpha}_1,\boldsymbol{\alpha}_2,\boldsymbol{\alpha}_3$ 线性无关,考察下列向量组:

(1)$\boldsymbol{\beta}_1=\boldsymbol{\alpha}_1+2\boldsymbol{\alpha}_2+3\boldsymbol{\alpha}_3,\boldsymbol{\beta}_2=3\boldsymbol{\alpha}_1-\boldsymbol{\alpha}_2+4\boldsymbol{\alpha}_3,\boldsymbol{\beta}_3=\boldsymbol{\alpha}_2+\boldsymbol{\alpha}_3$,线性无关;

(2)$\boldsymbol{\beta}_1=\boldsymbol{\alpha}_1+\boldsymbol{\alpha}_2,\boldsymbol{\beta}_2=\boldsymbol{\alpha}_2+\boldsymbol{\alpha}_3,\boldsymbol{\beta}_3=\boldsymbol{\alpha}_1-\boldsymbol{\alpha}_3$,线性相关;

(3)$\boldsymbol{\beta}_1=\boldsymbol{\alpha}_1+2\boldsymbol{\alpha}_2,\boldsymbol{\beta}_2=2\boldsymbol{\alpha}_2-3\boldsymbol{\alpha}_3,\boldsymbol{\beta}_3=\boldsymbol{\alpha}_1+3\boldsymbol{\alpha}_3$,线性相关;

(4)$\boldsymbol{\beta}_1=\boldsymbol{\alpha}_1+\boldsymbol{\alpha}_2+\boldsymbol{\alpha}_3,\boldsymbol{\beta}_2=2\boldsymbol{\alpha}_1-3\boldsymbol{\alpha}_2+2\boldsymbol{\alpha}_3,\boldsymbol{\beta}_3=3\boldsymbol{\alpha}_1+5\boldsymbol{\alpha}_2-5\boldsymbol{\alpha}_3$,线性无关.

8.1.3 向量组的秩

定义 8.1.6 设有两个 n 维向量组 A,B 如下

$$A:\boldsymbol{\alpha}_1,\cdots,\boldsymbol{a}_s \qquad B:\boldsymbol{\beta}_1,\cdots,\boldsymbol{\beta}_t$$

若向量组 A 中每一个向量都可以由向量组 B 线性表示,则称**向量组 $\boldsymbol{A}$ 可由向量组 $\boldsymbol{B}$ 线性表示**.

若向量组 A 可由向量组 B 线性表示,且向量组 B 也可以由向量组 A 线性表示,则称**向量组 $\boldsymbol{A}$ 与 $\boldsymbol{B}$ 等价**.

不难验证,若向量组 A 可由向量组 B 线性表示,又向量组 B 可由向量组 C 线性表示,则向量组 A 可由向量组 C 线性表示.

例 7 设 A,B 两组向量为

$$A:\boldsymbol{\alpha}_1=(1,0),\boldsymbol{\alpha}_2=(1,2),\boldsymbol{\alpha}_3=(3,-1).$$
$$B:\boldsymbol{\beta}_1=(1,0),\boldsymbol{\beta}_2=(0,1).$$

则有

$$\boldsymbol{\alpha}_1=\boldsymbol{\beta}_1+0\boldsymbol{\beta}_2,\boldsymbol{\alpha}_2=\boldsymbol{\beta}_1+2\boldsymbol{\beta}_2,\boldsymbol{\alpha}_3=3\boldsymbol{\beta}_1-\boldsymbol{\beta}_2,$$

故 A 组向量可由 B 组向量线性表示.

又有

$$\boldsymbol{\beta}_1=\boldsymbol{\alpha}_1+0\boldsymbol{\alpha}_2+0\boldsymbol{\alpha}_3,\boldsymbol{\beta}_2=-\frac{1}{2}\boldsymbol{\alpha}_1+\frac{1}{2}\boldsymbol{\alpha}_2+0\boldsymbol{\alpha}_3,$$

故 B 组向量也可由 A 组向量线性表示.

因此,A 组向量与 B 组向量等价.

定义 8.1.7 设 A 是 n 维向量组,如果

(1)A 中有 r 个向量 $\boldsymbol{\alpha}_1,\cdots,\boldsymbol{a}_r$ 线性无关,

(2)A 中任意 $r+1$ 个向量(若存在的话)都线性相关，

则称 $\boldsymbol{\alpha}_1,\cdots,\boldsymbol{\alpha}_r$ 为 A 中的一个**极大线性无关组**，简称为**极大无关组**.

极大无关组是向量里面的重要概念.

因为线性相关向量组再增加向量仍是线性相关组，所以 A 中任意 $r+1$ 个向量线性相关，则任意 $r+2$ 个向量(若存在的话)也线性相关，依次类推，可知 A 中任意个数大于 r 的向量组(若存在的话)都线性相关. 因此，定义 8.1.7 中的向量组 $\boldsymbol{\alpha}_1,\cdots,\boldsymbol{\alpha}_r$ 是 A 的所有线性无关组中所含向量个数最大的，因此称之为极大线性无关组.

定义 8.1.8　向量组 A 中极大线性无关组所含向量的个数 r，称为向量组 A 的**秩**. 只含零向量的向量组没有极大无关组，规定其秩为 0. 向量组 A 的秩记为 $r(A)$ 或秩(A).

根据极大无关组及秩的定义，下面的等价式成立.

$$\boldsymbol{\alpha}_1,\cdots,\boldsymbol{\alpha}_m \text{ 线性无关} \Leftrightarrow r(\boldsymbol{\alpha}_1,\cdots,\boldsymbol{\alpha}_m)=m.$$

$$\boldsymbol{\alpha}_1,\cdots,\boldsymbol{\alpha}_m \text{ 线性相关} \Leftrightarrow r(\boldsymbol{\alpha}_1,\cdots,\boldsymbol{\alpha}_m)<m.$$

(m 为向量组 $\boldsymbol{\alpha}_1,\cdots,\boldsymbol{\alpha}_m$ 的个数)

定理 8.1.4　向量 $\boldsymbol{\beta}$ 可由向量组 $\boldsymbol{\alpha}_1,\cdots,\boldsymbol{\alpha}_m$ 线性表示的充分必要条件是

$$r(\boldsymbol{\alpha}_1,\cdots,\boldsymbol{\alpha}_m,\beta)=r(\boldsymbol{\alpha}_1,\cdots,\boldsymbol{\alpha}_m)$$

定理 8.1.5　向量组 $\boldsymbol{\beta}_1,\cdots,\boldsymbol{\beta}_s$ 可由向量组 $\boldsymbol{\alpha}_1,\cdots,\boldsymbol{\alpha}_m$ 线性表示的充分必要条件为

$$r(\boldsymbol{\alpha}_1,\cdots,\boldsymbol{\alpha}_m,\boldsymbol{\beta}_1,\cdots,\boldsymbol{\beta}_s)=r(\boldsymbol{\alpha}_1,\cdots,\boldsymbol{\alpha}_m).$$

推论　向量组 $\boldsymbol{\beta}_1,\cdots\boldsymbol{\beta}_s$ 与向量组 $\boldsymbol{\alpha}_1,\cdots,\boldsymbol{\alpha}_m$ 等价的充分必要条件为

$$r(\boldsymbol{\alpha}_1,\cdots,\boldsymbol{\alpha}_m,\boldsymbol{\beta}_1,\cdots,\boldsymbol{\beta}_s)=r(\boldsymbol{\alpha}_1,\cdots,\boldsymbol{\alpha}_m)=r(\boldsymbol{\beta}_1,\cdots\boldsymbol{\beta}_s).$$

证明略.

定理 8.1.6　设向量组 $\boldsymbol{\beta}_1,\cdots\boldsymbol{\beta}_s$ 可由向量组 $\boldsymbol{\alpha}_1,\cdots,\boldsymbol{\alpha}_m$ 线性表示，则有

$$r(\boldsymbol{\beta}_1,\cdots\boldsymbol{\beta}_s)\leqslant r(\boldsymbol{\alpha}_1,\cdots,\boldsymbol{\alpha}_m).$$

证明　首先有 $r(\boldsymbol{\beta}_1,\cdots\boldsymbol{\beta}_s)\leqslant r(\boldsymbol{\alpha}_1,\cdots,\boldsymbol{\alpha}_m,\boldsymbol{\beta}_1,\cdots,\boldsymbol{\beta}_s)$.

因为向量组 $\boldsymbol{\beta}_1,\cdots,\boldsymbol{\beta}_s$ 可由向量组 $\boldsymbol{\alpha}_1,\cdots,\boldsymbol{\alpha}_m$ 线性表示，由定理 8.1.5 有

$$r(\boldsymbol{\alpha}_1,\cdots,\boldsymbol{\alpha}_m,\boldsymbol{\beta}_1,\cdots,\boldsymbol{\beta}_s)=r(\boldsymbol{\alpha}_1,\cdots,\boldsymbol{\alpha}_m),$$

故有

$$r(\boldsymbol{\beta}_1,\cdots\boldsymbol{\beta}_s)\leqslant r(\boldsymbol{\alpha}_1,\cdots,\boldsymbol{\alpha}_m).$$

推论　若 $\boldsymbol{\alpha}_1,\cdots,\boldsymbol{\alpha}_m$ 与 $\boldsymbol{\beta}_1,\cdots\boldsymbol{\beta}_s$ 等价，则 $r(\boldsymbol{\alpha}_1,\cdots,\boldsymbol{\alpha}_m)=r(\boldsymbol{\beta}_1,\cdots\boldsymbol{\beta}_s)$.

推论的逆命题不成立.

例如，设两组向量为

A：$\boldsymbol{\alpha}_1=(1,0,0)$，$\boldsymbol{\alpha}_2=(0,1,0)$. B：$\boldsymbol{\beta}_1=(0,1,0)$，$\boldsymbol{\beta}_2=(0,0,1)$.

则 A,B 两组都是线性无关组，故 $r(A)=r(B)=2$. 但 A 中的 $\boldsymbol{\alpha}_1$ 不能由 B 组线性表示(因为 $\boldsymbol{\beta}_1$,$\boldsymbol{\beta}_2$ 的任意线性组合 $k_1\boldsymbol{\beta}_1+k_2\boldsymbol{\beta}_2=(0,k_1,k_2)\neq(1,0,0)=\boldsymbol{\alpha}_1$)，$B$ 中的 $\boldsymbol{\beta}_2$ 不能由 A 组线性表示，故 A,B 两组不等价.

定理 8.1.7　向量组 $\boldsymbol{\alpha}_1,\cdots,\boldsymbol{\alpha}_r$ 是向量组 A 的极大线性无关组的充分必要条件是下面两条件成立：

(1)$\boldsymbol{\alpha}_1,\cdots,\boldsymbol{\alpha}_r$ 是 A 中的线性无关组；

(2)A 中任意向量 $\boldsymbol{\alpha}$ 都可由 $\boldsymbol{\alpha}_1,\cdots,\boldsymbol{\alpha}_r$ 线性表示.

证明略.

例 8 考察 $\mathbf{R}^n$ 中下面的 n 个单位向量

$$\boldsymbol{\varepsilon}_1=(1,0,\cdots,0),\boldsymbol{\varepsilon}_2=(0,1,\cdots,0),\ \cdots\ ,\boldsymbol{\varepsilon}_n=(0,0,\cdots,1).$$

在例 3 中我们已经证明过,$\varepsilon_1,\varepsilon_2,\cdots,\varepsilon_n$ 是线性无关的,并且 $\mathbf{R}^n$ 中任意一个向量 $\boldsymbol{\alpha}$ 都可以由 $\boldsymbol{\varepsilon}_1,\boldsymbol{\varepsilon}_2,\cdots,\boldsymbol{\varepsilon}_n$ 线性表出. 由定理 8.1.7,$\varepsilon_1,\varepsilon_2,\cdots\varepsilon_n$ 是 $\mathbf{R}^n$ 中的一个极大无关组,$\mathbf{R}^n$ 的秩为 n.

$\mathbf{R}^n$ 中任意 n 个线性无关的向量组都是 $\mathbf{R}^n$ 的极大无关组,而 $\mathbf{R}^n$ 中任意 $n+1$ 个 n 维向量都是线性相关的.

定义 8.1.9 设 $\boldsymbol{A}=(a_{ij})_{m\times n}$是 $m\times n$ 矩阵,将 $\boldsymbol{A}$ 按行、按列分块成

$$\boldsymbol{A}=\begin{pmatrix}a_{11}&a_{12}&\cdots&a_{1n}\\a_{21}&a_{22}&\cdots&a_{2n}\\\vdots&\vdots&&\vdots\\a_{m1}&a_{m2}&\cdots&a_{mn}\end{pmatrix}=\begin{pmatrix}\boldsymbol{\beta}_1\\\boldsymbol{\beta}_2\\\vdots\\\boldsymbol{\beta}_m\end{pmatrix}$$

$$=(\boldsymbol{\alpha}_1,\boldsymbol{\alpha}_2,\cdots,\boldsymbol{\alpha}_n),$$

其中 $\boldsymbol{\beta}_1,\boldsymbol{\beta}_2,\cdots\boldsymbol{\beta}_m$ 是由 $\boldsymbol{A}$ 的各行组成的行向量组;$\boldsymbol{\alpha}_1,\boldsymbol{\alpha}_2,\cdots,\boldsymbol{\alpha}_m$ 是由 $\boldsymbol{A}$ 的各列组成的列向量组.

$\boldsymbol{A}$ 的行向量组 $\boldsymbol{\beta}_1,\cdots,\boldsymbol{\beta}_m$ 的秩 $r(\boldsymbol{\beta}_1,\cdots\boldsymbol{\beta}_m)$称为矩阵 $\boldsymbol{A}$ 的**行秩**.

$\boldsymbol{A}$ 的列向量组 $\boldsymbol{\alpha}_1,\cdots,\boldsymbol{\alpha}_n$ 的秩 $r(\boldsymbol{\alpha}_1,\cdots,\boldsymbol{\alpha}_n)$称为矩阵 $\boldsymbol{A}$ 的**列秩**.

定理 8.1.8 矩阵 $\boldsymbol{A}$ 的行秩$=\boldsymbol{A}$ 的列秩$=\boldsymbol{A}$ 的秩.

证明略.

定理 8.1.9 设向量组 $\boldsymbol{\alpha}_1,\cdots,\boldsymbol{a}_k$ 线性无关,且

$$\begin{cases}\boldsymbol{\beta}_1=c_{11}\boldsymbol{\alpha}_1+c_{12}\boldsymbol{\alpha}_2+\cdots+c_{1k}\boldsymbol{\alpha}_k,\\\boldsymbol{\beta}_2=c_{21}\boldsymbol{\alpha}_1+c_{22}\boldsymbol{\alpha}_2+\cdots+c_{2k}\boldsymbol{\alpha}_k,\\\cdots\cdots\\\boldsymbol{\beta}_k=c_{k1}\boldsymbol{\alpha}_1+c_{k2}\boldsymbol{\alpha}_2+\cdots+c_{kk}\boldsymbol{\alpha}_k,\end{cases}$$

则向量组 $\boldsymbol{\beta}_1,\boldsymbol{\beta}_2,\cdots,\boldsymbol{\beta}_k$ 线性无关的充分必要条件为上述关系式的系数矩阵$\boldsymbol{C}=(c_{ij})_{k\times k}$ 的行列式$|\boldsymbol{C}|\neq0$,即

$$|\boldsymbol{C}|=\begin{vmatrix}c_{11}&c_{12}&\cdots&c_{1k}\\c_{21}&c_{22}&\cdots&c_{2k}\\\vdots&\vdots&&\vdots\\c_{k1}&c_{k2}&\cdots&c_{kk}\end{vmatrix}\neq0.$$

证明略.

例 9 设有向量组 $\boldsymbol{\alpha}_1=(1,-1,2,4),\boldsymbol{\alpha}_2=(0,3,1,2),\boldsymbol{\alpha}_3=(3,0,7,14),\boldsymbol{\alpha}_4=(1,-2,2,0),\boldsymbol{\alpha}_5=(2,1,5,10)$,求向量组 $\boldsymbol{\alpha}_1,\boldsymbol{\alpha}_2,\boldsymbol{\alpha}_3,\boldsymbol{\alpha}_4,\boldsymbol{\alpha}_5$ 的秩,并求它的一个极大无关组.

解 将这组向量作为列,作成矩阵 $\boldsymbol{A}$,即

$$A=(\boldsymbol{\alpha}_1^{\mathrm T},\boldsymbol{\alpha}_2^{\mathrm T},\boldsymbol{\alpha}_3^{\mathrm T},\boldsymbol{\alpha}_4^{\mathrm T},\boldsymbol{\alpha}_5^{\mathrm T})=\begin{pmatrix}1&0&3&1&2\\-1&3&0&-2&1\\2&1&7&2&5\\4&2&14&0&10\end{pmatrix}$$

对 $\boldsymbol{A}$ 作行初等变换，将 $\boldsymbol{A}$ 化为阶梯形矩阵，过程如下：

$$\boldsymbol{A}\xrightarrow[r_4-4r_1]{\substack{r_2+r_1\\ r_3-2r_1}}\begin{pmatrix}1&0&3&1&2\\0&3&3&-1&3\\0&1&1&0&1\\0&2&2&-4&2\end{pmatrix}\xrightarrow{r_2\leftrightarrow r_3}\begin{pmatrix}1&0&3&1&2\\0&1&1&0&1\\0&3&3&-1&3\\0&2&2&-4&2\end{pmatrix}$$

$$\xrightarrow[r_4-2r_2]{r_3-3r_2}\begin{pmatrix}1&0&3&1&2\\0&1&1&0&1\\0&0&0&-1&0\\0&0&0&-4&0\end{pmatrix}\xrightarrow{r_4-4r_3}\begin{pmatrix}1&0&3&1&2\\0&1&1&0&1\\0&0&0&-1&0\\0&0&0&0&0\end{pmatrix}=\boldsymbol{B}.$$

$\boldsymbol{B}$ 为阶梯形矩阵，含有三个非零行，故 $r(\boldsymbol{B})=3$. 因而有

$$r(\boldsymbol{\alpha}_1,\boldsymbol{\alpha}_2,\boldsymbol{\alpha}_3,\boldsymbol{\alpha}_4,\boldsymbol{\alpha}_5)=r(\boldsymbol{\alpha}_1^{\mathrm T},\boldsymbol{\alpha}_2^{\mathrm T},\boldsymbol{\alpha}_3^{\mathrm T},\boldsymbol{\alpha}_4^{\mathrm T},\boldsymbol{\alpha}_5^{\mathrm T})=r(\boldsymbol{A})=r(\boldsymbol{B})=3,$$

且 $\boldsymbol{B}$ 中任何三个线性无关的列都是极大无关组.

矩阵 $\boldsymbol{B}$ 的列向量分别记为 $\boldsymbol{\beta}_1,\boldsymbol{\beta}_2,\boldsymbol{\beta}_3,\boldsymbol{\beta}_4,\boldsymbol{\beta}_5$.

考察第 1,2,4 列作成的矩阵 $\boldsymbol{B}_1=[\boldsymbol{\beta}_1,\boldsymbol{\beta}_2,\boldsymbol{\beta}_4]=\begin{pmatrix}1&0&1\\0&1&0\\0&0&-1\\0&0&0\end{pmatrix}$,

显见 B 有一个不为 0 的三阶子式，$\begin{vmatrix}1&0&1\\0&1&0\\0&0&-1\end{vmatrix}=-1\neq0$，因而 $r(\boldsymbol{\beta}_1,\boldsymbol{\beta}_2,\boldsymbol{\beta}_4)=r(\boldsymbol{B}_1)=3$，故 $\boldsymbol{\beta}_1,\boldsymbol{\beta}_2,\boldsymbol{\beta}_4$ 线性无关，因而 $\boldsymbol{\beta}_1,\boldsymbol{\beta}_2,\boldsymbol{\beta}_4$ 是 $\boldsymbol{\beta}_1,\boldsymbol{\beta}_2,\boldsymbol{\beta}_3,\boldsymbol{\beta}_4,\boldsymbol{\beta}_5$ 的极大无关组，$\boldsymbol{\alpha}_1^{\mathrm T},\boldsymbol{\alpha}_2^{\mathrm T},\boldsymbol{\alpha}_4^{\mathrm T}$ 为 $\boldsymbol{\alpha}_1{}^{\mathrm T},\boldsymbol{\alpha}_2^{\mathrm T},\boldsymbol{\alpha}_3^{\mathrm T},\boldsymbol{\alpha}_4^{\mathrm T},\boldsymbol{\alpha}_5^{\mathrm T}$ 的极大无关组，即 $\boldsymbol{\alpha}_1,\boldsymbol{\alpha}_2,\boldsymbol{\alpha}_4$ 是 $\boldsymbol{\alpha}_1,\boldsymbol{\alpha}_2,\boldsymbol{\alpha}_3,\boldsymbol{\alpha}_4,\boldsymbol{\alpha}_5$ 的极大无关组.

不难验证 $\boldsymbol{\alpha}_1,\boldsymbol{\alpha}_3,\boldsymbol{\alpha}_4$ 或 $\boldsymbol{\alpha}_2,\boldsymbol{\alpha}_3,\boldsymbol{\alpha}_4$ 或 $\boldsymbol{\alpha}_3,\boldsymbol{\alpha}_4,\boldsymbol{\alpha}_5$ 也是 $\boldsymbol{\alpha}_1,\boldsymbol{\alpha}_2,\boldsymbol{\alpha}_3,\boldsymbol{\alpha}_4,\boldsymbol{\alpha}_5$ 的极大无关组.

例 10　（填空）已知向量组 $\boldsymbol{\alpha}_1=(1,2,-1,1)$，$\boldsymbol{\alpha}_2=(2,0,t,0)$，$\boldsymbol{\alpha}_3=(0,-4,5,-2)$ 的秩为 2，则 $t=$________.

分析　以 $\boldsymbol{\alpha}_1,\boldsymbol{\alpha}_2,\boldsymbol{\alpha}_3$ 为行向量，作矩阵 $\boldsymbol{A}$，即

$$\boldsymbol{A}=\begin{pmatrix}\boldsymbol{\alpha}_1\\\boldsymbol{\alpha}_2\\\boldsymbol{\alpha}_3\end{pmatrix}=\begin{pmatrix}1&2&-1&1\\2&0&t&0\\0&-4&5&-2\end{pmatrix},$$

因为 $\boldsymbol{\alpha}_1,\boldsymbol{\alpha}_2,\boldsymbol{\alpha}_3$ 的秩为 2，故 $r(\boldsymbol{A})=2$，$\boldsymbol{A}$ 中任一个三阶子式都等于 0，取前三列作成的子式，令其等于 0，计算得

$$\begin{vmatrix}1&2&-1\\2&0&t\\0&-4&5\end{vmatrix}=4(t-3)=0,\text{求得 } t=3.$$

例 11 （选择）已知向量组 $\boldsymbol{\alpha}_1,\boldsymbol{\alpha}_2,\boldsymbol{\alpha}_3,\boldsymbol{\alpha}_4$ 线性无关，则向量组（　　）

(A) $\boldsymbol{\alpha}_1+\boldsymbol{\alpha}_2,\boldsymbol{\alpha}_2+\boldsymbol{\alpha}_3,\boldsymbol{\alpha}_3+\boldsymbol{\alpha}_4,\boldsymbol{\alpha}_4+\boldsymbol{\alpha}_1$ 线性无关.

(B) $\boldsymbol{\alpha}_1-\boldsymbol{\alpha}_2,\boldsymbol{\alpha}_2-\boldsymbol{\alpha}_3,\boldsymbol{\alpha}_1-\boldsymbol{\alpha}_4,\boldsymbol{\alpha}_4-\boldsymbol{\alpha}_1$ 线性无关.

(C) $\boldsymbol{\alpha}_1+\boldsymbol{\alpha}_2,\boldsymbol{\alpha}_2+\boldsymbol{\alpha}_3,\boldsymbol{\alpha}_3+\boldsymbol{\alpha}_4,\boldsymbol{\alpha}_4-\boldsymbol{\alpha}_1$ 线性无关.

(D) $\boldsymbol{\alpha}_1+\boldsymbol{\alpha}_2,\boldsymbol{\alpha}_2+\boldsymbol{\alpha}_3,\boldsymbol{\alpha}_1-\boldsymbol{\alpha}_4,\boldsymbol{\alpha}_4-\boldsymbol{\alpha}_1$ 线性无关.

分析 该题只要计算各组的系数行列式，哪一组的系数行列式不等于 0，该组就是线性无关组. 经计算，各组的系数行列式的值如下：

$$\text{(A)}\begin{vmatrix}1&1&0&0\\0&1&1&0\\0&0&1&1\\1&0&0&1\end{vmatrix}=0 \qquad \text{(B)}\begin{vmatrix}1&-1&0&0\\0&1&-1&0\\1&0&0&-1\\-1&0&0&1\end{vmatrix}=0$$

$$\text{(C)}\begin{vmatrix}1&1&0&0\\0&1&1&0\\0&0&1&1\\-1&0&0&1\end{vmatrix}=2\neq 0 \qquad \text{(D)}\begin{vmatrix}1&1&0&0\\0&1&1&0\\1&0&0&-1\\-1&0&0&1\end{vmatrix}=0$$

故知(C)组线性无关，应选(C).

习　题 8.1

A 组

1. 已知向量组

$$\boldsymbol{\alpha}_1=\begin{pmatrix}2\\-4\\1\\-1\end{pmatrix},\boldsymbol{\alpha}_2=\begin{pmatrix}-3\\-1\\2\\-\frac{5}{2}\end{pmatrix},$$ 如果向量满足 $3\boldsymbol{\alpha}_1-2(\boldsymbol{\beta}+\boldsymbol{\alpha}_2)=0$，求 $\boldsymbol{\beta}$.

2. 已知向量组

$$\boldsymbol{\alpha}=\begin{pmatrix}2\\0\\-1\\3\end{pmatrix},\boldsymbol{\beta}=\begin{pmatrix}1\\7\\4\\-2\end{pmatrix},\boldsymbol{\gamma}=\begin{pmatrix}0\\1\\0\\1\end{pmatrix},$$

(1) 求 $2\boldsymbol{\alpha}+\boldsymbol{\beta}-3\boldsymbol{\gamma}$；

(2) 若有 $\boldsymbol{x}$，满足 $3\boldsymbol{\alpha}-\boldsymbol{\beta}+5\boldsymbol{\gamma}+2\boldsymbol{x}=\boldsymbol{0}$，求 $\boldsymbol{x}$.

3. 已知向量组

$$\boldsymbol{\alpha}_1=(1,0,2,-1),\boldsymbol{\alpha}_2=(3,0,4,1),\boldsymbol{\beta}=(-1,0,0,-3),$$

试证明 $\boldsymbol{\beta}$ 是 $\boldsymbol{\alpha}_1,\boldsymbol{\alpha}_2$ 的线性组合.

4. 已知向量组

$$\boldsymbol{\alpha}_1=\begin{pmatrix}1\\1\\1\end{pmatrix},\ \boldsymbol{\alpha}_2=\begin{pmatrix}0\\2\\5\end{pmatrix},\boldsymbol{\alpha}_3=\begin{pmatrix}2\\4\\7\end{pmatrix},$$

试讨论向量组 $\boldsymbol{\alpha}_1,\boldsymbol{\alpha}_2,\boldsymbol{\alpha}_3$ 及 $\boldsymbol{\alpha}_1,\boldsymbol{\alpha}_2$ 的线性相关性.

5. 判断下列向量组是否线性相关：$\boldsymbol{\alpha}_1=\begin{pmatrix}1\\2\\-1\\5\end{pmatrix},\quad \boldsymbol{\alpha}_2=\begin{pmatrix}2\\-1\\1\\1\end{pmatrix},\quad \boldsymbol{\alpha}_3=\begin{pmatrix}4\\3\\-1\\11\end{pmatrix}$.

6. 设矩阵 $\boldsymbol{A}=\begin{pmatrix}2&-1&-1&1&2\\1&1&-2&1&4\\4&-6&2&-2&4\\3&6&-9&7&9\end{pmatrix}$，求矩阵 $\boldsymbol{A}$ 的列向量组的一个极大无关组并把不属于极大无关组的列向量用极大无关组线性表示.

B 组

1. 判断向量 $\boldsymbol{\beta}_1=\begin{pmatrix}4\\3\\-1\\11\end{pmatrix}$ 与 $\boldsymbol{\beta}_2=\begin{pmatrix}4\\3\\0\\11\end{pmatrix}$ 是否各为向量组 $\boldsymbol{\alpha}_1=\begin{pmatrix}1\\2\\-1\\5\end{pmatrix},\boldsymbol{\alpha}_2=\begin{pmatrix}2\\-1\\1\\11\end{pmatrix}$ 的线性组合.

2. 证明：向量 $\boldsymbol{\beta}=(-1,1,5)$ 是向量 $\boldsymbol{\alpha}_1=(1,2,3),\boldsymbol{\alpha}_2=(0,1,4),\boldsymbol{\alpha}_3=(2,3,6)$ 的线性组合，并将 $\boldsymbol{\beta}$ 用 $\boldsymbol{\alpha}_1,\boldsymbol{\alpha}_2,\boldsymbol{\alpha}_3$ 表示出来.

3. 证明：若向量组 $\boldsymbol{\alpha},\boldsymbol{\beta},\boldsymbol{\gamma}$ 线性无关，则向量组 $\boldsymbol{\alpha}+\boldsymbol{\beta},\boldsymbol{\beta}+\boldsymbol{\gamma},\boldsymbol{\gamma}+\boldsymbol{\alpha}$ 亦线性无关.

4. 求向量组 $\boldsymbol{\alpha}_1=\begin{pmatrix}1\\2\\-1\\0\end{pmatrix},\boldsymbol{\alpha}_2=\begin{pmatrix}2\\0\\t\\0\end{pmatrix},\boldsymbol{\alpha}_3=\begin{pmatrix}0\\-4\\5\\-2\end{pmatrix},\boldsymbol{\alpha}_4=\begin{pmatrix}3\\-2\\t+4\\-1\end{pmatrix}$ 的秩和一个极大无关组.

8.2　线性方程组解的结构

8.2.1　n 元线性方程组

引例　已知 A,B,C 三家公司交叉持股，A 公司持有 B 公司 24% 的股份，B 公司持有 A 公司 20% 和 C 公司 35% 的股份，C 公司持有 A 公司 25% 和 B 公司 22% 的股份. 若 A,B,C 三家公司年末独立营业的税后净利润分别为 100 万元、85 万元和 60 万元，试求各公司的投资收益.

解　设 A,B,C 三家公司的投资收益分别为 x_1,x_2,x_3（万元），则由题意可知，三家公司的投资收益满足如下方程组：

$$\begin{cases} x_1=24\%(85+x_2), \\ x_2=20\%(100+x_1)+35\%(60+x_3), \\ x_3=25\%(100+x_1)+22\%(85+x_2). \end{cases}$$

整理得三元一次方程组

$$\begin{cases} 100x_1-24x_2=2\ 040, \\ -20x_1+100x_2-35x_3=4\ 100, \\ -25x_1-22x_2+100x_3=4\ 370. \end{cases}$$

在实际中，我们经常会遇到类似的经济问题，最终归结为求解线性方程组.

为了叙述方便，下面我们先给出线性方程组常用的表达方式.

假设已知一个有 m 个方程 n 个未知数 $x_1,\cdots,x_n$ 的 n 元线性方程组为

$$\begin{cases} a_{11}x_1+a_{12}x_2+\cdots+a_{1n}x_n=b_1, \\ a_{21}x_1+a_{22}x_2+\cdots+a_{2n}x_n=b_2, \\ \cdots\cdots \\ a_{m1}x_1+a_{m2}x_2+\cdots+a_{mn}x_n=b_m, \end{cases} \tag{1}$$

从新整理线性方程组的表达形式.
可以表述为矩阵，也可表述为向量.

把 m 个方程写成一个矩阵等式，则方程组(1)成为

$$\begin{pmatrix} a_{11}x_1+a_{12}x_2+\cdots+a_{1n}x_n \\ a_{21}x_1+a_{22}x_2+\cdots+a_{2n}x_n \\ \cdots\cdots \\ a_{m1}x_1+a_{m2}x_2+\cdots+a_{mn}x_n \end{pmatrix}=\begin{pmatrix} b_1 \\ b_2 \\ \vdots \\ b_m \end{pmatrix}.$$

再把左边写成两个矩阵的乘积，就得

$$\begin{pmatrix} a_{11} & a_{12} & \cdots & a_{1n} \\ a_{21} & a_{22} & \cdots & a_{2n} \\ \vdots & \vdots & & \vdots \\ a_{m1} & a_{m2} & \cdots & a_{mn} \end{pmatrix}\begin{pmatrix} x_1 \\ x_2 \\ \vdots \\ x_n \end{pmatrix}=\begin{pmatrix} b_1 \\ b_2 \\ \vdots \\ b_m \end{pmatrix},$$

简记为

$$\boldsymbol{A}\boldsymbol{x}=\boldsymbol{b}, \tag{2}$$

其中

$$\boldsymbol{A}=\begin{pmatrix} a_{11} & a_{12} & \cdots & a_{1n} \\ a_{21} & a_{22} & \cdots & a_{2n} \\ \vdots & \vdots & & \vdots \\ a_{m1} & a_{m2} & \cdots & a_{mn} \end{pmatrix},\quad \boldsymbol{x}=\begin{pmatrix} x_1 \\ x_2 \\ \vdots \\ x_n \end{pmatrix},\quad \boldsymbol{b}=\begin{pmatrix} b_1 \\ b_2 \\ \vdots \\ b_m \end{pmatrix}.$$

称 $\boldsymbol{A}$ 为**系数矩阵**，$\boldsymbol{b}$ 为**常数列向量**，$\boldsymbol{x}$ 为**未知数列向量**.

线性方程组(1)还可以表示成向量形式

齐次方程组与非齐次方程组的解法，是这一章的一个重点.

$$\boldsymbol{x}_1\begin{pmatrix} a_{11} \\ a_{21} \\ \vdots \\ a_{m1} \end{pmatrix}+x_2\begin{pmatrix} a_{12} \\ a_{22} \\ \vdots \\ a_{m2} \end{pmatrix}+\cdots+x_n\begin{pmatrix} a_{1n} \\ a_{2n} \\ \vdots \\ a_{mn} \end{pmatrix}=\begin{pmatrix} b_1 \\ b_2 \\ \vdots \\ b_m \end{pmatrix},$$

简记为

$$x_1\boldsymbol{\alpha}_1+x_2\boldsymbol{\alpha}_2+\cdots+x_n\boldsymbol{\alpha}_n=\boldsymbol{b} \tag{3}$$

其中 $\boldsymbol{\alpha}_1,\boldsymbol{\alpha}_2,\cdots,\boldsymbol{\alpha}_n$ 是系数矩阵 $\boldsymbol{A}$ 的列向量组，$\boldsymbol{b}=(b_1,b_2,\cdots,b_m)^{\mathrm{T}}$ 为常数列向量.

式(1),(2),(3)是同一个线性方程组的不同表示形式,代表的是同一个线性方程组.

当 $\boldsymbol{b}=\boldsymbol{0}$ 时,即 $b_1=b_2=\cdots=b_m=0$ 时,方程组称为**齐次的**;当 $\boldsymbol{b}\neq\boldsymbol{0}$ 时,即 $b_1,b_2,\cdots,b_m$ 不全为 0 时,方程组称为**非齐次的**.

非齐次线性方程组 $\boldsymbol{Ax}=\boldsymbol{b}$ 对应的齐次线性方程组,指的是 $\boldsymbol{Ax}=\boldsymbol{0}$,它的系数矩阵 A 与非齐次方程组 $\boldsymbol{Ax}=\boldsymbol{b}$ 的系数矩阵相同.

线性方程组(1)的一组解 $x_1=a_1,x_2=a_2,\cdots,x_n=a_n$,经常写成列向量形式 $\boldsymbol{x}=(a_1,a_2,\cdots,a_n)^{\mathrm{T}}$,称为方程组(1)的一个**解向量**,简称一个**解**.

8.2.2　齐次线性方程组解的结构

1. 解的概念

设有齐次线性方程组

$$\begin{cases}a_{11}x_1+a_{12}x_2+\cdots+a_{1n}x_n=0,\\ a_{21}x_1+a_{22}x_2+\cdots+a_{2n}x_n=0,\\ \cdots\cdots\\ a_{m1}x_1+a_{m2}x_2+\cdots+a_{mn}x_n=0.\end{cases}\tag{4}$$

若记

$$\boldsymbol{A}=\begin{pmatrix}a_{11}&a_{12}&\cdots&a_{1n}\\ a_{21}&a_{22}&\cdots&a_{2n}\\ \vdots&\vdots&&\vdots\\ a_{m1}&a_{m2}&\cdots&a_{mn}\end{pmatrix},\ \boldsymbol{X}=\begin{pmatrix}x_1\\ x\\ \vdots\\ x_n\end{pmatrix}$$

则方程组(1)可写为

$$\boldsymbol{AX}=\boldsymbol{0}\tag{5}$$

2. 解的性质

性质 1　若 $\boldsymbol{\xi}_1,\boldsymbol{\xi}_2$ 为方程组(4)的解,则 $\boldsymbol{\xi}_1+\boldsymbol{\xi}_2$ 也是该方程组的解.

性质 2　若 $\boldsymbol{\xi}_1$ 为方程组(4)的解,k 为实数,则 $k\boldsymbol{\xi}_1$ 也是(4)的解.

注意:齐次线性方程组若有非零解,则它就有无穷多个解.

线性方程组 $\boldsymbol{AX}=\boldsymbol{0}$ 的全体解向量所构成的集合称为齐次线性方程组 $\boldsymbol{AX}=0$ 的**解空间**.

3. 基础解系

定义 8.2.1　齐次线性方程组 $\boldsymbol{AX}=0$ 的有限个解 $\boldsymbol{\eta}_1,\boldsymbol{\eta}_2,\cdots,\boldsymbol{\eta}_t$ 满足:

(1) $\boldsymbol{\eta}_1,\boldsymbol{\eta}_2,\cdots,\boldsymbol{\eta}_t$ 线性无关;

(2) $\boldsymbol{AX}=\boldsymbol{0}$ 的任意一个解均可由 $\boldsymbol{\eta}_1,\boldsymbol{\eta}_2,\cdots,\boldsymbol{\eta}_t$ 线性表示.

则称 $\boldsymbol{\eta}_1,\boldsymbol{\eta}_2,\cdots,\boldsymbol{\eta}_t$ 是齐次线性方程组 $\boldsymbol{AX}=\boldsymbol{0}$ 的**一个基础解系**.

基础解系的线性组合称为方程组 $\boldsymbol{AX}=\boldsymbol{0}$ 的**通解**.

按上述定义,若 $\boldsymbol{\eta}_1,\boldsymbol{\eta}_2,\cdots,\boldsymbol{\eta}_t$ 是齐次线性方程组 $\boldsymbol{AX}=\boldsymbol{0}$ 的一个基础解系,则 $\boldsymbol{AX}=0$ 的通解可表示为

$$\boldsymbol{X}=k_1\boldsymbol{\eta}_1+k_2\boldsymbol{\eta}_2+\cdots+k_t\boldsymbol{\eta}_t,$$

其中 $k_1,k_2,\cdots,k_t$ 为任意常数.

注意:方程组基础解系不是唯一的,其解空间也不是唯一的.

当一个齐次线性方程组只有零解时,该方程组没有基础解系.

定理 8.2.1 对齐次线性方程组 $\boldsymbol{AX}=0$，若 $r(\boldsymbol{A})=r<n$，则该方程组的基础解系一定存在，且每个基础解系中所含解向量的个数均等于 $n-r$，其中 n 是方程组所含未知量的个数.

注意：该定理实际上已给出了求齐次线性方程组基础解系的方法.

4. 解空间及其维数

设 $\boldsymbol{A}$ 为 $m\times n$ 矩阵，则 n 元齐次线性方程组 $\boldsymbol{AX}=\boldsymbol{0}$ 的全体解构成的集合 V 称为该方程组的**解空间**.

当系数矩阵的秩 $r(\boldsymbol{A})=r$ 时，解空间 V 的维数为 $n-r$；

当 $r(\boldsymbol{A})=n$ 时，方程组 $AX=0$ 只有零解，此时解空间 V 只含有一个零向量，解空间 V 的维数为 0；

当 $r(\boldsymbol{A})=r<n$ 时，方程组 $\boldsymbol{AX}=\boldsymbol{0}$ 必含有 $n-r$ 个向量的基础解系 $\eta_1,\eta_2,\cdots,\eta_{n-r}$，此时方程组的任一解可表示为

$$\boldsymbol{x}=k_1\boldsymbol{\eta}_1+k_2\boldsymbol{\eta}_2+\cdots+k_{n-r}\boldsymbol{\eta}_{n-r},$$

其中 $k_1,k_2,\cdots,k_{n-r}$ 为任意实数，而解空间 V 可表示为

$$V=\{\boldsymbol{x}\mid\boldsymbol{x}=k_1\boldsymbol{\eta}_1+k_2\boldsymbol{\eta}_2+\cdots+k_{n-r}\boldsymbol{\eta}_{n-r},k_1,k_2,\cdots,k_{n-r}\in\mathbf{R}\}.$$

例 1 求下列齐次线性方程组的一个基础解系：

$$\begin{cases}2x_1+x_2-2x_3+3x_4=0,\\3x_1+2x_2-x_3+2x_4=0,\\x_1+x_2+x_3-x_4=0.\end{cases}$$

解 对此方程组的系数矩阵作如下初等行变换：

$$A=\begin{pmatrix}2&1&-2&3\\3&2&-1&2\\1&1&1&-1\end{pmatrix}\xrightarrow[r_2-3r_3]{r_1-2r_3}\begin{pmatrix}0&-1&-4&5\\0&-1&-4&5\\1&1&1&-1\end{pmatrix}$$

$$\xrightarrow{r_1-r_2}\begin{pmatrix}0&0&0&0\\0&-1&-4&5\\1&1&1&-1\end{pmatrix}\xrightarrow{r_1\leftrightarrow r_3}\begin{pmatrix}1&1&1&-1\\0&-1&-4&5\\0&0&0&0\end{pmatrix}$$

$$\xrightarrow{r_1+r_2}\begin{pmatrix}1&0&-3&4\\0&-1&-4&5\\0&0&0&0\end{pmatrix}\xrightarrow{-r_2}\begin{pmatrix}1&0&-3&4\\0&1&4&-5\\0&0&0&0\end{pmatrix},$$

于是原方程组可同解地变为

$$\begin{cases}x_1=3x_3-4x_4,\\x_2=-4x_3+5x_4.\end{cases}$$

令 $\begin{cases}x_3=1,\\x_4=0,\end{cases}$ 解得 $\begin{cases}x_1=3,\\x_2=-4;\end{cases}$ 令 $\begin{cases}x_3=0,\\x_4=1,\end{cases}$ 解得 $\begin{cases}x_1=-4,\\x_2=5.\end{cases}$

因此得一个基础解系为

$$\eta_1=\begin{pmatrix}3\\-4\\1\\0\end{pmatrix},\eta_2=\begin{pmatrix}-4\\5\\0\\1\end{pmatrix}.$$

例 2 求齐次线性方程组$\begin{cases}x_1+x_2-x_3-x_4=0\\2x_1-5x_2+3x_3+2x_4=0\\7x_1-7x_2+3x_3+x_4=0\end{cases}$的基础解系与通解.

解 对系数矩阵 **A** 作初等行变换,化为简化阶梯形矩阵:

$$A=\begin{pmatrix}1&1&-1&-1\\2&-5&3&2\\7&-7&3&1\end{pmatrix}\xrightarrow[r_3-7r_1]{r_2-2r_1}\begin{pmatrix}1&1&-1&-1\\0&-7&5&4\\0&-14&10&8\end{pmatrix}\xrightarrow{r_3-2r_2}\begin{pmatrix}1&1&-1&-1\\0&-7&5&4\\0&0&0&0\end{pmatrix}$$

$$\xrightarrow{-\frac{1}{7}r_2}\begin{pmatrix}1&1&-1&-1\\0&1&-\frac{5}{7}&-\frac{4}{7}\\0&0&0&0\end{pmatrix}\xrightarrow{r_1-r_2}\begin{pmatrix}1&0&-\frac{2}{7}&-\frac{3}{7}\\0&1&-\frac{5}{7}&-\frac{4}{7}\\0&0&0&0\end{pmatrix},$$

得到原方程组的同解方程组 $\begin{cases}x_1=\frac{2}{7}x_3+\frac{3}{7}x_4,\\x_2=\frac{5}{7}x_3+\frac{4}{7}x_4,\end{cases}$

分别令$\begin{pmatrix}x_3\\x_4\end{pmatrix}=\begin{pmatrix}1\\0\end{pmatrix},\begin{pmatrix}0\\1\end{pmatrix}$,即得基础解系

$$\boldsymbol{\eta}_1=\begin{pmatrix}\frac{2}{7}\\\frac{5}{7}\\1\\0\end{pmatrix},\boldsymbol{\eta}_2=\begin{pmatrix}\frac{3}{7}\\\frac{4}{7}\\0\\1\end{pmatrix},$$

并由此得到通解

$$\begin{pmatrix}x_1\\x_2\\x_3\\x_4\end{pmatrix}=k_1\begin{pmatrix}\frac{2}{7}\\\frac{5}{7}\\1\\0\end{pmatrix}+k_2\begin{pmatrix}\frac{3}{7}\\\frac{4}{7}\\0\\1\end{pmatrix}(k_1,k_2\text{ 为任意常数}).$$

例 3 求解下列齐次线性方程组:

$$\begin{cases}x_1+x_2-x_3+2x_4+x_5=0,\\x_3+3x_4-x_5=0,\\2x_3+x_4-2x_5=0.\end{cases}$$

解 对方程组的系数矩阵作如下初等变换:

$$\boldsymbol{A}=\begin{pmatrix}1&1&-1&2&1\\0&0&1&3&-1\\0&0&2&1&-2\end{pmatrix}\xrightarrow{r_3-2r_2}\begin{pmatrix}1&1&-1&2&1\\0&0&1&3&-1\\0&0&0&-5&0\end{pmatrix}$$

$$\xrightarrow{\left(-\frac{1}{5}\right)r_3}\begin{pmatrix}1&1&-1&2&1\\0&0&1&3&-1\\0&0&0&1&0\end{pmatrix}.$$

这个矩阵不符合要求,因为它已经不可能仅用初等行变换变成所要求的左上角为单位块的形状了,此时必须借助于列对调.

$$\begin{array}{c}x_1\quad x_2\quad x_3\quad x_4\quad x_5\\\begin{pmatrix}1&1&-1&2&1\\0&0&1&3&-1\\0&0&0&1&0\end{pmatrix}\end{array}\xrightarrow{c_2\leftrightarrow c_3}\begin{array}{c}x_1\quad x_3\quad x_2\quad x_4\quad x_5\\\begin{pmatrix}1&-1&1&2&1\\0&1&0&3&-1\\0&0&0&1&0\end{pmatrix}\end{array}$$

$$\xrightarrow{c_3\leftrightarrow c_4}\begin{array}{c}x_1\quad x_3\quad x_4\quad x_2\quad x_5\\\begin{pmatrix}1&-1&2&1&1\\0&1&3&0&-1\\0&0&1&0&0\end{pmatrix}\end{array}$$

$$\xrightarrow{r_1+r_2}\begin{array}{c}x_1\quad x_3\quad x_4\quad x_2\quad x_5\\\begin{pmatrix}1&0&5&1&0\\0&1&3&0&-1\\0&0&1&0&0\end{pmatrix}\end{array}\xrightarrow[r_2-3r_3]{r_1-5r_3}\begin{array}{c}x_1\quad x_3\quad x_4\quad x_2\quad x_5\\\begin{pmatrix}1&0&0&1&0\\0&1&0&0&-1\\0&0&1&0&0\end{pmatrix}\end{array},$$

对应方程组

$$\begin{cases}x_1=-x_2\\x_3=x_5\\x_4=0\end{cases},\text{其中 } x_4=0,x_2,x_5 \text{ 为自由未知量.}$$

分别令自由变量 $x_2=1,x_5=0$ 及 $x_2=0,x_5=1$,得到基础解系:

$$\boldsymbol{\eta}_1=\begin{pmatrix}-1\\1\\0\\0\\0\end{pmatrix},\boldsymbol{\eta}_2=\begin{pmatrix}0\\0\\1\\0\\1\end{pmatrix},$$

因此,方程组的通解为

$$\begin{pmatrix}x_1\\x_2\\x_3\\x_4\\x_5\end{pmatrix}=k_1\begin{pmatrix}-1\\1\\0\\0\\0\end{pmatrix}+k_2\begin{pmatrix}0\\0\\1\\0\\1\end{pmatrix}(k_1,k_2\text{ 为任意常数}).$$

8.2.3 非齐次线性方程组解的结构

1. 解的性质

设有非齐次线性方程组

$$\begin{cases} a_{11}x_1+a_{12}x_2+\cdots+a_{1n}x_n=b_1, \\ a_{21}x_1+a_{22}x_2+\cdots+a_{2n}x_n=b_2, \\ \cdots\cdots \\ a_{m1}x_1+a_{m2}x_2+\cdots+a_{mn}x_n=b_m. \end{cases} \tag{6}$$

其中系数矩阵为 $\boldsymbol{A}=(a_{ij})_{m\times n}$，$\boldsymbol{b}=(b_1,b_2,\cdots,b_m)^{\mathrm{T}}\neq\boldsymbol{0}$，即 $b_1,b_2,\cdots,b_m$ 不全为零. $\boldsymbol{X}=(x_1,x_2,\cdots,x_n)^{\mathrm{T}}$ 为未知数列向量，增广矩阵为 $\widetilde{\boldsymbol{A}}=(\boldsymbol{A},\boldsymbol{b})$.

性质 3　设 $\boldsymbol{\eta}_1,\boldsymbol{\eta}_2$ 是非齐次线性方程组 $\boldsymbol{AX}=\boldsymbol{b}$ 的解，则 $\boldsymbol{\eta}_1-\boldsymbol{\eta}_2$ 是对应的齐次线性方程组 $\boldsymbol{AX}=\boldsymbol{0}$ 的解.

非齐次方程组解的结构.

性质 4　设 $\boldsymbol{\eta}$ 是非齐次线性方程组 $\boldsymbol{AX}=\boldsymbol{b}$ 的解，$\boldsymbol{\xi}$ 为对应的齐次线性方程组 $\boldsymbol{AX}=0$ 的解，则 $\boldsymbol{\xi}+\boldsymbol{\eta}$ 非齐次线性方程组 $\boldsymbol{AX}=\boldsymbol{b}$ 的解.

定理 8.2.2　设 $\boldsymbol{\eta}^*$ 是非齐次线性方程组 $\boldsymbol{AX}=\boldsymbol{b}$ 的一个解，$\boldsymbol{\xi}$ 是对应齐次线性方程组 $\boldsymbol{AX}=\boldsymbol{0}$ 的通解，则 $\boldsymbol{x}=\boldsymbol{\xi}+\boldsymbol{\eta}^*$ 是非齐次线性方程组 $\boldsymbol{AX}=\boldsymbol{b}$ 的通解.

注意：设有非齐次线性方程组 $\boldsymbol{AX}=\boldsymbol{b}$，而 $\boldsymbol{\alpha}_1,\boldsymbol{\alpha}_2,\cdots,\boldsymbol{\alpha}_n$ 是系数矩阵 $\boldsymbol{A}$ 的列向量组，则下列四个命题等价：

(1)非齐次线性方程组 $\boldsymbol{AX}=\boldsymbol{b}$ 有解；

(2)向量 $\boldsymbol{b}$ 能由向量组 $\boldsymbol{\alpha}_1,\boldsymbol{\alpha}_2,\cdots,\boldsymbol{\alpha}_n$ 线性表示；

(3)向量组 $\boldsymbol{\alpha}_1,\boldsymbol{\alpha}_2,\cdots,\boldsymbol{\alpha}_n$ 与向量组 $\boldsymbol{\alpha}_1,\boldsymbol{\alpha}_2,\cdots,\boldsymbol{\alpha}_n,\boldsymbol{b}$ 等价；

(4)$r(\boldsymbol{A})=r(\boldsymbol{A}\quad\boldsymbol{b})$.

2.解的判定

定理 8.2.3　n 元非齐次线性方程组 $\boldsymbol{Ax}=\boldsymbol{b}$ 有无穷多个解的充分必要条件为

$$r(\widetilde{\boldsymbol{A}})=r(\boldsymbol{A})<n.$$

推论：设 $\boldsymbol{A}$ 为 $m\times n$ 矩阵，则 n 元非齐次线性方程组 $\boldsymbol{Ax}=\boldsymbol{b}$ 有唯一解的充分必要条件为 $r(\widetilde{\boldsymbol{A}})=r(\boldsymbol{A})=n$.

当 $m=n$ 时，$\boldsymbol{Ax}=\boldsymbol{b}$ 有唯一解的充分必要条件为 $|\boldsymbol{A}|\neq0$. 当有唯一解时，其唯一解为 $\boldsymbol{x}=\boldsymbol{A}^{-1}\boldsymbol{b}$，用 x 的分量表示，就是克拉默法则：$x_j=\dfrac{D_j}{D}(j=1,2,\cdots,n)$，其中 $D=|\boldsymbol{A}|$ 为系数行列式，$\boldsymbol{D}_j$ 是 D 中第 j 列换作常数列 $\boldsymbol{b}$ 的行列式.

求解非齐次线性方程组需借助相应的齐次线性方程组.

例 4　求下列方程组的通解 $\begin{cases} x_1+x_2+x_3+x_4+x_5=7, \\ 3x_1+x_2+2x_3+x_4-3x_5=-2, \\ 2x_2+x_3+2x_4+6x_5=23. \end{cases}$

解 $\widetilde{A}=\begin{pmatrix} 1 & 1 & 1 & 1 & 1 & 7 \\ 3 & 1 & 2 & 1 & -3 & -2 \\ 0 & 2 & 1 & 2 & 6 & 23 \end{pmatrix} \xrightarrow{r_2-3r_1} \begin{pmatrix} 1 & 1 & 1 & 1 & 1 & 7 \\ 0 & -2 & -1 & -2 & -6 & -23 \\ 0 & 2 & 1 & 2 & 6 & 23 \end{pmatrix}$

$\xrightarrow{r_3+r_2} \begin{pmatrix} 1 & 1 & 1 & 1 & 1 & 7 \\ 0 & -2 & -1 & -2 & -6 & -23 \\ 0 & 0 & 0 & 0 & 0 & 0 \end{pmatrix} \xrightarrow{-\frac{1}{2}r_2} \begin{pmatrix} 1 & 1 & 1 & 1 & 1 & 7 \\ 0 & 1 & \frac{1}{2} & 1 & 3 & \frac{23}{2} \\ 0 & 0 & 0 & 0 & 1 & 0 \end{pmatrix}$

$$\xrightarrow{r_1-r_2}\begin{pmatrix}1 & 0 & \frac{1}{2} & 0 & -2 & -\frac{9}{2}\\ 0 & 1 & \frac{1}{2} & 1 & 3 & \frac{23}{2}\\ 0 & 0 & 0 & 0 & 1 & 0\end{pmatrix}.$$

显然，$r(A)=r(\widetilde{A})$，因此方程组有解.

又因 $r(A)=2$，$n-r=3$，所以方程组有无穷多解.

等价方程组 $\begin{cases}x_1=-\frac{1}{2}x_3+2x_5-\frac{9}{2},\\ x_2=-\frac{1}{2}x_3-x_4-3x_5+\frac{23}{2}.\end{cases}$

令 $\begin{pmatrix}x_3\\x_4\\x_5\end{pmatrix}=\begin{pmatrix}2\\0\\0\end{pmatrix},\begin{pmatrix}0\\1\\0\end{pmatrix},\begin{pmatrix}0\\0\\1\end{pmatrix}$，分别代入等价方程组对应的齐次方程组中求得基础解系

$$\boldsymbol{\eta}_1=\begin{pmatrix}-1\\-1\\2\\0\\0\end{pmatrix},\boldsymbol{\eta}_2=\begin{pmatrix}0\\-1\\0\\1\\0\end{pmatrix},\boldsymbol{\eta}_3=\begin{pmatrix}2\\-3\\0\\0\\1\end{pmatrix},$$

下面求非齐次方程组的特解令 $x_3=x_4=x_5=0$，得 $x_1=-\frac{9}{2}$，$x_2=\frac{23}{2}$.

故所求非齐次方程组的通解为

$$x=k_1\begin{pmatrix}-1\\-1\\2\\0\\0\end{pmatrix}+k_2\begin{pmatrix}0\\-1\\0\\1\\0\end{pmatrix}+k_3\begin{pmatrix}2\\-3\\0\\0\\1\end{pmatrix}+\begin{pmatrix}-\frac{9}{2}\\ \frac{23}{2}\\0\\0\\0\end{pmatrix},$$

其中 k_1,k_2,k_3 为任意常数.

例 5 求解下列非齐次线性方程组：

$$\begin{cases}x_1+x_2-3x_3-x_4=1,\\ 3x_1-x_2-3x_3+4x_4=4,\\ x_1+5x_2-9x_3-8x_4=0.\end{cases}$$

解 对方程组的增广矩阵作如下初等变换：

$$\widetilde{A}=(A,b)=\begin{pmatrix}1 & 1 & -3 & -1 & \vdots & 1\\ 3 & -1 & -3 & 4 & \vdots & 4\\ 1 & 5 & -9 & -8 & \vdots & 0\end{pmatrix}\xrightarrow[r_3-r_1]{r_2-3r_1}\begin{pmatrix}1 & 1 & -3 & -1 & \vdots & 1\\ 0 & -4 & 6 & 7 & \vdots & 1\\ 0 & 4 & -6 & -7 & \vdots & -1\end{pmatrix}$$

$$\xrightarrow{r_3+r_2}\begin{pmatrix}1&1&-3&-1&\vdots&1\\0&-4&6&7&\vdots&1\\0&0&0&0&\vdots&0\end{pmatrix}\xrightarrow{-\frac{1}{4}r_2}\begin{pmatrix}1&1&-3&-1&\vdots&1\\0&1&-\dfrac{3}{2}&-\dfrac{7}{4}&\vdots&-\dfrac{1}{4}\\0&0&0&0&\vdots&0\end{pmatrix}$$

$$\xrightarrow{r_1-r_2}\begin{pmatrix}1&0&-\dfrac{3}{2}&\dfrac{3}{4}&\vdots&\dfrac{5}{4}\\0&1&-\dfrac{3}{2}&-\dfrac{7}{4}&\vdots&-\dfrac{1}{4}\\0&0&0&0&\vdots&0\end{pmatrix}.$$

对应齐次方程组
$$\begin{cases}x_1=\dfrac{3}{2}x_3-\dfrac{3}{4}x_4,\\[2mm]x_2=\dfrac{3}{2}x_3+\dfrac{7}{4}x_4,\end{cases}$$

分别令 $\begin{bmatrix}x_3\\x_4\end{bmatrix}=\begin{bmatrix}2\\0\end{bmatrix}$，$\begin{bmatrix}0\\4\end{bmatrix}$，得齐次方程组的一个基础解系为 $\boldsymbol{\eta}_1=\begin{bmatrix}3\\3\\2\\0\end{bmatrix}$，$\boldsymbol{\eta}_2=\begin{bmatrix}-3\\7\\0\\4\end{bmatrix}$.

取原非齐次方程组的一个特解为 $\gamma=\begin{bmatrix}\dfrac{5}{4}\\[2mm]-\dfrac{1}{4}\\[2mm]0\\[1mm]0\end{bmatrix}$，

则原方程组的解为 $\boldsymbol{X}=\gamma+k_1\boldsymbol{\eta}_1+k_2\boldsymbol{\eta}_2$，其中 k_1,k_2 为任意常数.

例 6　求解下列线性方程组：
$$\begin{cases}x_1+2x_2-x_3+3x_4+x_5=2\\2x_1+4x_2-2x_3+6x_4+3x_5=6\\-x_1-2x_2+x_3-x_4+3x_5=4\end{cases}$$

解　对方程组的增广矩阵作如下初等变换：

$$\widetilde{A}=(A,b)=\begin{matrix}&x_1&x_2&x_3&x_4&x_5&\\\\ &\end{matrix}\begin{pmatrix}1&2&-1&3&1&\vdots&2\\2&4&-2&6&3&\vdots&6\\-1&-2&1&-1&3&\vdots&4\end{pmatrix}$$

注意进行列变换是不要弄混未知量的顺序.

$$\xrightarrow[r_3+r_1]{r_2-2r_1}\begin{matrix}x_1&x_2&x_3&x_4&x_5\\\end{matrix}\begin{pmatrix}1&2&-1&3&1&\vdots&2\\0&0&0&0&1&\vdots&2\\0&0&0&2&4&\vdots&6\end{pmatrix}\xrightarrow{\frac{1}{2}r_3}\begin{matrix}x_1&x_2&x_3&x_4&x_5\\\end{matrix}\begin{pmatrix}1&2&-1&3&1&\vdots&2\\0&0&0&0&1&\vdots&2\\0&0&0&1&2&\vdots&3\end{pmatrix}$$

$$\xrightarrow[c_3\leftrightarrow c_5]{c_2\leftrightarrow c_4}\begin{matrix}x_1&x_4&x_5&x_2&x_3\\\end{matrix}\begin{pmatrix}1&3&1&2&-1&\vdots&2\\0&0&1&0&0&\vdots&2\\0&1&2&0&0&\vdots&3\end{pmatrix}\xrightarrow{r_2\leftrightarrow r_3}\begin{matrix}x_1&x_4&x_5&x_2&x_3\\\end{matrix}\begin{pmatrix}1&3&1&2&-1&\vdots&2\\0&1&2&0&0&\vdots&3\\0&0&1&0&0&\vdots&2\end{pmatrix}$$

$$\xrightarrow{r_1-3r_2}\begin{matrix} x_1 & x_4 & x_5 & x_2 & x_3 & & \\ \end{matrix}\begin{pmatrix} 1 & 0 & -5 & 2 & -1 & \vdots & -7 \\ 0 & 1 & 2 & 0 & 0 & \vdots & 3 \\ 0 & 0 & 1 & 0 & 0 & \vdots & 2 \end{pmatrix}$$

$$\xrightarrow[r_2-2r_3]{r_1+5r_3}\begin{matrix} x_1 & x_4 & x_5 & x_2 & x_3 & & \\ \end{matrix}\begin{pmatrix} 1 & 0 & 0 & 2 & -1 & \vdots & 3 \\ 0 & 1 & 0 & 0 & 0 & \vdots & -1 \\ 0 & 0 & 1 & 0 & 0 & \vdots & 2 \end{pmatrix}.$$

秩$(\widetilde{A})$=秩$(A)=3$,未知数个数 $n=5$,

因此基础解系应含有 2 个向量,分别取自由变量

$$x_2=0,\quad x_3=0;\quad x_2=1,\quad x_3=0 \text{ 及 } x_2=0,\quad x_3=1.$$

得特解 $\boldsymbol{\gamma}$ 以及基础解系 $\boldsymbol{\eta}_1,\boldsymbol{\eta}_2$:

$$\boldsymbol{\gamma}=(3,0,0,-1,2)^{\mathrm{T}},\quad \boldsymbol{\eta}_1=(-2,1,0,0,0)^{\mathrm{T}},\quad \boldsymbol{\eta}_2=(1,0,1,0,0)^{\mathrm{T}}.$$

于是原线性方程组的通解为

$$\boldsymbol{X}=\boldsymbol{\gamma}+k_1\boldsymbol{\eta}_1+k_2\boldsymbol{\eta}_2=\begin{pmatrix} 3 \\ 0 \\ 0 \\ -1 \\ 2 \end{pmatrix}+k_1\begin{pmatrix} -2 \\ 1 \\ 0 \\ 0 \\ 0 \end{pmatrix}+k_2\begin{pmatrix} 1 \\ 0 \\ 1 \\ 0 \\ 0 \end{pmatrix},$$

其中 k_1,k_2 为任意数.

例 7 某小区准备建设一栋公寓,根据基本建筑面积,每个楼层可以有三种户型设置方案如表 8-1 所示.若要求共有一居室 136 套、两居室 74 套、三居室 66 套,问设计方案是否可行,若可行的话,判断设计方案是否唯一.

表 8-1

方案	一居室	两居室	三居室
A	8	7	3
B	8	4	4
C	9	3	5

解 设该公寓中有 x_1 层采用方案 A,x_2 层采用方案 B,x_3 层采用方案 C,由题意可知

$$\begin{cases} 8x_1+8x_2+9x_3=136, \\ 7x_1+4x_2+3x_3=74, \\ 3x_1+4x_2+5x_3=66. \end{cases}$$

$$\widetilde{\boldsymbol{A}}=\begin{pmatrix} 8 & 8 & 9 & 136 \\ 7 & 4 & 3 & 74 \\ 3 & 4 & 5 & 66 \end{pmatrix}\xrightarrow{\text{化为阶梯形矩阵}}\begin{pmatrix} 2 & 0 & -1 & 4 \\ 0 & 4 & \frac{13}{2} & 60 \\ 0 & 0 & 0 & 0 \end{pmatrix},$$

因为 $r(A)=r(\widetilde{A})=2<3$，所以方程组有无穷多解. 该矩阵对应齐次方程组

$$\begin{cases} x_1-\frac{1}{2}x_3=0, \\ x_2+\frac{13}{8}x_3=0, \end{cases}$$

令 $x_3=1$ 得一个基础解系

$$\boldsymbol{\eta}=\begin{pmatrix} \frac{1}{2} \\ -\frac{13}{8} \\ 1 \end{pmatrix}.$$

令 $x_3=0$ 得非齐次方程组的一个特解为

$$\boldsymbol{\gamma}=\begin{pmatrix} 2 \\ 15 \\ 0 \end{pmatrix}.$$

因此，原方程组的一个通解为

$$\begin{pmatrix} x_1 \\ x_2 \\ x_3 \end{pmatrix}=k\boldsymbol{\eta}+\boldsymbol{\gamma}=k\begin{pmatrix} \frac{1}{2} \\ -\frac{13}{8} \\ 1 \end{pmatrix}+\begin{pmatrix} 2 \\ 15 \\ 0 \end{pmatrix}.$$

又 x_1,x_2,x_3 均为正整数，因此只能取 $k=8$，此时得唯一解 $x_1=6,x_2=2,x_3=8$，即该公寓共有 16 层，其中 6 层采用方案 A，2 层采用方案 B，8 层采用方案 C.

习　题 8.2

A 组

1. 判断下列方程组 $\begin{cases} x_1+3x_2-2x_3=0 \\ x_1+7x_2+2x_3=0 \\ 2x_1+14x_2+5x_3=0 \end{cases}$ 是否有解；若有解，求出其解.

2. 设齐次线性方程组为 $\begin{cases} 2x_1-4x_2+5x_3+3x_4=0, \\ 3x_1-6x_2+4x_3+2x_4=0, \\ 4x_1-8x_2+17x_3+11x_4=0, \end{cases}$ 求方程组的基础解系及通解.

3. k 为何值时，线性方程组 $\begin{cases} x_1+x_2+kx_3=4 \\ -x_1+kx_2+x_3=k^2 \\ x_1-x_2+2x_3=-4 \end{cases}$ 有唯一解、无解、有无穷多组解. 在有解情况下，求出其全部解.

4. 设四元非齐次线性方程组 $\boldsymbol{Ax}=\boldsymbol{b}$ 的系数矩阵 $\boldsymbol{A}$ 的秩为 3，且它的三个解 $\boldsymbol{\eta}_1$，

$\boldsymbol{\eta}_2,\boldsymbol{\eta}_3$ 满足 $\boldsymbol{\eta}_1+\boldsymbol{\eta}_2=\begin{pmatrix}2\\0\\-2\\4\end{pmatrix}$，$\boldsymbol{\eta}_1+\boldsymbol{\eta}_3=\begin{pmatrix}3\\1\\0\\5\end{pmatrix}$，求 $\boldsymbol{Ax}=\boldsymbol{b}$ 的通解.

5. 求解下列齐次线性方程组：

(1) $\begin{cases}2x_1+7x_2+3x_3+x_4=6,\\3x_1+5x_2+2x_3+2x_4=4,\\9x_1+4x_2+x_3+7x_4=2;\end{cases}$ (2) $\begin{cases}4x_1+2x_2-2x_3=2,\\3x_1-x_2-2x_3=10,\\11x_1+3x_2=8.\end{cases}$

6. 求解下列非齐次线性方程组：

(1) $\begin{cases}x_1-x_2+5x_3-x_4=0,\\x_1+x_2-2x_3+3x_4=0,\\3x_1-x_2+8x_3+x_4=0,\\x_1+3x_2-9x_3+7x_4=0;\end{cases}$ (2) $\begin{cases}x_1-3x_2+x_3-2x_4=0,\\-5x_1+x_2-2x_3+3x_4=0,\\-x_1-11x_2+2x_3-5x_4=0,\\3x_1+5x_2+x_4=0.\end{cases}$

B 组

1. 求出一个齐次线性方程组，使它的基础解系由下列向量组成：

$$\boldsymbol{\xi}_1=\begin{pmatrix}1\\2\\3\\4\end{pmatrix},\qquad \boldsymbol{\xi}_2=\begin{pmatrix}4\\3\\2\\1\end{pmatrix}.$$

2. 判断下列方程组是否有解，对于有解的方程组求出其解.

(1) $\begin{cases}2x_1-3x_2+x_3+5x_4=6,\\-3x_1+x_2+2x_3-4x_4=5,\\-x_1-2x_2+3x_3+x_4=2;\end{cases}$ (2) $\begin{cases}x_1-2x_2+3x_3=4,\\2x_1+x_2-3x_3=5,\\-x_1+2x_2+2x_3=6,\\3x_1-3x_2+2x_3=7.\end{cases}$

3. 求解齐次线性方程组

$$\begin{cases}3x_1+x_2-8x_3+2x_4+x_5=0,\\2x_1-2x_2-3x_3-7x_4+2x_5=0,\\x_1+11x_2-12x_3+34x_4-5x_5=0,\\x_1-5x_2+2x_3-16x_4+3x_5=0.\end{cases}$$

4. 讨论当 a,b 为何值时，线性方程组 $\begin{cases}x_1+x_2+x_3+x_4+x_5=1\\3x_1+2x_2+x_3+x_4-3x_5=a\\x_2+2x_3+2x_4+6x_5=3\\5x_1+4x_2+3x_3+3x_4-1x_5=b\end{cases}$ 有解、无解，有解时求出其解.

数学文化

用线性方程组为规划问题建模

某地区已有两个水泥厂 A_1、A_2，计划再建设 A_3、A_4 两个水泥厂中的一个，以供应四个城市 B_1、B_2、B_3、B_4 的水泥需求.现有工厂和计划建设的工厂年生产能力、各工厂到各城市的运输费用、各城市的水泥需求量如表 8-2 所示.

表 8-2

运价　城市 工厂	B_1	B_2	B_3	B_4	生产能力
A_1	2	9	3	4	40
A_2	8	3	5	7	60
A_3（计划建设）	7	6	1	2	40
A_4（计划建设）	4	5	2	5	35
需求量/万 t	35	40	30	15	

工厂 A_3，A_4 开工后，每年的费用估计为 120 和 150 万元，应建设哪一个工厂？

引入 0—1 变量，设 y_1 表示是否建设工厂 A_3，$y_1=0$ 表示不建设，$y_1=1$ 表示建设；设 y_2 表示是否建设工厂 A_4，$y_2=0$ 表示不建设，$y_2=1$ 表示建设；

x_{ij} 表示由工厂 A_i 运往城市 B_j 的水泥数量(其中，$i,j=1,2,3,4$)，为使建成后总费用与开工费费用之和最少，可列线性规划模型如下.

建成后总费用与开工费费用之和表示为

$$
\begin{aligned}
\min z=&2x_{11}+9x_{12}+3x_{13}+4x_{14} && \text{（工厂 } A_1 \text{ 运出产品的总费用）}\\
&+8x_{21}+3x_{22}+5x_{23}+7x_{24} && \text{（工厂 } A_2 \text{ 运出产品的总费用）}\\
&+7x_{31}+6x_{32}+x_{33}+2x_{34} && \text{（工厂 } A_3 \text{ 运出产品的总费用）}\\
&+4x_{41}+5x_{42}+2x_{43}+5x_{44} && \text{（工厂 } A_4 \text{ 运出产品的总费用）}\\
&+120y_1+150y_2. && \text{（工厂 } A_3, A_4 \text{ 的操作总费用）}
\end{aligned}
$$

上式受四个条件限制：

①各城市需求的水泥数量限制

$$
\begin{cases}
x_{11}+x_{21}+x_{31}+x_{41}=35,\\
x_{12}+x_{22}+x_{32}+x_{42}=40,\\
x_{13}+x_{23}+x_{33}+x_{43}=30,\\
x_{14}+x_{24}+x_{34}+x_{44}=15.
\end{cases}
$$

②各工厂运出的水泥限制

$$\begin{cases}x_{11}+x_{12}+x_{13}+x_{14}\leqslant 40,\\x_{21}+x_{22}+x_{23}+x_{24}\leqslant 60,\\x_{31}+x_{32}+x_{33}+x_{34}\leqslant 40y_1,\\x_{41}+x_{42}+x_{43}+x_{44}\leqslant 35y_2.\end{cases}$$

③是否新建工厂限制

$$y_1+y_2=1.$$

④非负限制

$$x_{ij}\geqslant 0(i,j=1,2,3,4),y_1=0\text{ 或 }1,y_2=0\text{ 或 }1.$$

习题参考答案

习题 1.1

A 组

1. A　**2.** B　**3.** C　**4.** D

B 组

1. B　**2.** (1) $(3,7]$, $(3,6)$　(2) $\{x \mid x<-3$ 或 $x\geqslant 6\}$

习题 1.2

A 组

1. (1)不是　(2)不是　(3)是　(4)不是

2. (1) $[0,2]$　(2) $[-2,-1)\cup(-1,1)\cup(1,+\infty)$　(3) $(-\infty,0)\cup(0,+\infty)$　(4) $\mathbf{R}$

3. (1) $\mathbf{R}$　(2) $-3,-2,1$

B 组

1. (1) $(2k\pi, 2k\pi+\pi)$　(2) $(-1,1)$　(3) $[1,3]$　(4) $[-3,1]$　**2.** 略

3. $[-\sqrt{2},\sqrt{2}]$

习题 1.3

A 组

1. (1) $y=\sin^2 x$　(2) $y=\sin 3x$　(3) $y=\mathrm{e}^{\cos(x^3-1)}$　(4) $y=\lg 3^{\cos x}$

2. (1) $y=3^u, u=\sin x$　(2) $y=\sqrt[3]{u}, u=5x-1$　(3) $y=u^2, u=\sin v, v=5x$

(4) $y=\cos u, u=\sqrt{v}, v=2x+1$　(5) $y=\ln u, u=\sin v, v=\mathrm{e}^t, t=x+1$　(6) $y=\mathrm{e}^u, u=\sin v, v=\dfrac{1}{x}$

B 组

(1) $y=u^{50}, u=3-x$　(2) $y=a^u, u=\sin v, v=3x^2-1$　(3) $y=\log_a u, u=\tan v, v=x+1$

(4) $y=\arccos u, u=\ln v, v=x^2-1$

习题 1.4

1. $S=2\pi r^2+\dfrac{2V}{r}$　**2.** $y=\begin{cases}5, & 0<x\leqslant 3,\\ -1+2x, & x>3\end{cases}$　**3.** (1) 290　(2) $\sqrt[10]{\dfrac{5}{2}}-1$

习题 1.5

A 组

1. $(x-2)^2+y^2=4$, 4π　**2.** $\begin{cases}x=a\cos\theta,\\ y=b\sin\theta,\end{cases} 0\leqslant\theta<2\pi.$

B 组

(1) $y=-x^2+1$　(2) $(x-a)^2+(y-b)^2=r^2$

习题 1.6

A 组

1. $A\left(\frac{3\sqrt{2}}{2},-\frac{3\sqrt{2}}{2}\right)$, $B(-1,\sqrt{3})$, $C\left(-\frac{\sqrt{3}}{2},0\right)$, $D(0,-4)$

2. $A\left(2\sqrt{3},\frac{\pi}{6}\right)$, $B\left(\frac{\sqrt{5}}{3},\frac{3\pi}{2}\right)$, $C\left(4,\frac{4\pi}{3}\right)$

习题 1.7

1. $L(x)=-x^2+40x-100$, $L(30)=200$　**2.** $p=7$, $q=165$

习题 2.1

A 组

1. (1)0　(2)0　(3)1　(4)1　**2.** (1)不存在　(2)0　(3)0　(4)0

3. 0,0,0　**4.** 0,1,不存在　**5.** -1,1,不存在

B 组

1. 3　**2.** 不存在,1　**3.** 1, $\frac{1}{2}$,不存在

习题 2.2

A 组

1. (1)无穷小　(2)无穷小　(3)无穷大　(4)无穷大　(5)无穷小　(6)无穷大

2. (1)错　(2)错　(3)错　(4)错

3. (1)0　(2)0　(3) $\frac{1}{2}$　(4) $\frac{1}{2}$　(5) $\frac{3}{5}$　(6) ∞

B 组

1. (1) $x\to 2$ 时函数为无穷大, $x\to -1$ 时函数为无穷小

(2) $x\to +\infty$, $x\to 0^+$ 时函数为无穷大, $x\to 1$ 时函数为无穷小

2. (1)0　(2) $5\sqrt{2}$　(3)1　(4)0　(5)2　(6) $\frac{1}{15}$

习题 2.3

A 组

(1)1　(2) -4　(3)0　(4)4　(5) $-\frac{1}{10}$　(6)4　(7)2　(8)0　(9)2

B 组

(1) -2　(2) $\frac{\sqrt{3}}{6}$　(3) ∞　(4)2　(5)0　(6) $-\frac{1}{2}$　(7) $\frac{3^{10}}{2^{30}}$　(8)4　(9)3

习题 2.4

A 组

(1)$\frac{3}{5}$　(2) $\frac{2}{3}$　(3)2　(4)3　(5)2　(6)1　(7)e^{-3}　(8)$e^{\frac{1}{2}}$　(9)e^{2}　(10)e^{5}　(11)e^{2}　(12)e^{8}

B 组

(1)2　(2)1　(3)1　(4)0　(5)2　(6)e^{-1}　(7)e^{-3}　(8)$e^{-\frac{1}{2}}$　(9)e^{-1}

习题 2.5

A 组

1. (1)$\frac{1}{2}$　(2) $\sqrt{5}$　(3)0　(4)1　(5)ln 3　(6)$\frac{\sqrt{5}}{2}$

2. 函数在 $x=1$ 处连续　　**3.** 略　　**4.** $a=1$

5. (1)$x=1$ 是第一类间断点　(2)$x=0$ 是第一类间断点.　(3)$x=0$ 是第二类间断点
(4)$x=1$ 是第一类间断点

B 组

1. $a=\frac{1}{2}$　　**2.** $a=0$　　**3.** 略

4. (1)$x=0$ 是第二类间断点　(2)$x=3$ 是第一类间断点　(3)$x=0$ 是第一类间断点
(4)$x=0$ 是第一类间断点

习题 2.6

A 组

1. (1)0　(2)1　(3)1　(4)0　(5)3　(6)1　　**2.** 略　　**3.** 略

B 组

1. (1)0　(2) sin 1　(3)0　(4)0　　**2.** 略

习题 2.7

1. 3 207(元);3 320(元)

2. (1) $\lim\limits_{t\to+\infty} y(t)=\lim\limits_{t\to+\infty}\frac{1}{1+ce^{-kt}}=1$,这意味着最终所有的市民都将知道这一消息.　(2) 6 h

3. $2x-y-1=0$

习题 3.1

A 组

1. (1)-1　(2)6　　**2.** (1)$-5x^{-6}$　(2)$5x^{4}$　(3)$\frac{10}{3}x^{\frac{7}{3}}$　(4)$\frac{13}{6}x^{\frac{7}{6}}$

3. $0,\frac{1}{2}$　　**4.** 切线方程 $3x-y-2=0$;法线方程 $x+3y-4=0$

B组

1. (1) -2　(2) 3　(3) 2　**2.** 切线方程 $4x+y-4=0$；法线方程 $2x-8y+15=0$

3. 点 $(-1,-1)$ 和点 $(1,1)$　**4.** 证明略；$f'(a)=g(a)$

习题 3.2

A组

(1) $3x^2-6x+4$　(2) $x^2+\frac{2}{x^3}+\frac{2}{x^2}$　(3) $15x^2-2^x\ln 2+3e^x$　(4) $2\sec^2 x+\tan x\sec x$

(5) $\frac{5}{2}x^{\frac{3}{2}}$　(6) $-30x-7$　(7) $\frac{1-\ln x}{x^2}$　(8) $2xe^x\tan x+x^2e^x\tan x+x^2e^x\sec^2 x$

(9) $5x^{\frac{3}{2}}+\frac{3}{2}x^{-\frac{1}{2}}+\frac{1}{2}x^{-\frac{3}{2}}$

B组

(1) $-\frac{2}{x(1+\ln x)^2}$　(2) $\frac{11}{4}x^{\frac{7}{4}}$　(3) $(x+2)(1-x)+(x+3)(1-x)-(x+3)(x+2)$

(4) $2x\left(3-\frac{1}{x^3}\right)+(1+x^2)\frac{3}{x^4}$　(5) $\left(\cos x+\frac{x\sin x+\cos x}{x^2}\right)\tan x+\left(\sin x-\frac{\cos x}{x}\right)\sec^2 x$

(6) $\frac{(\sin x+x\cos x)(1+\tan x)-x\sin x\sec^2 x}{(1+\tan x)^2}$

习题 3.3

A组

1. (1) $5\sin^4 x\cos x$　(2) $\cos x^5\cdot 5x^4$　(3) $\frac{e^x}{e^x+1}$　(4) $9(3x+2)^2$　(5) $2x\sin\frac{1}{x}-\cos\frac{1}{x}$

(6) $-3\sin 2(2-3x)$　(7) $\frac{\ln x}{x\sqrt{1+\ln^2 x}}$　(8) $\frac{1-2x^2}{2\sqrt{1-x^2}}$　(9) $-4\cot 2x\csc^2 2x$

(10) $-\frac{1}{2}\tan\frac{x}{2}$　(11) $\frac{\sec(\ln x)\cdot\tan(\ln x)}{x}$　(12) $5\cos 5x\cos 3x-3\sin 5x\sin 3x$

2. (1) $6x-\sin x$　(2) $\frac{2(1-x^2)}{(1+x^2)^2}$　**3.** $3+\ln 4$　**4.** $f^{(n)}(x)=2^n\cdot e^{2x}$

B组

1. (1) $\sin x$　(2) $n\sin^{n-1}x\cdot\cos x\cdot\cos nx-n\sin^n x\sin nx$ · (3) $\frac{x}{1+x^2}$

(4) $\frac{e^{\arctan\sqrt{x}}}{2(1+x)\sqrt{x}}$　(5) $\frac{1}{x\ln x\ln(\ln x)}$　(6) $-\frac{2^{\tan\frac{1}{x}}\ln 2}{x^2\cos^2\frac{1}{x}}$

(7) $1+\frac{x}{\sqrt{x^2-1}}$　(8) $\frac{1}{3}(1+\sin 5x)^{-\frac{2}{3}}\cdot 5\cos 5x$　(9) $5^{x\ln x}\ln 5\cdot(\ln x+1)$

2. -2　**3.** $f^{(n)}(x)=(-1)^n\frac{(n-2)!}{x^{n-1}}(n\geqslant 2)$

习题 3.4

A 组

1. (1) $\frac{y-x^2}{y^2-x}$ (2) $-\frac{e^y}{1+xe^y}$ (3) $\frac{3x^2+y}{3-x}$ (4) $\sqrt{\frac{y}{x}}$

(5) $\frac{1}{5}\sqrt[5]{\frac{x-1}{\sqrt{x^2+2}}}\left(\frac{1}{x-1}-\frac{x}{x^2+2}\right)$ (6) $x^{\sin x}\left(\cos x\ln x+\frac{\sin x}{x}\right)$

2. 切线方程 $2\sqrt{2}x+y-2=0$

B 组

1. (1) $\frac{y-e^{x+y}}{e^{x+y}-x}$ (2) $-\frac{y}{x+e^y}$ (3) $\frac{y}{2\sqrt{xy}-2\sqrt{xy}\sin y-x}$ (4) $\frac{x+y}{x-y}$

(5) $\frac{\sqrt{x+2}(3-x)^3}{(x+1)^2}\left[\frac{1}{2(x+2)}+\frac{3}{x-3}-\frac{2}{x+1}\right]$ (6) $(\tan x)^{\sin x}\left(\cos x\ln\tan x+\frac{1}{\cos x}\right)$

2. 切线方程 $9x-4y-6=0$

习题 3.5

A 组

1. (1) $2x$ (2) $\frac{3}{2}x^2$ (3) $\sin x$ (4) $\frac{1}{2}\sin 2x$ (5) $\ln(1+x)$

(6) $\arctan x$ 或 $-\operatorname{arccot} x$ (7) $2\sqrt{x}$ (8) $\frac{1}{2}$ (9) $\tan x$

2. $\Delta y=4, dy=3$; $\Delta y=0.31, dy=0.3$; $\Delta y=0.030\,1, dy=0.03$

3. (1) $(\sin 2x+2x\cos 2x)dx$ (2) $\frac{2x}{1+x^2}dx$ (3) $e^{x^2}[2x\cos(1-x)+\sin(1-x)]dx$

(4) $\frac{1}{2\sqrt{x(1-x)}}dx$

B 组

1. (1) $\frac{1}{2}$ (2) $-\frac{1}{2}e^{-2x}$ (3) $\sin x^2$ (4) $\frac{1}{3}\tan 3x$

(5) $2\tan x$ (6) $\frac{\sin \omega x}{\omega}$ (7) $\frac{1}{2x+1}, \frac{2}{2x+1}$

2. (1) $\sin 2x e^{\sin^2 x}dx$ (2) $e^{-ax}(b\cos bx-a\sin bx)dx$

(3) $8x\tan(1+2x^2)\sec^2(1+2x^2)dx$ (4) $3^{\ln(\tan x)}\cdot\frac{2\ln 3}{\sin 2x}dx$

3. (1) 0.01 (2) −0.004 363

习题 3.6

A 组

1. (1) 0.484 (2) 0.002 1 (3) 1.006 (4) 9.986 7 **2.** 19.63 cm^3

B 组

1. (1) 0.492 4 (2) 2.001 7 (3) 7.239 8 (4) 2.005 2

2. (1)43.63 cm^2 (2)104.75 cm^2 **3.** 30%

习题 3.7

1. (1)2 200 元 (2)22 元/t (3)9 元/t

(4)9.5 元 这个结论的经济含义是:当产量为 100 吨时,再多生产一吨所增加的成本为 9.5 元

2. 12(m/s).

习题 4.1

A 组

1. $\xi=\frac{2\sqrt{3}}{3}$ **2.** (1) k (2)$\frac{3}{2}$ (3)$\cos a$ (4)$\frac{1}{6}$ (5)2 (6)$\frac{2}{\pi}$ (7) ∞ (8)$\frac{1}{2}$ (9)$\frac{1}{e}$ (10)1

B 组

略

习题 4.2

A 组

(1)$(-\infty,-1)$和$(0,1)$单调减少,$(-1,0)$和$(1,+\infty)$单调增加

(2)$(-\infty,0)$单调减少,$(0,+\infty)$单调增加 (3)$\left(0,\frac{\pi}{3}\right)$和$\left(\frac{5\pi}{3},2\pi\right)$单调减少,$\left(\frac{\pi}{3},\frac{5\pi}{3}\right)$单调增加

(4)$(-2,-1)$和$(-1,0)$单调减少$(-\infty,-2)$和$(0,+\infty)$,单调增加

B 组

略

习题 4.3

A 组

1. (1)错 (2)错 (3)对 (4)错 (5)错 (6)错

2. (1)极大值 $f(1)=2$ (2)极大值 $f(-1)=-2$,极小值 $f(1)=2$

(3)极大值 $f\left(\frac{3}{4}\right)=\frac{5}{4}$ (4)无极值

3. (1)最大值 $y=-29$,最小值 $y=-61$ (2) 最大值 $y=-1$,最小值 $y=-3$

(3)最大值 $y=100.01$,最小值 $y=2$ (4)最大值 $y=\sqrt[3]{12}$,最小值 $y=-\sqrt[3]{\frac{1}{4}}$

4. $r=\sqrt[3]{\frac{v}{\pi}}$, $h=\sqrt[3]{\frac{v}{\pi}}$

B 组

1. (1)错 (2)对

2. 在 AB 上距 A 点 15 km 处建车站可使总运费最省

3. $p_0=310$ 元,$q=1\ 240$ 台,$r=384\ 400$ 元

习题 4.4

A 组

1. 曲线在$(-\infty,+\infty)$是凹的

2. (1)曲线的凹区间$\left(-\infty,\frac{1}{3}\right)$,凸区间$\left(\frac{1}{3},+\infty\right)$,拐点$\left(\frac{1}{3},\frac{2}{27}\right)$

(2)曲线的凹区间$(-\infty,0)$和$\left(\frac{2}{3},+\infty\right)$,凸区间$\left(0,\frac{2}{3}\right)$,拐点$(0,1)$和$\left(\frac{2}{3},\frac{11}{27}\right)$

(3)曲线的凹区间$(-\infty,0)$和$(2,+\infty)$,凸区间$(0,2)$,拐点$\left(0,\frac{1}{4}\right)$和$\left(2,\frac{1}{4}\right)$

(4)曲线的凹区间$(-\infty,0)$,凸区间$(0,+\infty)$

(5)曲线的凹区间$(2,+\infty)$,凸区间$(-\infty,2)$,拐点$(2,0)$

3. $a=-\frac{3}{2},b=\frac{9}{2}$

B 组

1. $a=1,b=-3,c=1$

习题 4.5

1. (1)$y=0,x=0$ (2) $y=1,x=2$ **2.** 略

习题 4.6

1. 2 **2.** $\frac{1}{2^{\frac{3}{2}}}$ **3.** $\frac{\sqrt{2}}{2}$

习题 4.7

1. $q=3\,000$ **2.** 边际成本 $C'(q)=5$,边际收入 $R'(q)=10-0.02q$,边际利润 $L'(q)=5-0.02q$

3. (1)$E(p)=\ln\frac{1}{2}p$,(2)略

习题 5.1

A 组

1. (1)x, $x+C$ (2)$\sin x,\sin x+C$ (3)$\sin^2 x$ (4)$\cos x\mathrm{d}x$ (5)$e^x+\cos x$

2. (1)正确 (2)错误,应该为 $g(x)+C$ (3)错误,应为 $g(x)\mathrm{d}x$ (4)错误,应为 $\sin x+C$

3. $y=x^3+1$

B 组

1. (1) x^3,x^3+C (2) e^x, e^x+C (3) $\ln|x|,\ln|x|+C$ (4)$\tan x,\tan x+C$

2. 略 **3.** $y=\ln|x|+1$.

习题 5.2

A 组

1. (1) $2\sin x+C$　(2) x^4+C　(3) $2x+\arctan x+C$

2. (1) $e^{x-3}+C$　(2) $\tan x-\sec x+C$　(3) $\dfrac{3^x\cdot 2^{3x}}{3\ln 2+\ln 3}+C$　(4) $\dfrac{2}{3}x^{\frac{3}{2}}-3x+C$

(5) $\dfrac{1}{3}x^3-\dfrac{1}{2}x^2+x+C$　(6) $\sin x-\cos x+C$

B 组

1. (1) $\dfrac{1}{\ln 9e}3^{2x}e^{x+2}+C$　(2) $\dfrac{8}{9}x^{\frac{9}{8}}+C$　(3) $\dfrac{1}{2}x^2-3x+\ln|x|+\dfrac{1}{2}+C$　(4) $\dfrac{1}{g}\sqrt{2gt}+C$

(5) $\tan x-x+C$　(6) $\dfrac{1}{3}x^3-\dfrac{2}{3}x^{\frac{3}{2}}+\dfrac{2}{5}x^{\frac{5}{2}}-x+C$　(7) $-\dfrac{1}{x}-\arctan x+C$　(8) $\tan x-\cot x+C$

(9) $\dfrac{1}{2}\tan x+C$

2. $s=\dfrac{3}{2}t^2-2t+5$

习题 5.3

A 组

1. (1) $\dfrac{1}{2}\sin^2 x+C$　(2) $\dfrac{1}{2}\ln^2|x|+C$　(3) $\dfrac{1}{2}\ln(1+x^2)+C$　(4) $\dfrac{1}{12}(3x+1)^4+C$

(5) $-\dfrac{1}{2}\cos(2x+5)$　(6) $-2e^{-x}+C$　(7) $\dfrac{1}{2}\ln|2x-3|+C$　(8) $e^{x^2}+c$

(9) $\dfrac{1}{3}(1+x^2)^{\frac{3}{2}}+C$　(10) $\dfrac{1}{2}\arctan^2 x+C$　(11) $-\cos e^x+C$　(12) $\dfrac{1}{2}\tan^2 x+C$

2. (1) $\dfrac{2}{3}\sqrt{(x+1)^3}-2\sqrt{x+1}+C$　(2) $x+\dfrac{6}{5}\sqrt[6]{x^5}+\dfrac{3}{2}\sqrt[3]{x}+2\sqrt{x}+3\sqrt[3]{x}+6\sqrt[6]{x}+6\ln|\sqrt[6]{x}-1|+C$

(3) $\dfrac{2}{3}\sqrt{x-3}(x+6)+C$

B 组

1. (1) $\dfrac{1}{4}\sin^4 x+C$　(2) $2\arctan\sqrt{x}+C$　(3) $-\sqrt{1-t^2}+C$

2. (1) $\sqrt{a^2+x^2}+C$　(2) $-\dfrac{1}{x}\sqrt{a^2+x^2}+\ln(x+\sqrt{a^2+x^2})+C$

(3) $\arcsin\dfrac{2x-1}{\sqrt{5}}+C$　(4) $\ln\left|\dfrac{1-\sqrt{1-x^2}}{x}\right|+c$

习题 5.4

A 组

(1) $-x\cos x+\sin x+C$　(2) $x\arccos x-\sqrt{1-x^2}+C$　(3) $\left(\dfrac{1}{3}x^2-\dfrac{2}{9}x+\dfrac{2}{27}\right)e^{3x}+C$

(4) $-x^2\cos x+2x\sin x+2\cos x+C$ (5) $2\sqrt{1-x}+2\sqrt{x}\arctan\sqrt{x}+C$

(6) $\frac{1}{2}e^{-x}(\sin x-\cos x)+C$

B 组

(1) $-3x^2\cos\frac{x}{3}+18x\sin\frac{x}{3}+54\cos\frac{x}{3}+C$ (2) $\frac{1}{2}x(\sin\ln x+\cos\ln x)+C$

(3) $\frac{1}{2}\sec x\tan+\frac{1}{2}\ln|\sec x+\tan|+C$ (4) $x\ln(x+\sqrt{1+x^2})-\sqrt{1+x^2}+C$

(5) $x\arctan x-\frac{1}{2}\ln(1+x^2)+C$ (6) $2x\sqrt{e^x-1}-4\sqrt{e^x-1}+4\arctan\sqrt{e^x-1}+C$

习题 5.5

(1) $\frac{1}{2}\ln|2x+\sqrt{4x^2-9}+C$ (2) $\frac{1}{12}\ln\left|\frac{2+3x}{2-3x}\right|+C$ (3) $\frac{1}{3}\arctan\frac{x+1}{3}+C$

(4) $\frac{1}{2}\sqrt{2x^2+9}+\frac{9\sqrt{2}}{4}\ln|\sqrt{2}x+\sqrt{2x^2+9}|+C$ (5) $x\ln^3 x-3x\ln^2 x+6x\ln x-6x+C$

(6) $\frac{\sqrt{3}}{3}\arctan\left[\frac{\sqrt{3}}{3}(2\tan+1)\right]+C$

习题 5.6

1. $R(50)=9\ 987.5$ **2.** $T=20+80e^{-kt}$ **3.** $v=\frac{mg}{k}(1-e^{-\frac{k}{m}t})$

习题 6.1

A 组

1. (1) $\int_0^1\frac{1}{x^2}dx\geqslant\int_0^1\frac{1}{x}dx$ (2) $\int_1^2 e^{-x}dx\leqslant\int_1^2 e^x dx$ (3) $\int_{\frac{\pi}{4}}^{\frac{\pi}{2}}\sin x dx\geqslant\int_{\frac{\pi}{4}}^{\frac{\pi}{2}}\cos x dx$

2. (1) $A=\int_1^2 x^3 dx$ (2) $A=\int_1^e\ln x dx-\int_{0.5}^1\ln x dx$ **3.** $\frac{1}{13}\int_2^{15}(3t^2-2t)dt$

4. (1) $\left[\frac{\pi}{2},\left(1+\frac{\pi^2}{16}\right)\frac{\pi}{2}\right]$ (2) $\left[\frac{2}{e},2e\right]$ (3) $\left[\frac{1}{e}-e,e-\frac{1}{e}\right]$

B 组

1. (1) $\int_0^1(1-x^2)dx$ (2) $\int_0^2(2+x-x^2)dx$

2. (1) $<$ (2) $<$. 3. $Q=\int_0^T I(t)dt$ 4. $W=\int_a^b F(x)dx$

习题 6.2

A 组

1. (1) 0 (2) e^{2x} (3) $2xe^{x^2}$.

2. (1) $e-1$ (2) 1 (3) $45\frac{1}{6}$ (4) $\frac{7}{3}$ (5) $2\sqrt{2}-2+\ln 2$ (6) $\frac{29}{6}$

B组

1. (1)$\frac{5}{2}$ (2)$\sqrt{3}-1-\frac{\pi}{12}$ (3)4 (4)$\frac{2\sqrt{3}}{9}\pi$ (5)$\frac{2}{3}$ (6)$\frac{\pi}{6}$ **2.** $\frac{58}{3}$ **3.** $-\frac{1}{3}$

习题 6.3

A组

(1)$6-2\arctan 3$ (2)$\frac{16}{15}$ (3)$\frac{\pi}{4}a^2$ (4)$\frac{19}{3}$ (5)$\frac{\pi}{2}-1$ (6)-4 (7)$2e^3$ (8)$\frac{\sqrt{3}\pi}{3}-\ln 2$

(9)$\frac{1}{2}(e^{\frac{\pi}{2}}+1)$

B组

1. (1)$\frac{\sqrt{2}}{2}$ (2)$\pi-2$ (3)$\frac{8}{3}$ (4)$\frac{\pi}{64}$ (5)$\frac{\pi}{4}-\frac{\sqrt{3}\pi}{9}+\frac{1}{2}\ln\frac{3}{2}$ (6)$\frac{1}{4}(e^2+1)$ (7)$\frac{2}{5}(e^{4\pi}-1)$ (8)$\frac{\pi}{6}$
(9)$2e-2$. **2.** 略

习题 6.4

1. (1)-0.5 (2)2 (3)$\frac{1}{3}$ (4)2 (5)-1 (6)发散

2. 当 $p>1$ 时,原积分 $=\frac{1}{p-1}$,收敛;当 $p\leqslant 1$ 时,原积分 $=+\infty$,发散

习题 6.5

A组

1. (1)$1+\frac{1}{2}\ln\frac{3}{2}$ (2)$\frac{2}{3}[(1+b)^{\frac{3}{2}}-(1+a)^{\frac{3}{2}}]$

2. (1)$b-a$ (2)$\frac{1}{3}$ (3)$\frac{3}{2}-\ln 2$ (4)$\frac{3}{2}-\ln 2$ (5)$\frac{8}{3}$ (6)$\frac{4}{3}$.

3. (1)$\frac{\pi}{3}$ (2)$\frac{\pi}{2}(e^2-1)$ (3)$\frac{3}{5}\pi$ (4)$\frac{2}{5}\pi$.

B组

1. $8a$ **2.** (1)$\frac{9}{2}$ (2)$\frac{32}{3}$ (3)18 (4)$\frac{27}{6}$ **3.** (1)$\frac{\pi^2}{2}$ (2)$\frac{3\pi}{10}$ (3)$\frac{\pi}{4}$ (4)$\frac{16}{15}\pi$

习题 6.6

1. 49(J 耳) **2.** $7\ 840\pi\ln 2$(J) **3.** 2.45×10^6(J) **4.** $9.96\times10^3\pi$(J).

习题 6.7

1. (1)20 (2)19 **2.** 300.

习题 7.1

A 组

1. (1) -2 (2) 60 (3) -58 (4) -1

2. $D_1=a_{11}a_{22}\cdots a_{nn}$, $D_2=a_{11}a_{22}\cdots a_{nn}$, $D_3=a_{11}a_{22}\cdots a_{nn}$, $D_4=(-1)^{\frac{n(n-1)}{2}}a_{1n}a_{2\,n-1}\cdots a_{n-1\,2}a_{n1}$

3. (1) 0 (1) -28 **4.** (1) 4 (2) 8 **5.** 0 **6.** $x^2+y^2+z^2+1$

7. $x=2$ 或 $x=3$ **8.** (1) $x_1=1, x_2=2, x_3=1$ (2) $x_1=3, x_2=-4, x_3=-1, x_4=1$

B 组

1. -1（提示：将第 3 行各元素分别乘以 -2 加到第 4 行上，则只有主对角线上元素乘积能形成 x^3）.

2. 30 **3.** (1) 40 (2) $4a_1a_2a_3$ (3) a^4 **4.** $-1\,080$

5. 略（提示：除最后一行外，其余部分主对角线以下元素均化为 0）

6. $y=3-\frac{3}{2}x+2x^2-\frac{1}{2}x^3$（提示：根据题意列出四元一次方程组，用克拉默法则求解）

7. $\lambda=0$, $\lambda=2$ 或 $\lambda=3$.

8. 当 a,b,c 互不相等时，$D\neq0$，该方程组有唯一解 $x=a, y=b, z=c$

9. $(-1)^{\frac{n(n+1)}{2}}(n+1)^{n-1}$

习题 7.2

A 组

1. (1) $\boldsymbol{A}+\boldsymbol{B}=\begin{pmatrix}0 & 3\\ -2 & 8\end{pmatrix}$ (2) $2\boldsymbol{A}+3\boldsymbol{C}=\begin{pmatrix}17 & 16\\ 3 & 7\end{pmatrix}$ (3) $\boldsymbol{AB}=\begin{pmatrix}1 & 7\\ 8 & 12\end{pmatrix}$

2. $\boldsymbol{AB}=\begin{pmatrix}-16 & -32\\ 8 & 16\end{pmatrix}$ $\boldsymbol{BA}=\begin{pmatrix}0 & 0\\ 0 & 0\end{pmatrix}$ **3.** (1) (28) (2) $\begin{pmatrix}12 & 4 & 8\\ 18 & 6 & 12\\ 15 & 5 & 10\end{pmatrix}$ (3) $\begin{pmatrix}5 & 6 & 7 & 8\\ 1 & 2 & 3 & 4\\ 9 & 10 & 11 & 12\end{pmatrix}$

4. $\boldsymbol{A}^{\mathrm{T}}=\begin{pmatrix}1 & -1 & 2\\ 2 & 0 & 5\\ -1 & 1 & -3\\ 0 & 4 & 1\end{pmatrix}$, $\boldsymbol{B}^{\mathrm{T}}=\begin{pmatrix}1\\ 2\\ 3\\ -1\end{pmatrix}$ **5.** $\boldsymbol{AA}^{\mathrm{T}}=(30)$ $\boldsymbol{A}^{\mathrm{T}}\boldsymbol{A}=\begin{pmatrix}1 & 2 & 3 & 4\\ 2 & 4 & 6 & 8\\ 3 & 6 & 9 & 12\\ 4 & 8 & 12 & 16\end{pmatrix}$

6. $\boldsymbol{A}^3=\begin{pmatrix}\lambda^3 & 3\lambda^2 & 3\lambda\\ 0 & \lambda^3 & 3\lambda^2\\ 0 & 0 & \lambda^3\end{pmatrix}$ **7.** (100, 69, 35, 34, 85, 75, 14)

B 组

1. $\boldsymbol{AB}=\begin{pmatrix}9 & -2 & -1\\ 9 & 9 & 11\end{pmatrix}$ **2.** -12 **3.** $\begin{pmatrix}1 & 0\\ k\lambda & 1\end{pmatrix}$ **4.** $(\boldsymbol{AB})^{\mathrm{T}}=\begin{pmatrix}0 & 17\\ 14 & 13\\ -3 & 10\end{pmatrix}$. **5.** 略

6. (1) $\boldsymbol{A}=\begin{pmatrix}2\,000 & 1\,200\\ 1\,200 & 1\,400\\ 800 & 600\end{pmatrix}$, $\boldsymbol{B}=\begin{pmatrix}0.2 & 0.01 & 0.12\\ 0.35 & 0.05 & 0.5\end{pmatrix}$ (2) $\boldsymbol{C}=\boldsymbol{AB}=\begin{pmatrix}820 & 80 & 840\\ 730 & 82 & 844\\ 370 & 38 & 396\end{pmatrix}$

习题 7.3

A 组

1. $\begin{pmatrix}1&0&1\\0&1&-2\\0&0&2\end{pmatrix}$　**2.** $\begin{pmatrix}1&0&0\\0&2&0\\0&0&0\\0&0&0\\0&0&0\end{pmatrix}$　**3.** (1)2　(2)2　(3)3　(4)

4. 2,3

B 组

1. $\begin{pmatrix}2&1&2&3\\0&-1&-1&-1\\0&0&0&0\end{pmatrix}$, $\begin{pmatrix}1&0&\frac{1}{2}&1\\0&1&1&1\\0&0&0&0\end{pmatrix}$.　**2.** 3, $\begin{pmatrix}3&2&5\\3&-2&6\\2&0&5\end{pmatrix}$.

3. $\begin{cases}\lambda=5\\\mu=1\end{cases}$　**4.** (1)2　(2)1.

5. (1)$x_1=1,x_2=2,x_3=1$　(2)$x_1=3,x_2=-4,x_3=-1,x_4=1$

习题 7.4

A 组

1. $\begin{pmatrix}0&-1\\1&2\end{pmatrix}$.　**2.** $\begin{pmatrix}-5&2&-1\\10&-2&2\\7&-2&1\end{pmatrix}$.

3. (1) $\begin{pmatrix}5/3&-2/3&-1/3\\-1/3&1/3&2/3\\1/3&-1/3&1/3\end{pmatrix}$;　(2) $\begin{pmatrix}2&2&3\\1&-1&0\\-1&2&1\end{pmatrix}$;　(3) $\begin{pmatrix}1&0&0&0\\-1&1&0&0\\0&-1&1&0\\0&0&-1&1\end{pmatrix}$.

4. $\begin{pmatrix}1&0&0&0&0\\0&1/2&0&0&0\\0&0&1/3&0&0\\0&0&0&1/4&0\\0&0&0&0&1/5\end{pmatrix}$.

5. 由 $\boldsymbol{ABC}=\boldsymbol{E}$;有$(\boldsymbol{AB})\boldsymbol{C}=\boldsymbol{E}$ 或 $\boldsymbol{A}(\boldsymbol{BC})=\boldsymbol{E}$. 根据可逆矩阵的定义,前者表明 $\boldsymbol{AB}$ 与 $\boldsymbol{C}$ 互为逆矩,则有$(\boldsymbol{AB})\boldsymbol{C}=\boldsymbol{C}(\boldsymbol{AB})=\boldsymbol{CAB}=\boldsymbol{E}$;

后者表明 $\boldsymbol{A}$ 与 $\boldsymbol{BC}$ 互为逆矩阵,可推出 $\boldsymbol{A}(\boldsymbol{BC})=(\boldsymbol{BC})\boldsymbol{A}=\boldsymbol{BCA}=\boldsymbol{E}$. 因此(1)与(5)必定成立.

6. (1) 正确. 因为若 $\boldsymbol{AB}=\boldsymbol{AC}$,等式两边左乘以 $\boldsymbol{A}^{-1}$,有 $\boldsymbol{A}^{-1}\boldsymbol{AB}=\boldsymbol{A}^{-1}\boldsymbol{AC}\longrightarrow\boldsymbol{EB}=\boldsymbol{EC}\longrightarrow\boldsymbol{B}=\boldsymbol{C}$.

(2) 不正确. 例如,设 $\boldsymbol{A}=\begin{pmatrix}1&2\\0&1\end{pmatrix}$, $\boldsymbol{B}=\begin{pmatrix}1&1\\1&1\end{pmatrix}$, $\boldsymbol{C}=\begin{pmatrix}3&0\\0&1\end{pmatrix}$,则

$$AB=\begin{pmatrix}1&2\\0&1\end{pmatrix}\begin{pmatrix}1&1\\1&1\end{pmatrix}=\begin{pmatrix}3&3\\1&1\end{pmatrix},CB=\begin{pmatrix}3&0\\0&1\end{pmatrix}\begin{pmatrix}1&1\\1&1\end{pmatrix}=\begin{pmatrix}3&3\\1&1\end{pmatrix}$$，显然有 $AB=AC$，但 $A\neq C$

7. (1) $\begin{pmatrix}1\\2\\-4\end{pmatrix}$ (2) $=\begin{pmatrix}-6&2&-3\\-8&5&-6\\-10&3&-5\end{pmatrix}$

B 组

1. 略. **2.** $\begin{pmatrix}1/a_1&0&\cdots&0\\0&1/a_2&\cdots&0\\\vdots&\vdots&&\vdots\\0&0&\cdots&1/a_n\end{pmatrix}$. **3.** 略 **4.** $\begin{pmatrix}2&0&1\\0&3&6\\1&6&2\end{pmatrix}$ **5.** $\begin{pmatrix}-12&0&0\\0&-9&0\\0&0&-8\end{pmatrix}$

6. $\begin{pmatrix}-2&1\\10&-4\\-10&4\end{pmatrix}$ **7.** $\begin{pmatrix}-22&-1&-14\\20&2&15\\-8&-1&-5\end{pmatrix}$

习题 7.5

A 组

1. $\begin{pmatrix}2&2&1&3\\2&1&2&4\\6&3&0&0\\0&-2&0&0\end{pmatrix}$ **2.** $\begin{pmatrix}1&0&1&0\\-1&2&0&1\\-2&4&3&3\\-1&1&3&1\end{pmatrix}$ **3.** $A^{-1}=\begin{pmatrix}\frac{1}{6}&0&0\\0&1&-1\\0&-2&3\end{pmatrix}$

B 组

1. $\begin{pmatrix}-1&1&9\\1&0&6\\-3&4&8\\5&-2&-3\end{pmatrix}$ **2.** $\begin{pmatrix}a^3+a&2a^2+1&0&0\\a^2&a^3+a&0&0\\0&0&b^3+2b&2b^2+1\\0&0&3b^2&b^3+2b\end{pmatrix}$

3. $\begin{pmatrix}2&1&0&0\\3&2&0&0\\0&0&3&4\\0&0&2&3\end{pmatrix}$

习题 8.1

A 组

1. $\left(6,-5,-\frac{1}{2},1\right)^{\mathrm{T}}$ **2.** (1) $(5,4,2,1)^{\mathrm{T}}$ (2) $=\left(-\frac{5}{2},1,\frac{7}{2},-8\right)^{\mathrm{T}}$

3. 略

4. 向量组 $\boldsymbol{\alpha}_1,\boldsymbol{\alpha}_2,\boldsymbol{\alpha}_3$，线性相关，向量组 $\boldsymbol{\alpha}_1,\boldsymbol{\alpha}_2$ 线性无关 **5.** 线性相关

6. $\boldsymbol{\alpha}_1,\boldsymbol{\alpha}_2,\boldsymbol{\alpha}_4$，$\begin{cases}\boldsymbol{\alpha}_3=-\boldsymbol{\alpha}_1-\boldsymbol{\alpha}_2,\\\boldsymbol{\alpha}_5=4\boldsymbol{\alpha}_1+3\boldsymbol{\alpha}_2-3\boldsymbol{\alpha}_4\end{cases}$

B 组

1. $\boldsymbol{\beta}_2$ 不能由 $\boldsymbol{\alpha}_1,\boldsymbol{\alpha}_2$ 线性表示　　**2.** 证明略，$\boldsymbol{\beta}=\boldsymbol{\alpha}_1+2\boldsymbol{\alpha}_2-\boldsymbol{\alpha}_3$　　**3.** 略

4. $t=3$ 时，则 $r(\boldsymbol{\alpha}_1,\boldsymbol{\alpha}_2,\boldsymbol{\alpha}_3,\boldsymbol{\alpha}_4)=2$，且 $\boldsymbol{\alpha}_1,\boldsymbol{\alpha}_2$ 是极大无关组；$t\neq3$ 时，则 $r(\boldsymbol{\alpha}_1,\boldsymbol{\alpha}_2,\boldsymbol{\alpha}_3,\boldsymbol{\alpha}_4)=3$，且 $\boldsymbol{\alpha}_1,\boldsymbol{\alpha}_2,\boldsymbol{\alpha}_3$ 是极大无关组.

习题 8.2

A 组

1. 唯一解 $\begin{pmatrix}x_1\\x_2\\x_3\end{pmatrix}=\begin{pmatrix}0\\0\\0\end{pmatrix}$

2. 取 $x_2=1,x_4=0$，得解 $\boldsymbol{\xi}_1=(2,1,0,0)^{\mathrm{T}}$；取 $x_2=0,x_4=1$ 得解 $\boldsymbol{\xi}_2=\left(\frac{2}{7},0,-\frac{5}{7},1\right)^{\mathrm{T}}$

$\boldsymbol{\xi}_1,\boldsymbol{\xi}_2$ 为方程组的基础解系，方程组的通解为 $\boldsymbol{x}=k_1\boldsymbol{\xi}_1+k_2\boldsymbol{\xi}_2$

3. 当 $k\neq-1$ 且 $k\neq4$ 时，有唯一解 $x_1=\dfrac{k^2+2k}{k+1},x_2=\dfrac{k^2+2k+4}{k+1},x_3=\dfrac{-2k}{k+1}$；当 $k=-1$ 时，无解；当 $k=4$ 时，有无穷多组解；$\begin{pmatrix}x_1\\x_2\\x_3\end{pmatrix}=\begin{pmatrix}-3k\\4-k\\k\end{pmatrix}=k\begin{pmatrix}-3\\-1\\1\end{pmatrix}+\begin{pmatrix}0\\4\\0\end{pmatrix}$

4. $\boldsymbol{x}=\boldsymbol{\eta}^*+k\boldsymbol{\xi}=[1,0,-1,2]^{\mathrm{T}}+k[1,1,2,1]^{\mathrm{T}}$

5. (1) $k_1\begin{pmatrix}-3\\7\\2\\0\end{pmatrix}+k_2\begin{pmatrix}-1\\-2\\0\\1\end{pmatrix}$　(2) $k_1\begin{pmatrix}-5\\3\\14\\0\end{pmatrix}+k_2\begin{pmatrix}1\\-1\\0\\2\end{pmatrix}$

6. (1) $\begin{pmatrix}8\\0\\0\\-10\end{pmatrix}+k_1\begin{pmatrix}9\\1\\0\\11\end{pmatrix}+k_2\begin{pmatrix}-4\\0\\1\\5\end{pmatrix}$　(2) 无解

B 组

1. $\begin{cases}x_1-2x_2+x_3=0,\\2x_1-3x_2+x_4=0\end{cases}$　　**2.** (1) 无解　(2) 唯一解 $\begin{pmatrix}x_1\\x_2\\x_3\end{pmatrix}=\begin{pmatrix}4\\3\\2\end{pmatrix}$

3. $k_1\begin{pmatrix}19\\7\\8\\0\\0\end{pmatrix}+k_2\begin{pmatrix}3\\-25\\0\\8\\0\end{pmatrix}+k_3\begin{pmatrix}-1\\1\\0\\0\\2\end{pmatrix}$

4. 当 $a\neq 0$ 或 $b\neq 2$ 时，无解；当 $a=0$ 或 $b=2$ 时，有无穷多解；$\begin{pmatrix}-2\\3\\0\\0\\0\end{pmatrix}+k_1\begin{pmatrix}1\\-2\\1\\0\\0\end{pmatrix}+k_2\begin{pmatrix}1\\-2\\0\\1\\0\end{pmatrix}+k_3\begin{pmatrix}5\\-6\\0\\0\\1\end{pmatrix}$

附　　录

附录Ⅰ　积分表

一、含有 $ax+b$ 的积分($a\neq 0$)

1. $\int \frac{dx}{ax+b}=\frac{1}{a}\ln|ax+b|+C$

2. $\int (ax+b)^{\mu}dx=\frac{1}{a(\mu+1)}(ax+b)^{\mu+1}+C\ (\mu\neq -1)$

3. $\int \frac{x}{ax+b}dx=\frac{1}{a^2}(ax+b-b\ln|ax+b|)+C$

4. $\int \frac{x^2}{ax+b}dx=\frac{1}{a^3}\left[\frac{1}{2}(ax+b)^2-2b(ax+b)+b^2\ln|ax+b|\right]+C$

5. $\int \frac{dx}{x(ax+b)}=-\frac{1}{b}\ln\left|\frac{ax+b}{x}\right|+C$

6. $\int \frac{dx}{x^2(ax+b)}=-\frac{1}{bx}+\frac{a}{b^2}\ln\left|\frac{ax+b}{x}\right|+C$

7. $\int \frac{x}{(ax+b)^2}dx=\frac{1}{a^2}\left(\ln|ax+b|+\frac{b}{ax+b}\right)+C$

8. $\int \frac{x^2}{(ax+b)^2}dx=\frac{1}{a^3}\left(ax+b-2b\ln|ax+b|-\frac{b^2}{ax+b}\right)+C$

9. $\int \frac{dx}{x(ax+b)^2}=\frac{1}{b(ax+b)}-\frac{1}{b^2}\ln\left|\frac{ax+b}{x}\right|+C$

二、含有 $\sqrt{ax+b}$ 的积分

10. $\int \sqrt{ax+b}\,dx=\frac{2}{3a}\sqrt{(ax+b)^3}+C$

11. $\int x\sqrt{ax+b}\,dx=\frac{2}{15a^2}(3ax-2b)\sqrt{(ax+b)^3}+C$

12. $\int x^2\sqrt{ax+b}\,dx=\frac{2}{105a^3}(15a^2x^2-12abx+8b^2)\sqrt{(ax+b)^3}+C$

13. $\int \frac{x}{\sqrt{ax+b}}dx=\frac{2}{3a^2}(ax-2b)\sqrt{ax+b}+C$

14. $\int \frac{x^2}{\sqrt{ax+b}}dx=\frac{2}{15a^3}(3a^2x^2-4abx+8b^2)\sqrt{ax+b}+C$

15. $$\int \frac{dx}{x\sqrt{ax+b}}=\begin{cases}\frac{1}{\sqrt{b}}\ln\left|\frac{\sqrt{ax+b}-\sqrt{b}}{\sqrt{ax+b}+\sqrt{b}}\right|+C & (b>0)\\ \frac{2}{\sqrt{-b}}\arctan\sqrt{\frac{ax+b}{-b}}+C & (b<0)\end{cases}$$

16. $\int \frac{dx}{x^2\sqrt{ax+b}}=-\frac{\sqrt{ax+b}}{bx}-\frac{a}{2b}\int \frac{dx}{x\sqrt{ax+b}}$

17. $\int \frac{\sqrt{ax+b}}{x}dx=2\sqrt{ax+b}+b\int \frac{dx}{x\sqrt{ax+b}}$

18. $\int \frac{\sqrt{ax+b}}{x^2}dx=-\frac{\sqrt{ax+b}}{x}+\frac{a}{2}\int \frac{dx}{x\sqrt{ax+b}}$

三、含有 $x^2\pm a^2$ 的积分

19. $\int \frac{dx}{x^2+a^2}=\frac{1}{a}\arctan\frac{x}{a}+C$

20. $\int \frac{dx}{(x^2+a^2)^n}=\frac{x}{2(n-1)a^2(x^2+a^2)^{n-1}}+\frac{2n-3}{2(n-1)a^2}\int \frac{dx}{(x^2+a^2)^{n-1}}$

21. $\int \frac{dx}{x^2-a^2}=\frac{1}{2a}\ln\left|\frac{x-a}{x+a}\right|+C \quad (x^2>a^2)$

四、含有 $ax^2+b(a>0)$ 的积分

22. $\int \frac{dx}{ax^2+b}=\begin{cases}\frac{1}{\sqrt{ab}}\arctan\sqrt{\frac{a}{b}}x+C & (b>0)\\ \frac{1}{2\sqrt{-ab}}\ln\left|\frac{\sqrt{a}x-\sqrt{-b}}{\sqrt{a}x+\sqrt{-b}}\right|+C & (b<0)\end{cases}$

23. $\int \frac{x}{ax^2+b}dx=\frac{1}{2a}\ln|ax^2+b|+C$

24. $\int \frac{x^2}{ax^2+b}dx=\frac{x}{a}-\frac{b}{a}\int \frac{dx}{ax^2+b}$

25. $\int \frac{dx}{x(ax^2+b)}=\frac{1}{2b}\ln\frac{x^2}{|ax^2+b|}+C$

26. $\int \frac{dx}{x^2(ax^2+b)}=-\frac{1}{bx}-\frac{a}{b}\int \frac{dx}{ax^2+b}$

27. $\int \frac{dx}{x^3(ax^2+b)}=\frac{a}{2b^2}\ln\frac{|ax^2+b|}{x^2}-\frac{1}{2bx^2}+C$

28. $\int \frac{dx}{(ax^2+b)^2}=\frac{x}{2b(ax^2+b)}+\frac{1}{2b}\int \frac{dx}{ax^2+b}$

五、含有 $ax^2+bx+c(a>0)$ 的积分

29. $\int \frac{dx}{ax^2+bx+c}=\begin{cases}\frac{2}{\sqrt{4ac-b^2}}\arctan\frac{2ax+b}{\sqrt{4ac-b^2}}+C & (b^2<4ac)\\ \frac{1}{\sqrt{b^2-4ac}}\ln\left|\frac{2ax+b-\sqrt{b^2-4ac}}{2ax+b+\sqrt{b^2-4ac}}\right|+C & (b^2>4ac)\end{cases}$

30. $\int \frac{x}{ax^2+bx+c}dx=\frac{1}{2a}\ln|ax^2+bx+c|-\frac{b}{2a}\int \frac{dx}{ax^2+bx+c}$

六、含有 $\sqrt{x^2+a^2}\,(a>0)$ 的积分

31. $\int \frac{dx}{\sqrt{x^2+a^2}}=\ln(x+\sqrt{x^2+a^2})+C$

32. $\int \frac{dx}{\sqrt{(x^2+a^2)^3}}=\frac{x}{a^2\sqrt{x^2+a^2}}+C$

33. $\int \frac{x}{\sqrt{x^2+a^2}}dx=\sqrt{x^2+a^2}+C$

34. $\int \frac{x}{\sqrt{(x^2+a^2)^3}}dx=-\frac{1}{\sqrt{x^2+a^2}}+C$

35. $\int \frac{x^2}{\sqrt{x^2+a^2}}dx=\frac{x}{2}\sqrt{x^2+a^2}-\frac{a^2}{2}\ln(x+\sqrt{x^2+a^2})+C$

36. $\int \frac{x^2}{\sqrt{(x^2+a^2)^3}}dx=-\frac{x}{\sqrt{x^2+a^2}}+\ln(x+\sqrt{x^2+a^2})+C$

37. $\int \frac{dx}{x\sqrt{x^2+a^2}}=\frac{1}{a}\ln\frac{\sqrt{x^2+a^2}-a}{|x|}+C$

38. $\int \frac{dx}{x^2\sqrt{x^2+a^2}}=-\frac{\sqrt{x^2+a^2}}{a^2x}+C$

39. $\int \sqrt{x^2+a^2}\,dx=\frac{x}{2}\sqrt{x^2+a^2}+\frac{a^2}{2}\ln(x+\sqrt{x^2+a^2})+C$

40. $\int \sqrt{(x^2+a^2)^3}\,dx=\frac{x}{8}(2x^2+5a^2)\sqrt{x^2+a^2}+\frac{3}{8}a^4\ln(x+\sqrt{x^2+a^2})+C$

41. $\int x\sqrt{x^2+a^2}\,dx=\frac{1}{3}\sqrt{(x^2+a^2)^3}+C$

42. $\int x^2\sqrt{x^2+a^2}\,dx=\frac{x}{8}(2x^2+a^2)\sqrt{x^2+a^2}-\frac{a^4}{8}\ln(x+\sqrt{x^2+a^2})+C$

43. $\int \frac{\sqrt{x^2+a^2}}{x}dx=\sqrt{x^2+a^2}+a\ln\frac{\sqrt{x^2+a^2}-a}{|x|}+C$

44. $\int \frac{\sqrt{x^2+a^2}}{x^2}dx=-\frac{\sqrt{x^2+a^2}}{x}+\ln(x+\sqrt{x^2+a^2})+C$

七、含有$\sqrt{x^2-a^2}$($a>0$)的积分

45. $\int \frac{dx}{\sqrt{x^2-a^2}}=\frac{x}{|x|}arch\frac{|x|}{a}+C_1=\ln|x+\sqrt{x^2-a^2}|+C$

46. $\int \frac{dx}{\sqrt{(x^2-a^2)^3}}=-\frac{x}{a^2\sqrt{x^2-a^2}}+C$

47. $\int \frac{x}{\sqrt{x^2-a^2}}dx=\sqrt{x^2-a^2}+C$

48. $\int \frac{x}{\sqrt{(x^2-a^2)^3}}dx=-\frac{1}{\sqrt{x^2-a^2}}+C$

49. $\int \frac{x^2}{\sqrt{x^2-a^2}}dx=\frac{x}{2}\sqrt{x^2-a^2}+\frac{a^2}{2}\ln|x+\sqrt{x^2-a^2}|+C$

50. $\int \frac{x^2}{\sqrt{(x^2-a^2)^3}}dx=-\frac{x}{\sqrt{x^2-a^2}}+\ln|x+\sqrt{x^2-a^2}|+C$

51. $\int \frac{dx}{x\sqrt{x^2-a^2}}=\frac{1}{a}\arccos\frac{a}{|x|}+C$

52. $\int \frac{dx}{x^2\sqrt{x^2-a^2}}=\frac{\sqrt{x^2-a^2}}{a^2x}+C$

53. $\int \sqrt{x^2-a^2}\,dx=\frac{x}{2}\sqrt{x^2-a^2}-\frac{a^2}{2}\ln|x+\sqrt{x^2-a^2}|+C$

54. $\int \sqrt{(x^2-a^2)^3}\,dx=\frac{x}{8}(2x^2-5a^2)\sqrt{x^2-a^2}+\frac{3}{8}a^4\ln|x+\sqrt{x^2-a^2}|+C$

55. $\int x\sqrt{x^2-a^2}\,dx=\frac{1}{3}\sqrt{(x^2-a^2)^3}+C$

56. $\int x^2\sqrt{x^2-a^2}\,dx=\frac{x}{8}(2x^2-a^2)\sqrt{x^2-a^2}-\frac{a^4}{8}\ln|x+\sqrt{x^2-a^2}|+C$

57. $\int \frac{\sqrt{x^2-a^2}}{x}dx=\sqrt{x^2-a^2}-a\arccos\frac{a}{|x|}+C$

58. $\int \frac{\sqrt{x^2-a^2}}{x^2}dx=-\frac{\sqrt{x^2-a^2}}{x}+\ln|x+\sqrt{x^2-a^2}|+C$

八、含有$\sqrt{a^2-x^2}$($a>0$)的积分

59. $\int \frac{dx}{\sqrt{a^2-x^2}}=\arcsin\frac{x}{a}+C$

60. $\int \frac{dx}{\sqrt{(a^2-x^2)^3}}=\frac{x}{a^2\sqrt{a^2-x^2}}+C$

61. $\int \frac{x}{\sqrt{a^2-x^2}}dx=-\sqrt{a^2-x^2}+C$

62. $\int \frac{x}{\sqrt{(a^2-x^2)^3}}dx=\frac{1}{\sqrt{a^2-x^2}}+C$

63. $\int \frac{x^2}{\sqrt{a^2-x^2}}dx=-\frac{x}{2}\sqrt{a^2-x^2}+\frac{a^2}{2}\arcsin\frac{x}{a}+C$

64. $\int \frac{x^2}{\sqrt{(a^2-x^2)^3}}dx=\frac{x}{\sqrt{a^2-x^2}}-\arcsin\frac{x}{a}+C$

65. $\int \frac{dx}{x\sqrt{a^2-x^2}}=\frac{1}{a}\ln\frac{a-\sqrt{a^2-x^2}}{|x|}+C$

66. $\int \frac{dx}{x^2\sqrt{a^2-x^2}}=-\frac{\sqrt{a^2-x^2}}{a^2x}+C$

67. $\int \sqrt{a^2-x^2}\,dx=\frac{x}{2}\sqrt{a^2-x^2}+\frac{a^2}{2}\arcsin\frac{x}{a}+C$

68. $\int \sqrt{(a^2-x^2)^3}\,dx=\frac{x}{8}(5a^2-2x^2)\sqrt{a^2-x^2}+\frac{3}{8}a^4\arcsin\frac{x}{a}+C$

69. $\int x\sqrt{a^2-x^2}\,dx=-\frac{1}{3}\sqrt{(a^2-x^2)^3}+C$

70. $\int x^2\sqrt{a^2-x^2}\,dx=\frac{x}{8}(2x^2-a^2)\sqrt{a^2-x^2}+\frac{a^4}{8}\arcsin\frac{x}{a}+C$

71. $\int \frac{\sqrt{a^2-x^2}}{x}dx=\sqrt{a^2-x^2}+a\ln\frac{a-\sqrt{a^2-x^2}}{|x|}+C$

72. $\int \frac{\sqrt{a^2-x^2}}{x^2}\mathrm{d}x=-\frac{\sqrt{a^2-x^2}}{x}-\arcsin\frac{x}{a}+C$

九、含有$\sqrt{\pm ax^2+bx+c}\,(a>0)$的积分

73. $\int \frac{\mathrm{d}x}{\sqrt{ax^2+bx+c}}=\frac{1}{\sqrt{a}}\ln|2ax+b+2\sqrt{a}\sqrt{ax^2+bx+c}|+C$

74. $\int \sqrt{ax^2+bx+c}\,\mathrm{d}x=\frac{2ax+b}{4a}\sqrt{ax^2+bx+c}+\frac{4ac-b^2}{8\sqrt{a^3}}\ln|2ax+b+2\sqrt{a}\sqrt{ax^2+bx+c}|+C$

75. $\int \frac{x}{\sqrt{ax^2+bx+c}}\mathrm{d}x=\frac{1}{a}\sqrt{ax^2+bx+c}-\frac{b}{2\sqrt{a^3}}\ln|2ax+b+2\sqrt{a}\sqrt{ax^2+bx+c}|+C$

76. $\int \frac{\mathrm{d}x}{\sqrt{c+bx-ax^2}}=-\frac{1}{\sqrt{a}}\arcsin\frac{2ax-b}{\sqrt{b^2+4ac}}+C$

77. $\int \sqrt{c+bx-ax^2}\,\mathrm{d}x=\frac{2ax-b}{4a}\sqrt{c+bx-ax^2}+\frac{b^2+4ac}{8\sqrt{a^3}}\arcsin\frac{2ax-b}{\sqrt{b^2+4ac}}+C$

78. $\int \frac{x}{\sqrt{c+bx-ax^2}}\mathrm{d}x=-\frac{1}{a}\sqrt{c+bx-ax^2}+\frac{b}{2\sqrt{a^3}}\arcsin\frac{2ax-b}{\sqrt{b^2+4ac}}+C$

十、含有$\sqrt{\pm\frac{x-a}{x-b}}$或$\sqrt{(x-a)(b-x)}$的积分

79. $\int \sqrt{\frac{x-a}{x-b}}\mathrm{d}x=(x-b)\sqrt{\frac{x-a}{x-b}}+(b-a)\ln\left(\sqrt{|x-a|}+\sqrt{|x-b|}\right)+C$

80. $\int \sqrt{\frac{x-a}{b-x}}\mathrm{d}x=(x-b)\sqrt{\frac{x-a}{b-x}}+(b-a)\arcsin\sqrt{\frac{x-a}{b-x}}+C$

81. $\int \frac{\mathrm{d}x}{\sqrt{(x-a)(b-x)}}=2\arcsin\sqrt{\frac{x-a}{b-x}}+C\quad(a<b)$

82. $\int \sqrt{(x-a)(b-x)}\,\mathrm{d}x=\frac{2x-a-b}{4}\sqrt{(x-a)(b-x)}+\frac{(b-a)^2}{4}\arcsin\sqrt{\frac{x-a}{b-x}}+C(a<b)$

十一、含有三角函数的积分

83. $\int \sin x\mathrm{d}x=-\cos x+C$

84. $\int \cos x\mathrm{d}x=\sin x+C$

85. $\int \tan\mathrm{d}x=-\ln|\cos x|+C$

86. $\int \cot x\mathrm{d}x=\ln|\sin x|+C$

87. $\int \sec x\mathrm{d}x=\ln\left|\tan\left(\frac{\pi}{4}+\frac{x}{2}\right)\right|+C=\ln|\sec x+\tan|+C$

88. $\int \csc x\mathrm{d}x=\ln\left|\tan\frac{x}{2}\right|+C=\ln|\csc x-\cot x|+C$

89. $\int \sec^2 x\mathrm{d}x=\tan+C$

90. $\int \csc^2 x\mathrm{d}x=-\cot x+C$

91. $\int \sec x\tan\mathrm{d}x=\sec x+C$

92. $\int \csc x\cot x\mathrm{d}x=-\csc x+C$

93. $\int \sin^2 x\mathrm{d}x=\frac{x}{2}-\frac{1}{4}\sin 2x+C$

94. $\int \cos^2 x\mathrm{d}x=\frac{x}{2}+\frac{1}{4}\sin 2x+C$

95. $\int \sin^n x\mathrm{d}x=-\frac{1}{n}\sin^{n-1}x\cos x+\frac{n-1}{n}\int \sin^{n-2}x\mathrm{d}x$

96. $\int \cos^n x\mathrm{d}x=\frac{1}{n}\cos^{n-1}x\sin x+\frac{n-1}{n}\int \cos^{n-2}x\mathrm{d}x$

97. $\int \frac{\mathrm{d}x}{\sin^n x}=-\frac{1}{n-1}\cdot\frac{\cos x}{\sin^{n-1}x}+\frac{n-2}{n-1}\int\frac{\mathrm{d}x}{\sin^{n-2}x}$

98. $\int \frac{\mathrm{d}x}{\cos^n x}=\frac{1}{n-1}\cdot\frac{\sin x}{\cos^{n-1}x}+\frac{n-2}{n-1}\int\frac{\mathrm{d}x}{\cos^{n-2}x}$

99. $\int \cos^m x\sin^n x\mathrm{d}x=\frac{1}{m+n}\cos^{m-1}x\sin^{n+1}x+\frac{m-1}{m+n}\int \cos^{m-2}x\sin^n x\mathrm{d}x=-\frac{1}{m+n}\cos^{m+1}x\sin^{n-1}x+\frac{n-1}{m+n}\int \cos^m x\sin^{n-2}x\mathrm{d}x$

100. $\int \sin ax\cos bx\mathrm{d}x=-\frac{1}{2(a+b)}\cos(a+b)x-\frac{1}{2(a-b)}\cos(a-b)x+C$

101. $\int \sin ax\sin bx\mathrm{d}x=-\frac{1}{2(a+b)}\sin(a+b)x+\frac{1}{2(a-b)}\sin(a-b)x+C$

102. $\int \cos ax\cos bx\mathrm{d}x=\frac{1}{2(a+b)}\sin(a+b)x+\frac{1}{2(a-b)}\sin(a-b)x+C$

103. $\int \frac{\mathrm{d}x}{a+b\sin x}=\frac{2}{\sqrt{a^2-b^2}}\arctan\frac{a\tan\frac{x}{2}+b}{\sqrt{a^2-b^2}}+C \quad (a^2>b^2)$

104. $\int \frac{\mathrm{d}x}{a+b\sin x}=\frac{1}{\sqrt{b^2-a^2}}\ln\left|\frac{a\tan\frac{x}{2}+b-\sqrt{b^2-a^2}}{a\tan\frac{x}{2}+b+\sqrt{b^2-a^2}}\right|+C \quad (a^2<b^2)$

105. $\int \frac{\mathrm{d}x}{a+b\cos x}=\frac{2}{a+b}\sqrt{\frac{a+b}{a-b}}\arctan\left(\sqrt{\frac{a-b}{a+b}}\tan\frac{x}{2}\right)+C \quad (a^2>b^2)$

106. $\int \frac{\mathrm{d}x}{a+b\cos x}=\frac{1}{a+b}\sqrt{\frac{a+b}{b-a}}\ln\left|\frac{\tan\frac{x}{2}+\sqrt{\frac{a+b}{b-a}}}{\tan\frac{x}{2}-\sqrt{\frac{a+b}{b-a}}}\right|+C \quad (a^2<b^2)$

107. $\int \frac{\mathrm{d}x}{a^2\cos^2 x+b^2\sin^2 x}=\frac{1}{ab}\arctan\left(\frac{b}{a}\tan\right)+C$

108. $\int \frac{\mathrm{d}x}{a^2\cos^2 x-b^2\sin^2 x}=\frac{1}{2ab}\ln\left|\frac{b\tan+a}{b\tan-a}\right|+C$

109. $\int x\sin ax\mathrm{d}x=\frac{1}{a^2}\sin ax-\frac{1}{a}x\cos ax+C$

110. $\int x^2\sin ax\mathrm{d}x=-\frac{1}{a}x^2\cos ax+\frac{2}{a^2}x\sin ax+\frac{2}{a^3}\cos ax+C$

111. $\int x\cos ax\mathrm{d}x=\frac{1}{a^2}\cos ax+\frac{1}{a}x\sin ax+C$

112. $\int x^2\cos ax\mathrm{d}x=\frac{1}{a}x^2\sin ax+\frac{2}{a^2}x\cos ax-\frac{2}{a^3}\sin ax+C$

十二、含有反三角函数的积分(其中 $a>0$)

113. $\int \arcsin\frac{x}{a}\mathrm{d}x=x\arcsin\frac{x}{a}+\sqrt{a^2-x^2}+C$

114. $\int x\arcsin\frac{x}{a}\mathrm{d}x=\left(\frac{x^2}{2}-\frac{a^2}{4}\right)\arcsin\frac{x}{a}+\frac{x}{4}\sqrt{a^2-x^2}+C$

115. $\int x^2\arcsin\frac{x}{a}\mathrm{d}x=\frac{x^3}{3}\arcsin\frac{x}{a}+\frac{1}{9}(x^2+2a^2)\sqrt{a^2-x^2}+C$

116. $\int \arccos\frac{x}{a}\mathrm{d}x=x\arccos\frac{x}{a}-\sqrt{a^2-x^2}+C$

117. $\int x\arccos\frac{x}{a}\mathrm{d}x=\left(\frac{x^2}{2}-\frac{a^2}{4}\right)\arccos\frac{x}{a}-\frac{x}{4}\sqrt{a^2-x^2}+C$

118. $\int x^2\arccos\frac{x}{a}\mathrm{d}x=\frac{x^3}{3}\arccos\frac{x}{a}-\frac{1}{9}(x^2+2a^2)\sqrt{a^2-x^2}+C$

119. $\int \arctan\frac{x}{a}\mathrm{d}x=x\arctan\frac{x}{a}-\frac{a}{2}\ln(a^2+x^2)+C$

120. $\int x\arctan\frac{x}{a}\mathrm{d}x=\frac{1}{2}(a^2+x^2)\arctan\frac{x}{a}-\frac{a}{2}x+C$

121. $\int x^2\arctan\frac{x}{a}\mathrm{d}x=\frac{x^3}{3}\arctan\frac{x}{a}-\frac{a}{6}x^2+\frac{a^3}{6}\ln(a^2+x^2)+C$

十三、含有指数函数的积分

122. $\int a^x \mathrm{d}x=\frac{1}{\ln a}a^x+C$

123. $\int \mathrm{e}^{ax}\mathrm{d}x=\frac{1}{a}\mathrm{e}^{ax}+C$

124. $\int x\mathrm{e}^{ax}\mathrm{d}x=\frac{1}{a^2}(ax-1)\mathrm{e}^{ax}+C$

125. $\int x^n\mathrm{e}^{ax}\mathrm{d}x=\frac{1}{a}x^n\mathrm{e}^{ax}-\frac{n}{a}\int x^{n-1}\mathrm{e}^{ax}\mathrm{d}x$

126. $\int xa^x\mathrm{d}x=\frac{x}{\ln a}a^x-\frac{1}{(\ln a)^2}a^x+C$

127. $\int x^na^x\mathrm{d}x=\frac{1}{\ln a}x^na^x-\frac{n}{\ln a}\int x^{n-1}a^x\mathrm{d}x$

128. $\int \mathrm{e}^{ax}\sin bx\mathrm{d}x=\frac{1}{a^2+b^2}\mathrm{e}^{ax}(a\sin bx-b\cos bx)+C$

129. $\int \mathrm{e}^{ax}\cos bx\mathrm{d}x=\frac{1}{a^2+b^2}\mathrm{e}^{ax}(b\sin bx+a\cos bx)+C$

130. $\int \mathrm{e}^{ax}\sin^n bx\mathrm{d}x=\frac{1}{a^2+b^2n^2}\mathrm{e}^{ax}\sin^{n-1}bx(a\sin bx-nb\cos bx)+\frac{n(n-1)b^2}{a^2+b^2n^2}\int \mathrm{e}^{ax}\sin^{n-2}bx\mathrm{d}x$

131. $\int \mathrm{e}^{ax}\cos^n bx\mathrm{d}x=\frac{1}{a^2+b^2n^2}\mathrm{e}^{ax}\cos^{n-1}bx(a\cos bx+nb\sin bx)+\frac{n(n-1)b^2}{a^2+b^2n^2}\int \mathrm{e}^{ax}\cos^{n-2}bx\mathrm{d}x$

十四、含有对数函数的积分

132. $\int \ln x\mathrm{d}x=x\ln x-x+C$

133. $\int \frac{\mathrm{d}x}{x\ln x}=\ln|\ln x|+C$

134. $\int x^n\ln x\mathrm{d}x=\frac{1}{n+1}x^{n+1}\left(\ln x-\frac{1}{n+1}\right)+C$

135. $\int (\ln x)^n\mathrm{d}x=x(\ln x)^n-n\int (\ln x)^{n-1}\mathrm{d}x$

136. $\int x^m(\ln x)^n\mathrm{d}x=\frac{1}{m+1}x^{m+1}(\ln x)^n-\frac{n}{m+1}\int x^m(\ln x)^{n-1}\mathrm{d}x$

十五、含有双曲函数的积分

137. $\int \mathrm{sh}\, x\mathrm{d}x=\mathrm{ch}\, x+C$

138. $\int \mathrm{ch}\, x\mathrm{d}x=\mathrm{sh}\, x+C$

139. $\int \mathrm{th}\, x\mathrm{d}x=\ln \mathrm{ch}\, x+C$

140. $\int \mathrm{sh}^2 x\mathrm{d}x=-\frac{x}{2}+\frac{1}{4}\mathrm{sh}\, 2x+C$

141. $\int \mathrm{ch}^2 x\mathrm{d}x=\frac{x}{2}+\frac{1}{4}\mathrm{sh}\, 2x+C$

十六、定积分

142. $\int_{-\pi}^{\pi}\cos nx\mathrm{d}x=\int_{-\pi}^{\pi}\sin nx\mathrm{d}x=0$

143. $\int_{-\pi}^{\pi}\cos mx\sin nx\mathrm{d}x=0$

144. $\int_{-\pi}^{\pi}\cos mx\cos nx\mathrm{d}x=\begin{cases}0, & m\neq n\\ \pi, & m=n\end{cases}$

145. $\int_{-\pi}^{\pi}\sin mx\sin nx\mathrm{d}x=\begin{cases}0, & m\neq n\\ \pi, & m=n\end{cases}$

146. $\int_{0}^{\pi}\sin mx\sin nx\mathrm{d}x=\int_{0}^{\pi}\cos mx\cos nx\mathrm{d}x=\begin{cases}0, & m\neq n\\ \frac{\pi}{2}, & m=n\end{cases}$

147. $I_n=\int_{0}^{\frac{\pi}{2}}\sin^n x\mathrm{d}x=\int_{0}^{\frac{\pi}{2}}\cos^n x\mathrm{d}x$

$I_n=\frac{n-1}{n}I_{n-2}$

$I_n=\frac{n-1}{n}\cdot\frac{n-3}{n-2}\cdot\cdots\cdot\frac{4}{5}\cdot\frac{2}{3}$　（n 为大于 1 的正奇数），$I_1=1$

$I_n=\frac{n-1}{n}\cdot\frac{n-3}{n-2}\cdot\cdots\cdot\frac{3}{4}\cdot\frac{1}{2}\cdot\frac{\pi}{2}$（$n$ 为正偶数），$I_0=\frac{\pi}{2}$

附录Ⅱ 初等数学常用公式

一、代数公式

乘法公式及因式分解公式

1. $(a\pm b)^2=a^2\pm 2ab+b^2$

2. $(x+a)(x+b)=x^2+(a+b)x+ab$

3. $(a\pm b)^3=a^3\pm 3a^2b+3ab^2\pm b^3$

4. $a^2-b^2=(a+b)(a-b)$

5. $a^3\pm b^3=(a\pm b)(a^2\mp ab+b^2)$

6. $a^n-b^n=(a-b)(a^{n-1}+a^{n-2}b+\cdots+ab^{n-2}+b^{n-1})$($n$为正整数)

幂运算公式

7. $a^m\cdot a^n=a^{m+n}$　8. $a^m\div a^n=a^{m-n}$　9. $(a^m)^n=a^{m\cdot n}$　10. $\sqrt[n]{a^m}=a^{\frac{m}{n}}$

对数公式

11. $\log_a N=b\Leftrightarrow a^b=N(a>0,a\neq 1,N>0)$

12. $\log_a N=\dfrac{\log_m N}{\log_m a}$ ($a>0$,且$a\neq 1$,$m>0$,且$m\neq 1$,$N>0$)　13. $x=a^{\log_a x}$

若$a>0,a\neq 1,M>0,N>0$,则有

14. $\log_a(MN)=\log_a M+\log_a N$

15. $\log_a \dfrac{M}{N}=\log_a M-\log_a N$

16. $\log_a M^n=n\log_a M(n\in\mathbf{R})$

数列公式

等差数列:

17. 通项公式　$a_n=a_1+(n-1)d$

18. 其前n项和公式为　$s_n=\dfrac{n(a_1+a_n)}{2}$

等比数列:

19. 通项公式　$a_n=a_1q^{n-1}=\dfrac{a_1}{q}\cdot q^n(n\in\mathbf{N}*)$

20. 其前n项的和公式为　$s_n=\begin{cases}\dfrac{a_1(1-q^n)}{1-q}, & q\neq 1\\ na_1, & q=1\end{cases}$

21. $1^2+2^2+3^2+\cdots+n^2=\dfrac{1}{6}n(n+1)(n+2)$

二、三角函数公式

角度与弧度的关系

22. $360°=2\pi$弧度,$180°=\pi$弧度

23. $1°=\dfrac{\pi}{180}$弧度$\approx 0.017\,453$弧度

24. 1弧度$=\left(\dfrac{180}{\pi}\right)°\approx 57°17'44.8''$

25. 三角函数定义式($P(x,y)$到原点的距离为r)

正弦函数 $\sin\alpha=\dfrac{y}{r}$,余弦函数 $\cos\alpha=\dfrac{x}{r}$

正切函数 $\tan\alpha=\dfrac{y}{x}$,余切函数 $\cot\alpha=\dfrac{x}{y}$

正割函数 $\sec\alpha=\dfrac{r}{x}$,余割函数 $\csc\alpha=\dfrac{r}{y}$

同角公式

平方关系

26. $\sin^2\alpha+\cos^2\alpha=1$　27. $1+\tan^2\alpha=\sec^2\alpha$　28. $1+\cot^2\alpha=\csc^2\alpha$

倒数关系

29. $\sin\alpha\csc\alpha=1$　　30. $\cos\alpha\sec\alpha=1$　　31. $\tan\alpha\cot\alpha=1$

商数关系

32. $\tan\alpha=\dfrac{\sin\alpha}{\cos\alpha}$，$\cot\alpha=\dfrac{\cos\alpha}{\sin\alpha}$

和差角公式

33. $\sin(\alpha\pm\beta)=\sin\alpha\cos\beta\pm\cos\alpha\sin\beta$

34. $\cos(\alpha\pm\beta)=\cos\alpha\cos\beta\mp\sin\alpha\sin\beta$

35. $\tan(\alpha\pm\beta)=\dfrac{\tan\alpha\pm\tan\beta}{1\mp\tan\alpha\cdot\tan\beta}$

36. $\cot(\alpha\pm\beta)=\dfrac{\cot\alpha\cdot\cot\beta\mp1}{\cot\beta\pm\cot\alpha}$

和差化积公式

37. $\sin\alpha+\sin\beta=2\sin\dfrac{\alpha+\beta}{2}\cos\dfrac{\alpha-\beta}{2}$

38. $\sin\alpha-\sin\beta=2\cos\dfrac{\alpha+\beta}{2}\sin\dfrac{\alpha-\beta}{2}$

39. $\cos\alpha-\cos\beta=2\sin\dfrac{\alpha+\beta}{2}\sin\dfrac{\alpha-\beta}{2}$

40. $\cos\alpha+\cos\beta=2\cos\dfrac{\alpha+\beta}{2}\cos\dfrac{\alpha-\beta}{2}$

积化和差公式

41. $\sin\alpha\cos\beta=\dfrac{1}{2}[\sin(\alpha+\beta)+\sin(\alpha-\beta)]$

42. $\cos\alpha\sin\beta=\dfrac{1}{2}[\sin(\alpha+\beta)-\sin(\alpha-\beta)]$

43. $\cos\alpha\cos\beta=\dfrac{1}{2}[\cos(\alpha+\beta)+\cos(\alpha-\beta)]$

44. $\sin\alpha\sin\beta=-\dfrac{1}{2}[\cos(\alpha+\beta)-\cos(\alpha-\beta)]$

万能公式

45. $\sin\alpha=\dfrac{2\tan\dfrac{\alpha}{2}}{1+\tan^2\dfrac{\alpha}{2}}$　　46. $\cos\alpha=\dfrac{1-\tan^2\dfrac{\alpha}{2}}{1+\tan^2\dfrac{\alpha}{2}}$　　47. $\tan\alpha=\dfrac{2\tan\dfrac{\alpha}{2}}{1-\tan^2\dfrac{\alpha}{2}}$

倍角公式

48. $\sin2\alpha=2\sin\alpha\cos\alpha$

49. $\cos2\alpha=\cos^2\alpha-\sin^2\alpha=2\cos^2\alpha-1=1-2\sin^2\alpha$

50. $\cot2\alpha=\dfrac{\cot^2\alpha-1}{2\cot\alpha}$

51. $\tan2\alpha=\dfrac{2\tan\alpha}{1-\tan^2\alpha}$

52. $\sin3\alpha=3\sin\alpha-4\sin^3\alpha$

53. $\cos3\alpha=4\cos^3\alpha-3\cos\alpha$

54. $\tan3\alpha=\dfrac{3\tan\alpha-\tan^3\alpha}{1-3\tan^2\alpha}$

半角公式

55. $\sin\dfrac{\alpha}{2}=\pm\sqrt{\dfrac{1-\cos\alpha}{2}}$

56. $\cos\dfrac{\alpha}{2}=\pm\sqrt{\dfrac{1+\cos\alpha}{2}}$

57. $\tan\dfrac{\alpha}{2}=\pm\sqrt{\dfrac{1-\cos\alpha}{1+\cos\alpha}}=\dfrac{1-\cos\alpha}{\sin\alpha}=\dfrac{\sin\alpha}{1+\cos\alpha}$

58. $\cot\dfrac{\alpha}{2}=\pm\sqrt{\dfrac{1+\cos\alpha}{1-\cos\alpha}}=\dfrac{1+\cos\alpha}{\sin\alpha}=\dfrac{\sin\alpha}{1-\cos\alpha}$

反三角函数性质

59. $\arcsin x=\dfrac{\pi}{2}-\arccos x$

60. $\arctan x=\dfrac{\pi}{2}-\operatorname{arccot} x$

解三角形

61. 正弦定理　$\dfrac{a}{\sin A}=\dfrac{b}{\sin B}=\dfrac{c}{\sin C}$

62. 余弦定理　$a^2=b^2+c^2-2bc\cos A$　　$b^2=a^2+c^2-2ac\cos B$　　$c^2=a^2+b^2-2ab\cos C$

诱导公式

63. $-\alpha$角诱导公式

$\sin(-\alpha)=-\sin\alpha$

$\cos(-\alpha)=\cos\alpha$

$\tan(-\alpha)=-\tan\alpha$

$\cot(-\alpha)=\cot\alpha$

64. $\pi\pm\alpha$ 角诱导公式

$\sin(\pi\pm\alpha)=\mp\sin\alpha$

$\cos(\pi\pm\alpha)=-\cos\alpha$

$\tan(\pi\pm\alpha)=\mp\tan\alpha$

$\cot(\pi\pm\alpha)=\pm\cot\alpha$

65. $2\pi\pm\alpha$ 角诱导公式

$\sin(2\pi\pm\alpha)=\pm\sin\alpha$

$\cos(2\pi\pm\alpha)=\cos\alpha$

$\tan(2\pi\pm\alpha)=\pm\tan\alpha$

$\cot(2\pi\pm\alpha)=\pm\cot\alpha$

66. $\frac{\pi}{2}\pm\alpha$ 角诱导公式

$\sin\left(\frac{\pi}{2}\pm\alpha\right)=\cos\alpha$

$\cos\left(\frac{\pi}{2}\pm\alpha\right)=\mp\sin\alpha$

$\tan\left(\frac{\pi}{2}\pm\alpha\right)=\mp\cot\alpha$

$\cot\left(\frac{\pi}{2}\pm\alpha\right)=\mp\tan\alpha$

三、几何公式

67. 三角形面积　$S=\frac{1}{2}ab\sin C$.

68. 梯形面积　$S=\frac{1}{2}(a+b)h$

69. 圆周长　$l=2\pi r$;圆弧长　$l=\theta r$.

70. 圆面积　$S=\pi r^2$

71. 圆扇形面积 $S=\frac{1}{2}r^2\theta$,其中 r 圆半径，θ 为圆心角,以弧度为单位

72. 圆锥体　体积公式 $V=\frac{1}{3}\pi r^2 h$

73. 侧面积公式　$S=\pi rl$,其中 r 为底面半径,l 为母线长

74. 球体体积:$V=\frac{4}{3}\pi r^3$,表面积 $S=4\pi r^3$.

附录Ⅲ　常用数学工具软件介绍

目前比较著名的数学软件主要有四个：Maple、MATLAB、MathCAD 和 Mathematica. 它们在各自针对的目标上都有不同的特色：

1. Maple 系统

Maple 是由 Waterloo 大学开发的数学系统软件，它不但具有精确的数值处理功能，而且具有无以伦比的符号计算功能. Maple 的符号计算能力是 MathCAD 和 MATLAB 等软件的符号处理的核心. Maple 提供了 2 000 余种数学函数，涉及范围包括：普通数学、高等数学、线性代数、数论、离散数学、图形学. 它还提供了一套内置的编程语言，用户可以开发自己的应用程序，而且 Maple 自身的 2 000 多种函数，基本上是用此语言开发的. Maple 采用字符行输入方式，输入时需要按照规定的格式输入，虽然与一般常见的数学格式不同，但灵活方便，也很容易理解. 输出则可以选择字符方式和图形方式，产生的图形结果可以很方便地剪贴到 Windows 应用程序内.

2. MATLAB 系统

MATLAB 是矩阵实验室(Matrix Laboratory)在 20 世纪 70 年代用来提供 Linpack 和 Eispack 软件包的接口程序，采用 C 语言编写，后由 MathWorks 公司正式把 MATLAB 推向市场，并逐渐成为科技计算、视图交互系统和程序语言. MATLAB 是数值计算的先锋，它以矩阵作为基本数据单位，在应用线性代数、数理统计、自动控制、数字信号处理、动态系统仿真方面已经成为首选工具，同时也是科研工作人员和大学生、研究生进行科学研究的得力工具. MATLAB 在输入方面也很方便，可以使用内部的 Editor 或者其他任何字符处理器，同时它还可以与 Word 结合在一起，在 Word 的页面里直接调用 MATLAB 的大部分功能，使 Word 具有特殊的计算能力.

3. MathCAD 系统

MathCAD 是美国 Mathsoft 公司推出的一个交互式的数学系统软件. 从早期的 DOS 下的 1.0 和 Windows 下的 4.0 版本，到目前最新的 MathCAD Prime 2.0 版本，功能也从简单的数值计算，直至引用 Maple 强大的符号计算能力，使得它发生了一个质的飞跃. MathCAD 是集文本编辑、数学计算、程序编辑和仿真于一体的软件. 它的主要特点是输入格式与人们习惯的数学书写格式很近似，采用 WYSWYG(所见所得)界面，特别适合一般无须进行复杂编程或要求比较特殊的计算. MathCAD 7.0 Professional 还带有一个程序编辑器，对于一般比较短小，或者要求计算速度比较低时，采用它也是可以的. 这个程序编辑器的优点是语法特别简单.

MathCAD 可以看作是一个功能强大的计算器，没有很复杂的规则；同时它也可以和 Word、Lotus、WPS2000 等字处理软件很好地配合使用，可以把它当作一个出色的全屏幕数学公式编辑器.

4. Mathematica 系统

Mathematica 是由美国物理学家 Stephen Wolfram 领导的 Wolfram Research 开发的数学系统软件. 它拥有强大的数值计算和符号计算能力，在这一方面与 Maple 类似. Mathematica 的基本系统主要是用 C 语言开发的，因而可以比较容易地移植到各种平台上，Mathematica 是一个交互式的计算系统，计算是在用户和 Mathematica 互相交换、传递信息数据的过程中完成的. Mathematica 系统所接受的命令都被称作表达式，系统在接受了一个表达式之后就对它进行处理，然后再把计算结果返回. Mathematica 对于输入形式有比较严格的规定，用户必须按照系统规定的数学格式输入，系统才能正确地处理.

在实际应用中，应选用何种数学软件如果仅仅是要求一般的计算或者是普通用户日常使用，首选的是 MathCAD，它在高等数学方面所具有的能力，足以满足一般客户的要求，而且它的输入界面也特别友好. 如果对计算精度、符号计算和编程方面有要求的话，最好同时使用 Maple 和 Mathematica，它们在符号处理方面各具特色，有些 Maple 不能处理的，Mathematica 却能处理，诸如某些积分、求极限等方面，这些都是比较特殊的. 如果要求进行矩阵方面或图形方面的处理，则选择 MATLAB，它的矩阵计算和图形处理方面则是它的强项，同时利用 MATLAB 的 NoteBook 功能，结合 Word 编辑功能，可以很方便地处理科技文章.

附录Ⅳ　常用数学符号

Αα:阿尔法 Alpha

Ββ:贝塔 Beta

Γγ:伽玛 Gamma

Δδ:德尔塔 Delte

Εε:艾普西龙 Epsilon

ζ :捷塔 Zeta

Ζη:依塔 Eta

Θθ:西塔 Theta

Ιι:艾欧塔 Iota

Κκ:喀帕 Kappa

Λλ:拉姆达 Lambda

Μμ:缪 Mu

Νν:拗 Nu

Ξξ:克西 Xi

Οο:欧麦克轮 Omicron

Ππ :派 Pi

Ρρ:柔 Rho

Σσ:西格玛 Sigma

Ττ:套 Tau

Υυ:宇普西龙 Upsilon

Φφ:fai Phi

Χχ:器 Chi

Ψψ:普赛 Psi

Ωω:欧米伽 Omega

参考书目

[1]白健,胡桂萍.高等数学基础[M].上海:上海科学技术出版社,2013.
[2] 胡桂萍,白健.高等数学基础解析与实训[M].上海:上海科学技术出版社,2013.
[3] 同济大学应用数学系.高等数学[M].北京:高等教育出版社,2002.
[4] 刘严.新编高等数学[M].6 版.大连:大连理工大学出版社,2012.
[5] 覃海英.高等数学(理工类)[M].北京:北京交通大学出版社,2010.
[6] 王振基,等.高等数学及其应用[M].北京:北京理工大学出版社,2012.
[7] 杜庆.高等应用数学基础[M].北京:北京交通大学出版社,2010.
[8]张禾瑞.高等代数[M].3 版.北京:高等教育出版社,1983 年.
[9]康永强.经济数学与数学文化[M].北京:清华大学出版社,2011.
[10]马来焕.高等应用数学[M].北京:机械工业出版社,2008.
[11]侯风波.应用数学(经济类)[M].北京:科学出版社,2007.
[12]何春辉,赵俊修.高等数学[M].北京:北京理工大学出版社,2008.
[13]侯风波.经济数学[M].沈阳:辽宁大学出版社,2006.
[14]同济大学数学系.大学数学教程[M].杭州:浙江大学出版社,2011.
[15]刘克敏.高等数学(上册)[M].北京:科学出版社,2004.